AF500000

RAPPORT
DU JURY CENTRAL
SUR LES PRODUITS
DE L'AGRICULTURE ET DE L'INDUSTRIE
EXPOSÉS EN 1849

RAPPORT

DU JURY CENTRAL

SUR LES PRODUITS

DE L'AGRICULTURE ET DE L'INDUSTRIE

EXPOSÉS EN 1849

TOME I

PARIS
IMPRIMERIE NATIONALE

M DCCC L

RAPPORT

AU

PRÉSIDENT DE LA RÉPUBLIQUE.

Paris, le 14 janvier 1849.

MONSIEUR LE PRÉSIDENT,

Une loi adoptée par l'Assemblée nationale, le 22 novembre dernier, a ouvert à mon département un crédit de 600,000 francs, destiné à subvenir aux dépenses de l'exposition nationale des produits de l'industrie agricole et manufacturière en 1849.

Toutes les mesures ont été immédiatement prises pour la construction des bâtiments dans le grand carré des jeux aux Champs-Élysées. Les travaux se poursuivent avec rapidité et seront terminés dans le courant du mois de mai prochain. Les constructions ont été combinées de manière à permettre d'exposer, pour la première fois, les produits de l'industrie agricole à côté de ceux de l'industrie manufacturière.

Il reste aujourd'hui à fixer le jour de l'ouverture de cette exposition, à pourvoir à la formation des commissions départementales chargées de prononcer l'admission ou le rejet des produits, et à celle du jury central qui doit apprécier les titres des exposants aux récompenses décernées par le Gouvernement.

Tel est l'objet de l'arrêté ci-joint, que j'ai l'honneur, Monsieur le Président, de soumettre à votre signature. Les dispositions vous en paraîtront, j'espère, fondées sur l'expérience du passé et sur le sentiment des besoins actuels.

Vous savez que dix expositions se sont succédé à dater de l'an VI. J'ai fait dresser le tableau suivant, pour vous mettre mieux à même d'apprécier le développement de cette institution.

RELEVÉ GÉNÉRAL DES EXPOSITIONS DE L'INDUSTRIE.

NUMÉROS D'ORDRE.	OUVERTURES.		JOURS.	LIEU DE L'EXPLOITATION.	NOMBRE	
	JOURS ET MOIS.	ANNÉES.			des EXPOSANTS.	des RÉCOMPENSES.
1re	3 derniers jours complémentaires......	1798 (an VI)..	3	Champ-de-Mars......	110	23
2e	5 jours complémentaires	1801 (an IX)..	6	Louvre............	229	80
3e	*Idem*...............	1802 (an X)..	7	*Idem*..............	540	254
4e	*Idem*...............	1806........	24	Esplanade des Invalides...........	1,422	610
5e	25 août et suivants....	1819........	35	Louvre............	1,662	869
6e	*Idem*...............	1823........	50	*Idem*..............	1,642	1,091
7e	1er août...........	1827........	62	*Idem*..............	1,695	1,254
8e	1er mai............	1834........	60	Place de la Concorde..	2,447	1,785
9e	*Idem*...............	1839........	60	Champs-Élysées......	3,281	2,305
10e	*Idem*...............	1844........	60	*Idem*..............	3,960	3,253

Comme vous pouvez en juger, Monsieur le Président, en jetant les yeux sur le tableau qui précède, l'époque d'ouverture des expositions antérieures avait été déterminée par des considérations étrangères au but même de l'institution. Cette année, mon département a voulu recueillir les vœux de l'industrie et du commerce avant de vous proposer une décision à ce sujet. Les chambres consultatives des arts et manufactures et les chambres de commerce ont été appelées à donner leur avis sur l'époque de l'année qui convenait le mieux aux intérêts qu'elles représentent. C'est après avoir soigneusement consulté leurs délibérations, et cherché à concilier toutes les exigences, que je crois devoir vous proposer, dans l'article 1er de l'arrêté précité, de fixer l'ouverture de l'exposition de 1849 au 1er juin prochain.

L'article 2 porte, conformément à l'usage adopté jusqu'à ce jour, qu'une commission nommée par le préfet, dans chaque département, statuera sur l'admission ou le rejet des produits présentés pour l'exposition; mais il ajoute que la commission aura en outre à signaler, dans un rapport écrit, les services rendus à l'agriculture ou à l'industrie par des chefs d'exploitation, des contre-maîtres, des ouvriers ou journaliers. C'est là une innovation dont vous ne pouvez manquer d'approuver la pensée, car elle a pour but de faire participer aux récompenses nationales tous les agents qui concourent à la production agricole ou manufacturière.

Le jury central conserve ses anciennes attributions; il examine les produits exposés, et il rédige un rapport d'après lequel des récompenses sont accordées, soit aux exposants, soit aux chefs d'exploitation, contre-maîtres ou ouvriers signalés par les commissions départementales. L'article 61 de la Constitution chargeant le Président de la République de présider aux solennités nationales, c'est à vous qu'il appartiendra de décerner des récompenses à ceux qui les auront méritées. Ils y trouveront la juste rémunération des travaux accomplis et un stimulant efficace à de nouveaux efforts.

Ainsi, en élargissant encore la sphère de l'institution, l'arrêté ci-joint lui conserve le caractère d'un des plus nobles et des plus féconds encouragements donnés à l'industrie nationale.

Veuillez agréer, Monsieur le Président, l'hommage du profond respect de votre très-humble serviteur.

Le Ministre de l'agriculture et du commerce,

Signé L. BUFFET.

RÉPUBLIQUE FRANÇAISE.

LIBERTÉ, ÉGALITÉ, FRATERNITÉ.

ARRÊTÉ.

AU NOM DU PEUPLE FRANÇAIS.

LE PRÉSIDENT DE LA RÉPUBLIQUE,

Sur le rapport du ministre de l'agriculture et du commerce;

Vu la loi du 22 novembre dernier, qui ouvre au ministère de l'agriculture et du commerce un crédit de 600,000 francs, destiné à subvenir aux dépenses de l'exposition des produits de l'industrie en 1849,

ARRÊTE ce qui suit :

ARTICLE PREMIER.

Une exposition des produits agricoles et industriels s'ouvrira à Paris, dans le grand carré des jeux aux Champs-Élysées, le 1er juin 1849, et sera close le 31 juillet suivant.

ART. 2.

Dans chaque département, une commission, nommée par le préfet, statuera sur l'admission ou le rejet des produits proposés pour figurer à l'exposition. Ce jury aura, en outre, pour mission de signaler, dans un rapport écrit, les services rendus à l'agriculture ou à l'industrie par des chefs d'exploitation, des contre-maîtres, des ouvriers ou journaliers.

ART. 3.

Les produits dont l'admission aura été prononcée seront expédiés du chef-lieu du département à Paris, et réexpédiés de Paris au chef-lieu du département, aux frais de l'État; le département de la Seine est excepté du bénéfice de cette disposition.

ART. 4.

Un jury central, nommé par le ministre de l'agriculture et du commerce, sera chargé d'apprécier le mérite des produits exposés et les titres des chefs d'exploitation, contre-maîtres ou ouvriers, pour la distribution des récompenses.

Le rapport du jury central sera transmis au ministre de l'agriculture et du commerce, et les récompenses seront décernées à ceux qui les auront méritées, par le Président de la République, qui, aux termes de l'article 61 de la Constitution, préside aux solennités nationales.

ART. 5.

Le ministre de l'agriculture et du commerce est chargé de l'exécution du présent arrêté.

Paris, le 18 janvier 1849.

Signé L. N. BONAPARTE.

Le Ministre de l'agriculture et du commerce,

Signé BUFFET.

CIRCULAIRES

DE M. LE MINISTRE DE L'AGRICULTURE ET DU COMMERCE.

PREMIÈRE CIRCULAIRE.

Paris, le 28 février 1849.

Monsieur le préfet, vous avez reçu, le 3 de ce mois, avec le rapport qui le précédait, l'arrêté rendu par le Président de la République concernant l'exposition des produits de l'industrie agricole et manufacturière en 1849. Vous avez dû vous mettre immédiatement en mesure de constituer la commission départementale chargée, aux termes de l'article 2 de l'arrêté, de statuer sur l'admission ou le rejet des produits présentés. Le succès de l'exposition dépendant en grande partie du discernement et de la fermeté que la commission apportera dans l'accomplissement de sa mission, il importe que les membres appelés à la composer joignent aux connaissances spéciales les garanties de moralité et d'indépendance que cette mission réclame.

Parmi les hommes que leurs études et leur position désignent d'avance à votre choix, se placent naturellement l'ingénieur en chef des ponts et chaussées, l'ingénieur des mines, l'architecte du département, et, dans quelques arrondissements du littoral, les ingénieurs des constructions maritimes.

Chaque commission, suivant que le département est industriel et agricole, devra se recruter en outre dans les conseils généraux de l'agriculture et des manufactures, dans les sociétés d'agriculture, les comices agricoles, les chambres consultatives des arts et manufactures, les conseils des prud'hommes et les chambres de commerce. Le nombre des membres dépend des circonstances locales, que vous êtes seul à même d'apprécier.

La commission sera placée sous votre présidence personnelle. Elle est juge au premier degré des produits présentés.

Elle devra se pénétrer de l'idée que les expositions générales seraient impossibles si elles n'étaient pas limitées aux seuls produits sérieux de notre industrie agricole et manufacturière.

En ce qui concerne l'industrie, on n'admettra que les articles qui auront une véritable importance, soit sous le rapport des échanges auxquels ils donnent lieu, soit sous le rapport du mérite de l'exécution ou des perfectionnements qu'ils ont reçus.

En ce qui concerne l'agriculture, on ne recevra que les instruments perfectionnés et les produits qui se recommandent par leur qualité ou qui ont été l'objet de quelques appropriations nouvelles. Il ne faut pas perdre de vue qu'il s'agit moins, pour cette foi, d'une exposition générale des produits agricoles que d'un essai dont la sphère doit être nécessairement circonscrite. Cette observation s'applique particulièrement à l'admission des produits vivants. L'espace réservé ne permet point de recevoir de chaque département une grande quantité d'animaux. En conséquence, la commission devra se borner à faire l'appréciation des sujets qui seraient présentés et à en adresser une liste, par ordre de mérite, pour chacune des espèces chevaline, bovine et ovine, en distinguant les races ou variétés. Vous voudrez bien m'adresser cette note, et je vous indiquerai alors immédiatement les animaux qui pourront être envoyés de votre département.

Je vous ferai également observer que les lots de moutons ne peuvent, en tous cas, dépasser le chiffre de quatre à cinq bêtes, mâles et femelles, tous appartenant à la même race ou variété.

Enfin, vous voudrez bien faire connaître aux cultivateurs exposants que les animaux, par des motifs qu'il est inutile d'énumérer ici, ne pourront demeurer exposés que pendant un laps de temps plus restreint que celui accordé aux autres produits.

Des instructions ultérieures vous seront adressées à cet égard.

La commission doit veiller à ce qu'un même agriculteur ou fabricant n'expédie pas plusieurs échantillons de produits de même nature, et à ce que les articles admis soient réduits au nombre indispensable pour faire apprécier le mérite d'une fabrication ou exploitation.

Pour prévenir les abus, j'ai décidé que tout exposant devra, en présentant ses produits à la commission départementale, justifier de sa patente comme fabricant, ou de sa qualité d'exploitateur rural. Le nombre des articles admis sera consigné dans le bordereau qui devra m'être adressé en triple expédition et dont vous recevrez prochainement le modèle. Il importe que les fabricants et les agriculteurs sachent que le jury central, juge en dernier ressort de la qualité des produits, est autorisé à faire réexpédier les articles dont l'admission ne lui paraîtrait pas justifiée. J'insiste vivement sur la nécessité d'obtenir des renseignements précis concernant le prix de de chaque article exposé. Sans la connaissance du prix, le jury central se trouverait dans l'impossibilité de remplir la mission de haute appréciation qui lui est confiée, et pourrait être obligé de mettre hors de concours les fabricants et agriculteurs qui n'auraient pas fourni les renseignements demandés.

Vous veillerez tout particulièrement, monsieur le préfet, à ce qu'il ne soit expédié aucuns produits chimiques ou autres susceptibles de s'enflammer spontanément, soit durant le transport, soit sous la température élevée des salles de l'exposition.

Les commissions départementales ont reçu de l'arrêté du 18 janvier une attribution nouvelle sur laquelle je dois appeler votre attention particulière. Elles doivent signaler, dans un rapport spécial, les services rendus à l'agriculture ou à l'industrie par des chefs d'exploitation, des contre-maîtres, ouvriers ou journaliers. Ainsi tous les agents qui concourent à la production agricole ou manufacturière se trouvent admis à participer aux récompenses nationales. Dans aucun cas, les commissions ne peuvent se dispenser de rédiger le rapport spécial dont il s'agit; si même elles n'avaient aucun fait à signaler, elles devraient dresser un rapport négatif.

Vous donnerez aux instructions qui précèdent, aussitôt qu'elles vous seront parvenues, la plus grande publicité possible. Vous ferez ouvrir à votre préfecture, et dans chaque sous-préfecture de votre département, un registre pour l'inscription des déclarations des agriculteurs, fabricants et industriels qui se proposent d'exposer. Ces déclarations devront indiquer, savoir :

En ce qui concerne l'industrie :

A, le nom du fabricant, son domicile, la nature de son industrie, le siége et la date de fondation de son établissement, le nombre d'ouvriers qu'il emploie dans ses ateliers et le nombre de ceux qu'il fait travailler au dehors, la nature et la force de son moteur, le nombre de ses métiers, feux, fours, forges, etc.;

B, la quantité de matières premières qu'il met en œuvre, l'importance annuelle en quantité et en valeur des produits qu'il livre, soit au commerce intérieur, soit à l'exportation, les avantages que présente l'établissement pour la localité, les médailles ou récompenses honorifiques que le fabricant a pu obtenir.

En ce qui concerne les produits directs de l'agriculture :

Les nom et prénoms du cultivateur, son domicile, le titre auquel il exploite, c'est-à-dire sa qualité de propriétaire, fermier, métayer, herbager, nourrisseur, etc. ; le siége de l'exploitation et l'époque depuis laquelle elle est dirigée par l'exposant, le tableau de l'étendue et du produit moyen de l'exploitation en matières animales et végétales, le nombre de bras que l'exposant emploie ordinairement, les primes, médailles ou mentions qu'il a obtenues dans les concours ou les précédentes expositions.

Enfin, en ce qui concerne les produits des autres industries, mais qui, employés par l'agriculture ou par l'horticulture, sont compris, à ce titre, parmi les produits agricoles, tels que les instruments aratoires, les outils et machines servant aux emplois et travaux agricoles, les ustensiles et agencements de ferme, etc., les indications devront être les mêmes que pour ceux de l'industrie proprement dite.

Je compte, monsieur le préfet, sur votre vive sollicitude pour seconder les intentions du Gouvernement.

Veuillez, en m'accusant réception de cette circulaire, me transmettre le procès-verbal de la constitution de la commission départementale.

Recevez, monsieur le préfet, l'assurance de ma considération très-distinguée.

Le Ministre de l'agriculture et du commerce,

Signé L. BUFFET.

DEUXIÈME CIRCULAIRE.

Paris, le 9 mars 1849.

Monsieur le préfet, les commissions départementales chargées de prononcer sur l'admission ou le rejet des produits destinés à l'exposition nationale de l'industrie agricole et manufacturière poursuivent, sans aucun doute, avec activité l'accomplissement de leur mission.

Vous trouverez ci-joints des exemplaires des bulletins destinés à recevoir les déclarations des exposants, soit pour les produits industriels, soit pour les produits agricoles, et des exemplaires du bordereau des produits admis et expédiés. Ce bordereau doit indiquer le nom et le domicile de chaque exposant, le nombre et la nature de ses produits, les médailles et récompenses honorifiques qu'il a pu obtenir, les noms et adresses des correspondants que l'exposant peut avoir à Paris, et, quand il y a lieu, le signalement des animaux vivants; il doit m'être adressé directement par la poste, en *triple exemplaire*, et de manière à me parvenir toujours avant l'arrivée des produits : un des exemplaires est destiné au jury central de l'exposition, un autre à l'inspecteur, et le troisième à l'administration centrale. J'insiste vivement, monsieur le préfet, sur l'absolue nécessité de ces trois exemplaires. L'omission de cette formalité aurait pour résultat inévitable d'entraîner des retards dans le classement, qui tourneraient au préjudice des exposants de votre département.

Les produits pourront être reçus à l'exposition à partir du 15 avril prochain; ils devront tous être arrivés avant le 10 mai suivant. Ils seront expédiés à l'adresse de l'inspecteur de l'exposition, aux Champs-Élysées. Chaque envoi sera accompagné d'une lettre de *voiture timbrée*, indiquant le nombre, les numéros et le poids des colis, la nature des objets, le prix du transport et la durée de la route, et les renseignements spéciaux que peuvent nécessiter les produits de l'agriculture. Il ne pourra être ajouté au prix du transport aucuns frais à rembourser. La voie du roulage ordinaire, celle de la navigation, ou, s'il y a lieu, du chemin de fer, en prenant toujours pour base l'économie et en traitant de gré à gré quand l'importance des envois le permettra, devront être seules adoptées. Les voitures arriveront exclusivement par le quai de la Conférence; la lettre de voiture devra en faire mention : un duplicata de cette lettre, sur papier non timbré, sera joint aux bordereaux qui me seront directement adressés. Si ce double manquait à l'envoi, le payement des frais de transport serait inévitablement retardé. Veuillez tenir la main à ce que cette mesure d'ordre soit exactement observée. Il est également essentiel de ne pas oublier que les colis doivent porter sur *leurs quatre faces* le nom du département auquel ils appartiennent.

Ce nom doit être inscrit, en outre, sur chaque article contenu dans un colis et sur chaque pièce distincte d'un même article.

Je vous rappelle, monsieur le préfet, que certains produits bruts, tels que les minerais, granits, marbres et autres objets analogues, ne doivent être envoyés que par échantillons.

Il est important que les exposants soient expressément informés que le Gouvernement ne répond pas des pertes ou dommages résultant, soit pendant la route, soit dans le cours de l'exposition, des vices d'emballage, de la détérioration naturelle des produits, ni des accidents de force majeure, *même de celui d'incendie*. C'est aux exposants à juger s'il leur convient de faire assurer eux-mêmes leurs produits.

J'ai simplifié le plus possible les renseignements qui vous sont demandés. Je me suis borné à ceux qui étaient absolument indispensables. Vous ne manquerez pas, de votre côté, de vous conformer rigoureusement aux instructions qui précèdent. Vous ne devez pas attendre, pour expédier les produits de votre département, que tous les objets admis soient prêts à être envoyés; mais, si vous faites plusieurs expéditions, il sera nécessaire de me transmettre chaque fois un bordereau rédigé en *trois exemplaires*.

Recevez, monsieur le préfet, l'assurance de ma considération très-distinguée.

Le Ministre de l'agriculture et du commerce,

Signé L. BUFFET.

MEMBRES DU JURY CENTRAL.

MM.

ARAGO, membre de l'Académie des sciences, représentant du peuple.
ARLÈS-DUFOUR, négociant à Lyon.
ARNOUX, ingénieur, administrateur des messageries générales.
AUBRY-FEBVREL (Félix), fabricant.
BALARD, membre de l'Institut.
BARBET (H.), ancien manufacturier.
BILLIET, négociant.
BLANQUI, professeur au Conservatoire national des arts et métiers.
BONAPARTE (Louis-Lucien), chimiste.
BOUGON, ancien directeur de la manufacture de porcelaines de Chantilly.
CHEVALIER (Michel), ingénieur en chef des mines.
COMBES, membre de l'Académie des sciences.
DE CROIX, éleveur.
DE DAMPIERRE, représentant du peuple.
DESPORTES (E.), filateur de lin.
DIDOT (Ambroise-Firmin), imprimeur.
DOLFUS (Émile), représentant du peuple.
DUMAS, membre de l'Académie des sciences.
DUMAS (Justin), ancien fabricant.
DUPERRIER, manufacturier, membre du conseil général de la Seine.
DUPIN (Charles), membre de l'Académie des sciences.
DURAND (Amédée), membre de la société d'encouragement.
ÉBELMEN, directeur de la manufacture nationale de porcelaines de Sèvres.
ÉRARD (Pierre), facteur de harpes et de pianos.
FEUCHÈRE (Léon), architecte.
FONTAINE, architecte, membre de l'Institut.
FOUQUIER D'HÉROUEL, représentant du peuple, membre du conseil général de l'Aisne.
FROMENT, fabricant d'instruments de précision.
GAUSSEN (Maxime), fabricant de châles.
GEOFFROY DE VILLENEUVE, membre du conseil général et directeur du haras départemental de l'Aisne.
THIBAULT (Germain), fabricant, membre du conseil général du département de la Seine.
GOLDENBERG, manufacturier au Zornhoff.
GRANDIN (Victor), représentant du peuple.
HÉRICART DE THURY, membre de l'Académie des sciences.

Hervé de Kergorlay, membre de la société nationale et centrale d'agriculture.
Jollien (Amable), ancien représentant du peuple.
Kettinger-Turgis, manufacturier, membre du conseil général de la Seine-Inférieure.
Laborde (Léon de), membre de l'Académie des beaux-arts.
Lainel, inspecteur des manufactures pour le ministère de la guerre.
Lechatellier, ingénieur des mines.
Leclerc (Louis), membre de la société d'horticulture.
Legentil, président de la chambre de commerce de Paris.
Leplay, ingénieur, directeur des études à l'école des mines.
Manière, négociant en bonneterie.
Marlote, fabricant d'instruments de précision.
Mary, inspecteur divisionnaire des ponts et chaussées, professeur à l'école centrale des arts et manufactures.
Mathieu, représentant, membre de l'Académie des sciences.
Mimerel (A.), ancien manufacturier, président du conseil général des manufactures.
Moll, professeur d'agriculture au Conservatoire national des arts et métiers.
Morin (Arthur), professeur de mécanique au Conservatoire national des arts et métiers.
Payen, professeur de chimie appliquée aux arts au Conservatoire national des arts et métiers.
Pecqueur, ingénieur, constructeur-mécanicien.
Peligot, professeur de chimie au Conservatoire national des arts et métiers.
Pepin, directeur des cultures au Jardin des plantes.
Persoz (J.), professeur de chimie à la faculté des sciences de Strasbourg.
Peupin, représentant du peuple.
Pouillet, professeur de physique au Conservatoire national des arts et métiers.
Randoing (J.), manufacturier à Abbeville.
Rondot (Natalis), ancien délégué commercial, attaché à l'ambassade en Chine, directeur de l'enquête pour les industries de Paris.
Roux-Carbonnel, représentant du peuple.
Sainte-Marie, inspecteur général de l'agriculture.
Sallandrouze-Lamornaix, fabricant de tapis.
Sieber, manufacturier, associé de la maison Paturle-Lupin.
Séguier (Armand), membre de l'Académie des sciences et du comité consultatif des arts et manufactures.
Tavernier, négociant à Paris.
Tourret, ancien représentant du peuple.
Vilmorin (Louis), membre de la société d'agriculture.
Wolowski, professeur au Conservatoire national des arts et métiers.
Yvart, inspecteur général des écoles vétérinaires.

CONSTITUTION DU JURY CENTRAL.

TRAVAUX PRÉLIMINAIRES.

Dans sa première séance, le jury central, réuni sous la présidence de M. Fontaine, doyen d'âge, a nommé au scrutin les membres de son bureau, qui s'est composé de :

MM. Dupin (Charles)	Président[1]
Tourret	Vice-présidents.
Dumas, de l'Institut	
Payen	Secrétaires.
H. de Kergorlay	

Le jury central, pour faciliter l'examen et l'appréciation des produits, s'est divisé en dix commissions, composées comme suit :

PREMIÈRE COMMISSION.

AGRICULTURE ET HORTICULTURE.

MM.

Tourret, président; Héricart de Thury, vice-président; Barbet, Blanqui, Fouquier d'Hérouel, Geoffroy de Villeneuve, Goldenberg, H. de Kergorlay, Louis Leclerc, Moll, Roux-Carbonnel, Louis Vilmorin, Yvart, Payen, Pepin, J. Persoz, É. de Dampierre, Arlès-Dufour, Justin Dumas, Tavernier, Billiet, Lainel, Balard.

[1] M. Legentil, président de la chambre de commerce de Paris, appelé par les membres du jury central aux fonctions de président, ayant donné sa démission par suite de l'état de sa santé, le bureau a été définitivement constitué comme on l'indique plus haut.

DEUXIÈME COMMISSION.

ALGÉRIE.

MM.

Héricart de Thury, président; Balard, Ébelmen, Ambroise-Firmin Didot, Justin Dumas, Lainel, Louis Leclerc, Leplay, Moll, Payen, Péligot, Natalis Rondot, J. Persoz, Yvart, Louis Vilmorin, H. de Kergorlay, Pepin, Em. Dolfus.

TROISIÈME COMMISSION.

MACHINES.

MM.

Combes, président; Michel Chevalier, Charles Dupin, Amédée Durand, A. Jullien, Lechâtellier, Mary, Moll, Morin, Pouillet, A. Séguier, Em. Dolfus, Max. Gaussen, Arnoux, Pecqueur.

QUATRIÈME COMMISSION.

MÉTAUX.

MM.

Héricourt de Thury, président; Michel Chevalier, Combes, Amédée Durand, Ébelmen, Goldemberg, Lechâtellier, Mary, Péligot, Leplay, Peupin, Natalis Rondot,

CINQUIÈME COMMISSION.

INSTRUMENTS DE PRÉCISION.

MM.

Armand Séguier, président; Pouillet, Mathieu, Froment, Peupin, Pierre Érard, Marloye.

SIXIÈME COMMISSION.

ARTS CHIMIQUES.

MM.

Dumas de l'Institut, président; Ébelmen, Payen, Péligot, J. Persoz, Louis-Lucien Bonaparte.

SEPTIÈME COMMISSION.

ARTS CÉRAMIQUES.

MM.

Dumas, de l'Institut, président; Bougon, Ébelmen, Léon de Laborde, Péligot, Fontaine.

HUITIÈME COMMISSION.

TISSUS.

MM.

A. Mimerel, président; Arlès-Dufour, Félix Aubry, Barbet, Billiet, Blanqui, Em. Dolfus, Justin Dumas, Dupérier, Max. Gaussen, Germain Thibault, Victor Grandin, Laikel, Legentil, Manière, J. Persoz, J. Randoing, Natalis Rondot, Roux-Carbonnel, Sallandrouze-Lamornaix, Sieber, Tavernier, Wolowski, Yvart, E. Desportes.

NEUVIÈME COMMISSION.

BEAUX-ARTS.

MM.

Fontaine, président; Blanqui, Bougon, Ambroise-Firmin Didot, Amédée Durand, Léon Feuchère, Héricart de Thury, Léon de Laborde, Pecpin, Pouillet, J. Persoz, Natalis Rondot, Wolowski.

DIXIÈME COMMISSION.

ARTS DIVERS.

MM.

Léon de Laborde, président; Blanqui, Ambroise-Firmin Didot, Dumas, de l'Institut, Héricart de Thury, Péligot, J. Persoz, Natalis Rondot, Wolowski, Geoffroy de Villeneuve, Max. Gaussen.

Dans une réunion particulière, chacune de ces commissions s'est subdivisée en sous-commissions; et les rapporteurs ont été désignés par nature de produits.

PREMIÈRE COMMISSION.

AGRICULTURE ET HORTICULTURE.

MM.

Louis Vilmorin........	Céréales et fourrages.
Louis Leclerc.........	Vins, liqueurs, huiles, comestibles, abeilles, pressoirs, fromages.
Moll................	Machines agricoles.
H. de Kergorlay.......	Races bovine et porcine.
De Dampierre.........	Races chevaline et asine.

MM.

Yvart.................. Race ovine et laines.
Aalès-Dufour........... Soies gréges.
Pepin.................. Cultures, fleurs et fruits.
Fouquier d'Hérouel..... Agriculteurs non exposants signalés par les jurys départementaux.

DEUXIÈME COMMISSION.

ALGÉRIE.

MM.

Louis Vilmorin......... Culture.
J. Persoz et Balard.... Produits chimiques, huiles, savons, etc.
Justin Dumas........... Soies gréges.
Louis Leclerc.......... Tabacs.
Leplay................. Substances minérales.
Héricart de Thury...... Marbres.
Laine!................. Tissus.
Yvart.................. Laines en suint.
Em. Dolfus............. Coton et laine.
Payen.................. Minoteries et couscoussous.
Natalis Rondot.........
Pepin..................
Ebelmen................ } Industries diverses.
Ambroise-Firmin Didot..

TROISIÈME COMMISSION.

MACHINES.

MM.

Charles Dupin.......... Appareils de sauvetage, bateaux à vapeur, batellerie, cordages.
Combes................. Machines pour les mines, chemins de fer, locomotives.
A. Morin............... Pompes, appareils pour élever l'eau. Presses hydrauliques, machines à curer, turbines, moteurs hydrauliques, modèles et dessins de fabrique.
Lechatelier............ Machines-outils, chaudronnerie en fer.
Mary................... Machines diverses, constructions civiles, machines à briques, vidanges (appareils, sièges, etc.)
Armand Séguier......... Machines diverses.
Combes et Michel Chevalier.............. } Outils de sondage.

MM.

Amédée DURAND.......	Machines à rogner et couper le papier, presses typographiques et lithographiques, outils-machines, presses à timbrer, à copier, serrures, meubles en fer.
Em. DOLFUS...........	Machines à filer, à tisser et accessoires (cardes, rots, lames, taquets, navettes, peignes à tiller, etc.); machines à fouler, à sécher, à extraire l'eau; machines à bonneterie, broderie, etc.
Maxime GAUSSEN.......	Métiers et mécanique Jacquart.
PECQUEUR.............	Presses et crics, machines à chocolat et à broyer.
ARNOUX...............	Carrosserie, trains de voiture, essieux, ressorts de voitures, enrayage.

QUATRIÈME COMMISSION.

MÉTAUX.

MM.

LEPLAY...............	Clous, pointes et rivets, fils de fer, treillage, or et argent en feuilles, or faux, tréfilerie, cloches et sonnettes, houille et anthracite, fonte étamée, étain, maillechort, métal anglais, cuivre, robinets, planches de cuivre, de zinc, d'acier, fonte de cuivre, minerais, zinc et emploi, plomb et emploi, aciers, limes, faux, faucilles.
GOLDENBERG...........	Coutellerie, outils de forges, enclumes, soufflets, étaux, quincaillerie, taillanderie, boulons, vis, écrous.
EBELMEN..............	Conduites d'eau et de gaz en métal.
Amédée DURAND........	Fermetures domiciliaires, aiguilles.
Michel CHEVALIER.....	Fonte, fonte malléable, fonte moulée, fers, fer-blanc, etc.
PECQUEUR.............	Ustensiles de ménage, couverts, étrilles.
HÉRICART DE THURY....	Substances minérales. (Marbres, marbres travaillés, pierres lithographiques, crayons, ardoises, pierres à polir et à repasser, concrétions minérales, asphaltes et bitumes, albâtres, pierres meulières, meules, etc.)

CINQUIÈME COMMISSION.

INSTRUMENTS DE PRÉCISION.

MM.

POUILLET.............	Instruments d'optique et physique, phares, appareils d'éclairage.
MATHIEU.............	Appareils à peser; grandes balances, mesures diverses, compteurs et machines à calculer, globes célestes et terrestres; cartes en relief.
A. SÉGUIER...........	Grandes orgues, orgues expressives, mélophones, orgues à manivelles.
FROMENT.............	Instruments d'astronomie, de marine, géodosie et de mathématiques, instruments divers, machines à tailler et à diviser.
PEUPIN...............	Horlogerie de précision et civile; mouvements roulants de pendules, pièces détachées, aiguilles, ressorts de montre, etc.
	Arquebuserie, canonnerie, cartouches, amorces, fourbisserie, ustensiles de chasse.
P. ÉRARD............	Pianos et harpes.
MARLOYE.............	Instruments à archets et à cordes, instruments à vent en cuivre et en bois.

SIXIÈME COMMISSION.

ARTS CHIMIQUES.

MM.

ÉBELMEN.............	Calorifères à air chaud, cheminées, appareils culinaires, fours et appareils de dessiccation, appareils de filtrage.
DUMAS, de l'Institut.....	Couleurs, conservation et teinture des bois, tissus imperméables et tissus élastiques, vernis, cire à cacheter, cirage et encre.
PAYEN...............	Gélatine, colle forte, raffinage et essai du sucre, pétrins mécaniques, appareils pour l'extraction de la fécule, bougies, Huiles, graisses, suifs, corps gras, calorifères à eau et à vapeur, appareils distillatoires de l'eau de mer.
PELIGOT..............	Substances alimentaires, produits chimiques, cafetières et brûloirs à café, appareils à faire la glace.

MM.	
J. Persoz............	Couleurs et matières tinctoriales, teinture et impression, procédé de blanchiment et de blanchissage.
Balard..............	Savons et cosmétiques, produits chimiques.
Louis Lucien Bonaparte.	Fécules, amidons, glucose.

SEPTIÈME COMMISSION.

ARTS CÉRAMIQUES.

MM.	
Dumas, de l'Institut....	Glaces, cristaux, verres.
Ébelmen.............	Porcelaine, vitraux peints, décoration de porcelaines et cristaux, émaillage sur métaux.
Bougon..............	Faïence fine et grès cérame, faïence brune et blanche à émail stannifère, poterie commune à vernis de plomb, terres cuites non vernissées, fabrication des briques et tuiles.

HUITIÈME COMMISSION.

TISSUS.

MM.	
Justin Dumas, président. Germain Thibault...... Maxime Gaussen....... Sieber.............. Billiet.............. Roux-Carbonnel.......	Fils de laine peignée et tissus de laine longue, châles, étoffes mélangées et unies.
V. Grandin, président... Lainel.............. Duperrier............ J. Randoing.......... Blanqui.............	Laines cardées, tissus unis et draperies.
Roux-Carbonnel, président.............. Arlès-Dufour......... Justin Dumas......... Germain Thibault...... Maxime Gaussen....... Tavernier............	Soies ouvrées, bourres, déchets, tissus unis et façonnés.

MM.	
Roux-Carbonnel, président Arlès-Dufour Manière	Bonneterie, passementerie.
E. Dolfus, président H. Barbet A. Mimerel J. Persoz	Cotons filés et tissus de coton unis, teints et imprimés.
Germain Thibault, président E. Dolfus Keittinger H. Barbet Wolowski Sieber Maxime Gaussen Justin Dumas J. Persoz	Tissus de laine imprimés.
Blanqui, président Lainel Félix Aubry E. Desportes	Chanvre, lin, fil et tissus de lin.
Blanqui, président Roux-Carbonnel A. Mimerel Billiet Lainel	Tapis et tapisserie.
Félix Aubry, président Justin Dumas Blanqui	Tulles, dentelles et broderies.

NEUVIÈME COMMISSION.

BEAUX-ARTS.

MM.	
Wolowski	Orfévrerie, joaillerie, bijouterie, plaqué et orfévrerie légère, orfévrerie de maillechort, dorure et argenture du cuivre.

MM.	
HÉRICART DE THURY.....	Joaillerie, bijouterie, pierristes, lapidaires, bijouterie dorée, bijouterie de deuil, d'acier, strass, imitation de diamant, perles artificielles, bijouterie de corail, mosaïques, anatomie plastique, préparations d'histoire naturelle, mosaïques en bois, agate, jaspe, écaille, etc. Incrustations d'ivoire.
Léon FEUCHÈRE........	Ouvrages en ivoire, fonderies de bronzes d'art, bronze d'art et d'ameublement, bronze d'éclairage, cuivre estampé et verni, imitation de bois et de marbre par la peinture, dorure sur bois, cuir, machinerie de théâtre, constructions et modèles, plans en relief, tabletterie, parquets, emploi du bois appliqué au bâtiment, cadres, bordures, boissellerie et tonnellerie, mannequins pour peintres, toiles pour peintres, brosses, pinceaux.
BOUGON..............	Sculptures en carton-pierre, moulage, sculpture sur bois, figures en plâtre, stores.
Natalis RONDOT.........	Éventails et écrans à main, meubles en tabletterie en bois et carton laqué, imagerie, dessins et métiers à tapisserie.
BLANQUI..............	Ébénisterie d'art, meubles d'utilité et à système, meubles de fantaisie, marqueterie, ébénisterie de siége.
Léon DE LABORDE......	Billards, miroiterie, héliographie sur plaques de métal, héliographie sur papier, héliographie coloriée, ébénisterie appliquée à l'héliographie.
A.-Firmin DIDOT.......	Gravure et fonte de caractères d'imprimerie, imprimerie typographique, imprimerie en taille-douce et cartes, reliure.
J. PERSOZ.............	Typochromie, lithographie, chromolithographie, gravure pour impression, clichage, outils de graveurs, papiers peints.
SALLANDROUZE-LAMORNAIX.	Dessins de fabrique.

DIXIÈME COMMISSION.

ARTS DIVERS.

MM.

A.-Firmin Didot....... Papeterie.

Dumas, de l'Institut.... Cuirs et peaux, cuirs vernis, maroquins, cuirs hongroyés et mégissés, cuirs repoussés, cuirs forés et courroies, fourrures.

Geoffroy de Villeneuve. Sellerie et bourrelerie.

M. Gaussen........... Chaussures en cuir.

J. Persoz............. Toiles cirées, papier dit *gipsy*.

Héricart de Thury..... Fleurs artificielles, botanique, fleurs de parure et d'ornement, instruments de chirurgie, bandagistes, orthopédistes, dentistes, biberons, clysoirs.

Natalis Rondot......... Feutres et flotres; layeterie, emballage; articles de campement et de chasse; sabots, galoches, socques, brides et garnitures de sabots, chaussons, formes; perruques et ouvrages en cheveux; casques, chapellerie de feutre et de soie, casquettes, chapeaux de paille, chapeaux de femme; lingerie, corsets, habillements d'homme, baleines, cannes, parapluies, cravaches, fouets; boutonnerie, brosserie, gaînerie, portefeuilles et porte-monnaie; ganterie de peau, ganterie de tissu de bonneterie et de filet; jouets d'enfants, bimbeloterie, œillets métalliques, peignes, plumeaux, tabatières en carton verni et boîtes en fer-blanc; vannerie, papeterie de luxe, papiers de fantaisie, papiers et cartes de porcelaine, moules et papiers à cigarettes, encadrements en carte repoussée, papier gaufré, sujets et objets de fantaisie en papier, cartonnages divers et enveloppes de bonbons, articles de fantaisie en carton, bois et peau, cartes à jouer, registres, plumes et porte-plumes, encriers, articles de bureau, bouchons en liége, bustes et têtes pour coiffeurs, cercles de tamis, crins, filets, articles de pêche, appareils de gymnastique, système de couchage, literie, pouponnières, produits du travail des aveugles.

Dès le début de l'exposition, le ministre de l'agriculture et du commerce, sur la proposition du jury central, prescrit les dispositions suivantes :

1° Les exposants ne pourront exposer que leurs propres produits et non des objets fabriqués sur modèles, dessins, etc., et acquis seulement par ceux qui les vendent.

Les industriels producteurs seront seuls admis aux récompenses décernées par le Gouvernement.

2° Aucun écriteau ne devra être apposé sur les produits pour indiquer que ces objets ont été commandés ou achetés, soit par des maisons de commerce de détail, soit par des établissements publics.

3° Dans la galerie des tissus de couleur, des écriteaux feront connaître le nom du teinturier, lorsque cette partie du travail n'aura pas été exécutée dans l'établissement de l'exposant principal, et que le tissu sera admis comme œuvre des teinturiers.

4° L'exposant aura la faculté de montrer ou d'expliquer le jeu de ses machines ou appareils, mais chaque commission du jury central est chargée de prendre à ce sujet les mesures d'ordre qu'elle jugera convenables pour éviter les accidents, l'encombrement et les inconvénients quelconques.

5° Il sera interdit d'afficher sur les produits la mention de médailles ou récompenses décernées par des sociétés savantes ou industrielles, ainsi que d'étaler tout signe apparent qui serait relatif à ces récompenses ; les exposants pourront seulement mentionner celles qui auraient été accordées par le Gouvernement dans les précédentes expositions, mais seulement après que la vérification en aura été opéré par l'inspecteur.

6° Il sera libre à tout exposant de rappeler les brevets d'invention qu'il aura pris, en indiquant l'objet spécial du brevet, sa date, sa durée, et en justifiant de ses titres sur la demande de l'inspecteur ou des membres du jury. Il sera nécessaire d'ajouter, en outre, que les brevets sont délivrés sans garantie du Gouvernement.

7° Les rappels de médailles qui seraient accordés sur le rapport du jury ne pourront remonter au delà de la précédente exposition. Ces rappels n'auront lieu que si l'établissement continue à exploiter la même industrie, et seront d'ailleurs facultatifs.

8° Les prix de vente affichés à l'exposition devront être véridiques, et l'exposant ne pourrait refuser d'exécuter sur commandes les mêmes objets et aux mêmes prix, sous peine d'être mis hors de concours.

9° Les faillis non réhabilités, auxquels la Bourse est interdite, ne participeront point aux récompenses décernées.

10° Pour éviter que des récompenses accordées à un exposant pour un ensemble de produits divers soient attribuées à tel ou tel produit isolé qui n'en aurait pas été digne, chaque espèce de produit sera jugé séparément, et, dans le texte des rapports du jury central, un renvoi servira à passer d'un produit à un autre.

EXTRAITS

DES VŒUX ÉMIS PAR LE JURY CENTRAL.

Vœu tendant à faire refuser les bâtiments du domaine public aux sociétés qui font des expositions particulières.

1° Le jury central, reconnaissant l'abus des expositions faites à des titres divers par des sociétés ou des entreprises particulières, prie M. le ministre de l'agriculture et du commerce d'intervenir auprès de son collègue le ministre des travaux publics pour lui demander de refuser à l'avenir la disposition de la galerie du Louvre et de tous autres locaux dépendant du domaine public aux sociétés qui, par des expositions particulières, simulent l'exposition nationale et induisent le public en erreur.

Vœu recommandant à la bienveillance du Gouvernement la famille de feu M. Ph. de Girard.

2° Le jury central, sur la proposition de son président, charge ce dernier de rappeler au Gouvernement les services rendus à l'industrie nationale par M. de Girard et d'exprimer le désir que le Gouvernement reconnaisse ses services en accordant à sa famille une récompense nationale.

Vœu en faveur de l'assimilation de l'Algérie à la France sous le rapport commercial.

3° Le jury central émet le vœu que tous les produits de l'Algérie soient affranchis de tous droits à l'entrée en France et entièrement assimilés aux produits français.

4° Le jury central, à l'unanimité, émet le vœu que le Gouvernement reproduise le projet de loi sur la marque obligatoire des produits de l'industrie afin d'éviter des fraudes à la fois condamnables et désastreuses.

DISTRIBUTION DES RÉCOMPENSES

PAR

LE PRÉSIDENT DE LA RÉPUBLIQUE.

(11 NOVEMBRE 1849.)

La grande salle du palais de justice avait été préparée pour la distribution des récompenses aux exposants. Une décoration splendide, appropriée au caractère de cette solennité, avait remplacé, en quelques jours, la décoration qui avait servi lors de la cérémonie de l'institution de la magistrature.

Neuf grands caissons octogones, remplissant les milieux des travées de la voûte, portaient les neuf inscriptions suivantes :

1450. GUTENBERG invente l'imprimerie.
1649. PASCAL invente la presse hydraulique.
1690. DENIS PAPIN invente la machine à vapeur.
1785. BERTHOLLET invente le blanchiment au chlore.
1786. PHILIPPE LEBON invente l'éclairage au gaz.
1790. LEBLANC invente la soude artificielle [1].
1800. ACHARD invente le sucre de betterave.
1810. DE GIRARD invente la filature mécanique du lin.
1822. FRESNEL invente les phares lenticulaires.

La partie supérieure de la corniche avait été enrichie d'une attique composée de dix-huit grands motifs dans

[1] C'est une justice de reconnaître que M. Dizé, associé à Leblanc, a concouru par ses travaux à la découverte de la soude artificielle, et qu'il en a organisé la première fabrication en grand.

lesquels étaient représentés, en grisaille, sur fond rouge-brun, les sujets suivants : La Chimie, la Physique, la Géographie, l'Astronomie, la Peinture, l'Architecture, la Sculpture, l'Ameublement, la Céramique, l'Agronomie, l'Horticulture, la Métallurgie, la Mécanique, l'Orfévrerie, l'Horlogerie, la Photographie, la Verrerie, la Lutherie.

Aux deux extrémités, l'attique avait pris de plus larges proportions. Les tympans du fond de la salle contenaient les attributs de l'imprimerie, et les génies de l'Étude et de la Littérature servaient de supports à cette ornementation. Au chevet de la salle, était figurée une locomotive ayant aussi pour supports deux génies représentant la Science et l'Industrie et ayant pour devise ces mots : *la vapeur*.

Chaque pilastre était orné d'un faisceau de drapeaux surmonté d'une bannière flottante, qui portait cette inscription : « Honneur au travail. » Les hampes de ces drapeaux venaient s'unir sur des écussons circulaires à fond bleu-azur, encadrés d'une couronne dorée, au centre de laquelle on lisait les noms des villes de France les plus importantes au point de vue économique.

Voici la liste de ces villes :

Amiens.	Lille.	Roubaix.
Angoulême.	Limoges.	Rouen.
Annonay.	Louviers.	Saint-Étienne.
Avignon.	Lyon.	Saint-Quentin.
Bordeaux.	Marseille.	Sedan.
Clermont-sur-l'Hérault.	Mulhouse.	Tarare.
	Nantes.	Toulouse.
Elbeuf.	Nîmes.	Troyes.
Grenoble.	Paris.	Valenciennes.
Joinville.	Reims.	Vienne.
Le Havre.	Rive-de-Gier.	Vire.

Pour couronner les pilastres, on avait inscrit sur l'attique les noms des villes de l'Aigle, Alais, Baccarat, Bayeux, Castres, Châtellerault, Chollet, Cognac, Le Creuzot, Decazeville, Lodève, Mirecourt, Montpellier, Nevers, Orléans, Sarreguemines.

Les triglyphes de la frise de l'entablement, composée de neuf travées, renfermaient les noms des hommes dont les découvertes avaient été le plus utiles à l'industrie. Les noms des modestes ouvriers, qui avaient suppléé à l'instruction scientifique par leur esprit d'observation et leur génie naturel, figuraient à côté de celui des savants dont les études abstraites avaient élargi les limites des connaissances humaines.

Là brillaient les noms de :

Bélidor.	Jars.	Péronnet.
Bernard de Palissy.	De Girard.	Prony.
Borda.	Les frères Gobelin.	Proust.
Bosc.	Les frères Keller.	Réaumur.
Boulle.	Lavoisier.	Richard Lenoir.
Brongniart.	Mathieu de Dombasle.	Riquet.
Chaptal.	Monge.	J. Rouvet.
Coulomb.	Montgolfier.	Sané.
Daubenton.	Oberkampf.	Tessier.
Duhamel du Monceau.	Olivier de Serres.	Ternaux.
Gambey.	Parmentier.	Thouin.
Jacquart.	Pascal.	Vaucanson.

Autour des deux grandes parties vitrées formant archivolte aux extrémités de la salle, étaient écrits en lettres d'or ces mots : *République française.* Dans la frise du chevet, on lisait cette inscription : *Liberté, Égalité, Fraternité,* et dans la frise opposée, celle-ci : *Honneur au travail.*

La tenture des arcades et des soubassements était en velours rouge. Le chevet de la salle était décoré dans toute sa hauteur par une draperie de même étoffe ornée de guirlandes de fleurs, de feuilles de chêne et d'olivier, et soutenue par des têtes de lion dorées; des palmes d'or remplissaient l'espace existant entre les guirlandes et l'architrave de l'entablement.

Toute cette décoration avait été exécutée sous la direction de M. Lenormand, architecte de la cour de cassation.

La Sainte-Chapelle, où monseigneur l'archevêque de Paris devait célébrer la messe du Saint-Esprit et bénir les médailles, ainsi que les produits de l'agriculture et de l'industrie, avait reçu aussi une décoration spéciale qui laissait à l'édifice le caractère si remarquable que l'art moderne a su lui rendre. Les parties inférieures des fenêtres, encore inachevées, avaient été revêtues de tapisseries anciennes des Gobelins. Huit grandes figures sur fond d'or garnissaient la partie inférieure des fenêtres du sanctuaire.

Treize lustres dorés, avec leurs bougies de cire jaune, étaient suspendus à la voute, du milieu de laquelle pendaient aussi une grande couronne d'or, à l'instar de celle qui se voit au-dessus du tombeau de Charlemagne à Aix-la-Chapelle.

Au bas des marches de l'autel, dans les deux renfoncements destinés anciennement aux places d'honneur, on avait élevé deux trophées, l'un à l'agriculture, l'autre à l'industrie. Un grand nombre de fabricants s'étaient empressés de fournir les plus précieux objets de leur fabrique pour rehausser l'éclat du monument consacré aux arts industriels. Les administrateurs des jardins nationaux avaient concouru de leur côté à la composition du trophée de l'agriculture.

M. Lassus, architecte de la Sainte-Chapelle, était chargé de diriger les travaux de décoration.

Le 11 novembre, à neuf heures trois quarts, le président de la République, suivi des officiers de sa maison, est parti du palais de l'Élysée en voiture; il avait près de lui M. Boulay (de la Meurthe), vice-président, le ministre de la guerre et le ministre du commerce; dans d'autres voitures d'honneur étaient les ministres et les aides de camp de Louis-Napoléon.

Le cortége est arrivé par le pont au Change. Il était précédé par un escadron de cuirassiers.

Le président de l'Assemblée nationale, M. Dupin, est également arrivé au palais de justice, précédé et suivi par un escadron de lanciers.

Le président de la République a été reçu en haut du grand escalier d'honneur par le jury central, qui l'a conduit immédiatement à la grande chambre d'audience de la cour de cassation, où étaient réunis depuis neuf heures et demie, MM. les agriculteurs et industriels auxquels la décoration a été décernée à l'occasion de l'exposition de l'industrie. M. le ministre de l'agriculture et du commerce a prononcé l'allocution suivante :

Messieurs,

M. le Président de la République vous a décerné la croix de la Légion d'honneur comme une récompense méritée par vos inventions, par vos travaux longs et prospères.

Il a vu, avec autant de surprise que de joie, l'industrie se montrer toujours digne des mêmes distinctions, malgré les tempêtes qui en ont troublé la marche.

Tout en regrettant que l'agriculture n'eût pas obtenu autrefois sa place dans ces solennités, sa part dans ces récompenses, il s'estime heureux d'avoir été appelé à lui rendre d'une manière éclatante une justice qui ne lui fera jamais défaut à l'avenir. L'agriculture peut compter, à tous les titres, sur une protection bienveillante et empressée.

DÉCORATIONS.

MM.

AUCLERC, agriculteur et éleveur à Celle-Bruère (Cher).
BAUR, gérant associé de la fabrique de grosse quincaillerie à Molsheim (Bas-Rhin).
BERTHOUD (Charles-Auguste), fabricant d'horlogerie de marine à Argenteuil (Seine-et-Oise).
BOUCHON, exploitant de carrières de pierres meulières à la Ferté-sous-Jouarre (Seine-et-Marne).
BOUILLON, fabricant de fil de fer à Limoges.
BURAT, ingénieur civil à Paris.
CANSON (Étienne), fabricant de papier à Annonay.
CAVAILLÉ-COLL père, fabricant d'orgues à Paris.
CHEVANDIER (Eugène), directeur de la compagnie des manufactures de glaces et de verres de Cirey (Meurthe).
CRESPEL (Tiburce), agriculteur à Larbret (Pas-de-Calais).
DECROMBECQUE, agriculteur (Pas-de-Calais).
CURNIER, fabricant à Nîmes.
DELATTRE (Henri), fabricant de tissus à Roubaix.
DEMESMAY, agriculteur (Nord).
DESROSIERS, imprimeur à Moulins (Allier).
DUPORT (Victor-Florian), fabricant de cuirs à Paris.
DURENNE père, fabricant de chaudières à Paris.
FARCOT, constructeur de machines à vapeur à Saint-Ouen (Seine).
FIZEAU, héliographe, Paris.
FLAVIGNY (Charles), fabricant de draps à Elbeuf.
FROLICH, directeur de forges de Montataire (Oise).
GAUSSEN (M.), fabricant de châles à Paris.
GOUIN (Ernest), constructeur de machines à Batignolles.
GRAR (Numa), raffineur à Valenciennes.
HARDY, chef des pépinières d'Alger.
HARTMANN, fabricant de fils et tissus de coton à Munster (Haut-Rhin).
HOUEL, directeur des ateliers de la maison Derosne et Cail à Paris.
HOUETTE, fabricant de cuirs tannés et vernis à Paris.
KIND, sondeur artésien.
KOLB-BERNARD, raffineur de sucre à Lille.

LACROIX, directeur de la fabrique de produits chimiques de Chauny (Aisne).
LECOUTEULX, directeur de la fonderie de Romilly (Eure).
LEFÉBURE, fabricant de dentelles et blondes à Bayeux (Calvados).
LEHOULT père, filateur et fabricant de tissus de coton à Saint-Quentin (Aisne).
LEVEILLÉ, filateur et teinturier à Rouen.
MALLET, filateur de coton à Lille.
MARCUS, directeur de la compagnie des cristalleries de Saint-Louis (Moselle).
MARTINE aîné (Charles-François), agriculteur (Aisne).
MENET (Jean), filateur et moulinier de soie à Annonay.
NILLUS, constructeur de machines à vapeur, au Havre.
PALLU, directeur des mines de Pontgibaud (Puy-de-Dôme).
POTTON (Ferdinand), fabricant de soieries à Lyon.
RAOUX, fabricant d'instruments de musique en cuivre à Paris.
RENAUD (Adolphe), fabricant de draps à Sedan.
ROUSSI, ouvrier mécanicien à Lyon.
SAX, fabricant d'instruments de musique à vent à Paris.
SOLEIL, fabricant d'appareils d'optique à Paris.
SOREL, fabricant de fer galvanisé à Paris.
TOUSSAINT, directeur de la compagnie des cristalleries à Baccarat.
TRANCHART-FROMENT, filateur de laine à Rethel.
ZUBER fils, fabricant de papiers à Rixheim (Haut-Rhin).

Le Président de la République a accompagné la remise de chaque décoration de paroles pleines de bienveillance ; il a pressé la main à un brave ouvrier mécanicien de Lyon, nommé Roussi, qui a mérité la croix de la Légion d'honneur par des travaux pleins d'intelligence.

Après la distribution des croix, le Président de la République s'est rendu à la Sainte-Chapelle, suivi de tout le cortége, complété par les membres du jury, les nouveaux chevaliers de la Légion d'honneur et de hauts fonctionnaires.

Deux grands coffres de velours, rehaussés de riches ciselures, renfermant les médailles d'or et d'argent étaient portés par huit ouvriers.

Le Président de la République a été reçu sous le porche

de la Sainte-Chapelle par le clergé de Paris. Autour de l'autel on remarquait les archevêques et évêques de Bordeaux, Langres, Limoges et Carcassonne. Avant la messe, monseigneur l'archevêque de Paris, revêtu de ses habits pontificaux, a prononcé le discours suivant :

Monsieur le Président et Messieurs,

La religion s'empresse d'accourir encore aujourd'hui à la voix de la patrie. Elle est heureuse de venir ajouter ses pompes, ses prières et ses bénédictions à cette grande solennité nationale. Dans cette fête, qui a pour objet d'encourager, d'ennoblir de plus en plus le travail, elle ne trouve rien qui ne soit conforme à ses principes et à ses sentiments. Ce n'est pas elle qui pourrait jamais oublier l'ouvrier, dédaigner sa condition et ses œuvres, elle dont le berceau fut la boutique d'un artisan !

N'a-t-elle pas été la mère de notre agriculture, et, dans les temps anciens, son institutrice la plus éclairée et la plus active ? Ce sont ses enfants, ce sont ses moines surtout, qui ont abattu les forêts, rendu fertiles les terres, fondé des villes et créé, pour ainsi dire, des nations là où régnaient le silence, la solitude et la barbarie.

En formant des peuples nouveaux, en conquérant des peuples anciens, en les unissant tous par un lien commun, elle a multiplié les rapports entre les hommes, favorisé leurs transactions et étendu le cercle où le commerce était appelé à se mouvoir.

On ne l'accusera pas sans doute d'être l'ennemie des arts, cette religion qui a élevé tant de monuments magnifiques. Voyez le temple où nous sommes réunis, quoiqu'il n'ait pas encore retrouvé, malgré les plus habiles efforts, toute sa splendeur primitive, voyez si dans ces voûtes suspendues sur nos têtes, dans ces colonnes qui s'élancent, dans cet or qui ruisselle sur la pierre, dans ces peintures et dans ces sculptures à la fois si savantes et si délicates, en un mot, dans toute cette magnifique expression d'une seule des pensées de la religion, vous ne trouverez pas assez de preuves de son amour pour les arts.

Mais, peut-être, la religion n'éprouve-t-elle pas les mêmes sympathies pour les sciences et pour l'industrie. Eh ! qu'on se détrompe ! Quand elle voit l'homme reconquérir peu à peu, et à la sueur de son intelligence, cet empire du monde qu'il avait perdu; quand elle le voit, sur les ailes de son génie, franchir les espaces et aller mesurer les cieux; quand elle le suit, tantôt se traçant une route certaine à travers les flots et les tempêtes tantôt, sur la terre, dérobant à la nature ses secrets, dominant les climats et les faisant servir comme des esclaves à ses usages, effaçant les distances, et, par les merveilles de la vapeur, ajoutant si prodigieusement à ses forces et à sa vie; devant ce grand spectacle, non, la religion ne reste ni muette ni indifférente; elle applaudit à des efforts qui manifestent la grandeur primitive du roi de la création, son origine divine et sa ressemblance avec son auteur; elle bénit des résultats qui, sous la main de la Providence, conduisent l'humanité à ses fins.

Voulez-vous une autre preuve de l'estime qu'elle fait des arts et de l'industrie?

Écoutez : « C'est le Seigneur, disent les livres saints, qui appelle « par son nom Béséléel, fils d'Uri, lorsqu'il s'agit de construire et « d'embellir le temple de Jérusalem; il le remplit de sagesse et d'in- « telligence, et de science, et d'habileté pour toute sorte d'ouvrages, « soit pour exécuter ce qui peut se faire en or, et en argent, et en « airain, soit pour tailler et pour graver les pierres précieuses, et « pour tous les ouvrages en bois. Il a aussi appelé Ooliab, conti- « nue l'historien sacré; il le remplit également d'un esprit de « sagesse, pour exécuter tous les ouvrages en étoffes de différentes « couleurs, et en broderies, d'hyacinthe, de pourpre, d'écarlate « teinte deux fois, et de simple tissure, et pour inventer même « de nouveaux ouvrages et toutes sortes de dessins. » (*Exode*, c. XXXV, v. 30-35.)

Voilà ce que sont aux yeux de notre religion sainte les divers travaux du génie et de la main des hommes.

Sans doute elle préfère les biens éternels aux biens terrestres. Elle ne croit pas que tout soit dit pour le bonheur des peuples, comme des individus, quand la terre est fertile, que la richesse s'accroît et que partout coule l'abondance. Elle sait que les sociétés ne vivent pas seulement de pain, mais de vérité, de justice et de moralité. Elle avertit l'homme d'élever son cœur et son regard en haut, de ne pas mettre son âme dans la matière et ses espérances dans le temps. Elle lui montre des États florissants, qui étaient fiers de leurs richesses, dont le commerce et l'industrie faisaient chaque jour des progrès, arrêtés tout à coup sur la voie des prospérités, et s'écroulant avec fracas au premier souffle des révolutions, parce qu'ils étaient minés profondément par le sensualisme et la corruption.

Mais, quoique la force et la vie des sociétés temporelles soient principalement dans leur adhésion aux principes éternels que la religion proclame, il n'en est pas moins vrai qu'elles augmentent, par le travail, tout ce qui regarde l'aisance, leur bien-être et leur sécurité. Ce travail est déjà lui-même une vertu; il est le prix de l'ordre; il est le principe d'un perfectionnement moral qui élève l'homme, et qui, en lui faisant accomplir sa destinée ici-bas, le conduit, par la voie la plus sûre vers ses destinées immortelles.

Votre dessein, plusieurs fois manifesté, Monsieur le Président, est de rouvrir pour le pays, avec le concours de l'Assemblée nationale, les sources les plus abondantes du travail, et de frayer les voies les plus larges à l'industrie et au commerce. Vous avez aussi compris le besoin de ne pas laisser l'homme se matérialiser, de rattacher la terre au ciel par les liens à la fois les plus doux et les plus forts, et de faire descendre sur les sources de la richesse un rayon d'en haut, afin qu'elle soit toujours un principe d'ordre, de paix et de vrai bonheur. De pareils efforts et de pareils sentiments vous assureront la reconnaissance du peuple et les bénédictions du ciel.

Puisse donc ce grand Dieu, le créateur de la nature, en voyant ces œuvres sorties des mains de ses enfants, les bénir avec amour et dire, comme en présence de ses propres ouvrages : « Toutes ces choses sont bonnes : *Viditque Deus cuncta quæ fecerat, et erant valde bona !* »

Oui, ô mon Dieu, elles sont bonnes, ces œuvres, puisqu'elles manifestent la grandeur du génie de l'homme, et publient ainsi, à leur tour, comme les cieux, la gloire de son créateur. Elles sont bonnes, puisque vous avez voulu les faire servir, dans l'ancienne et dans la nouvelle loi, à l'embellissement de vos temples et à la pompe de votre culte. Elles sont bonnes, puisqu'elles tendent à diminuer la souffrance du pauvre et à augmenter le bien-être du peuple : *Et erant valde bona.*

Quelques instants après, la messe du Saint-Esprit a été célébrée par monseigneur l'archevêque de Paris. Pendant l'office, on a entendu divers morceaux de chant qui sont du XIIIe siècle, et dont le caractère religieux a vivement impressionné l'assemblée. Les chœurs étaient dirigés par M. Clément, qui a attaché son nom à la restauration de ces anciennes mélodies.

Après la messe, le Président de la République et les corps qui ont assisté à la cérémonie de la Sainte-Chapelle se sont rendus à la salle où devait avoir lieu la distribution des médailles.

Au milieu de cette vaste salle, s'élevait le fauteuil du Président de la République : il avait à sa droite le vice-président, M. Boulay (de la Meurthe), et à sa gauche M. Dumas, ministre de l'agriculture et du commerce.

Sur une estrade à gauche, le président de l'Assemblée, M. Dupin, occupait également une place d'honneur; il avait auprès de lui les membres du bureau de l'Assemblée, vice-présidents, secrétaires, questeurs.

A droite du président de l'Assemblée était le conseil des ministres, puis venaient le corps diplomatique, à la tête duquel se trouvait lord Normanby, ambassadeur d'Angleterre, monseigneur le nonce du pape, monseigneur l'archevêque de Paris et son clergé, des députations de la cour de cassation, de la cour d'appel, des tribunaux de première instance et de commerce, les prud'hommes, les députations de l'Institut et de l'Université; les états-majors de la garde nationale et de l'armée, parmi lesquels on distinguait le général Petit, gouverneur des Invalides, le général Perrot, le général Dulac et une foule d'autres officiers généraux.

On y remarquait encore les préfets de la Seine et de police, les douze maires de Paris et un grand nombre de représentants.

En face du Président de la République étaient d'immenses gradins où étaient placés tous les exposants à qui devaient être décernées les médailles d'or, d'argent et de bronze, un public nombreux et les chanteurs orphéonistes.

Les arts ont prêté leur concours à cette grande fête de notre industrie nationale. Trois cents orphéonistes, sous la direction de M. Huber, et un orchestre dirigé par M. Sax, ont exécuté alternativement des chants nationaux et des fanfares.

Le Président de la République a surtout applaudi les strophes composées pour la circonstance par M. Gatineau, orphéoniste, et dont la musique est due à M. Wilhem.

Le ministre de l'agriculture et du commerce a ouvert la séance par le discours suivant :

Monsieur le Président,

L'agriculture, l'industrie, le commerce et les arts, personnifiés dans leurs chefs ou leurs ouvriers les plus nobles et les plus éclairés, réunis dans cette enceinte, en présence de la représentation nationale, vont recevoir de votre main les récompenses que le jugement du jury central leur décerne.

Vous avez voulu que cette cérémonie, autrefois concentrée dans le palais du Roi, devînt désormais la fête du travail, celle du peuple, et qu'elle apprît à la France entière qu'il n'y a pas de labeur si humble qui n'y ait sa place marquée, d'ouvrier assez modeste et assez caché pour que ses services échappent à l'œil du pays reconnaissant.

La magistrature, en nous prêtant son sanctuaire pour cette fête improvisée, et en s'y associant plus étroitement encore par sa présence, porte un double témoignage du respect que méritent les jugements dont on va proclamer l'expression.

Par une innovation touchante, la religion est venue rappeler qu'elle bénit le travail, qu'elle le commande, qu'elle l'ennoblit, qu'elle le sanctifie même à l'égard de la prière. Elle a marqué sa place dans une cérémonie dont sa présence rehaussera désormais la grandeur et l'éclat, et où elle semble dire que l'amour du travail c'est l'amour de Dieu lui-même.

L'Institut, le conseil de l'instruction publique, les facultés, toutes ces compagnies illustres dévouées au culte de la science, se sont empressées d'obéir à votre appel et de prendre leur rang au sein d'une réunion où personne n'oublie la part qui leur est due dans cette fécondité industrielle de la France, dont le tableau va se dérouler sous vos yeux. En couronnant les élèves en présence des maîtres, vous doublez la joie des uns, vous doublez aussi le dévouement des autres.

La religion, la politique, la justice, la science, veulent donc, à l'envi, que les fruits du travail soient récompensés, et qu'il soit honoré lui-même comme la source inépuisable de tout ce qui est beau, de tout ce qui est bon, de tout ce qui, sur la terre, se montre grand et durable.

La religion y voit l'accomplissement d'un devoir; la politique, le principe austère, mais sûr, de la durée des peuples libres; la justice, le meilleur gage du perfectionnement moral de l'homme; la science, l'instrument de toutes les conquêtes qu'elle fait sur la nature.

Ici nous sommes donc tous voués au culte du travail; ici il n'y a pas de place pour l'oisiveté ou la paresse; ici nous travaillons tous avec le même courage, depuis le laboureur et l'ouvrier jusqu'à ces éminents esprits qui vous entourent, jusqu'à vous, qui trouvez si courtes les heures employées à préparer le bonheur d'un peuple à qui vous avez voué tant d'amour.

Oui, c'est dans ce respect du travail, dans cet amour vrai du peuple que vous puisez les inspirations de votre politique.

A la sollicitude que vous témoignez pour le laboureur et l'ouvrier, on sent que vous vous regardez comme leur père.

Vous voulez entourer leur enfance de soins plus prévoyants encore;

Vous voulez que, pendant la virilité de leur vie, leur travail, encouragé par de bonnes lois, devienne plus productif;

Vous voulez préparer à leurs vieux jours une sécurité qui leur manque;

Puisse le ciel, dans sa bonté, donner à votre ministre la force d'accomplir l'œuvre que vous lui avez marquée!

Mais il ne suffit pas à la prospérité de l'agriculture et de l'industrie de leur préparer des laboureurs ou des ouvriers robustes, laborieux, heureux du présent, confiants dans l'avenir; il faut encore qu'une pensée éclairée et ferme dirige leurs bras.

Dans ces visites si nombreuses et si prolongées, que vous faisiez dans les salles de l'exposition, vous avez promptement aperçu par quels liens la beauté des produits, la sûreté de leur création, se rattachent à la netteté et à la profondeur de l'éducation du fabricant.

La force et l'habileté du laboureur et de l'ouvrier constituent un immense capital national; mais la science de l'agriculteur, celle du manufacturier, celle de l'ingénieur peuvent en centupler la valeur. A de bons soldats, il faut de savants capitaines. Cette science, l'éducation publique doit tendre sans cesse à l'accroître, et le pays a le droit de lui demander compte des efforts qu'elle fait dans ce but.

Aussi voulez-vous qu'une éducation plus variée permette à toutes les aptitudes de se faire jour. Laissant aux lettres toute leur importance, vous entendez que les sciences obtiennent la leur. Sans renoncer au culte des langues anciennes, vous désirez que l'étude des langues modernes se popularise.

Vous voulez, en un mot, préparer à l'agriculture, à l'industrie, au commerce, aux arts, à l'administration publique, des agents préparés à comprendre et à résoudre toutes les questions qui s'agitent au milieu des peuples qui nous environnent.

Vous voulez que la jeunesse, trouvant dans nos lycées et dans nos colléges toutes les ressources nécessaires à une bonne éducation agricole, industrielle ou commerciale, ne soit plus détournée, par d'autres études, de la carrière paternelle.

Ces pensées étaient depuis longtemps les miennes, Monsieur le Président; je les avais puisées au milieu même de ces pères de famille que vous allez récompenser. Elles m'ont fait un devoir d'accepter un fardeau au-dessus de mes forces.

Si je n'ai pas reculé devant lui, c'est que je me suis confié à cette vieille affection que m'ont si souvent témoignée les chefs naturels de l'industrie et de l'agriculture dont nous sommes entourés; c'est que je me suis regardé comme leur représentant, comme leur écho, toujours prêt à saisir leur pensée et à s'en inspirer.

C'est, surtout, que j'ai compté sur ce jury central, où j'ai siégé pendant tant d'années, et qui m'a toujours accoutumé à m'y croire entouré d'amis. La fermeté de ses jugements, la sincérité de ses discussions, la droiture, l'impartialité qui l'animent toujours, en font, pour les personnes et pour les choses, le conseiller le plus sûr et le plus fidèle. Il trouvera toujours mon oreille ouverte à ses avis. Puisse-t-il ne pas me les épargner.

Je remercie, au nom de l'agriculture, de l'industrie, du commerce et des arts, messieurs les membres du jury et son illustre président du dévouement dont ils ont donné tant de preuves dans l'accomplissement de leur tâche.

Au nom de tous, je remercie surtout mon prédécesseur que tant de qualités avaient désigné à votre choix, Monsieur le Président, et que l'étendue de ses lumières, l'urbanité de son esprit, la netteté de ses décisions signaleraient à notre reconnaissance, alors même que cette cérémonie ne serait pas la conséquence et la conclusion d'une œuvre que ses soins avaient si habilement préparée et conduite, et dont j'ai essayé de rendre la fin digne de son commencement.

Le président du jury, M. Charles Dupin, a ensuite pris la parole et a prononcé le discours suivant :

Monsieur le Président,

Conformément à l'usage, je dois signaler les progrès obtenus par l'industrie nationale dans les cinq ans écoulés depuis la dernière exposition.

Ce qui caractérise l'industrie moderne et la rend progressive, c'est l'alliance de plus en plus intime de ses arts avec les sciences ; la géométrie, la mécanique et la chimie sont les trois flambeaux qui la guident et la mènent aux découvertes. Depuis la dernière exposition, cette alliance féconde s'est signalée par de nouveaux bienfaits dont il faut montrer la nature et l'étendue.

ARTS GÉOMÉTRIQUES ET MÉCANIQUES.

La géométrie, l'art des mesures, s'est attachée à doter l'industrie d'instruments précis, quoique toujours simples et commodes; elle a perfectionné surtout un instrument resté dans l'enfance depuis l'usage qu'en faisait le moins savant des peuples conquérants.

La romaine, aujourd'hui, combinant deux leviers et deux points d'appui, donne, avec autant de rapidité que de précision, les unités les fractions décimales du poids des objets. Il fallait cette promptitude pour la multiplicité des pesages aux stations des chemins de fer, où tout doit marcher, disons mieux, courir avec la vélocité de la vapeur.

Le temps est d'un prix inestimable pour les arts utiles. Combien de fois les commerçants n'ont-ils pas désiré des machines à calculer qui leur épargnassent des moments précieux, et qui fussent exemptes des erreurs que l'esprit le plus attentif n'évite jamais complétement! Une heureuse combinaison de mouvements circulaires vient de faire faire un grand pas à la solution du problème. Deux artistes français ont eu le bonheur d'ajouter à la machine arithmétique un perfectionnement que Pascal, son immortel inventeur, n'avait pas atteint.

D'autres appareils à mouvements circulaires rendent service à l'un des grands intérêts de l'humanité. Tels sont les phares inventés par l'illustre Fresnel; il les a dotés d'une puissance nouvelle, en réunissant les effets de la réflexion et de la réfraction sur les surfaces de cristaux circulairement disposés autour d'une lumière rendue elle-même plus puissante par des combustions concentriques auparavant inconnues.

L'exposition de cette année présentait à l'administration publique le plus grand appareil de cette nature et le plus parfait que nous ayons construit encore. Les Anglais, les Suédois, les Américains ont commandé des phares français. Mais nous restons la puissance qui présente, sur un immense littoral, le plus bel ensemble de feux protecteurs. Il y a vingt ans, nous n'avions érigé que trente phares ou fanaux sur les côtes de l'Océan et de la Méditerranée; à présent nous en possédons plus de cent soixante érigés sur nos côtes de France, de Corse et même d'Afrique.

Sur notre vaste littoral de l'Algérie, nos trois couleurs pendant le jour, et, pendant la nuit, nos lumières indicatrices, apprennent aux navigateurs que la plus hospitalière des nations remplace aujourd'hui la piraterie séculaire des peuplades barbaresques.

La lumière est l'objet d'un autre progrès plus récent encore et qui va s'appliquer aux arts. Jusqu'à présent, l'industrie humaine n'avait pas pu parvenir à mesurer matériellement, sur notre globe, la vitesse prodigieuse de la lumière. Un jeune savant, à la fois géomètre et mécanicien, vient de résoudre ce beau problème par la combinaison la plus simple et la plus ingénieuse de deux roues dentées à vitesse extrêmement peu différente. C'est l'extrême lenteur d'un mouvement différentiel qui rend saisissable et mesurable la vitesse de la lumière, laquelle passe de l'une à l'autre de ces roues en moins d'un tiers de dix-millième de seconde. Voilà ce que peut l'expérience, quand la géométrie la dirige.

Le même appareil sert déjà pour déterminer la vitesse du courant galvanique, dans cette communication merveilleuse où la terre elle-même, à des distances dont nous ignorons les limites, sert de conducteur au fluide.

Dès 1787, un physicien français avait employé, pour transmettre au loin des signaux, un fil métallique unissant des électromètres. Cinquante ans plus tard, une découverte semblable est faite aux États-Unis, en substituant la pile voltaïque à l'électricité naturelle.

Nos artistes ont imaginé des appareils ingénieux pour transmettre les signaux et pour compter les moments sur toute une ligne télégraphique. Déjà nos plus habiles horlogers construisent des compteurs et des horloges mus par la puissance de l'électricité.

La chronométrie, parvenue au plus haut point de perfection pour les usages de la marine et de la navigation, se contente aujourd'hui de ne pas rétrograder.

L'horlogerie secondaire offre des combinaisons nouvelles et variées; mais elle est loin de cette supériorité que réclame l'industrie nationale. Cependant d'heureux succès nous présagent que bientôt nous aurons conquis notre place dans le commerce de l'horlogerie. Les Suisses achètent par milliers des mouvements de montre exécutés par une maison française du Jura, pour leur donner le dernier fini : donnons-le nous-mêmes.

Une jeune génération d'horlogers de précision se forme aujourd'hui dans Paris; elle nous promet d'importants progrès pour les expositions suivantes.

Depuis 1845, nous avons perdu le plus éminent artiste de l'Europe savante pour la combinaison et la division des instruments où la rigueur mathématique est nécessaire. Il a laissé pour chef-d'œuvre le grand cercle de l'Observatoire de Paris, où le talent d'un excellent observateur n'a pu signaler, dans les divisions, d'inégalités moyennes supérieures à quatre dixièmes de seconde, c'est-à-dire à la demi-millionième partie du rayon de l'instrument. Ce grand artiste fut d'abord un ouvrier, qui devint l'honneur du faubourg Saint-Antoine, et qui mourut membre de l'Académie des sciences. Quand nous avons, sur sa tombe, exprimé les hommages et les regrets du monde savant et de la patrie, l'immensité des ouvriers qui portaient son cercueil sur leurs épaules, a fait entendre ses acclamations enthousiastes, arrachées par la pensée, par le sentiment de cette gloire répandue sur un ami, sur un voisin, sur un patron du faubourg industrieux par excellence. (Applaudissements prolongés.)

Dans les premiers âges du monde, les mortels reconnaissants érigeaient des autels aux inventeurs des moyens d'ajouter au travail humain des forces vivantes, en domptant des animaux. Aujourd'hui, nous nous contentons d'honorer la mémoire des hommes qui nous apprennent à dompter, et j'oserais presque dire, à doter d'intelligence et de vie les forces inanimées dont la nature livre par degrés au génie de l'homme le secret et la ressource. Aujourd'hui nous domptons l'électricité, vous l'avez vu; nous domptons la chaleur, la vapeur, l'élasticité des gaz et celle de l'air.

La chaleur du corps humain est portée, du foyer d'une combustion intestine, jusqu'aux extrémités de nos membres, par une admirable ramification d'artères et de veines qui font circuler le sang par un mouvement rapide et continu. Cette hydraulique merveilleuse, dont le miracle incessant marque si bien le doigt de Dieu, nous la copions de loin, pour chauffer nos plus grands monuments, comme si c'étaient des corps humains. Le calorique part de poumons de fer; il pénètre de là dans un cœur, des artères et des veines de métal; il chauffe, il anime, au lieu de sang, une eau circulante qui, pour obéir aux doubles lois de la pesanteur et de la chaleur, prend un mouvement régulier et transmet au passage l'élévation de la température dans tous les membres du vaste édifice.

Ce n'est que du luxe pour les palais; pour les hôpitaux, c'est de l'humanité sacrée.

A la circulation de l'eau, s'ajoute, au moyen d'un tirage, la circulation de l'air; au dedans de chaque porte un grillage offre ses interstices à l'air extérieur, qu'il force à descendre sous la salle échauffée. On préserve ainsi les malades de ces terribles courants d'air froid qui les faisaient périr en si grand nombre dans les hôpitaux mal fermés ou trop bien ventilés. En même temps, on empêche l'air vicié par les maladies d'une salle de communiquer avec l'air des autres salles. Ce n'est pas tout : le renouvellement de l'air intérieur s'opère de haut en bas et suivant des couches régulières. Par là les miasmes putrides, au lieu de monter dans l'atmosphère, descendent et disparaissent. On a voulu voir si les vases les plus fétides, si des cadavres même en putréfaction, posés sur le plancher, porteraient leur odeur infecte jusqu'à la hauteur du malade alité; elle n'a pas pu monter jusqu'à lui, et son air est resté pur[1]. Ai-je besoin d'ajouter que la médaille d'or est le prix d'un tel bienfait.

Reportons notre pensée à soixante ans en arrière, lorsque l'Académie des sciences, dans un admirable rapport que fit Bailly, président de l'Assemblée constituante, lorsque l'Académie élevait le cri de l'humanité révoltée contre des hôpitaux où l'on trouvait quatre et cinq, et jusqu'à six malades gisant sur un même grabat, les moribonds à côté des cadavres, l'infection sous le lit comme sur le lit, et l'odeur de la mort emplissant l'atmosphère. Mesurons les pas que nous avons faits, et soyons heureux d'un progrès qui s'étend à tous les jours de souffrance de nos classes ouvrières.

J'aurais à rapporter ici d'autres bienfaits de la chaleur; mais le temps presse, il faut les omettre.

Chaque année, nous ajoutons aux forces que nous empruntons à l'hydraulique avec les roues savantes dites à la Poncelet et les turbines hydrauliques. On a combiné la plus puissante et la plus simple des pompes d'épuisement, qui rend d'immenses services à tous nos travaux publics.

C'est la force de la vapeur qui se distingue entre toutes par la grandeur et la rapidité de ses progrès. Depuis 1845, nous avons plus acquis de ce côté qu'en aucune autre période quinquennale. Chaque année, le mouvement naturel de notre population ajoute à nos adultes 300,000 individus, dont, au plus, 280,000 assez forts pour bien travailler. Eh bien, dans chacune des trois années 1845, 1846 et 1847, la force totale de la vapeur, ajoutée à nos usines fixes, à nos chemins de fer, à notre navigation fluviale ou maritime, équivaut au travail de 276,000 hommes. Si l'on y joignait les forces hydrauliques et les forces éoliques créées en même temps, nous dépasserions l'équivalent de 300,000 hommes. Ainsi, lorsque

[1] Tous ces moyens sont employés avec un admirable succès dans l'hôpital ...jon.

nous avions la paix intérieure et la sécurité, le génie de la mécanique doublait la force productive ajoutée tous les ans par l'accroissement régulier de la population [1]. Les 300,000 travailleurs mécaniques, sous forme d'eau, de vent ou de vapeur, n'exigeaient rien pour eux-mêmes, ne faisaient ni bruit, ne coalitions, ni perturbations, et laissaient tout le bénéfice à leurs compagnons de force humaine.

Ce qui devait surtout fixer notre attention, c'est qu'on n'a pas seulement élargi, multiplié les ateliers où sont construits les mécanismes à vapeur; on les a transformés en vrais ateliers de précision, afin d'atteindre une perfection nouvelle. On a fabriqué ces grandes machines-outils, dont le travail rigoureusement régulier exécute, sous les auspices de la géométrie, des plans, des cercles, des cylindres, des cônes en bois, en cuivre, en fer, en acier, avec le dernier degré d'exactitude.

Le public, par instinct plus que par calcul, s'est arrêté tous les jours devant ces grandes machines-outils, qui n'ont pas, comme l'ouvrier le plus adroit, besoin d'être apprentis, et qui, du premier coup, font leur chef-d'œuvre.

Sans m'arrêter sur des détails impossibles, j'offre un seul fait pour montrer où peut conduire ce nouveau genre de perfection du travail.

La première des grandes locomotives à six roues construite avec les outils-machines les plus précis, mise en jeu sur le chemin de fer du Nord, a parcouru, somme totale, 35,000 kilomètres avant d'avoir besoin d'une seule réparation; un septième en sus, et c'était l'équivalent du tour de la terre, qu'elle eût parcouru sur les rails, avant d'avoir éprouvé le plus léger dérangement.

Les ouvriers qui produisent de tels ouvrages [2], je les ai trouvés tous, forgerons, chaudronniers, ajusteurs, ayant suspendue devant eux, à leur forge ou leur établi, l'épure géométrique de l'objet à

[1] L'accroissement relatif des forces inanimées paraîtra bien plus considérable, si l'on réfléchit que des 300,000 hommes atteignant leur vingtième année, il faut retrancher tous les adultes qui meurent pendant un an; le nombre des machines à vapeur qui périssent de vétusté, pendant un an, est peu considérable, parce qu'on n'en possédait qu'un nombre très-petit il y a quinze à vingt ans, et que ce temps est très-inférieur à la durée d'une machine bien construite et soigneusement entretenue.

[2] Dans les magnifiques ateliers du Creuzot.

confectionner, et tenant dans leurs mains la mesure en millimètres, afin de tout exécuter rigoureusement, comme pourrait le désirer un élève de l'école polytechnique.

Il faudrait un temps qui m'est interdit si je voulais énumérer toutes les machines inventées ou perfectionnées depuis cinq ans pour les besoins si variés, si multipliés de nos ateliers de filage, de tissage, de corderie, de cordonnerie, de navigation, etc. Un exemple seulement :

Dans un des ateliers cachés de Paris, on frappe des boutons métalliques avec figures en relief, armoirie, devises, emblèmes, au moyen d'une machine que la monnaie pourrait envier. Ces boutons, si parfaits et peu coûteux, Birminghan, la célèbre Birmingham, la cité de Vulcain par excellence, Birmingham en achète pour les revendre. Enfin, des souverains d'Amérique montrent leur discernement en faisant battre une monnaie fort distinguée dans notre atelier à boutons. Voilà, parmi beaucoup d'autres, un progrès de nos arts mécaniques.

Des progrès relatifs plus rapides encore appartiennent à l'industrie métallurgique, laquelle donne à toutes les autres des instruments de travail et des moyens de succès.

Lors de la dernière exposition, la France ne possédait que 200 lieues de chemins de fer, elle en possède aujourd'hui 750. Le législateur a voulu que l'industrie nationale se mît à l'œuvre pour produire l'énorme quantité de fer et d'acier nécessaire à de si grandes entreprises. Nous avions des usines du premier ordre dont les fers étaient imparfaits : habilement corrigés, ces fers sont devenus excellents pour les rails ou voies métalliques. Ils ont cessé d'être cassants et n'ont rien perdu de leur rigidité.

Par une heureuse combinaison de minerais et par une action plus savante et plus régulière de l'air chaud, l'on obtient tantôt une fonte d'une admirable douceur, tantôt des fers flexibles à ce point qu'on a pu les plier à la mécanique, quoique du plus gros volume, pour tous les besoins des constructions de locomotives, de tenders, de voitures et de navires à vapeur : ces fers, présentés à l'exposition avec les machines destinées à les courber, comme des bois ramollis à la vapeur, ont excité l'admiration publique.

Le même sentiment naissait à la vue de l'infinie variété des ouvrages exécutés en fonte, depuis les énormes masses qui servent de plates-formes à nos grands mécanismes, jusqu'à ces empreintes fines et gracieuses qui disputent le prix à celles de Berlin pour la délicatesse et la pureté des formes et des contours.

La forge du fer n'a pas produit des résultats moins remarquables. On a vaincu dans ce genre des difficultés du premier ordre pour forger les arbres des grandes machines à vapeur et pour exécuter les grandes roues des locomotives; le moyeu de ces roues forme, avec la base des rayons, une masse unique consolidée à force d'art. Un autre morceau de forge, digne des plus grand éloges, c'est un mortier d'artillerie en fer, d'un volume considérable, et travaillé d'une seule pièce avec sa semelle.

Si nous sortons des grandes fabrications pour aborder les industries qui produisent une foule d'objets en fer, en acier, partout nous trouvons la preuve de perfectionnements récents qui, désormais, nous placent au niveau des peuples les plus avancés dans l'art de mettre en œuvre les métaux.

Notre supériorité continue dans l'invention et l'exécution des instruments de chirurgie.

Nos armes de guerre et de luxe réunissent au bon marché comparatif, la beauté, la richesse et la précision.

Nous savons aujourd'hui transformer en acier de toute nature les fers propres à donner de bons produits. Nous avons reconnu qu'avant tout, c'est la qualité du fer qui donne la qualité de l'acier. Nous revendons avec avantage à l'Angleterre des aciers empruntés d'elle et transformés en ressorts de montres ou d'horloges, et de voitures. Nous disputons à l'Allemagne la fabrique des faux, des faucilles, des limes et des râpes.

Non-seulement nous faisons bien ces instruments, nous les faisons à 15, à 16, à 20 p. o/o meilleur marché qu'en 1845. Nous procurons à l'ouvrier, au même rabais, son marteau, sa hache, sa bêche et tous ses autres outils; rendus meilleurs, ils lui permettent de faire plus de travail et d'accroître le prix de sa journée, en dépensant moins de force.

Permettez, Monsieur le Président, que les seuls vrais amis des ouvriers, les amis de leur travail, applaudissent à ce rapide et grand perfectionnement.

Après le fer et l'acier, le zinc désormais tient le premier rang parmi les métaux utiles au plus grand nombre d'industries. Ses usages s'étendent à tout : on l'emploie tour tour à en feuilles planes, en cylindres, en fils étirés; pour les beaux-arts, le bas-relief, la ciselure et la sculpture disputent le zinc aux industries d'utilité plus commune.

La galvanoplastie multiplie le miracle de ses applications d'un métal sur l'autre, avec des variétés et des succès incessants; et le fer galvanisé multiplie ses usages.

LES ARTS CHIMIQUES.

Une part importante des progrès métallurgiques appartient à la troisième des sciences qui dirigent l'industrie.

La chimie mériterait un autre organe pour faire dignement apprécier la grandeur de ses bienfaits. Je m'inspirerais du moins des pensées émises au sein du jury par un successeur des Chaptal et des Berthollet. Le jury central est fier de voir le même ministère occupé tour à tour, à six mois d'intervalle, par ses deux vices-présidents, dont les travaux ont marqué la place éminente, le premier [1] pour l'agriculture, le second [2] pour l'industrie, qui lui doit tant d'applications de la science aux arts chimiques.

La fabrication des produits chimiques, qui joue le rôle le plus important dans notre commerce intérieur, a pris rang parmi les branches considérables de notre exportation. Ces produits exportés, en y comprenant les médicaments, les parfums et les teintures préparées, ces produits, qui n'atteignaient pas 10 millions il y a seulement un quart de siècle, surpassent aujourd'hui 55 millions; un tel accroissement a lieu malgré la diminution prodigieuse des prix, diminution occasionnée par l'application même des procédés scientifiques.

Un exemple à l'appui de cette assertion. En 1817, lorsque nous ne faisions usage que d'outremer naturel, il coûtait 1,900 francs le kilogramme. Aujourd'hui que la chimie sait produire cette magnifique couleur, elle en a rabaissé le prix de 1,900 fr. à 10 fr. le kilogramme. Voilà ses miracles.

En extrayant du quinquina sa partie vraiment médicale, elle obtient, avec de bien moindres doses, de plus grands effets fébrifuges, et préserve les malades des obstructions occasionnées par le dépôt des parties ligneuses dans le tissu des intestins. Non-seulement la

[1] M. Tourret.

[2] M. Dumas.

France en fabrique pour son usage, mais chaque année, elle en vend à l'étranger pour près d'un million.

La chimie ne se contente pas, pour rendre service à la pharmacie, d'emmieller les bords du vase; elle transforme le breuvage même, afin d'en ôter l'amertume.

En recherchant le principe d'action de chaque médicament, elle s'efforce de le dégager, comme la quinine, des matières étrangères qui leur donnent trop souvent une abominable saveur, ou tout au moins d'en neutraliser l'âcreté. C'est ainsi qu'à l'eau de Sedlitz elle substitue un citrate de magnésie qui fait disparaître l'âpre et repoussant arrière-goût d'une eau salutaire, non point à cause, mais malgré sa détestable saveur.

La chimie produit de tout autres merveilles par l'emploi de ses gaz éthérés. Elle ôte à l'homme le sentiment de la douleur, et fait disparaître, avec la souffrance, l'horreur des opérations auparavant plus redoutées pour le supplice de leur durée que pour leurs suites, dussent-elles être mortelles.

Avec le chlore, la chimie purifie l'air; avec le carbone, elle purifie l'eau; par l'ébullition à vase clos, elle rend conservables les aliments les plus délicats pendant des années; aujourd'hui, le lait même, par une condensation intelligente, est conservé pour les navigations les plus lointaines.

Il y a six ans, une princesse de Naples devait aller au Brésil, où l'attendait une couronne d'impératrice. Elle reçut de la France deux cents repas préparés par l'art d'un Chevet et conservés par la chimie d'un Appert, afin de servir chaque jour, à la mer, tout ce que les tables les plus somptueuses pourraient désirer, à terre, de primeurs recherchées et d'aliments dans leur fraîcheur. Voilà la vie délicieuse et salubre substituée à la subsistance à la fois repoussante et scorbutique des navigateurs, je ne dis pas du moyen âge, mais du siècle dernier.

Un mot de plus : cette recherche de princes, la marine militaire la pratique pour le simple matelot malade à bord. Même en santé, nos marins ne consomment plus que des boissons toujours pures et salubres, par la substitution des caisses en fer aux tonneaux en bois.

La chimie a perfectionné, depuis la dernière exposition, l'art d'extraire de l'eau de mer, avec un minimum de combustible, un maximum d'eau parfaitement pure. Désormais, pour le commerce, c'est la houille et non pas l'eau qu'il est avantageux d'embarquer, dans les voyages de long cours où la cargaison est complète et d'un prix considérable. Afin d'embarquer ce combustible dans le moindre espace avec le poids le plus grand, on prend les débris, le poussier de la houille ; on les mélange avec le goudron extrait de la même substance, lorsqu'on la transforme en coke. Ce mélange, sous une pression puissante, prend la forme d'énormes briques rectangulaires qui s'empilent, qui s'arriment sans la moindre perte d'espace. Ce perfectionnement sera précieux, surtout pour les navires à vapeur.

Par une industrie analogue et simultanée, on réduit en corps, en cylindre, le poussier du charbon de bois, avec un très-grand avantage pour les ménages du peuple.

L'emploi récent de la houille, au lieu du bois, réduit de trois quarts les frais de cuisson de nos porcelaines. Notre faïence fine dite *porcelaine opaque*, par des améliorations successives, égale enfin les plus beaux types anglais.

Une industrie bien modeste en apparence, la fabrication des boutons de porcelaine, est l'objet des procédés les plus ingénieux : un fabricant de Paris en fait quatorze cent mille par jour, à deux centimes la douzaine....

Des progrès remarquables signalent nos grandes fabriques de cristaux, dont la taille est désormais parfaite. Un nouveau genre de moulage permet d'obtenir le dernier fini de l'exécution pour les ornements en bas-relief, les figures en ronde bosse et les garnitures de vases.

L'emploi récent de l'acide borique procure des verres bien supérieurs, pour la pureté de la teinte, aux plus célèbres produits de la Bohême. Cet acide permet de substituer à l'oxyde de plomb l'oxyde de zinc ou la baryte, et la soude à la potasse, sans que la blancheur du verre ou du cristal en soit altérée. Il y a plus, l'oxyde de zinc promet à l'astronomie, à la navigation, des verres d'une exquise transparence, qui feront faire des pas nouveaux à la science.

C'est, au contraire, en affaiblissant la translucidité des vitraux que nous atteignons la magie d'effet des anciennes et célèbres verrières, ces magnifiques ornements des temples chrétiens du moyen âge.

Les services les plus récents qu'ait rendus la chimie aux industries civiles appartiennent au blanchiment, à la teinture des tissus et des fils.

On a retiré de chaque matière colorante empruntée, soit aux

végétaux, soit aux animaux, leur principe colorant dans toute sa pureté. C'est ainsi qu'on forme les laques appliquées plus aisément, et sans en perdre un atome, pour la coloration. La chimie a pareillement perfectionné l'art d'appliquer les couleurs si bien préparées.

LES ARTS PRODUCTEURS DE TISSUS.

Depuis quelques années, l'esprit inventif des fabricants de tissus a produit les étoffes mélangées les plus élégantes. La teinture et l'impression, que nous pratiquons avec tant de supériorité, doublent la valeur de ces fabrications, qui méritent si bien leurs noms de nouveautés ou d'étoffes printanières.

Dans cette charmante industrie, une difficulté considérable se présentait, lorsqu'il fallait mettre en couleur les étoffes composées de fils végétaux tels que le coton, le chanvre et le lin, et les fils fournis par le règne animal tels que la laine et le duvet de chèvre. Le mordant qui doit fixer la teinture ne devrait pas être le même pour ces deux natures de fil : la coloration du tissu mixte se trouvait ainsi déparée. La chimie a conçu la pensée ingénieuse d'imprégner les fils végétaux d'une substance azotée; on a, pour ainsi dire, animalisé leur surface; par ce moyen l'on a réduit le tissu des deux espèces de fil à subir, avec un égal avantage, l'action d'un seul et même mordant. Nos étoffes mélangées, si variées et si riches aujourd'hui, ont acquis par ce moyen plus d'éclat et de beauté.

Pour le blanchiment, dont la science moderne appartient au génie de Berthollet, l'action du chlore portée à sa perfection, un dernier pas était à faire. Il restait inhérente aux fibres végétales une résine qu'il fallait enlever par l'action d'un corps similaire : c'est ce qu'on a fait avec un succès complet.

La différence est infinie entre les impressions sur des tissus simplement blanchis au chlore et sur des tissus traités par les deux actions combinées; les couleurs ne s'infiltrent plus, des parties couvertes de couleur, dans les parties réservées; par ce moyen, les impressions acquièrent la netteté rigoureuse de dessins au tire-ligne.

Le tire-ligne lui-même, plus ou moins ouvert et multiplié, suivant l'écartement et l'épaisseur des lignes à colorer, posé transversalement et fixe, colore successivement le plus long rouleau de tissu ou de papier blanc, qu'un mécanisme fait passer sous le tire-ligne immobile. C'est le type le plus simple et le plus parfait de l'alliage des arts géométriques et des arts chimiques.

Par un autre procédé, la couleur est saisie par des molettes qui déposent sur les tissus ou les papiers de tenture de larges traînées de couleurs, ou pareilles ou diverses. La capillarité des surfaces imprégnées fait que les couleurs s'étendent, s'adoucissent comme des ombres parallèles sous le pinceau de l'architecte qui figure le fût d'une colonne cannelée. On obtient de la sorte des impressions à nuances dégradées avec la régularité qu'on admire dans les couleurs successives de l'arc-en-ciel.

Je dois signaler un dernier perfectionnement qui s'applique à notre plus brillante industrie. Chaque fil de soie est imprégné d'une gomme laissée à sa surface par l'insecte filateur; c'est cette gomme qui, subissant avec le temps l'action de l'atmosphère, jaunit la soie la plus blanche. On a conçu la pensée d'en délivrer *à priori* le fil même, au moyen d'une légère dissolution alcaline. Par là, les beaux ornements de nos palais et de nos temples conserveront leurs parties sans teinture, dans tout l'éclat de leur blancheur.

Par l'influence que je viens de signaler, les satins et les velours, cette partie si coûteuse des parures opulentes, perdait promptement la perfection de sa blancheur. La beauté d'aspect de ces magnifiques tissus durera désormais autant que les étoffes mêmes.

Que l'opulence conserve ou ne conserve pas ses velours et ses satins, ce n'est pas là ce qui me touche. Mais avec la même chimie, qui va rendre ce service à la richesse, voyez quels miracles elle accomplit pour la plus modeste aisance! Sur un tissu de longue laine serré, croisé, solide et chaud, on imprime, avec des couleurs qu'on dirait empruntées à l'Inde, les dessins les plus exquis, qu'on envierait aux châles de l'Orient. A trois pas, vous distingueriez à peine cette impression d'un tissu fait à Cachemire; seulement, au lieu de coûter 500 francs le mètre, elle se vend, à la grande gloire de Nîmes et de Mulhouse, pour 5 francs au plus le mètre carré. Quand on ne tient pas à la perfection du luxe, on se procure encore un joli châle pour 2 francs 50 centimes.

Dans les marchés, dans les apports de nos villages, combien de fois j'ai mesuré le progrès du confort et de l'élégance champêtres, en comparant les parures de chaque âge, depuis les arrièregrand'mères jusqu'aux plus jeunes adolescentes! Comme cachet du bon vieux temps, c'est le pauvre petit mouchoir en gros calicot qui, sous prétexte de carreaux ou d'un filet coloré, empruntait à l'Orient le nom présomptueux d'indienne; comme cachet des jours modernes, c'est le simulacre des châles Ternaux, imités par la peinture élégante sur la jolie mousseline de laine ou sur d'autres tissus légers : tout cela ne cessant pas d'être à la portée des moins cossues parmi nos jeunes paysannes; et la parure tout entière, bas, robe, tulle, dentelle de coton, avec des rubans qui semblent n'être que de soie, tous ces produits plus voyants et moins coûteux les uns que les autres. Si j'osais ajouter à ce luxe, pour la Galatée du village, deux boucles d'oreilles en topaze, en émeraude, en rubis, cristallisées par l'industrie parisienne, à 10 francs la poignée, il n'y aurait qu'un joaillier en fin, en vrai, qui pourrait douter un moment que cet ensemble gracieux ne fût pas digne d'un peuple qui fait descendre le bon goût et l'élégance jusqu'à la simplicité du hameau.

Qu'on cesse de nous accuser d'attacher peu de prix au bon marché.

Lorsque le premier consul inaugura la seconde année de notre siècle par l'exposition d'une industrie qu'il faisait revivre en restaurant l'autorité des lois et des mœurs, le célèbre Fox profita de la paix d'Amiens pour visiter la France et connaître ses arts. Il choisit un humble couteau de six liards comme un des plus importants produits du peuple dont il avait défendu la grandeur et les droits, même au milieu des passions les plus hostiles contre nous, dans le parlement d'Angleterre.

Quand les successeurs de Fox nous feront l'honneur de nous visiter, ils auront autre chose que l'humble eustache à rapporter dans leur pays. Si l'industrie nationale voulait présenter, passez-moi le mot, sa boutique à dix sous, à cinq sous, à deux sous, ce n'est pas sur l'étal roulant d'un pauvre colporteur qu'elle pourrait en resserrer l'admirable variété : c'est une vaste partie du palais de l'exposition qu'il aurait fallu remplir exclusivement, et la patrie en eût souri par amour de ses enfants les plus nombreux.

Cependant, de même que l'esprit humain se croirait pauvre s'il ne vivait que d'alphabets à cinq centimes, pour rester à la portée des intelligences que fatiguerait une lecture moins bornée, de même aussi l'industrie d'un peuple élégant et riche croirait descendre de sa puissance et de sa splendeur, si nous avions seulement à dire en sa faveur qu'elle se borne à fabriquer les produits de l'étal à cinq centimes.

C'est le caractère admirable de notre industrie perfectionnée, qu'elle passe avec le même succès des produits les moins coûteux à ceux qui marquent les limites supérieures de l'invention, de la richesse et du goût le plus délicat; souvent aussi c'est la marche contraire que suit le progrès des arts.

L'esprit humain obéit au besoin incessant de vaincre des difficultés, de s'élever au-dessus de lui-même et de franchir les bornes qu'il vient d'atteindre. Sans cesse il veut donner aux produits des arts, comme à ceux de la pensée, un nouveau prix, une perfection inconnue. Sur les pas du génie marchent ensuite les imitateurs, les simplificateurs, qui propagent l'invention, la vulgarisent et la mettent à la portée des moindres fortunes.

Voyez la fabrication des plus beaux tissus imités de l'Orient! Lorsque l'expédition d'Égypte eut rapporté quelques châles de Cachemire, qui paraîtraient bien pauvres aujourd'hui, l'on fut ébloui de leur éclat, de leur beauté, de leur richesse. Vingt ans plus tard, un fabricant audacieux, Ternaux, voulut les imiter dans ce qu'ils offraient de plus élégant et de plus somptueux. Il eut bientôt, en grand nombre, des élèves et des rivaux. A chaque exposition, les châles de l'exposition précédente étaient surpassés, et, pour ainsi dire, mis en oubli par des produits plus grands, d'un tissu plus fin, plus régulier, d'un dessin plus riche et de couleurs mieux contrastées. L'Inde, à son tour, l'Inde, stationnaire depuis quatre mille ans, l'Inde, attaquée par une rivalité qu'elle n'avait jamais connue, l'Inde est lancée par nous dans la voie du progrès; elle nous emprunte nos dessins orientaux; elle agrandit, elle embellit, elle perfectionne ses châles. Pour conserver sa supériorité commerciale, elle est réduite à baisser ses prix en raffinant son ouvrage. Vaincue sous le point de vue de la régularité des fils, de l'égalité des fonds, l'avantage qu'elle conserve pour ses ornements produits avec la patience infinie d'une dentelle aux fuseaux, c'est de lutter, en payant 40 centimes par journée de ce travail, contre les Français, qui payent 2 francs, 3 francs, 4 francs par jour leur main-d'œuvre à la Jacquart.

Une foule d'industries ont profité de la création du beau cachemire français. La bourre de soie, la laine, le coton, substitués au duvet de la chèvre du Thibet, ont imité la fabrication modèle; enfin la teinture est venue rivaliser avec le tissage. Par ces conquêtes successives, le cachemire, avec ses palmes fantastiques et son luxe de couleurs, est descendu des épaules de la duchesse à celles de l'ouvrière, majestueux pour la grande dame, gracieux et gai pour la beauté populaire.

Le coton, qui par excellence est la matière économique, le coton, dans sa mise en œuvre, a subi la même marche. Sans cesse on a composé, modifié des mull-jennys et des métiers plus précis et plus délicats, jusqu'à rivaliser avec l'horlogerie avancée. On est arrivé jusqu'à présenter, comme à l'exposition de 1849, des fils réguliers, égaux et d'une si grande finesse, qu'il en faut 435,000 mètres, la distance de Paris à Lyon, pour le poids d'un seul kilogramme.........

Lorsqu'une industrie s'élève si haut, ce n'est plus pour elle qu'un jeu d'obtenir des fils parfaitement réguliers, à deux cent mille, à cent mille, à cinquante mille, à vingt-cinq mille mètres le kilogramme; fils avec lesquels nous fabriquons, à des prix sans cesse réduits, le tulle, la mousseline, la percale, le jaconas et le simple calicot.

L'usage des tissus de laine avait énormément souffert par la préférence accordée aux tissus de coton d'un bon marché toujours croissant. La nécessité de se défendre a produit les succès de l'industrie des lainages. On a créé des étoffes nouvelles et très-légères de laine pure, ou mélangées d'un coton caché sous la trame, pour obtenir le bon marché. Un avantage précieux de cette espèce de tissus est de conserver la chaleur mieux qu'aucune étoffe purement végétale.

C'est ainsi qu'ont été créées ces gracieuses mousselines de laine qui se prêtent aux sinuosités harmonieuses qu'on admire dans les draperies des statues antiques, et qui s'adaptent merveilleusement à l'ampleur des robes modernes, sans avoir la roideur compassée des étoffes du moyen âge.

Voilà quelques caractères des progrès infinis que l'art des tissus a faits en France. Pour une foule de ces produits nous ne craignons aucune concurrence.

Depuis la dernière exposition, nous avons égalé les piqués, les basins si renommés de l'Angleterre; nous égalons aussi et ses foulards et ceux de l'Inde. Nous fabriquons avec succès d'autres étoffes auparavant mieux travaillées ou faites à moins de frais dans les ateliers de nos rivaux.

Le même génie supérieur qui, devinant l'avenir, proposait un prix à la découverte la plus utile faite avec la pile voltaïque, offrait, promettait solennellement *un million* à l'inventeur d'un moyen de filer le lin à la mécanique. Il n'était plus là pour payer cette dette de la France lorsque Philippe de Girard eut conduit jusqu'au succès l'admirable invention qui résolvait ce grand problème. L'Angleterre, moins négligente que nous, a, la première, profité de la découverte. Elle a pris l'avance sur les autres nations, et, par ce moyen, s'est emparée d'une très-grande partie de leur commerce de toile: elle en exporte pour 80 millions par an.

Nous avons repris tardivement l'invention sortie de la France, comme nous avons repris la fabrication du papier sans fin, inventée par un Didot: nos manufactures, aujourd'hui, s'enrichissent, grâce au génie expatrié de ces illustres Français.

Monsieur le Président, ces vérités, vous pouvez les lire au-dessus de votre tête, dans ce palais de justice où vous voyez écrit: *Filature de lin*, et *Philippe de Girard*. Comme la plupart des inventeurs, il est mort pauvre; il laisse une postérité; et la promesse de Napoléon, que n'a tenue aucun régime subséquent, cette promesse attend votre équité. C'est le vœu sacré du jury que la patrie paye à l'orphelin sa dette d'honneur et de reconnaissance. (Vif mouvement d'assentiment dans l'assemblée.)

Dans les cinq ans écoulés de 1843 à à 1848, dernière année dont les résultats commerciaux nous soient donnés; l'accroissement de nos ventes à l'étranger est plus grand que dans toute autre époque de même durée. Cet accroissement s'élève à 118 1/2 millions.

Mais ce qui doit frapper l'attention des esprits observateurs, c'est que, sur cet accroissement d'exportations, la seule industrie des fils et des tissus compte pour plus de 60 millions de francs, malgré l'abaissement des prix si considérable depuis cette époque.

Par conséquent, pour cette belle industrie, la France tend plus que jamais à conquérir la place éminente réclamée par son génie sur les marchés de l'univers.

Je me hâte d'aborder l'une des principales et nouvelles parties de notre exposition.

LES ARTS AGRICOLES.

Pour la première fois, en 1849, on a réalisé la pensée d'appeler l'agriculture au grand concours de l'industrie nationale. La majeure partie de ses progrès ne pouvait pas être exposée. Les jachères supprimées; les irrigations multipliées avec intelligence dans la plupart de nos contrées; l'opération contraire, l'assèchement, le *drainage* des terres trop saturées d'eau; la composition, l'emploi, l'action des engrais savamment étudiés, et leur masse fécondante accrue par l'emprunt fait au détritus de tous nos arts industriels; la culture capitale du froment, qui, chaque année, prédomine davantage sur les cultures inférieures; par là, plus de peuple mieux nourri; l'intelligence et la propagation des assolements qui permet d'obtenir de la terre le maximum des produits appropriés à nos besoins les plus variés : ces grands progrès, qui se développent sans intermitence depuis trente années, ne pouvaient figurer que par la pensée à l'exposition.

L'horticulture, plus heureuse, a pu nous offrir, pendant les trois mois d'été, ses fleurs et ses fruits les plus variés et les plus beaux, depuis les plantes nutritives jusqu'aux plantes d'agrément ou de curiosité : jamais collection plus riche n'avait encore aussi puissamment fixé l'attention du public. Les pépiniéristes de la Seine et de la Maine-et-Loire ont exposé leurs arbustes et les jeunes arbres rares que nous acclimatons en France.

Nous apprenons l'art d'embellir la terre en respectant la grâce de ses formes, au lieu de la déparer par des tours de force. Les possesseurs de la grande et de la moyenne propriété, combinant les cultures d'agrément et d'utilité, rivalisent avec ce qu'on appelle les jardins anglais, et qu'il vaudrait mieux appeler, par excellence, les jardins de la nature.

Les cultures exceptionnelles montrent la rare intelligence de certains cultivateurs français.

Qui croirait que les lieux mêmes où le soleil ne pénètre jamais, nos carrières les plus profondes, sont l'objet d'une importante culture, qui fait sortir la richesse des détritus de la pierre escavée? On nous a signalé par kilomètres d'étendue les plates-bandes souterraines où croissent des champignons qui, chaque année, se vendent à Paris pour des sommes étonnantes.

Le temps nous manque ici pour expliquer les perfectionnements aussi nombreux qu'essentiels de nos instruments aratoires.

Les connaisseurs ont jugé, d'après l'exposition, les races les plus importantes de nos animaux domestiques; les unes, conservées dans leur beauté primitive; les autres, améliorées par le croisement avec les espèces étrangères qui méritent le mieux la célébrité.

Nous applaudissons aux efforts tentés pour nourrir en grand les moutons à longue laine dans celles de nos contrées où le climat, humide et doux, se rapproche du climat de nos voisins d'outremer: c'est le moyen de satisfaire un des besoins capitaux de nos arts vestiaires.

L'étude économique des moindres êtres vivants influe sur l'agriculture. L'entomologie, par un procédé nouveau, simple autant qu'économique, a sauvé de la destruction nos vignobles les plus riches, auparavant désolés par la pyrale.

A côté de l'éducation des animaux les plus importants, nous comptons l'éducation des vers à soie qui, depuis quelques années, prend une grande extension, sans pouvoir suffire aux besoins croissants de l'admirable industrie que se partagent Lyon, Nîmes, Avignon, Saint-Étienne et Saint-Chamond.

Nous voudrions que le possesseur d'un secret qui n'est connu jusqu'ici que par des résultats d'une admirable beauté, mais d'une étendue trop restreinte, justement désintéressée, fît connaître au public l'art au moyen duquel il conserve une race de vers à soie dont la blancheur est égale à tout ce que les produits les plus exquis de la Chine offrent de plus éclatant.

LES PRODUITS DE L'ALGÉRIE.

Auprès de notre agriculture, celle de l'Afrique est venue se présenter avec modestie, et je dirai presque avec timidité. Mais ici tout est avenir, tout doit attirer l'attention la plus profonde, et du financier impatient de rentrer dans les trésors versés sur la terre africaine, et de l'homme d'État qui veut savoir ce qu'il trouvera de force croissante sur un territoire qui ne présente pas moins de 30 millions d'hectares à cultiver, à peupler, à fortifier.

Fidèles à nos idées de justice et d'égalité, nous n'avons pas cru que nous pussions juger avec deux poids et récompenser avec deux mesures les Français et les Arabes. Si quelque chose a fait pencher notre balance indulgente, c'est que la main du conquérant doit surtout s'ouvrir et s'étendre en faveur d'un peuple conquis.

Le même esprit d'équité fait émettre par le jury central, à l'unanimité, le vœu que les produits de l'Algérie soient traités sur le même pied que s'ils appartenaient à la mère patrie. Osez faire ce présent à notre grande colonie, et vous l'aurez plus fécondée qu'en y prodiguant des millions qui nous épuisent. Alors l'unité nationale, empruntant la grande idée d'un grand roi, pourra dire avec orgueil, entre les deux France d'Europe et d'Afrique : *Il n'y a plus de Méditerranée.*

A l'appel du génie français, le génie de l'Arabe se réveille en faveur de l'agriculture. Les indigènes offrent leurs contributions pour que nos ingénieurs leur construisent des barrages qui règlent leurs torrents, et des puits artésiens dont les eaux fertilisent leurs vallées. Ils cherchent à renouveler ces irrigations dont ils ont, dès le moyen âge, enseigné les miracles à l'Espagne. Depuis la paix de 1847, aux lieux où l'arrosage est possible, les Arabes obtiennent, d'une seule semence, deux récoltes de blé dans un même été. Voilà la terre par excellence, le tellus d'autrefois, le tell d'aujourd'hui, qu'Atlas ne portait pas sur ses épaules, mais qu'il fécondait de ses eaux pour nourrir Rome et Carthage.

Les oliviers séculaires du petit Atlas fournissent déjà par an 15 millions de litres d'huile, apportés des monts de la Kabylie : de cette Kabylie qu'on voulait ici croire inaccessible à nos armes, et qu'il était plus périlleux d'attaquer dans nos Chambres que dans ses Alpes. Les tribus qui nous barraient le passage et qu'a domptées un illustre maréchal, nous prient déjà, leur prière est d'août dernier, de construire un pont, *à leurs frais*, pour commercer de Sétif à Bougie, c'est-à-dire par la mer avec la France.

Si la dernière épidémie n'avait pas fait éprouver à la patrie sa perte la plus cruelle, parmi les récompenses que vous allez décerner, Monsieur le Président, vous auriez eu certainement la médaille d'or à remettre aux mains de l'héroïque agriculteur que j'ose appeler le *Cincinnatus français*; à celui que vous aviez tiré de la charrue, il y a six mois, pour vous aider à sauver la patrie; à celui dont le génie cultivateur et colonisateur vivra sur la terre africaine aussi longtemps que le renom de ses victoires.

C'est le maréchal Bugeaud qu'il faut nommer avant tout autre, quand on veut parler des travaux publics et des travaux privés en Algérie. (Applaudissements de tout l'auditoire et du Président de la République.) Les villages improvisés, les terres arrachées aux palmiers nains, sont son œuvre et celle de nos soldats; les dessèchements de la Mitidja, l'assainissement de Bône, les créations de Philippeville et de Stora; Sétif relevé sur les fondements de Bélisaire, et le port de Cherchell restauré sur le tracé des Césars : tout se rapporte à son ardeur infatigable.

De lui datent les cultures des Français que vous allez récompenser aujourd'hui.

Cent hectares de pépinières nationales repeuplent l'Algérie, soit en espèces régénérées sur le sol qui leur est propre, soit en espèces apportées par l'industrie métropolitaine. Déjà nos routes, nos rues, nos remparts d'Algérie sont plantés d'arbres sortis de ces pépinières; des vergers sans nombre leur doivent la richesse et la variété; pour l'éducation du ver à soie, 600,000 mûriers, plantés par la main du vainqueur, croissent avec la rapidité phénoménale d'un sol africain, lorsque les eaux mettent la terre au service du soleil.

Les soies cultivées par nos colons sont appréciées et d'avance retenues par nos fabriques de Lyon, de Nîmes et de Paris.

La régie reçoit des tabacs jusqu'à présent un peu chers; mais, lorsqu'on les met en parallèle des contributions payées par nos colons, qui consomment avant tout nos produits indigènes, c'est un encouragement judicieux et bien calculé.

A peine, lors de la dernière exposition, l'Algérie livrait à l'État quelques mille kilogrammes de tabac en feuilles; elle en livre aujourd'hui 300,000 kilogrammes. Que le Gouvernement dise un mot, et ce sera 30 millions; et nos marins les porteront en France, sans être écrasés par une concurrence d'armateurs américains. Sur 150,000 kilomètres carrés, avantageusement cultivables, 150 suffiraient à ce grand résultat.

Par un emprunt fait à l'Andalousie, la cochenille est élevée près d'Alger avec assez d'étendue pour garantir le succès de cette riche éducation, la plus importante après celle des vers à soie.

La culture du coton se développe à son tour en espèces estimées.

Enfin les deux agricultures de France et d'Afrique offriront ce contraste singulier que le nord de la France cultivera surtout la betterave pour en extraire le sucre, et l'Algérie la canne à sucre, pour l'employer comme fourrage.

Je m'arrête et crois en avoir dit assez pour signaler les progrès agricoles de notre puissante conquête depuis 1844, et l'avenir qu'elle présente à l'activité française. Il nous suffira de marcher dans la même voie, guidés à la fois par le courage et le génie.

Un mot à présent sur les produits industriels de l'Algérie, avant d'achever le tableau des progrès métropolitains.

La province d'Oran, plus ravagée que les autres par les Marocains, les Kabyles et la smala d'Ab-el-Kader, est la première à réparer ses désastres en appelant le concours de nos arts; puis vient Alger, puis Constantine. Avec les dons de l'État, joints aux ressources indigènes, sur un grand nombre de points s'élèvent les mosquées, les caravansérails, les fondoucks, les écoles musulmanes, les habitations des caïds et les simples maisons d'Arabes : plus de deux mille constructions érigées pour les indigènes, ou par nous ou par eux, sont un résultat obtenu depuis la dernière pacification.

Contemplez les effets de cet admirable concours? Au lieu de la haine implacable du fanatique musulman contre la domination chrétienne, c'est un mufti, celui d'Oran, qui, pénétré de gratitude et mû par le vrai sentiment de sa nationalité, recueille les produits de l'industrie arabe et les fait parvenir à l'exposition de 1849. Le jury central est heureux de récompenser l'industrie des indigènes dans la personne d'un pontife de l'islamisme, nommé par ses coreligionnaires conseiller municipal d'Oran.

Les Arabes du moyen âge nous ont donné leurs chiffres si simples et leur admirable système décimal; nous le leur rapportons, fécondé pour l'utilité commune, par les mesures décimales de notre système métrique. Déjà plusieurs tribus les ont acceptées avec reconnaissance et substituées aux leurs.

Les Arabes nous envient nos moulins hydrauliques, empruntés à l'Orient il y a des siècles; et nos moulins à vapeur qui s'érigent auprès des cités. Ils envoient à ces moulins des blés qu'auparavant leurs femmes, réduites au rôle des anciens esclaves de Rome, écrasaient péniblement entre des meules grossières. Ces femmes apprennent ainsi que leur sort est changé, leur labeur adouci, leur condition relevée par l'industrie de la France. En attendant notre vie conjugale et nos mœurs qu'elles envient, elles adoptent déjà plusieurs de nos vêtements, en échange des burnous au blanc de neige, des écharpes étincelantes et des bracelets élégants qu'à

Paris même n'a point dédaigné le goût délicat qui dicte ses lois aux parures du monde entier.

Vous aurez à remettre une médaille pour récompenser la beauté d'un voile tissu par la compagne d'un kaïd, aux confins les plus reculés du cercle de Constantine; c'est le kaïd lui-même qui nous a fait parvenir le voile élégant de celle qu'il aurait autrefois ensevelie sous le sable de son désert, plutôt que de laisser entrevoir à des Giaours l'ombre de ses vêtements.

Quand les cités de Bône, de Mascara, de Tlemcen, quand les tribus les plus lointaines, atteintes par notre justice, recevront les récompenses que nous leur avons accordées, peut-être elles comprendront peu ce qu'est un jury central; mais elles savent à merveille un de ces noms qui sont de toutes les langues, et la médaille transmise par le neveu de Napoléon prendra pour eux l'éclat de la gloire elle-même.

Passant des vêtements aux équipages de guerre, nous avons examiné les armes damasquinées, comme on les travaillait à Damas; puis le harnais oriental des chevaux, sur lequel resplendit le maroquin d'Algérie, sillonné d'arabesques d'or : ces ouvrages nous ont rappelé les ateliers de Grenade et de Cordoue, quand l'Alhambra recevait sous ses portiques les conquérants venus d'Afrique et d'Asie.

Voilà pour les métiers et pour les arts de notre conquête.

LES ARTS DE L'INDUSTRIE PARISIENNE.

Paris, au point de vue des arts, est la capitale des industries perfectionnées et des mains-d'œuvre délicates. Ici le travail de l'homme est payé plus cher, parce qu'il vaut un plus grand prix. Pour un nombre considérable de fabrications complexes, la partie la plus facile se prépare au dehors, en des lieux où tout est bon marché; mais pour la partie vraiment artistique, pour la forme précise, pour le coloris, la peinture, le ciselure et la sculpture des produits de l'industrie, c'est à Paris qu'est donné ce dernier mot du goût, de la grâce et de la beauté.

L'exposition parisienne a surpassé l'attente publique, surtout après une révolution dont les désastres ont ruiné tant d'ateliers au sein de la capitale. On est resté frappé d'étonnement et de plaisir en contemplant la richesse et l'art exquis des produits où le travail du bronze et même du zinc le dispute à celui de l'argent, du platine et de l'or. Les meubles incrustés, ciselés et sculptés ont rivalisé de richesse avec ce qu'a produit de plus somptueux le siècle de Louis XIV. Les meubles simples ont mérité notre suffrage par d'autres qualités précieuses pour l'utilité générale, la solidité, la simplicité, la commodité.

Beaucoup d'autres industries, consacrées à satisfaire les besoins de nos habitations et de notre habillement, montrent les ressources toujours croissantes et l'esprit ingénieux de l'industrie parisienne.

Sans nous perdre dans les détails pleins d'intérêt, mais infinis, de cette immense variété d'industries, considérons les résultats de l'ensemble; ils sont frappants de grandeur.

La chambre de commerce de Paris achève en ce moment une admirable enquête sur les travaux d'industrie de la capitale. Les résultats obtenus déjà me prouvent que je reste au-dessous de la vérité, lorsque j'exprime un fait qui, j'en suis certain, ne sortira plus de votre mémoire.

« Dans Paris et sa banlieue, les habitations d'un million de citoyens ne couvrent pas 3,000 hectares; mais ce million d'individus, par son talent et son industrie, donne aux matières que ses bras mettent en œuvre une plus-value qui surpasse le produit complet de *huit millions d'hectares de terre*. Si l'on voulait partager également les produits de l'agriculture et des ateliers entre tous les Français, il faudrait que Paris, prenant sur sa part, apportât à la masse des autres *copartageux*, plus de cinq millions d'hectares réalisés, fécondés par son génie, et s'appauvrît des deux tiers. »

Un Gracchus pouvait dire à la plèbe de Rome antique, plèbe misérable et dépourvue d'industrie : « Vous êtes le peuple-roi et vous n'avez pas où reposer votre tête; et le pain que vous mangez vous est donné par pitié sur les récoltes des conquis. » Nous pouvons dire au peuple de Paris : « Vous gagnez noblement, courageusement, au prix de votre travail, tout ce que peut produire la terre de trois royaumes tels que la Bavière, la Saxe et le Portugal : *C'est le génie de l'industrie qui fait de vous un peuple-roi.* »

Ce qu'il y a d'admirable dans cette opulence de Paris, de Paris paisible et respectant les conditions de sa prospérité, c'est qu'elle a pour résultat certain de donner l'aisance et la vie à tous nos agriculteurs de cent lieues, de deux cents lieues à la ronde. Le vigneron du Médoc et de la Bourgogne, le pâtre des Alpes et des Pyrénées, l'éleveur de la Vendée et de la Lorraine, le jardinier, le laboureur de cinquante départements, tous ressentent par des contre-coups inévitables, et le bien-être et la misère de Paris. Si, dans le moment où je parle, l'agriculture nationale éprouve encore une profonde gêne, c'est que, l'année précédente et l'hiver dernier, la capitale a souffert une misère qui surpasse toute croyance : trois cent mille de ses producteurs, le tiers de sa masse, étaient réduits, pour subsister, à recevoir 18 centimes par jour, triste valeur de son pain à bas prix. Vous le voyez, pour accomplir le parallèle avec la république romaine, on les traitait en citoyens romains et pauvres. Ce n'est pas tout : les centaines de millions supprimés du travail n'allant plus vivifier les marchés de nos provinces, terres, bois, vignes, prés et cultures industrielles, tout périssait de misère; hélas! et tout languit encore dans nos bourgs et dans nos hameaux, comme un malade qui revient de l'agonie à la longue convalescence.

Que les habitants de nos campagnes les plus reculées se pénètrent donc bien de cette vérité trop souvent déniée par un étroit esprit d'envie : si Paris a pour premier marché la France, et pour second l'univers civilisé, nos quatre-vingt-cinq départements ont pour marché le plus riche et le plus certain, la capitale elle-même. Richesse et bonheur, tout est solidaire entre la tête et les membres de la France.

Par conséquent, tout ce qu'on fait avec tant d'activité pour exciter, je l'ai vu, le journalier de la campagne à s'enrichir par une autre voie que par le travail, à se partager le bien d'autrui, à fouler aux pieds la prospérité, la richesse et les lois de la patrie, ces excitations ouvertes, audacieuses, impunies, qui sont grosses, sachons-le bien, de jacquerie et de scène de Gallicie, c'est Paris qu'elles frapperaient au cœur, c'est Paris qu'elles rendraient plus que jamais, par la leçon du malheur, au saint respect de la loi, de la famille et de la propriété, et Paris sauverait la France.

En abordant malgré moi le tableau de nos malheurs et de nos pertes, je touche au dernier mérite de notre industrie nationale.

Lorsque le héros du siècle, qui connaissait si bien les hommes, voulait en juger un nouveau, il demandait simplement, pour peser son caractère : « Sait-il monter à la brèche de son état? »

Monsieur le Président, les cinq mille exposants appelés dès 1848 au grand concours de l'industrie luttaient tous contre la fortune pour échapper à la ruine, quand ils ont entendu cet appel. Ces produits admirables, qu'ils ont placés sous vos regards, à l'issue du plus grand combat que l'ordre ait jamais livré contre l'anarchie, ils les ont fabriqués sur la brèche de leur état. Honneur donc, honneur à leur courage autant qu'à leur patriotisme.

J'exprimerai, pour ces travailleurs intrépides, le sentiment de la plus douce gratitude envers notre archevêque révéré, qui bénit aujourd'hui les produits honorés du travail honnête. Quand le choléra sévissait sur la capitale et diminuait l'affluence des étrangers visiteurs de l'exposition, vous alliez, au contraire, Monseigneur, visiter, consoler les infortunés dans les foyers les plus redoutables de l'épidémie. Votre charité bravait la mort, en conservant les traditions d'une Église où, depuis saint Denis jusqu'à celui qui sera saint dans cent années, le martyre est offert comme enseignement suprême : le martyre qui, pour sauver la société sur le bord de l'abîme, ressuscite la foi!

J'arrive au terme de ma tâche, en suppliant mes auditeurs de m'excuser si j'ai trop longtemps abusé de leur bienveillance. Je serais le plus heureux des mortels, et ce moment serait le plus beau de ma vie, si j'avais pu faire passer dans vos esprits la conviction qu'il existe une France plus éclairée, plus heureuse, plus progressive, plus grande, en un mot, qu'on ne le croit vulgairement.

J'ai tenté de montrer la science s'alliant au génie de nos travailleurs de tous les degrés pour reculer, dans toutes les directions, les bornes de l'industrie; pour accroître la puissance nationale, par les produits augmentés et perfectionnés des arts de la paix et des arts de la guerre; pour consoler, pour soulager l'humanité souffrante, par des inventions admirables ou des applications ingénieuses; pour travailler en faveur des petites existences beaucoup plus qu'en faveur des grandes; pour faire descendre, sur tous les objets qui sont l'ornement et la douceur de la vie, la beauté, l'élégance et la commodité, depuis l'opulence jusqu'à la moindre aisance : pour armer la main de l'ouvrier d'outils meilleurs, propres à faire plus d'ouvrage avec moins de labeur, en les payant meilleur marché; pour agrandir, pour étendre notre commerce avec l'univers; enfin, pour rendre à la civilisation des services que la publicité, la libéralité de nos institutions offre en présent à tous les autres peuples.

Jamais, jamais, dans un même espace de cinq années, nous n'avions obtenu de résultats si multipliés, si grands et si glorieux.

En présence de tels services rendus à toutes les classes et surtout aux plus nécessiteuses, pour déclarer le dernier mot, le mot vrai, le verdict, des hommes éminents et consciencieux auxquels on a confié le jugement de l'industrie nationale, le jugement des hommes qui, pour arriver à ce mot final, n'ont pas craint de sacrifier dans les plus pénibles travaux cinq mois de leur existence, je dirai :

« Au nom du grand jury de l'industrie nationale, sur notre âme et conscience, devant Dieu et devant les hommes, nous déclarons à l'unanimité, que cette industrie si calomniée, si menacée, a bien mérité non-seulement de la patrie, mais du genre humain tout entier. » (De longs applaudissements suivent ces paroles.)

M. le ministre de l'agriculture et du commerce a proclamé les noms des nouveaux chevaliers de la Légion d'honneur. Plusieurs, qui ne s'étaient pas présentés dans la salle de la cour de cassation, sont venus recevoir leurs décorations des mains de M. le président.

Le Président de la République s'est levé ensuite et a prononcé l'allocution suivante, qui a été couverte, à plusieurs reprises, par de nombreux applaudissements.

Messieurs,

En vous voyant recevoir le juste prix de ces travaux qui maintiennent la réputation industrielle de la France à la hauteur qui lui est due, je me disais : elle n'a pas perdu le sentiment de l'honneur cette nation où une simple distinction devient pour tous les mérites une ample récompense ; elle n'est pas dégénérée cette nation qui, malgré ses bouleversements, alors qu'on croyait les ateliers déserts et le travail paralysé, est venue faire luire à nos yeux, comme une consolation et un espoir, les merveilles de ses produits.

Le degré de civilisation d'un pays se révèle par les progrès de l'industrie comme par ceux des sciences et des arts. L'exposition dernière doit nous rendre fiers ; elle constate à la fois l'état de nos connaissances et l'état de notre société. Plus nous avançons, plus, ainsi que l'annonçait l'empereur, les métiers deviennent des arts, et plus le luxe lui-même devient un objet d'utilité, une condition première de notre existence. Mais ce luxe qui, par l'attrait de séduisants produits, attire le superflu du riche pour rémunérer le travail du pauvre, ne prospère que si l'agriculture, développée dans les mêmes proportions, augmente les richesses premières du pays et multiplie les consommateurs.

Aussi le soin principal d'une administration éclairée et préoccupée surtout des intérêts généraux, est de diminuer le plus possible les charges qui pèsent sur la terre. Malgré les sophismes répandus tous les jours pour égarer le peuple, il est un principe incontestable qui en Suisse, en Amérique, en Angleterre, a donné les résultats les plus avantageux; c'est d'affranchir la production et de n'imposer que la consommation. La richesse d'un pays est comme un fleuve : si l'on prend les eaux à sa source on le tarit; si on les prend, au contraire, lorsque le fleuve a grandi, on peut en détourner une large masse sans altérer son cours.

Au Gouvernement appartient d'établir et de propager les bons principes d'économie politique, d'encourager, de protéger, d'honorer le travail national. Il doit être l'instigateur de tout ce qui tend à élever la condition de l'homme; mais le plus grand bienfait qu'il puisse donner, celui d'où découlent tous les autres, c'est d'établir une bonne administration qui crée la confiance et assure un lendemain. Le plus grand danger peut-être des temps modernes vient de cette fausse opinion, inculquée dans les esprits, qu'un gouvernement peut tout, et qu'il est de l'essence d'un système quelconque de répondre à toutes les exigences, de remédier à tous les maux. Les améliorations ne s'improvisent pas, elles naissent de celles qui les précèdent : comme l'espèce humaine, elles ont une filiation qui nous permet de mesurer l'étendue du progrès possible et de le séparer des utopies. Ne faisons donc pas naître de vaines espérances, mais tâchons d'accomplir toutes celles qu'il est raisonnable d'accepter; manifestons par nos actes une constante sollicitude pour les intérêts du peuple; réalisons, au profit de ceux qui travaillent, ce vœu philanthropique d'une part meilleure dans les bénéfices et d'un avenir plus assuré.

Lorsque, de retour dans vos départements, vous serez au milieu de vos ouvriers, affermissez-les dans les bons sentiments, dans les saines maximes, et, par la pratique de cette justice qui récompense chacun selon ses œuvres, apaisez leurs souffrances, rendez leur condition meilleure. Dites-leur que le pouvoir est animé de deux passions également vives : l'amour du bien et la volonté de combattre l'erreur et le mensonge. Pendant que vous ferez ainsi votre devoir de citoyens, moi, n'en doutez pas, je ferai mon devoir de premier magistrat de la République. Impassible devant les calomnies comme devant les séductions, sans faiblesse comme sans jactance, je veillerai à vos intérêts qui sont les miens, je maintiendrai mes droits qui sont les vôtres.

Après ce discours, et sur l'invitation de M. le ministre du commerce, MM. Payen et de Kergorlay, secrétaires du jury central, ont fait l'appel nominal de MM. les exposants à qui ont été décernés les médailles d'or, d'argent et de bronze.

TABLE ALPHABÉTIQUE

DES

FABRICANTS ET ARTISTES

RÉCOMPENSÉS

PAR LE JURY CENTRAL DE L'EXPOSITION DE 1840.

ABRÉVIATIONS.

H. C. Hors de concours.
M. O. Mention pour ordre.
R. O. Rappel de médaille d'or.
N. O. Nouvelle médaille d'or.
O. Médaille d'or.
R. A. Rappel de médaille d'argent.
N. A. Nouvelle médaille d'argent.
A. Médaille d'argent.
R. B. Rappel de médaille de bronze.
N. B. Nouvelle médaille de bronze.
B. Médaille de bronze.
R. M. Rappel de mention honorable.
N. M. Nouvelle mention honorable.
M. Mention honorable.
R. C. Rappel de citation favorable.
C. Citation favorable.

A

B

C

D

E

F

G

H

I

J

K

L

M

N

O

P

Q

R

S

T

U

V

Y

Z

W

FIN DE LA TABLE.

EXPOSITION DE 1849.

RÉCAPITULATION GÉNÉRALE

DU NOMBRE

DES RÉCOMPENSES DÉCERNÉES.

Récapitulation générale de

DIVISIONS.	OR.			ARGENT.		
	Nouvelles médailles.	Rappels de médailles.	Médailles.	Nouvelles médailles.	Rappels de médailles.	Médailles.
Agriculture et horticulture...	1	3	32	2	6	81
Algérie..................	//	//	2	//	//	21
Machines................	3	10	16	11	10	53
Métaux...................	2	22	13	12	17	31
Instruments de précision....	4	12	10	15	19	45
Arts chimiques............	3	6	22	7	19	45
Arts céramiques...........	//	9	5	2	9	12
Tissus..................	2	63	34	29	58	81
Beaux-arts...............	5	10	16	14	29	49
Arts divers...............	1	15	12	7	6	32
Totaux.......	21	150	162	99	173	450

NOMBRE DES RÉCOMPENSES DÉCERNÉES.

BRONZE.			MENTIONS HONORABLES.			CITATIONS FAVORABLES.			TOTAUX.	OBSERVATIONS.
Nouvelles médailles.	Rappels de médailles.	Médailles.	Nouvelles mentions.	Rappels de mentions.	Mentions.	Nouvelles citations.	Rappels de citations.	Citations.		Non exposants
3	1	113	"	"	117	"	"	108	467	149
"	"	37	"	"	29	"	"	9	98	"
12	19	90	2	"	94	1	"	45	366	14
17	26	98	"	2	104	1	1	62	408	7
14	17	85	"	7	55	"	"	34	317	3
4	28	63	"	18	97	1	"	59	372	9
"	6	24	"	"	31	"	"	15	113	1
20	23	134	2	3	107	"	"	52	608	45
10	41	114	5	4	154	"	"	77	528	41
4	21	93	"	2	146	"	"	122	461	3
84	182	851	9	36	934	3	1	583	3,738	272

RAPPORT
DU JURY CENTRAL
SUR LES PRODUITS
DE L'INDUSTRIE FRANÇAISE
EXPOSÉS EN 1849.

PREMIÈRE COMMISSION.
AGRICULTURE
ET HORTICULTURE.

MEMBRES DU JURY COMPOSANT LA COMMISSION :

MM. Tourret, président; — Héricart de Thury, vice-président; — Barbet, Fouquier d'Hérouel, Blanqui, Geoffroy de Villeneuve, Goldenberg, de Kergorlay, L. Leclerc, Moll, Roux-Carbonnel, Vilmorin, Payen, Yvart, Pepin, Persoz, de Dampierre, Arlès-Dufour, Justin Dumas, Tavernier, Billiet, Lainel, Balard.

CONSIDÉRATIONS GÉNÉRALES.

M. H. de Kergorlay.

L'agriculture est la première de toutes les industries exercées en France, soit par la valeur et l'importance de ses produits, soit par le nombre d'individus intéressés à leur confection et à leur consommation. Tandis que l'industrie cotonnière est justement fière de créer annuellement pour 800 millions de produits nouveaux, les calculs les plus récents, et qui très-probablement sont au-dessous de la vérité, ne portent pas à moins de 8 milliards ceux dont nous sommes redevables à l'agriculture, parmi lesquels les céréales figurent pour 2,500 millions, et les animaux, avec leur produits immédiats pour 1,500 millions.

Plus de 25 millions d'individus, c'est-à-dire les 5/7es de la population française doivent être classés parmi les producteurs de ces produits. Tous en sont consommateurs, et ce ne sont pas les seuls, car, à mesure que les droits de douane qui défendaient l'entrée de nos produits dans les pays circonvoisins sont abaissés, de nouveaux débouchés s'ouvrent à notre agriculture, parmi lesquels il faut regarder comme le plus important l'Angleterre.

L'ensemble de nos exportations, pour l'année 1848, en produits directs de l'agriculture, céréales, animaux, vins, fruits, etc., ne s'élève pas à moins de 169,772,967 francs, auxquels il faut ajouter ceux qui ont servi de matières premières à d'autres industries, comme les laines, les soies, les bois, etc., et pour lesquels le monde entier est notre tributaire. Un avenir immense s'ouvre à la France dans cette voie. Il est de la plus haute importance que le Gouvernement et les agriculteurs s'en préoccupent sérieusement, car c'est là que se trouvera le remède le plus prochain et le plus efficace à l'avilissement des prix qui jette une si grande perturbation aujourd'hui sur le marché intérieur de la France. C'est, en obtenant des produits plus considérables sur la même étendue de terrain et avec la même dépense de travaux annuels, que les agriculteurs français pourront tout à la fois trouver des prix rémunérateurs pour les produits qu'ils exporteront, et livrer le froment et la viande salubre, qui sont indispensables pour la nourriture de leurs concitoyens, à des prix assez bas pour qu'ils ne se trouvent hors de la portée de personne.

Au moment où l'agriculture est admise pour la première fois à prendre sa place au milieu des autres industries nationales, il serait curieux de comparer les encouragements que, depuis 60 ans, les divers gouvernements ont accordés à l'industrie manufacturière pour favoriser son développement et lui procurer des débouchés, avec ceux si chétifs et si mesquins qu'a obtenus l'agriculture. Le temps nous manque pour établir ce parallèle : qu'il nous suffise de rappeler que, en 1825, l'agriculture ne figurait au budget de l'État que pour une chétive somme de 120,000 francs qui, en 1830 et 1831, fut réduite à 70,000 francs, et que, aux budgets de 1847 et de 1848, le chapitre de l'encouragement à l'agriculture n'a encore atteint que le chiffre de 1 million.

Quoique l'agriculture ne fût représentée dans les expositions précédentes que par les matières premières qu'elle créait pour d'autres industries, et par les instruments que les mécaniciens venaient y présenter, le savant et habile rapporteur[1] qui, en 1834, rédigea le rapport général sur l'exposition, traça un tableau sommaire des progrès de l'agriculture de la fin du siècle dernier au premier tiers de celui-ci. Les rapports plus spéciaux et plus détaillés faits cette année sur chacune des branches de l'agriculture viendront compléter cet exposé et prouver que la production agricole française, quoique ayant eu à surmonter des obstacles et des difficultés de toute espèce, n'a cessé de faire des progrès réels et importants.

La chimie, qui nous a donné la théorie véritable des engrais et les meilleurs moyens de les préparer, utilise tous les jours des substances inutiles, jusqu'à présent, et les convertit en matières précieuses qui viennent rendre une fécondité nouvelle aux terres fatiguées, et permettent de leur demander chaque année de riches et épuisantes récoltes.

La culture du froment s'étend sur de nouvelles terres, d'année en année, à mesure que l'emploi des engrais et amendements divers devient plus général. Son produit par hectare, qui était en moyenne de 8 à 9 hectolitres du temps de Vauban, qui est aujourd'hui de 12 à 13 pour la moyenne de la France entière, s'élève facilement à 30, et arrive même à 40

[1] M. Charles Dupin, président du jury central de 1849.

hectolitres pour les agriculteurs habiles qui savent choisir les meilleures variétés de froment et leur donner une culture appropriée à leur sol et à leur climat; déjà il ne s'en faut que de 1 million d'hectolitres en moyenne que la production du froment soit égale à la consommation, et il est permis de prévoir comme très-prochain le moment où l'exportation égalera et surpassera même l'importation de ce grain précieux.

Le rapporteur des instruments aratoires n'a pas craint d'établir que les charrues construites par nos habiles mécaniciens étaient supérieures à toutes celles dont s'enorgueillit l'Angleterre et qui jouissent d'une réputation universelle jusqu'à présent.

Le rapporteur de la race ovine, dont le nom seul est une autorité incontestée en cette matière, en faisant remarquer les progrès accomplis par nos habiles éleveurs depuis 5 ans, y a joint de sages conseils sur la direction à donner à leur industrie pour concilier l'intérêt de nos manufactures avec celui de l'alimentation publique.

Le rapporteur de la race bovine, en appréciant les types peu nombreux, mais réellement admirables, qui ont été amenés à l'exposition, a établi que, soit pour le nombre, soit pour la qualité des produits, cette industrie faisait, depuis quelques années, des progrès importants.

Quoique l'industrie chevaline ait été représentée par un plus petit nombre de types encore, le rapporteur de cette industrie a fait justement ressortir leur mérite. Jamais on n'avait vu d'aussi beaux produits de race arabe pure, nés sur le sol de la France, que ceux que le haras de Pompadour avait envoyés cette année à l'exposition.

La production de la soie fait tous les jours des progrès; elle s'étend vers le nord et l'ouest de la France, et il est hors de doute que d'ici à peu d'années la valeur des quantités exportées surpassera celles importées dont notre fabrication ne peut se passer.

Une culture nouvellement introduite en France, celle du riz, se propage de la Camargue jusqu'aux landes de Bordeaux. Elle offre un moyen facile de tirer parti de terrains restés stériles jusqu'à présent, et elle procure une ressource précieuse pour l'alimentation publique.

Les cultures des pépinières, des fleurs et des légumes ont présenté des produits dignes d'être remarqués avec intérêt, et dont les rapporteurs spéciaux ont fait, à juste titre, ressortir le mérite et l'importance.

Les produits de l'Algérie ont attiré au plus haut degré l'attention publique. Des céréales de toute espèce, des plantes fourragères variées, des oranges et des citrons plus délicats que ceux de Malte et de Portugal, les tubercules les plus savoureux, tels que les patates et les caladions, les plantes de commerce les plus précieuses, telles que le tabac et le coton, des bois de toute espèce, des laines, des soies, de la cochenille, des huiles, enfin les productions des sols et des climats les plus différents, nous ont été envoyés de la France d'Afrique, qui n'attend que des bras et des capitaux pour dédommager avec usure sa mère patrie de tous les sacrifices qu'elle lui a imposés depuis vingt ans.

Enfin, pour nous conformer aux intentions du Gouvernement, les cultivateurs qui ont été signalés au jury comme ayant fait faire des progrès remarquables à l'agriculture par l'introduction de nouveaux assolements, de culture non encore pratiquées dans leur pays, d'instruments perfectionnés, de nouvelles races d'animaux, par de grands et utiles travaux de desséchement, d'irrigation, de défrichement, etc., etc., ont reçu des récompenses proportionnées à leurs services.

Cependant il ne faudrait pas conclure de cet exposé que l'agriculture française ait été dignement représentée à l'exposition de 1849. Elle a eu trop peu de temps pour s'y préparer. Dans plusieurs départements, on a ignoré que les produits de l'agriculture dussent être admis à l'exposition; que le Gouvernement payerait les frais de transport de ces produits, et que même les agriculteurs non exposants pussent obtenir quelques récompenses. D'ailleurs, l'époque à laquelle l'exposition a eu lieu était peu favorable pour les produits de la grande culture. A peine quelques échantillons de froments nouveaux ont-ils pu être admis vers la fin de l'exposition. Les formalités exigées pour l'admission des produits par les jurys départementaux ne pouvaient pas être appliquées aux animaux vivants, et ont effrayé un grand nombre de cultivateurs. En effet, comment envoyer un taureau, des vaches laitières, des étalons ou des juments, situés au chef-lieu du département, pour les soumettre à l'examen du jury départemental, lorsque leur propriétaire en demeurait à 60 ou 80 kilomètres. Aussi le jury a-t-il formé le vœu qu'aux expositions futures les animaux fussent visités au domicile de leurs propriétaires par une commission composée d'un membre du conseil général, d'un délégué du comice agricole et d'un délégué du préfet.

Le jury a aussi exprimé le vœu qu'une année avant l'ouverture de l'exposition, des renseignements précis fussent demandés par l'administration, à toutes les sociétés d'agriculture et à tous les comices, sur les agriculteurs qui se seraient signalés, dans l'étendue de leur circonscription, par des perfectionnements introduits dans les cultures, dans les méthodes d'élevage et d'engraissement des animaux, dans les assolements, dans l'application d'instruments aratoires perfectionnés, dans la préparation et l'emploi des engrais, etc.

Si le Gouvernement veut bien réaliser ces vœux; s'il accorde enfin aux intérêts agricoles la sollicitude et la considération à laquelle ils ont des droits si légitimes, et si la France peut retrouver l'ordre, la stabilité, la confiance dans ses propres forces et dans son avenir, sans lesquels aucune industrie ne peut prospérer, nous avons la ferme conviction que l'exposition prochaine, et celles qui la suivront, l'emporteront infiniment sur celle-ci, et révèleront, à l'étonnement de ceux à qui il sera donné d'en être les témoins, tout ce que peut produire de richesses le sol de notre patrie, exploité par des mains intelligentes et habiles. Nous verrons alors la plupart des nations qui habitent le globe devenir les tributaires de notre agriculture : les unes, les plus voisines, ne pouvant se passer de nos céréales, de nos légumes, de nos fruits, de nos viandes, qui ne connaissent pas de rivales pour la délicatesse, la saveur et la supériorité de la qualité; les autres, recherchant nos vins, nos eaux-de-vie, nos huiles, même notre lait, à qui une découverte, justement récompensée par le jury, permet de faire faire le tour du monde entier sans qu'il perde aucune de ses propriétés bienfaisantes, ni même son goût naturel, et les étoffes fabriquées avec nos soies, nos lins et nos laines intermédiaires, si supérieures à celles qui sont produites sous d'autres climats; alors notre agriculture occupera enfin le rang auquel elle est appelée par la richesse du sol de la France, par la variété de son climat, par la configuration de son territoire, par sa configuration géographique, enfin par les habitudes et les mœurs de ses habitants, dont les cinq septièmes consacrent tout leur temps à la culture du sol national, et attendent toute leur richesse des produits qu'ils en retirent.

CHAPITRE PREMIER.

AGRICULTEURS NON EXPOSANTS.

M. Fouquier d'Hérouel, rapporteur.

CONSIDÉRATIONS GÉNÉRALES.

L'arrêté qui institue dans chaque département un jury chargé de signaler, dans un rapport écrit, les services rendus à l'agriculture par des chefs d'exploitation, des contre-maîtres, des ouvriers ou des journaliers, a été interprété de diverses manières.

Les uns, considérant l'exposition comme le comice de toute la France, ont cru devoir réclamer des récompenses nationales pour les cultivateurs qui avaient obtenu de bonnes récoltes, pour les régisseurs qui avaient bien dirigé une ferme, pour les ouvriers qui avaient exécuté avec zèle et intelligence les travaux qui leur ont été confiés. Ces mérites sont dignes de récompenses, mais ce sont les sociétés d'agriculture ou les comices qui doivent être chargés de les distribuer.

D'autres se sont contentés d'indiquer les prix obtenus par les meilleurs cultivateurs du département sans faire connaître pour quel motif ils avaient été accordés.

Quelques-uns signalent à l'attention du jury central ceux qui ont introduit dans leur culture des améliorations, des instruments perfectionnés sans donner aucun détail sur ces améliorations, sur les nouveaux instruments adoptés, sur les causes de leur supériorité, sur leur admission dans les fermes voisines, et sur les avantages que leur adoption a pu produire.

Un certain nombre réclament des récompenses pour ceux qui ont introduit dans leurs fermes des étalons des races chevaline, bovine ou ovine provenant des pays étrangers, ou d'autres départements, oubliant que les cultivateurs, dont les titres à des récompenses reposent sur l'amélioration d'une race de bestiaux, auraient dû envoyer leurs produits à l'exposition; que c'était le seul moyen de les faire apprécier par le jury central; que souvent il ne suffit pas d'avoir croisé la race du pays avec une autre espèce pour qu'il y ait amélioration; qu'on ne peut accorder une récompense à ceux qui ont fait des croisements, qu'après s'être bien assuré qu'ils offrent des avantages aux cultivateurs du pays; que le jury central doit être d'autant plus circonspect dans les décisions de ce genre, que son approbation, que les récompenses qu'il pourrait décerner, auraient peut-être pour résultat de pousser un canton, un département dans une voie qui pourrait être nuisible, et à ceux qui s'y engageraient et aux intérêts généraux du pays.

Un exemple tiré d'animaux d'espèce bovine présentés à l'exposition en sera une preuve convaincante : un éleveur, M. Auclerc, a présenté des produits de la race du pays croisés avec un taureau de Durham : ces élèves sont bien supérieurs à ceux qu'on obtenait de la race du pays, et le jury, en décernant à M. Auclerc une récompense éclatante, a signalé aux habitants de son département les avantages que présentait ce croisement.

D'autres éleveurs ont présenté un bœuf de race bretonne et plusieurs autres de cette même race, croisée avec la race angevine; on regardait ce croisement comme une amélioration, c'était une erreur: le mélange des deux races ne vaut pas la race bretonne, et le jury, en improuvant ce croisement, en faisant voir aux propriétaires les défauts de conformation qui en résultaient, espère faire éviter aux cultivateurs les déceptions et les pertes dont ils auraient été victimes.

Ce seul fait suffit pour prouver la nécessité de présenter à l'exposition et à l'approbation du jury central les produits des croisements, et cette nécessité bien reconnue a déterminé le jury à arrêter en principe que, pour les cultivateurs qui s'occupent spécialement de l'éducation des bestiaux, et qui fondent leurs principaux titres à des récompenses nationales sur des améliorations dans cette branche si importante de l'industrie agricole, la présentation de leurs produits à l'exposition exercerait une grande influence sur les décisions du jury central, soit pour les récompenses qu'il a le droit de décerner, soit pour celles qu'il peut réclamer du Gouvernement, en faveur de ceux qui les méritent.

En lisant attentivement l'article 2 de l'arrêté du 18 janvier 1849, on doit s'étonner de l'erreur dans laquelle sont tombés les jurys départementaux, car il dit formellement que ces jurys devront signaler les services rendus à l'agriculture par des chefs d'exploitation, des contres-maîtres, des ouvriers ou des journaliers; et les mots de *services rendus à l'agriculture* ne peuvent s'appliquer qu'aux améliorations qui ont produit des résultats avantageux pour les cultivateurs ou pour les populations, qu'aux innovations utiles qui ont été adoptées par une grande partie des habitants du pays et sont devenues d'un usage général.

Ainsi qu'un cultivateur ait des champs bien soignés, des récoltes abondantes, des bestiaux en bon état; qu'un ouvrier se conduise bien; qu'il exécute avec zèle, avec intelligence les travaux dont il est chargé; qu'un chef de culture dirige avec habileté les instruments aratoires qu'on lui confie, le travail des ouvriers qu'il doit surveiller, ces faits, comme nous l'avons dit plus haut, ne peuvent donner lieu qu'à des récompenses décernées par les comices ou sociétés d'agriculture; mais, pour être signalé à l'attention du Gouvernement comme ayant rendu des services à l'agriculture, il faut être l'inventeur ou le propagateur d'instruments aratoires qui facilitent la culture des terres, et dont l'utilité soit assez prouvée pour que les cultivateurs voisins s'empressent de les adopter; avoir tiré de l'étranger ou des départements voisins et acclimaté des plantes qui puissent entrer avec succès dans les assolements, accroître la fertilité du sol ou en augmenter les produits; que ces avantages soient assez positifs pour que les autres cultivateurs du pays puissent les apprécier et adoptent la culture de ces nouvelles plantes.

Avoir modifié ou changé la disposition des étables, le régime des animaux, la manière de traiter leurs maladies, leur genre d'alimentation, le mode de recueillir les engrais qu'ils donnent pour en augmenter la quantité, les employer plus avantageusement, et que ces changements soient devenus d'un usage général.

Avoir introduit des animaux de race supérieure à celle du pays, soit pour les conserver purs, soit pour opérer des croisements; avoir constaté d'une manière certaine que les élèves obtenus trouveront dans les produits du sol, dans les fourrages qu'on y récolte, l'alimentation nécessaire pour prospérer.

Mais il faut surtout que toutes ces innovations, toutes ces améliorations aient la sanction de l'expérience, qu'elles se soient répandues dans les fermes voisines, qu'elles aient donné des résultats lucratifs; autrement on n'aurait point satisfait aux prescriptions de l'arrêté qui exige, pour accorder des récompenses, des services rendus à l'agriculture.

Ainsi un propriétaire qui, en dépensant des sommes considérables, aurait introduit sur ses terres des bestiaux de l'espèce la plus estimée, les cultures les plus variées et les plus soignées, aurait fait venir à grands frais les instruments les plus perfectionnés, aurait été plus nuisible qu'utile aux progrès de l'agriculture, si tous ces changements n'avaient été qu'une source de dépenses, n'avaient point produit de résultats lucratifs; si l'opinion des cultivateurs voisins, loin de les adopter, les repoussait avec force, comme ne devant leur occasionner que des pertes, car des essais manqués, des innovations mal faites ont pour conséquences immédiates de donner aux cultivateurs un éloignement qu'il est alors presque impossible de vaincre pour tout ce qui peut modifier la routine qu'ils tiennent de leurs pères, et peut-être doit-on attribuer la lenteur des progrès agricoles à ces théoriciens peu éclairés arrivés dans un canton avec la prétention hautement déclarée d'en changer toutes les habitudes agricoles, et qui, au bout de quelques années, ont abandonné le pays, ne laissant derrière eux que le souvenir de leur ruine et une répugnance presque insurmontable pour toute espèce de changement.

· · ·e nos cultivateurs modifient leurs habitudes de culture, ...optent des améliorations, élèvent des animaux d'espèce différente de ceux qu'ils possèdent, il faut qu'ils puissent se convaincre, et bien positivement, qu'ils trouveront de l'avantage à le faire. Il faut donc que les changements soient proportionnés aux ressources qu'ils ont, à la richesse du sol, aux récoltes qu'ils peuvent obtenir. Lorsque, par exemple, on vient préconiser à nos cultivateurs, dans les espèces chevaline, bovine et ovine, ces ra·es d'animaux d'une grande valeur, qu'on les engage à se livrer à leur éducation, on oublie trop que, pour réussir, il faut aux élèves une abondante nourriture, qu'il est alors nécessaire d'avoir une grande quantité de fourrages, qu'on ne peut les obtenir qu'au moyen de beaucoup d'engrais, et que ce résultat n'est possible, sur la plupart des terres, que par de grands sacrifices pécuniaires que ne peuvent faire l'immense majorité des cultivateurs.

Tous ceux donc qui n'obtiennent des améliorations agricoles qu'au moyen de dépenses supérieures aux recettes, ou même ceux dont la culture ne présente pas, à la fin de chaque année, des résultats lucratifs, ne peuvent être classés parmi ceux qui ont rendu des services à l'agriculture, et n'ont point droit à des récompenses nationales.

Du reste, le jury a reconnu qu'il était plus difficile d'apporter des améliorations dans les cantons bien cultivés que dans ceux où l'agriculture n'a fait aucun progrès, et où il suffit souvent de transporter, en tout ou en partie, le système de culture suivi dans les premiers, et c'est d'après les principes exposés ci dessus qu'il a fixé l'ordre de mérite et les récompenses à décerner pour l'exposition de 1849.

M. Charles-François MARTINE aîné, cultivateur, à Aubigny (Aisne).

Il exploite une ferme de 186 hectares, tous ensemencés, dont 65 en blé, 4 en seigle, 15 en avoine, 12 en hivernage, 12 en luzerne, 10 en colzas, 20 en betteraves, 4 en carottes et 44 en trèfle ordinaire, trèfle blanc ou incarnat.

La société d'agriculture de Saint-Quentin a constaté que, depuis quinze ans qu'il cultive, M. Martine obtient d'abondantes récoltes, nourrit avec succès un nombreux troupeau, et que sa ferme est dans un grand état de prospérité.

En croisant des brebis mérinos avec des béliers de Kent et de Dishley, il a donné à ses élèves de la taille et une grande facilité à prendre graisse; maintenant il cherche à obtenir, avec des béliers Mauchamp, une toison bien tassée, longue et soyeuse : son troupeau se compose de 1,100 bêtes, il élève chaque année 300 agneaux et engraisse 300 bêtes. Les bénéfices que ces dernières lui ont donnés ont contribué puissamment à développer dans le pays cette branche d'industrie, qui donne d'excellents fumiers, si nécessaires à toutes les fermes situées loin des villes. Autrefois on n'engraissait pas, on vendait les bêtes maigres, souvent à très-bas prix.

M. Martine a adopté un grand nombre de nouveaux instruments, machine à battre, semoirs en lignes, charrue fouilleuse, lavoir et coupe-racines, chaudière pour cuire à la vapeur les racines et les grains, brabans à rouelles et à patins, herses montées sur rouelles, à dents et à palettes; cette dernière herse est en grande partie de son invention, après plusieurs essais pour modifier ce qui existait, il a fait construire une herse à palettes qui, dans un concours qui eut lieu le 9 octobre 1837, obtint une médaille d'or, qui lui fut remise par Mme la duchesse d'Orléans. Cet instrument est devenu d'un usage général dans une grande partie des fermes des départements de l'Aisne, de la Somme et de l'Oise.

Dans les quatre derniers concours de Poissy, M. Martine a obtenu chaque année un prix, pour un lot de 20 moutons au-dessous de 3 ans, nés et élevés chez lui; en 1847, un autre prix pour un lot de 20 moutons Solognots, qu'il avait achetés pour le parc et engraissés. En 1844, prix d'honneur à Saint-Quentin, pour un bélier, et, depuis, 8 prix dans les divers concours, et en 1848 prix du ministère, pour la ferme la mieux tenue, ayant la plus grande quantité de plantes fourragères. En juillet 1846, le claveau parut dans le pays, tout de suite il fit inoculer son troupeau; la perte a été d'environ 2 pour 100, tandis que dans les troupeaux attaqués elle s'est quelquefois élevée au tiers; alors les autres cultivateurs ont suivi l'exemple de M. Martine, et il leur a fourni le *vaccin* claveleux dont ils avaient besoin, en faisant conduire chez eux les bêtes qui se trouvaient dans la période convenable pour l'inoculation.

Ces motifs rendent M. Martine digne de la plus haute récompense que le Gouvernement croie devoir accorder, et le jury lui décerne une médaille d'or.

M. DEMESMAY, cultivateur et fabricant de sucre, à Templeuve (Nord).

Sa ferme, dont il a entrepris la culture en 1833, se compose de 106 hectares, dont il sème 42 hectares en betteraves pour alimenter la fabrique de sucre qu'il a joint à cet établissement, et qui lui fournit les moyens de donner continuellement à un grand nombre d'ouvriers un travail assuré et lucratif.

Ses terres, largement fumées, donnent des récoltes extrêmement abondantes; on peut juger d'ailleurs de la masse de fumiers dont il peut disposer, en apprenant qu'il engraisse chaque année 200 bêtes à cornes et 750 moutons, qu'il a en outre pour son exploitation 22 chevaux de trait et 4 bœufs de travail; les récoltes qu'il fait ne suffisent pas pour nourrir cette masse de bestiaux, et leur fournir de la litière; il achète chaque année 100 à 150,000 kilogrammes de paille, 50,000 de foin, et 60,000 kilos de tourteaux d'œillette.

Pour augmenter la masse de ses engrais, il a fait construire un four à chaux qui lui en fournit chaque année 10,000 hectolitres, et des citernes à purin au-dessous des écuries et des étables; il s'en sert habituellement pour ses derniers blés, attendu qu'il en sème 45 hectares, presque tous après ses betteraves, que souvent l'hiver fait souffrir les blés tardifs, et qu'au printemps la terre a besoin d'être réchauffée.

M. Demesmay emploie les instruments aratoires perfectionnés, en usage d'ailleurs dans tout le département du Nord, et dont il est par conséquent inutile de parler; nous nous contenterons seulement de mentionner, comme un bon exemple aux autres cultivateurs, son assolement de sept ans : betteraves, blé, betteraves, blé, betteraves, blé, trèfle, pendant lequel les terres sont fumées trois fois, et le trèfle chaulé ou cendré.

M. Demesmay est auteur de quelques brochures sur des questions agricoles, et de nombreux rapports à la société d'agriculture de Lille, qui ont mérité l'approbation de cette société, et par suite desquels, en 1847, une médaille d'honneur lui fut décerné.

Il a fait et a rendu publiques plusieurs expériences sur la valeur nutritive des tourteaux, sur l'emploi du sel dans l'alimentation des bestiaux, il vient de prendre la direction de la ferme-école du département du Nord, c'est un nouveau titre qu'il faut ajouter à ceux qu'il avait déjà, il est digne de la plus haute récompense que le Gouvernement puisse accorder, et le jury central décerne à M. Demesmay une médaille d'or.

MM. DUTAC frères, à la Gosse (Moselle).

C'est vers 1824 que MM. Dutac frères entreprirent de créer des prairies avec les bancs de galets qui bordaient la Moselle, ce fut à la ferme de la Gosse, située à un kilomètre de la Moselle, qu'ils firent leurs premiers essais sur quelques terrains riverains du cours d'eau dont ils avaient fait l'acquisition.

Le succès ayant couronné leurs tentatives, ils ont étendu leurs opérations après avoir acquis ou loué à diverses conditions, des terrains particuliers et surtout des biens communaux qui bordaient la rivière.

Ces terrains étaient presqu'en totalité des bancs de gravier traversés sur plusieurs points par de petits bras de la Moselle: ils ont commencé par fermer tous ces bras, ont rejeté l'eau de la rivière dans un lit unique, et, après avoir fait un barrage pour élever l'eau, ils ont transformé en rigoles de décharge les divers canaux par lesquels l'eau s'échappait. Les eaux abondantes qu'ils peuvent continuellement faire couler sur ce qui n'était auparavant que des bancs de gravier ont fait, de ces terrains improductifs, de fort belles prairies, et ce changement a fait faire un grand pas à la science agricole.

Jusqu'alors on croyait que l'irrigation ne pouvait utilement transformer en prairies que des sols imperméables, les terres fortes où dominent l'argile et la marne; les travaux de MM. Dutac frères ont prouvé qu'on pouvait également transformer en prairies les terrains perméables; qu'il suffisait pour y parvenir de tenir le sol imprégné d'un courant d'eau, avec un égout d'environ 100 litres par seconde pour chaque hectare de terre.

Dans ces conditions, lorsque l'herbe a constamment le pied dans l'eau courante, elle végète vigoureusement, elle pousse facilement entre les galets, puis, cette première végétation arrêtant les particules de sable et d'humus que contient toujours l'eau en apparence la plus limpide, un sol ferme et contenu se forme promptement, recouvre les bancs de galets et de gravier, l'herbe envahit toute la surface, et forme une prairie qui change complétement l'aspect du terrain.

Les travaux de MM. Dutac ont en même temps montré, contrairement à ce qu'on pensait, que les plages transformées en gazon résistaient parfaitement à l'action des courants d'eau, qui auparavant déplaçaient et faisaient mouvoir ces plages formées de gros galets ayant jusqu'à 10 et 15 centimètres de diamètre; c'est un enseignement utile pour les ingénieurs chargés de solidifier les bords des fleuves et des rivières: aussi, pour récompenser MM. Dutac de leurs utiles travaux, le jury leur décerne-t-il une médaille d'or.

MM. CRESPEL père et fils, à Saulty (Pas-de-Calais).

M. Tiburce Crespel exploite à Saulty, département du Pas-de-Calais, 196 hectares de terre, dont une grande partie sont semés en betteraves; il nourrit sur cette ferme, au moyen des pulpes que lui fournit sa fabrique et des trèfles qu'il sème sur un cinquième de ses terres, 166 bêtes des races chevaline et bovine, et 250 moutons qui sont successivement engraissés et renouvelés.

Il se livre surtout à l'éducation et à l'amélioration de la race bovine, et élève un grand nombre de taureaux d'espèce Durham croisée avec celle du pays, qui sont fort recherchés par les cultivateurs du pays, et qui doivent puissamment contribuer à donner à la race artésienne des flancs plus courts, des côtes plus arrondies, une croupe plus étoffée et plus pleine, en un mot une meilleure conformation qui rend les animaux mieux disposés à un engraissement précoce et rapide. Tous ces animaux sont entretenus avec un soin qu'on rencontre rarement dans la plupart de nos fermes; ils sont pansés tous les jours; leurs étables sont larges et bien aérées, elles sont pavées en briques de champ, avec une pente pour conduire les urines dans un réservoir où on les puise pour servir à l'assolement des terres; chaque matin, après l'enlèvement des fumiers, le sol est saupoudré de plâtre qui absorbe les exhalaisons ammoniacales, et augmente l'énergie du fumier.

MM. Crespel se servent d'instruments aratoires perfectionnés, tels que brabans en fonte, binots, herses, houes à cheval, gros rouleaux en bois et semoirs; c'est au moyen de ce dernier instrument, qui est de l'invention de M. Crespel père, qui a paru à l'exposition et dont une autre commission vous a entretenus, qu'il ensemence toutes ses terres; les blés et les trèfles, semés en ligne, sont de la plus grande beauté, et bien supérieurs à ceux qu'on trouve sur les terres voisines; la moyenne de leurs récoltes en froment est de 32 hectolitres de grains, et de 6,000 kilogrammes de paille par hectare; et quelques champs ont donné, par hectare, jusqu'à 46 hectolitres de froment, et 3,400 kilogrammes de paille; le battage se fait par une machine mue par la vapeur.

Outre la ferme de Saulty, MM. Crespel exploitent sept autres établissements à Cancourt, Roclincourt, département du Pas-de-Calais, Frières, département de l'Aisne, Sailly et Roye, département de la Somme, Villeselve et Francières, département de l'Oise, qui forment un total de 1,570 hectares, sur lesquels ils avaient, au 15 octobre dernier, 641 têtes de gros bétail, 1,500 moutons et 136 porcs.

C'est la plus grande étendue de terres réunies sous une même direction, cultivées avec le plus grand soin et par les meilleures méthodes : aussi le jury décerne à MM. Crespel une médaille d'or.

M. DECROMBECQ, cultivateur et fabricant de sucre, à Lens (Pas-de-Calais).

Sa ferme est de 250 hectares de terre, dont une partie a été successivement acquise avec les bénéfices qu'il a réalisés; il a fait construire une sucrerie, et sème presque toutes ses terres en betteraves et en céréales, il entretient habituellement 25 chevaux, 30 bœufs de travail, il engraisse 150 vaches et 3 à 400 moutons.

Il emploie des charrues en fer, des charrues taupes qui remuent le terrain jusqu'à 76 centimètres, des herses avec socs en fer, le bineau à trois socs, le semoir Hugues et le rouleau Croskill qu'il a fait venir d'Angleterre; il a porté le diamètre de l'un d'eux à 74 centimètres, et se sert d'un plus petit n'ayant que 36 centimètres pour le faire passer sur ces semis de betteraves lorsqu'ils sont attaqués par les insectes; ce petit rouleau, denté, les dérange tellement qu'ils cessent leur ravage; il fournit à tous les cultivateurs qui le demandent le modèle de ces rouleaux et des informations sur leur usage.

Employant une grande partie de ses pailles pour nourrir ses bestiaux, il en manque pour ses litières; il a essayé, et a réussi à employer, pour la remplacer, la terre sèche absorbante; il la fait sécher sous des hangars ou sous les foyers de son usine, et l'emploie en grande quantité : ces terres, étendues sous les planchers à claire-voie de ses bergeries, reçoivent et absorbent toutes les déjections; lorsqu'elles en sont saturées, on les retire, et les remplace facilement, en soulevant successivement les compartiments mobiles de chaque plancher qui sont à 50 centimètres d'élévation.

Après avoir expérimenté les résultats de l'engraissement d'animaux attachés ou laissés en liberté dans des boxes, M. Decrombecq a adopté cette dernière méthode; chaque loge est de 3 mètres en carré environ, les animaux y séjournent en pleine liberté, ils ne sont point gênés par leurs voisins, ne voient que les personnes chargées de leur apporter la nourriture, et jouissent de ce repos absolu si nécessaire pour engraisser rapidement. Isolés dans leurs cases, les animaux deviennent plus doux et plus gais, la nourriture est plus profitable, et par conséquent les dépenses pour l'engraissement sont moins considérables; ces résultats sont prouvés par la comptabilité que M. Decrombecq tient d'une manière régulière; il donne à ceux qui vont le viser tous les renseignements qu'ils peuvent désirer, pour introduire dans leurs fermes les améliorations qui ont fait prospérer son établissement.

Par ses innovations, par son exemple, et que beaucoup de cultivateurs imitent successivement, M. Decrombecq a rendu de véritables services à l'agriculture; le jury le croit digne de la plus haute récompense que le Gouvernement doive accorder, et il lui décerne une médaille d'or.

M. DARGENT, à Saint-Léonard (Seine-Inférieure).

La ferme de M. Dargent, à Saint-Léonard, près Fécamp, est d'une médiocre étendue, mais tout est traité avec une grande perfection. Depuis longtemps il ne fait plus de jachères; il a introduit le trèfle incarnat, qu'il fait manger en vert; il récolte une grande quantité de racines, qui lui fournissent les moyens d'entretenir pendant l'hiver de nombreux bestiaux.

Les bestiaux qui garnissent sa ferme sont très-estimés par ses voisins, qui viennent chercher chez lui les reproducteurs dont ils ont besoin pour améliorer leurs races.

M. Dargent emploie sur son exploitation les instruments les plus perfectionnés, et il a donné aux cultivateurs voisins les meilleurs exemples pour la disposition des fosses à fumier dans lesquelles on peut faire arriver le purin, et, à son défaut, de l'eau pour arroser les fumiers.

Toutes ses prairies naturelles et artificielles donnent d'abondantes récoltes, et lui permettent de nourrir, et en fort bon état, un beaucoup plus grand nombre de bestiaux que ne le font les autres cultivateurs.

La société d'agriculture de la Seine-Inférieure a décerné à M. Dargent le titre de grand lauréat, qui n'est accordé que pour un ensemble complet et parfait d'exploitation, et le jury lui décerne une médaille d'or.

M. BAUDOUIN, aux Vieux, près Duclair (Seine-Inférieure).

Sa ferme est de 60 hectares; les terres sont de médiocre qualité : c'est une argile siliceuse, ayant pour sous-sol l'argile compacte ou la craie; terrain qui exige d'abondants engrais pour donner de bonnes récoltes; aussi M. Baudouin s'est-il spécialement attaché à la production des engrais.

Outre les fumiers qu'il obtient de 14 chevaux, de 19 bêtes bovines et de 230 moutons, dont une partie sont engraissés pendant l'hiver, il fabrique encore chaque année plus de 200 mètres cubes d'engrais Jauffret, au moyen des vieilles pailles, des tiges de colza et des plantes sauvages ou parasites vertes, qu'il fait ramasser par les pauvres de la commune. Toutes ces matières sont mélangées et disposées en meules d'environ 4 mètres de large, 16 de long et 3 de haut. On les arrose avec une lessive composée de l'urine des étables, des eaux grasses, des excréments de toute nature, du sang des animaux abattus et de toutes les matières animales qu'on peut se procurer; en cas de besoin, on emploie l'eau des mares, et en peu de temps on façonne un excellent engrais, comparable au meilleur fumier des étables.

M. Baudouin a substitué l'assolement quadriennal, blé, racines sarclées, avoine et trèfle, à l'ancien assolement triennal blé, avoine et jachères; son exemple a été assez généralement suivi.

Il cultive sur une assez grande échelle, pour la nourriture d'hiver de ses animaux, la carotte blanche à collet vert; il en obtient habituellement 44,000 kilogrammes par hectare. Il plante aussi beaucoup de pommes de terre, et a converti en féculerie la fabrique de sucre de betteraves qu'il avait d'abord fait établir.

Les instruments agricoles qu'emploie M. Baudouin sont bien supérieurs à ceux de ses voisins; il en a perfectionné plusieurs. Aussi, pour toutes ces améliorations, pour la manière dont sa ferme est conduite, la société d'agriculture de la Seine-Inférieure lui a accordé le titre de grand lauréat, qui n'est donné que pour un ensemble complet et parfait d'exploitation; le ministre de l'agriculture lui a fait donner la croix d'honneur, et le jury lui décerne une médaille d'or.

M. BAZIN père, propriétaire, au Mesnil-Saint-Firmin (Oise).

Depuis longtemps M. Bazin père s'est fait remarquer, dans le département de l'Oise, par le zèle qu'il met à adopter toutes les améliorations dont l'agriculture lui semble susceptible.

Il a modifié avec intelligence les anciens assolements; il se sert des engrais liquides recueillis dans des citernes; il a établi des composts qu'il a souvent formés avec des débris d'animaux; il emploie les instruments aratoires les plus perfectionnés; il a fortement amélioré les races d'animaux qui garnissent sa ferme, et a établi sur cette propriété presque toutes les exploitations industrielles qui peuvent se lier à la culture du sol, telles que brasserie, distillerie, vinaigrerie et sucrerie.

Parmi les améliorations importantes que M. Bazin a introduites dans sa ferme, nous citerons en première ligne la culture d'une espèce de blé connu maintenant sous le nom de *blé du Mesnil.*

Cette variété, extrêmement productive, provient de deux épis remarqués, en 1838, parmi les blés de la récolte ; ils furent semés séparément, et de nombreuses expériences faites depuis cette époque ont constaté que le rendement de cette variété est supérieur à tous les autres, et surpasse souvent de plus de 20 p. 0/0 celui des diverses sortes de blé cultivé généralement.

Les épis sont gros, quadrangulaires, d'un blanc jaunâtre, composés de 13 à 14 épillets de chaque côté de l'axe ; les grains sont ovoïdes, d'un jaune rougeâtre, à cassure amylacée ; la paille est grosse, d'un jaune pâle à sa maturité, et verse moins facilement que beaucoup d'autres variétés.

Des épis donnent 80 grains et même davantage ; le rendement moyen est d'au moins 70 grains, tandis que les épis des autres blés en fournissent rarement 60. Beaucoup de cultivateurs ont adopté cette variété ; sa découverte est un service rendu à l'agriculture, et pour ce motif, comme pour les améliorations introduites dans la ferme du Mesnil et le bon exemple donné aux cultivateurs, le jury décerne à M. Bazin père une médaille d'or.

M. QUERET, cultivateur, propriétaire, à Morlaix (Finistère).

Ancien officier de marine, il s'occupe depuis treize ans d'agriculture ; il a publié un grand nombre d'ouvrages agricoles, dont plusieurs ont été couronnés par les sociétés et comices qui l'entourent, par le congrès de l'association bretonne ; son *Catéchisme agricole* a été imprimé à 5,000 exemplaires et distribué gratis.

M. Queret a aussi obtenu un grand nombre de prix et de médailles pour travaux agricoles, pour bestiaux améliorés, pour création de prairies, pour des observations sur la maladie des pommes de terre ; depuis longtemps il ne cesse de montrer un grand dévouement pour la propagation des progrès agricoles, et le jury central lui décerne la médaille d'or.

M. LEROI DE BÉTHUNE, agronome, à Douai (Nord).

Avocat à Douai, il a consacré sa carrière à obtenir le dessèchement des marais de la Scarpe sur une étendue de 3,000 hectares, et à en conduire les travaux. Ces marais étaient auparavant couverts d'eau pendant neuf mois de l'année, la population qui les entourent était décimée par les fièvres, maintenant elle a retrouvé la santé.

Depuis, M. Leroi a toujours défendu les intérêts agricoles, lorsqu'ils ont été menacés; il l'a fait avec un dévouement et un talent remarquables.

Ses écrits sur la question des toiles, des fils de lin et de chanvre, des graines oléagineuses, du sucre indigène, prouvent ses connaissances agronomiques.

La commission départementale recommande les travaux de M. Leroi de Béthune à l'attention du Gouvernement, et le jury central lui décerne une médaille d'or.

M. LEMARIÉ, à Touffreville (Seine-Inférieure).

L'un des plus anciens cultivateurs du pays, il a été plusieurs fois signalé par la société centrale d'agriculture de la Seine-Inférieure qui, en 1839, lui a accordé la grande médaille d'or, et lui a décerné le titre de grand lauréat.

Il montra de bonne heure un goût prononcé pour l'agriculture, et fit de fréquents voyages pour visiter les pays cités pour leur bonne culture; il se livrait ensuite à des expériences pour introduire ce qu'il croyait utile, et il ne tarda pas à créer une exploitation qui servit de modèle à ses voisins; il introduisit de nouveaux instruments, les perfectionna, en fit construire sous ses yeux, et en répandit l'usage dans toute la contrée qu'il habite.

Il changea l'assolement, y introduisit les plantes sarclées pour un huitième, et son exemple fut suivi par ses voisins qui le regardent comme le premier cultivateur de l'arrondissement d'Yvetot; le jury central lui décerne une médaille d'or.

M. Louis-Victor BRICE, fermier au Haut-Bois, commune d'Étairr (Meuse).

Sa ferme est de 330 hectares de bonnes terres, 55 hectares ont été mis en prairies, et l'on sème annuellement 100 hectares en blé, 20 en colza, 20 en trèfle, 20 en pommes de terre, 100 hectares en avoine, 15 hectares restent en jachères.

M. Brice entretient 24 chevaux de trait, 16 poulains, 70 bêtes espèce bovine de race suisse, 600 moutons, 20 truies et 2 verrats;

ces jeunes taureaux sont recherchés, et la société d'agriculture de Verdun lui accorde 50 francs par tête pour les faire vendre publiquement. Ses moutons sont de race de souabe croisés avec des béliers Dishley; à trois ans, ils pèsent 40 à 50 kilos les quatre quartiers, et donnent de 1 kilo 1/2 à 2 kilos de laine très-haute: une distillerie pour les pommes de terre et l'orge est jointe à cet établissement, ses résidus servent à engraisser des bœufs, à nourrir les vaches et les moutons.

M. Brice se sert d'instruments améliorés. il a fait à la charrue Dombasle quelques modifications qui la rendent plus propre aux terres du pays, et les autres cultivateurs l'ont généralement adoptée.

Il a obtenu plusieurs prix; il avait demandé à établir une ferme-école, ce que le conseil général avait vivement appuyé; mais, son propriétaire ayant refusé de faire construire les bâtiments nécessaires, il fallut y renoncer.

Voici comment s'exprime la commission d'agriculture sur le compte de M. Brice, en parlant de la ferme du Haut-Bois :

« L'établissement de cette exploitation modèle a porté d'heureux fruits dans nos cantons, les excellents résultats obtenus ont été un puissant encouragement pour nos cultivateurs, qui adoptent aujourd'hui avec empressement les méthodes et les instruments qu'ils repoussaient naguère avec dédain. »

Par tous ces motifs, le jury central décerne à M. Brice une médaille d'or.

Médailles d'argent.

M. SAVIN LARCLAUZE, cultivateur, propriétaire, à Monts, commune de Ceaux (Vienne).

Lorsqu'en 1832 il entreprit la culture de cette propriété, elle était soumise à l'assolement du pays, trois blés et une jachère, le bénéfice était à peu près nul; M. Savin Larclauze a commencé par l'essai du colonage partiaire, il n'a pu réussir; il s'est alors décidé à réformer le système ancien, à introduire des cultures alternes, des instruments perfectionnés; il a fait construire un four à chaux, il s'est servi avec succès de cet engrais minéral et a pu alors consacrer une grande partie de ses terres arables à la culture des prairies artificielles, des plantes fourragères et sarclées.

Ses récoltes de toute nature sont fort belles et lui permettent de nourrir 50 chevaux pour la poste, la diligence et le labour, et 50 bêtes de race bovine.

La société centrale d'agriculture lui a décerné une médaille d'argent pour ses assolements, une médaille de platine pour introduction dans le pays d'amendements non encore employés, et l'a nommé son correspondant.

La société d'agriculture de Poitiers lui a accordé plusieurs médailles d'or, 1° pour ses cultures; 2° pour la taille et le choix de ses arbres fruitiers; 3° pour ses prairies artificielles.

Ses succès ont été utiles au pays, les cultivateurs voisins l'ont imité, et l'agriculture de cette contrée a fait des progrès qui doivent en grande partie lui être attribués; le jury central décerne à M. Savin Larclauze une médaille d'argent.

M. BALLARD, à Gironne (Cher).

Son exploitation est de 200 hectares; la moitié, composée des terres de meilleure qualité, a été soumise à la culture alterne, céréales de printemps et d'automne, prairies artificielles, plantes légumineuses et fourragères; l'autre moitié sert de pâturage, et reçoit, après un long repos, un ensemencement de céréales de printemps.

Il a obtenu le prix dans deux concours, l'un pour les soins donnés au bétail, l'autre pour la bonne qualité des plantes légumineuses.

Les améliorations qu'il a introduites sur ses terres lui ont donné les moyens de doubler ses fumiers en augmentant ses bestiaux, et le rendement de ses terres, qui n'était que de 3 à 4 fois la semence, est maintenant de 8 à 10.

Ce fut M. Ballard qui le premier, en 1807, donna l'exemple d'exploiter sa propriété par des domestiques, et non par colons à moitié fruits; cette méthode, qui peut seule amener de grandes améliorations agricoles, a été successivement imitée par beaucoup de propriétaires du Berry, et c'est pour ce motif que le jury central décerne à M. Ballard une médaille d'argent.

M. GUILLEMOT, cultivateur, à Nozai (Marne).

Un rapport de la commission envoyée par M. le préfet, pour visiter la ferme de Nozai, constate que cette exploitation se compose de 306 hectares, dont 60 restent en friche, que les terres étaient dans le plus complet état d'épuisement lorsque M. Guillemot en a entrepris la culture en 1841, que maintenant elles sont en bon état de culture, que les récoltes sont abondantes et permettent d'y entretenir un grand nombre de bestiaux; il nourrit 15 chevaux, 20 bœufs et vaches et 666 moutons, et fume annuellement 50 hectares de terre, il se sert de bons instruments aratoires, et a introduit dans son exploitation toutes les améliorations possibles, cet exemple a dû avoir une heureuse influence sur les cultivateurs voisins. Le jury, appréciant cette réunion de services, décerne à M. Guillemot une médaille d'argent.

M. l'abbé FLEURIMON, fermier à la Gabinière (Vienne).

Guidé par une pieuse et louable charité, il a pris à ferme de l'hospice de Montmorillon une propriété de 383 hectares dont 248 de landes et 55 de bois, et y a fondé une colonie agricole pour les jeunes orphelins recueillis dans les hospices.

Il met successivement en valeur les landes, utilise les eaux des étangs et est parvenu à créer sur des terrains sans valeur des jardins fertiles, des champs couverts de belles récoltes; les élèves qu'il a arrachés à la misère et qu'il moralise par les habitudes agricoles commencent à conduire habilement les instruments perfectionnés introduits sur le domaine, et ont paru avec avantage dans différents concours.

Le jury central, appréciant l'importance et l'utilité de l'établissement fondé par M. l'abbé Fleurimon, lui décerne une médaille d'argent.

M. LASTIC-SAINT-JAL, aux Essarts, commune de Saint-Julien (Vienne).

Il a complétement changé une propriété de près de 200 hectares de landes et de bruyères, elle est maintenant couverte de prairies artificielles et de riches cultures; il a formé de bons laboureurs, il a obtenu une médaille de la société d'agriculture de Poitiers avant d'en être membre, ce qui ne lui a plus permis de concourir; il s'occupe beaucoup d'élever des chevaux limousins ou croisés avec le sang arabe ou anglais, qu'il fait acheter poulains.

Dans le pays de production, il a aussi établi de nombreuses

plantations de mûriers et une magnanerie suivant le système de MM. Beauvais et Robinet.

Ses exemples ont décidé les propriétaires voisins à faire des défrichements, à adopter les instruments perfectionnés, à établir des prairies artificielles, à changer leur assolement : le jury central accorde à M. de Lastic-Saint-Jal une médaille d'argent.

M. DE POMPERY, à Ciry-Salsogne (Aisne).

Une partie des terres qu'il cultivait, sablonneuses et perméables, ne produisaient que de chétives récoltes de seigle et d'avoine ; il conçut la pensée de les changer en prairies irriguées en élevant l'eau de la Vesle, petite rivière qui bordait cette propriété ; il s'adressa à MM. Thomas et Laurens, ingénieurs civils, sortis de l'école centrale, et, au moyen d'une machine hydraulique, il parvint à élever l'eau de la Vesle au niveau nécessaire pour arroser 70 hectares de terre qui sont maintenant d'excellentes prairies donnant un revenu de plus de 300 francs par hectare, l'irrigation doit comprendre 110 hectares.

Ces travaux considérables dans un pays où on n'avait aucune idée d'irrigation, les avantages qu'offrent au pays des améliorations de cette nature, le bon exemple dont ils sont pour les autres propriétaires, déterminent le jury à accorder à M. de Pompery la médaille d'argent.

M. DESVAUX, maître de poste à Courville (Eure-et-Loir).

Il exploite une ferme de 391 hectares de terres arables qu'il a mis dans un excellent état de culture ; il a introduit dans son exploitation des instruments aratoires perfectionnés, la culture des plantes fourragères, un marnage triennal à raison de 20 tombereaux par hectare ; il entretient un troupeau de 13 à 1,400 bêtes, 25 bêtes à cornes, et vend à la boucherie 40 à 50 veaux gras ; de 1838 à 1843 il a obtenu plusieurs médailles et trois fois la médaille d'or, ce qui ne lui a plus permis de concourir. Tous ces faits prouvent que M. Desvaux est un cultivateur très-distingué ; on doit regretter que les détails contenus dans le rapport de la commission départementale ne soient pas assez explicites sur l'influence que les améliorations de M. Desvaux ont exercée sur les cultivateurs voisins, le jury central décerne à M. Desvaux la médaille d'argent.

M. DE MECFLET, directeur de la ferme-école au Quesnay (Calvados).

Sa ferme est de près de 200 hectares, les instruments aratoires perfectionnés y sont employés, de nombreuses améliorations dans l'assolement, dans la production des engrais, y ont été apportés par M. de Mecflet, qui s'occupe avec le zèle le plus louable de tout ce qui peut faire faire des progrès à l'agriculture; il a plus que triplé le nombre des bestiaux qui y étaient nourris, et met un grand empressement à montrer aux cultivateurs qui viennent visiter cette exploitation la comptabilité régulière des dépenses et des produits de l'établissement.

Il a obtenu un grand nombre de prix et de médailles du comice de Falaise, deux prix pour béliers et cochons anglais au concours départemental, et il vient de créer sur son exploitation une ferme-école; pour ces motifs, et surtout pour le bon exemple qu'il donne en ayant une comptabilité régulière, le jury central lui décerne une médaille d'argent.

M. PICHON-PRÉMÉLÉ, propriétaire, à Aunou (Orne).

Son domaine se compose de 40 hectares en prairies, et de 80 hectares en terres labourables; ils sont divisés en 14 soles, la jachère est complétement supprimée et les récoltes sont très-abondantes. Il achète des engrais calcaires et pulvérulents qu'il se procure facilement; il vend des foins et des pailles, ce qui est contraire aux bons principes agricoles, mais convient à la position particulière où se trouve M. Pichon-Prémélé, qui récolte beaucoup de foin, et n'a sur sa ferme que 40 têtes de gros bétail, 20 de l'espèce chevaline, et 20 de l'espèce bovine.

La commission départementale s'exprime ainsi sur l'écurie de M. Pichon-Prémélé :

« Les chevaux de race percheronne y ont pris, au moyen de leur « alliance, dans de justes proportions, avec un sang plus élevé, la « distinction et la vigueur qui manquaient à cette race, si précieuse « d'ailleurs pour les travaux des champs par sa force et sa santé. La « ferme de M. Pichon-Prémélé a produit les meilleurs étalons de ce « genre qui se voient dans le pays. Elle renferme aussi des produits « de Rattler et de Seclavi. »

Le jury central voudrait, pour partager l'opinion de la commission, avoir vu les animaux qui possèdent autant de qualités; il regrette qu'ils n'aient pas été envoyés à l'exposition, car, s'ils eussent justifié les éloges qu'on en fait, leur possesseur aurait eu droit aux récompenses les plus élevées.

M. Pichon a fait entourer ses champs de haies à triple rang, il a fait construire un four à chaux, il est probable qu'il s'en sert pour faire des composts.

Les améliorations introduites dans cette ferme sont successivement imitées par les cultivateurs du pays. M. Lefèvre-Sainte-Marie a fait, en 1846 et 1847 deux rapports sur cette exploitation, qui ne nous sont point parvenus. Le jury central accorde une médaille d'argent à M. Pichon-Prémélé.

M. LEFEBVRE DE MAISONS, propriétaire, à Batilly (Orne).

Il cultive depuis 1812 la ferme de Ménil-Glaise, il y a substitué depuis 30 ans l'assolement sexennal à l'ancienne routine triennal; il a supprimé la jachère et obtient sur le sixième de ses terres d'abondantes récoltes de trèfle. Il emploie des instruments perfectionnés construits dans ses ateliers, et il a obtenu, pour les améliorations introduites dans sa culture, plusieurs médailles en or et en argent décernées par les sociétés d'agriculture de Paris, de Versailles et d'autres localités.

Les bons exemples qu'il a donnés, et qui ont été utiles au pays, déterminent le jury central à lui accorder une médaille d'argent.

M. Joseph-Antoine DELAJOUX, desservant à Pougny (Ain).

Cet ecclésiastique est signalé, par une lettre du préfet de l'Ain, comme ayant complétement changé l'aspect du territoire de la commune, en transformant en prairies des marais malsains, et plantant en vignes des coteaux incultes. 13 certificats de maires ou personnes notables de Pougny et localités voisines attestent les services rendus à l'agriculture par M. l'abbé Delajoux qui, suivant ce qu'on a fait connaître à plusieurs membres de la sous-commission, a dépensé ce qu'il pouvait posséder pour terminer les travaux qu'il avait entrepris dans l'intérêt des habitants de sa paroisse.

Pour l'en récompenser, le jury décerne à M. l'abbé Delajoux une médaille d'argent.

M. KRAUSS, directeur de la colonie d'Ottwald (Bas Rhin).

En 1839, le conseil municipal de Strasbourg, décida que 101 hectares de bois, landes ou marécages, qui lui appartenaient dans la commune d'Ottwald, seraient défrichés et affectés à l'établissement d'une colonie agricole; les travaux, commencés en 1841, furent habilement dirigés par M. Krauss, directeur actuel de la colonie; il transforma le terrain en une bonne exploitation, quoiqu'il n'eût pour ouvriers que des malheureux auparavant voués à la mendicité.

Cette colonie a changé de destination; elle reçoit maintenant les jeunes détenus qui viennent y acquérir l'habitude du travail et la moralisation que donnent presque toujours les occupations agricoles, c'est une nouvelle mission, plus difficile que la première, donnée à M. Krauss, il la remplit bien, d'une manière utile à la société, à l'agriculture, et le jury central lui décerne une médaille d'argent.

M. Charles THORÉ, propriétaire, à l'Épau, commune d'Yvré-l'Évêque (Sarthe).

Les travaux d'irrigation ont commencé en 1835 et 1836. Deux chutes motrices ont été utilisées pour élever les eaux d'arrosage au moyen de deux roues à godets; dernièrement l'une des roues a été remplacée par une roue à palettes droites (*dash-wheel* des Anglais), de même genre que la roue de la gare de Saint-Ouen. Cette machine très-bien construite sous la direction de M. Thoré, fournit à elle seule 60 à 70 litres par seconde.

L'irrigation est établie sur 54 hectares et s'étendra bientôt à 64. Les rigoles principales ont déjà une longueur de 5,500 mètres, sans compter les rigoles alimentaires, et les rigoles de déversement d'une longueur beaucoup plus grande.

Cet arrosement a plus que doublé le produit des prairies, et cette augmentation a éveillé l'attention de beaucoup d'autres propriétaires de la Sarthe, qui commencent à entreprendre des travaux de même genre. Pour recompenser M. Thoré du bon exemple qu'il a donné, le jury lui décerne une médaille d'argent.

M. ROQUES aîné, cultivateur, à Dampierre-sur-Blevy (Eure-et-Loir).

Son exploitation de 205 hectares est de terres de fort médiocre qualité, son assolement est irrégulier; ses fumiers bien traités, surtout ceux de ses bergeries sur le sol desquelles il fait répandre du plâtre chaque fois qu'elles sont nettoyées.

Il fait chaque année 4 à 500 mètres de compost, qui produisent un fort bon effet sur les terres humides et froides, il les a aussi assainies par de larges rigoles.

Il entretient un grand nombre de bestiaux, dont les fumiers fertilisent ses terres, et il a prouvé par les résultats obtenus qu'avec de l'intelligence, des soins et de la persévérance, on peut augmenter fortement le produit des mauvaises terres de ce département; ces motifs déterminent le jury central à décerner à M. Roques aîné une médaille d'argent.

M. AVI, fermier à la Bastide, commune de Corbarieu (Tarn-et-Garonne).

Depuis 1834 il cultive la garance avec un grand succès. Avant lui quelques essais avaient été tentés; mais c'est à ses soins que l'on doit d'avoir naturalisé cette plante dans le département. Les produits rivalisent avec ceux de Vaucluse et de l'Alsace, et leur vente avantageuse a décidé plusieurs cultivateurs à suivre son exemple.

Il s'est occupé aussi de former des pépinières de mûriers, et a contribué puissamment à développer la production de la soie, en fournissant aux planteurs de forts beaux sujets à bas prix; d'autres pépinières ont été formées depuis.

Il se livre avec succès à l'amélioration des races bovine, chevaline et mulassière, et a établi des dépôts d'étalons à Castelbajac, Montricoux et Corbarieu; ces motifs déterminent le jury central à accorder à M. Avi une médaille d'argent.

M. GUESDON, agriculteur, à Juvigné (Mayenne).

Il cultive depuis 20 ans une ferme de 90 hectares, composée presque entièrement de terres qui étaient incultes auparavant; il les a amenées, en quelques années, à un grand degré de fertilité, les trèfles, les raigrass et les racines occupent plus de la moitié du domaine.

Il donne une grande extension à la culture du colza, et, le premier, il a planté de grandes quantités de pommes de terre; il a ensuite établi une féculerie, dont les résidus nourrissent une grande quantité de bestiaux, et dont le travail occupe beaucoup d'ouvriers pendant la saison de l'hiver. La maladie des pommes de terre l'ayant forcé à en restreindre la culture, il a, pour occuper les ouvriers, remplacé la féculerie par une amidonnerie.

Son exemple exerce une heureuse influence dans le pays, et le jury, voulant encourager les essais faits pour réunir des entreprises industrielles à l'exploitation des fermes, décerne à M. Guesdon une médaille d'argent.

M. LECOTTIER, propriétaire, à Josselin (Morbihan).

Depuis 1828, il s'occupe de la culture des arbres résineux; et il a couvert de 200,000 pieds d'arbres 201 hectares de terre situés dans sept communes, utilisant ainsi un sol impropre aux pâturages et aux céréales.

Les succès obtenus par M. Lecottier ont décidé quelques propriétaires à l'imiter, et des achats de landes viennent d'avoir lieu dans le but de les planter d'arbres résineux. Désirant encourager M. Lecottier dans la route qu'il a ouverte, le jury central lui décerne une médaille d'argent.

M. LECAT, cultivateur, à Bondues (Nord).

M. Lecat est un cultivateur intelligent, travaillant lui-même quand il le faut, propageant les bonnes méthodes de culture. La société d'agriculture de Lille lui a décerné un grand nombre de médailles, pour semis en lignes, bonne comptabilité agricole, expériences agronomiques; et, enfin, en 1849, pour le zèle qu'il avait déployé en toute circonstance, elle lui a décerné une médaille d'honneur en or; sa ferme est de 32 hectares.

Le jury départemental signale M. Lecat comme type des bons cultivateurs, et le jury central lui décerne une médaille d'argent.

M. DE POMPERY, à Rosnoen (Finistère).

Il a mis dans ses travaux agricoles une grande persévérance que le succès a couronné; il a introduit plusieurs instruments perfectionnés dans l'arrondissement de Châteaulin, et, depuis 8 ans, il a décidé un grand nombre de fermiers à s'en servir; il les a également déterminés à remplacer la culture triennale par l'assolement alterne. Ces résultats ont décidé le jury central à lui décerner une médaille d'argent.

M. STEINER, propriétaire au Steinerhof (Bas-Rhin).

Cette propriété, d'une contenance de 70 hectares, n'était en 1837 qu'une prairie tourbeuse, elle a été transformée en une bonne exploitation agricole; 20,000 mètres de fossés donneront aux eaux stagnantes un écoulement dans le landgraben; plusieurs parties ont été améliorées par le transport de 32,000 mètres cubes de terre, de 7,000 mètres de décombres: c'est sous l'influence de ces amendements calcaires que le terrain s'est affermi, et que le sol s'est couvert de bonnes plantes fourragères.

M. Steiner a reçu plusieurs prix et médailles, en 1847, le premier prix pour les cultures fourragères et l'amélioration de la race bovine, et, pour encourager des travaux nécessaires dans beaucoup de départements, le jury central croit devoir lui accorder une médaille d'argent.

M. BERNARD-BRETON, propriétaire, cultivateur, à Saint-Thégonec (Finistère).

Il s'est distingué par l'éducation d'un grand nombre de chevaux et d'autres bestiaux, par ses défrichements, ses irrigations et la belle tenue de son exploitation. Il a obtenu, dans divers concours de comices, deux médailles d'or, deux d'argent, cinq primes. Il est signalé par le jury départemental comme faisant preuve du plus louable dévouement aux progrès de l'agriculture dans le Finistère, et le jury central lui décerne une médaille d'argent.

M. Pierre BUREL, fermier à Angerville-Lamartel (Seine-Inférieure).

Sa ferme présente un ensemble remarquable de bonne culture. Ses colzas, semés à demeure et en lignes, sont magnifiques. Il cultive également avec succès la carotte et les autres racines.

Il a croisé ses vaches avec des taureaux de Durham, et se livre avec succès à leur engraissement; il élève aussi de bons poulains. Il fait recueillir avec soin le purin de ses fumiers, et le fait transporter sur ses herbages. Il donne en tout un bon exemple aux cultivateurs qui l'avoisinent, et le jury lui accorde une médaille d'argent.

M. MABIRE, cultivateur, à Saint-Germain-d'Étables (Seine-Inférieure).

Sa ferme est de 23 hectares de terres labourables et de 30 hectares d'herbages. Elle est soumise à l'assolement quadriennal, et donne les produits les plus abondants. Les instruments aratoires sont bien choisis, les fumiers traités avec soin. Il recherche avec zèle et intelligence les meilleures semences en blé, orge et avoine.

M. Mabire a fait des travaux considérables pour améliorer ses herbages; il y engraisse chaque année 40 à 45 bœufs. Il se livre aussi à l'élève des chevaux.

Chose assez rare, et qu'il serait pourtant à désirer de voir se répandre dans toutes les fermes, il a une comptabilité régulièrement tenue, et, surtout pour ce dernier motif, le jury central lui décerne une médaille d'argent.

M. Gérard CUNY, fermier à Saint-Dié (Vosges).

En 1845, il détermina un propriétaire à lui louer pour 30 ans, contrairement à l'usage du pays, une ferme de 33 hectares, dont 5 ne donnaient plus de récoltes, et les 28 autres qu'une très-chétive. Il fit des défoncements, dirigea convenablement les eaux de sources auparavant nuisibles, pour en former des prairies. Chaque année les récoltes augmentèrent, et, en 1849, il a pu nourrir 24 têtes de bétail et les entretenir en fort bon état.

En 1845, il a obtenu une médaille d'argent et un prix de 500 francs, pour l'exploitation la mieux dirigée; deux médailles pour le plus beau taureau, et pour prix du concours de charrues. L'exemple donné par M. Cuny doit avoir une heureuse influence sur les fermiers du département des Vosges, et, afin d'encourager ses efforts pour l'amélioration de l'agriculture, le jury central lui accorde une médaille d'argent.

M. LEMÉE père, fermier à Saint-Aignan (Mayenne).

Il est parvenu, par son travail et son intelligence, à obtenir de belles récoltes de fourrages et de céréales dans un canton où les terres étaient peu fertiles. Ses travaux datent de 50 ans, et, le prenier, il a introduit l'usage de la chaux, qu'il allait chercher à 40 kilomètres, par de forts mauvais chemins.

Cet amendement est devenu maintenant d'un usage général, et, pour récompenser M. Lemée père de l'exemple qu'il a donné, le jury lui accorde une médaille d'argent.

M. BRILLIER, cultivateur, à Pradines (Loire).

Il a entrepris la culture de 57 hectares de terre d'assez mauvaise qualité, dont 20 en mauvais bois, 3 en vignes négligées, 5 en prés humides, 11 en terre et 18 en bruyères.

Il assainit ces prés, défonça le sol, défricha les bruyères, fit beaucoup d'engrais, se servit de récoltes vertes enfouies, introduisit la culture du trèfle, et parvint en peu d'années à faire de bonnes récoltes et à nourrir 25 bêtes à cornes.

Les travaux qu'il eut à faire donnèrent du travail à un grand nombre de journaliers, et ses améliorations servirent d'exemple aux habitants de sa commune; ils s'empressent de les imiter et le jury central décerne à M. Brillier une médaille d'argent.

M. DURAND père, à Morlac (Cher).

Il s'est occupé spécialement d'améliorer des terrains alumineux de mauvaise qualité, il y a introduit la culture des plantes fourragères, le succès a couronné ses travaux; son exemple peut exercer une influence à l'agriculture du pays, à l'amélioration de laquelle il consacre tous ses efforts, et le jury décerne à M. Durand une médaille d'argent.

M. Henri LEGALLOU, fermier, à Mousteru (Côtes-du-Nord).

Il paye, pour la ferme qu'il exploite, une redevance de 1,000 francs et, malgré son peu de fortune, il n'est point de cultivateur, dans le pays, qui fasse autant de sacrifices pour les progrès de l'agriculture.

Quoique éloigné de Pontrieux, de 16 kilomètres, il va y chercher chaque année une grande quantité d'engrais de mer; placé à la tête des métayers du pays, les encouragements qu'il recevra auront une heureuse influence sur l'amélioration de l'agriculture, et le jury central décerne à M. Legallou une médaille d'argent.

M. BOYER, jardinier, à Nîmes (Gard).

Les services rendus à l'horticulture par le sieur Boyer sont immenses. Rien n'a été négligé par cet habile horticulteur, pendant 30 années de patience et de travail, aussi le succès a-t-il couronné ses œuvres.

Le jury, appréciant ses efforts persévérants, lui décerne une médaille d'argent.

M. BLANCHET, colon partiaire, à La Fouillée, commune de Saint-Fort (Mayenne).

Sur une étendue de 22 hectares, il entretient 34 têtes de bétail, qu'il nourrit à l'étable pendant 9 mois de l'année ; il ne peut y parvenir qu'en cultivant au moins un sixième de ses terres en choux poitevins, betteraves et autres racines.

Il a obtenu, en 1848, le premier prix pour les fermes les mieux cultivées; son exemple a exercé une heureuse influence sur les autres colons, tant pour la manière dont il cultive ses terres que pour les clauses du bail qu'il a passé avec le propriétaire de sa terre, et pour ces motifs le jury lui décerne une médaille d'argent.

Médailles de bronze.

M. Claude GUILLOU, cultivateur, à Buffières (Saône-et-Loire).

Cette ferme se compose de 25 hectares, dont 5 ensemencés en froment, 9 en seigle et méteil, 3 1/2 en prairies, 3 en sarrasin, 2 en pommes de terre, 1 en trèfle, 1 1/2 en colza, le reste en pois, orge, etc., le sol est de mauvaise nature; mais des engrais, des trèfles enfouis en vert, des terres transportées, *le minage*, l'ont amélioré, et les récoltes de fourrage sont devenues assez abondantes pour entretenir en bon état 6 vaches et 2 veaux.

Lorsque le sieur Guillou a commencé ses améliorations, ses voisins se moquaient de lui; maintenant que le succès a couronné ses efforts, ils s'empressent de l'imiter; il aura ainsi fortement contribué aux progrès de l'agriculture dans ce canton, et le jury central lui décerne une médaille de bronze.

M. LECORNEK, à Plourhan (Côtes-du-Nord).

Il exploite une terre d'argile mêlée de sable, qui exige de profonds labours, il emploie pour les faire des instruments perfectionnés, et a adopté la culture à plat, afin de pouvoir donner des hersages et roulages énergiques; pour approfondir le sol, il emploie la charrue fouilleuse, et pour l'engraisser il tire de Pontrieux d'énormes quantités de sablon et d'engrais de mer, de sorte que le sol bien ameubli lui donne d'abondantes récoltes.

Les dépenses considérables faites par M. Lecornek sont dirigées vers un but productif, il ne s'écarte pas sensiblement des méthodes et de l'assolement de son canton, et le jury départemental constate que son exemple a déjà produit dans tout le pays un progrès très-remarquable.

Le jury central décerne à M. Lecornek une médaille de bronze.

M. DESLOGES, fermier aux Usages, commune de Mantelan (Indre-et-Loire).

Il exploite une ferme de 200 hectares, d'assez médiocre qualité, où les mauvaises herbes viennent en abondance, et qui était, lorsqu'il y est entré, dans un état déplorable de culture et de fertilité.

Il a employé pour ses défrichements la charrue américaine, a su choisir les engrais convenables au sol où la marne produit peu d'effet, tandis qu'au contraire le noir animal amène d'excellents résultats et lui assure de belles récoltes de céréales et de colza, plante que le sieur Desloges a introduite dans le département, ainsi que plusieurs autres plantes fourragères et racines. Le rapport du jury signale le sieur Desloges comme ayant donné un bon exemple aux cultivateurs du pays, et le jury central accorde au sieur Desloges une médaille de bronze.

M. CHESNAYE, fermier à Saint-Samson (Côtes-du-Nord).

Sa ferme est de 21 hectares, dont 15 en terres arables, 2 1/2 en pâtures, 1 en ajonc et 2 1/2 en prairies; ses étables et écuries sont bien tenues. Il se sert de la charrue Dombasle et d'autres instruments perfectionnés; il laboure par planches, et, depuis neuf à dix ans, il emploie la vase de mer, appelée *marne* dans le pays.

Il possède 14 bêtes à cornes, dont 9 vaches à lait, 8 chevaux ou poulains, 6 porcs et 9 moutons; ses récoltes sont fort belles, ses prairies en bon état, son trèfle bien fourni; tout prospère dans cette ferme, qui sert d'exemple aux autres fermiers du pays, et le jury central lui décerne une médaille de bronze.

M. Alexandre DAVID, fermier, à Nozai (Loire-Inférieure).

Il cultive un terrain de 30 hectares, sur un sol sec et ingrat, inculte avant 1834, époque où il en a entrepris l'exploitation; il y a introduit la culture des racines; il en fait chaque année 4 hectares et récolte 9 hectares de fourrages; ses terres sont en fort bon état; il est cité pour son zèle à suivre les bonnes méthodes, pour son dévouement aux progrès de l'agriculture, pour les bons exemples qu'il cherche à propager parmi les laboureurs voisins, souvent au prix de sacrifices personnels, et le jury central accorde au sieur David une médaille de bronze.

M. DE GAIL, propriétaire cultivateur, à Mulhausen (Bas-Rhin).

Lorsque ce domaine, de 76 hectares, échut à M. de Gail, il était dans l'état le plus désastreux; pour l'améliorer, il a fallu le niveler, l'ameublir par des labours profonds, par des amendements calcaires; les prairies naturelles ont été arrosées au moyen de fossés peu profonds; on a semé des prairies artificielles, et il est devenu une belle et fertile exploitation.

M. de Gail a importé de nombreux instruments perfectionnés; il a tenté de grandes expériences sur les sels ammoniacaux comme engrais; il a donné aux cultivateurs du pays de bons exemples à suivre. La société d'agriculture du Bas-Rhin lui a accordé le prix pour l'exploitation la mieux dirigée, une médaille pour la bonne disposition de ses fumiers et la construction de fosses à purin, un prix de 100 francs pour l'emploi d'amendements calcaires; le jury central lui décerne une médaille de bronze.

M. OLLIVIER, à Treverec (Côtes-du-Nord).

Il cultive des terres absorbantes où le fumier se consomme rapidement; il est obligé de renouveler souvent l'engrais qu'il donne à ses terres, et qui consiste surtout en sablon qu'il tire de Pontrieux, dont il est éloigné de 12 kilomètres.

Ses récoltes sont belles; sa culture, appropriée à la nature du terrain, et pour laquelle il emploie des instruments aratoires perfectionnés, trouve un certain nombre de prosélytes parmi les fermiers voisins ; sous ce rapport, il a rendu des services à l'agriculture, et le jury central accorde à M. Ollivier une médaille de bronze.

M. Dominique LEROY, cultivateur, à Châteaubas, commune d'Auguy (Moselle).

Il est l'un des premiers qui ait semé une grande quantité de trèfle, et le premier qui ait enfoui la seconde coupe pour obtenir une bonne récolte de céréales ; il a donné l'exemple de la suppression des jachères par l'établissement d'un assolement quadriennal. Il est cité pour ses belles récoltes ; il a donné à la culture du colza une grande extension, et son exemple a été suivi par un très-grand nombre de cultivateurs du canton qui viennent lui demander des conseils et des instructions ; il a contribué aux progrès de l'agriculture, et le jury central lui décerne une médaille de bronze.

M. SOYER, à la Bertinerie, commune d'Argent (Cher).

Il s'est fait remarquer par l'établissement d'une irrigation considérable qu'il a obtenue par la dérivation des eaux de la Sauldre, sur le territoire de la commune d'Argent.

Le jury a voulu récompenser un genre d'améliorations peu pratiqué, et qu'il serait à désirer de voir introduire dans la plupart de nos départements, en décernant à M. Soyer une médaille de bronze.

M. DIEMER, propriétaire, au Murhof (Bas-Rhin).

Son domaine, d'une étendue de 60 hectares, était d'un rapport fort médiocre lorsqu'il l'acheta ; il sema une grande quantité de plantes fourragères, augmenta le nombre des bestiaux, établit des prairies artificielles, nivela ses terres et ses prairies et en irrigua la plus grande partie.

Les étables sont construites dans le genre hollandais ; et, en 1844, M. Diemer ramena de ce pays un taureau et 12 vaches, c'est une innovation qui peut avoir de bons résultats ; mais, il faut attendre quelques années pour connaître les avantages qu'elle apportera aux cultivateurs du pays.

M. Diemer a obtenu de la société du département une médaille d'or et un prix de 500 francs pour l'exploitation la mieux dirigée, entretenant le mieux le plus grand nombre de bestiaux, et du comice de Strasbourg le premier prix pour la culture des plantes fourragères et l'amélioration de la race bovine. Le jury central accorde à M. Diemer une médaille de bronze.

M. Benoist GIRAUD, cultivateur, à Savigny (Rhône).

Il est recommandé comme un des meilleurs cultivateurs et éleveurs du département; il a obtenu un prix, en 1843, pour la plus belle génisse; le 8 août 1847, un prix pour le plus beau taureau; le 1er octobre suivant, un prix pour le plus beau taureau, et, dans le concours pour le fermier qui ferait produire le plus de plantes fourragères et aurait établi le meilleur assolement, le premier prix lui a été accordé. Son exemple a été utile aux progrès de l'agriculture, mais les renseignements ne sont pas assez complets pour apprécier toute la portée des améliorations qu'il a introduites; le jury central lui décerne une médaille de bronze.

M. VIVIEN, au quartier de Charence, commune de Gap, (Hautes-Alpes).

Son domaine est de 13 hectares; il en a fait défoncer six à la profondeur de 66 centimètres; les pierres ont été employées en partie à la construction d'un chemin de 500 mètres, et à parementer un canal d'égout de 200 mètres; il a fait planter 3 à 400 pieds d'arbres fruitiers et 1,500 pieds d'arbres forestiers.

Dans son domaine, M. Vivien a supprimé les jachères et amélioré l'assolement; il a introduit quelques instruments perfectionnés, doublé les engrais obtenus jusqu'alors, formé des composts, et est parvenu à augmenter d'un tiers ses récoltes de cérales, et de plus de moitié les produits de ses prairies.

Ces améliorations doivent être d'un bon exemple pour le pays, mais le jury départemental ne donne aucun renseignement sur l'influence qu'elles ont pu exercer; le jury le regrette vivement; il accorde à M. Vivien une médaille de bronze.

M. DECOUTREL, cultivateur, à Saint-Pierre-les-Jonquières (Seine-Inférieure).

Il se distingue particulièrement pour la culture des plantes sarclées; il fait aussi de bonnes récoltes de blé et de fourrages; il emploie des instruments perfectionnés et est l'introducteur du semoir Hugues.

Les progrès constants qui signalent l'exploitation de M. Decoutrelle, le rendent un modèle pour les cultivateurs du pays, et le jury central lui décerne une médaille de bronze.

M. Antoine **TARDIEU DE VIRETTE**, à Arles (Bouches-du-Rhône).

Ce cultivateur est cité pour les soins qu'il donne à l'éducation des animaux de races bovine et ovine, il a contribué fortement à l'amélioration des troupeaux de l'arrondissement d'Arles, en leur fournissant de bons béliers mérinos; il est auteur d'un mémoire sur l'amélioration des bêtes ovines, qui a obtenu le prix décerné par le comice agricole de Tarascon, et le jury lui décerne une médaille de bronze.

M. **BIGAILLÉ**, colon partiaire, au Lattay-Perrin, commune de Laigné (Mayenne).

Il a obtenu, en 1848, un prix pour la ferme la mieux cultivée; sur 18 hectares, il nourrit 24 têtes de bétail en fort bon état; ses céréales sont bien soignées, et il récolte d'abondants fourrages. Ses succès décident d'autres colons à suivre son exemple, et le jury lui accorde une médaille de bronze.

M. **GOURDON** père, à la Marontière (Mayenne).

Il cultive une ferme de 70 hectares: ses terres sont bien tenues, ses récoltes sont abondantes; il est renommé pour ses connaissances dans l'appréciation des bestiaux, et ses étables sont garnies d'animaux bien conformés, qu'on recherche à un prix élevé. Il a croisé la race bovine avec des taureaux Durham, et a obtenu de fort bons produits.

Il est un de ceux qui, des premiers, se sont servis des instruments perfectionnés; il s'efforce de les faire adopter par les colons partiaires, et pour ce motif, le jury lui décerne une médaille de bronze.

M. **DUCHAMP-TULASNE**, régisseur de la propriété de M. Derouet, à Meslay (Indre-et-Loire).

Il dirige avec capacité et intelligence cette ferme de 244 hectares; les terres sont bien cultivées, les récoltes sont abondantes, les bestiaux nombreux et bien nourris, la comptabilité est tenue avec un soin qui peut servir d'exemple aux cultivateurs qui négligent trop souvent ce moyen d'avoir une appréciation exacte de leurs dépenses et de leurs recettes, et, pour récompenser le sieur Duchamp-Tulasne, le jury central lui accorde une médaille de bronze.

M. Louis DELASSUS, régisseur chez M. d'Herlincourt, à Éterpigny (Pas-de-Calais).

Il dirige avec activité et intelligence tous les travaux que nécessite un grand domaine. Il a fait niveler et empierrer plus de 10,000 mètres de chemin. Il a reçu pour ses travaux agricoles deux primes et une médaille à l'exposition départementale de Saint-Omer. Il vient de faire assainir un terrain aquatique par de nombreux fossés, et des essais de drainage qu'il a l'intention de continuer, et le jury central, voulant encourager un mode de desséchement qui a eu en Angleterre les plus heureux résultats, décerne à M. Delassus une médaille de bronze.

M. Nicolas GAREAU père, pépiniériste, à Semur (Côte-d'Or).

Ouvrier actif et intelligent, il fut remarqué, il y a près de 50 ans, par un botaniste, qui lui donna quelques graines d'arbres résineux; le sieur Gareau les sema, les soigna avec intelligence, et les vendit 4 fr. 50 cent. le pied à M. de Virieu.

Encouragé par ce succès, il fit venir des graines de Paris; elles ne levèrent pas; il parcourut le pays pour en trouver, découvrit quelques sapins, quelques jeunes pieds venus de leurs graines, les transplanta, fit des boutures, ce qui nécessita des soins extrêmes, reconnut ensuite que les cônes des sapins contenaient des graines; il les recueillit, et donna peu à peu à ses semis une grande extension; il fut alors imité par beaucoup d'habitants du pays, et les semis ont pris une telle extension, que le prix qui, dans les dix premières années, fut de 4 francs à 2 francs le pied, descendit, dans les années suivantes, à 30 francs le millier, et est maintenant de 6 francs pour les plants de 3 ans repiqués.

C'est au sieur Gareau que ces résultats sont dus, et, pour le récompenser, le jury lui décerne une médaille de bronze.

M. OUVRARD, fermier à la Jonchère, commune de Vergné (Indre-et-Loire).

Cette ferme est composée de bonnes terres et de bons labours donnés avec des instruments perfectionnés ; des fumiers abondants, obtenus de nombreux bestiaux, ont donné de riches récoltes de colza, de betteraves, de plantes sarclées, de trèfle, de luzerne, de vesces.

Le travail de la moisson se fait en grande partie à la sape, mode de travail qu'il a substitué avec avantage à la faucille, et que le sieur Ouvrard a introduit dans le pays. Le système de culture qu'il a adopté, les soins donnés à sa ferme, qu'il cultive depuis 15 ans avec succès, sont d'un bon exemple pour l'amélioration de la culture du pays, et le jury central décerne au sieur Ouvrard une médaille de bronze.

M. MORÉE, fermier, à Rosnoen (Finistère).

Ce cultivateur, désireux du progrès, a adopté les instruments perfectionnés, les assolements alternes. Il entraîne, par son exemple, les cultivateurs ses voisins, qui imitent successivement les améliorations qu'il introduit dans sa culture, et le jury central lui décerne une médaille de bronze.

M. COLAS, laboureur au domaine de la Bertinerie (Cher).

C'est un ouvrier, qui, par son intelligence et son activité, est parvenu à se mettre à la tête d'une exploitation. Il la cultive avec succès, et est maintenant placé en premiere ligne parmi les cultivateurs de l'arrondissement de Sancerre. Aussi le jury, pour encourager ceux qui voudraient suivre son exemple, décerne à M. Colas une médaille de bronze.

Le jury départemental de l'Ariége, en signalant plusieurs chefs d'exploitation, contre-maîtres ou ouvriers, comme dignes des encouragements du Gouvernement, ne donne, sur le compte d'aucun d'eux, des renseignements assez précis pour que le jury central puisse apprécier les récompenses qu'ils ont pu mériter. Votre commission regrette vivement cette omission, et elle se borne à mentionner honorablement :

Mentions honorables.

MM. SAUBIAC, président de la société d'agriculture de l'Ariége;
DUPLAT, propriétaire à Verniole;
BEART, ancien maire de Ferrières;
BLANC, maître-valet de M. de Marveille;
LAVIGNE, ancien maire d'Artix;
MARSANG, aubergiste à la Bastide-de-Seran;
MOULIS, ancien maire de Cazavet.

M. DELACOUR, fermier et herbager à Cerisé, près Alençon (Orne).

C'est l'un des cultivateurs qui ont fait le plus de sacrifices pour l'éducation des bestiaux et l'amélioration des races, sa ferme est d'une étendue d'environ 300 hectares, tant en terres labourables qu'en prairies.

Les améliorations apportées dans sa culture ont augmenté fortement ses récoltes, et le nombre de ses élèves en chevaux et en bœufs s'est considérablement accru; ses chevaux de race ont une grande réputation, et, depuis 3 ans, il a toujours obtenu les premiers prix départementaux. Il avait demandé à envoyer de ses élèves à l'exposition, ce qui aurait permis de juger leur mérite, et il ne l'a point fait; et le jury central, dans l'impossibilité où il se trouve de juger le mérite de ses produits, lui accorde une mention honorable.

M. Jean-Jacques PASCAL, au quartier de Charence, commune de Gap (Hautes-Alpes).

Sur le domaine qu'il exploite, il créa à ses frais une route de 500 mètres, et donna de bons exemples aux cultivateurs voisins en achetant beaucoup de fumier pour améliorer ses terres et faisant construire un four à chaux pour faire des composts.

Il changea un marais de 5 hectares en bonnes prairies par des tranchées d'écoulement faites avec intelligence; il transforma plusieurs hectares de mauvaises terres en champs fertiles par le défoncement et l'enlèvement des pierres, et fit de nombreuses plantations de mûriers, de noyers et de peupliers.

Le bon exemple donné par M. Pascal détermine le jury à lui accorder une mention honorable.

M. Alfred D'USSEL, agriculteur (Corrèze).

A fait creuser un canal de plus de 2,000 mètres sur 1 mètre de profondeur pour irriguer 17 hectares de bruyères, devenues maintenant des prairies en plein rapport, et a fait établir, au bief de ce canal, une vis d'Archimède qui élève à une grande hauteur les eaux nécessaires pour arroser les bruyères situées au-dessus du canal.

Le jury central, voulant encourager toutes les entreprises d'irrigation, mais ne trouvant dans le rapport du jury départemental aucun document qui puisse lui faire connaître si les travaux de M. d'Ussel ont pu avoir quelque influence sur l'amélioration des terres voisines, ne peut lui accorder qu'une mention honorable.

Le jury départemental du Doubs, en désignant seize agriculteurs comme dignes des récompenses décernées par le Gouvernement, donne trop peu de détails sur leur position pour que le jury central puisse apprécier dans quelle catégorie ils doivent être classés, elle se contente donc de mentionner honorablement :

M. FERINOT, au Valdahon,

Pour les défrichements, la culture des plantes fourragères, et les plantations d'arbres fruitiers et forestiers.

M. VASSELET, à Arnous,

Pour ses labours et ses engrais.

M. POMMIER, curé de Cour-Saint-Maurice,

Pour avoir défriché et mis en culture avec irrigation 120 hectares de terrain communal.

Mme MARTIN, à Busy,

Pour la culture de prairies artificielles, de racines, et pour ses instruments aratoires.

M. PIGNON, à Montandon,

Pour ses cultures de carottes, de betteraves et de topinambours.

M. MITHOUARD, maître de poste à la Loupe (Eure-et-Loir).

Son exploitation est de 150 hectares, de qualité tout à fait inférieure, il a fait des travaux d'assainissement assez considérables, par un transport de terres, et par le creusement de rigoles; on doit s'étonner que M. Mithouard, cité comme un cultivateur distingué, n'ait pas essayé, sur ses terres humides, le drainage, opération qui réussit si bien en Angleterre.

M. Mithouard réussit dans la formation des composts qu'il emploie surtout sur les prés, et le jury central lui accorde une mention honorable.

Parmi les douze cultivateurs sur lesquels le jury départemental du Finistère appelle l'attention de l'administration, le jury accorde une mention honorable à

M. DE SILLIAN,

Pour sa culture raisonnée et progressive.

M. Louis DE KERSEGU,

Pour les améliorations introduites dans la culture du pays, et pour son système d'irrigation sur 22 hectares.

M. ADAM, à Plabennec (Finistère),

Pour l'intelligence et la capacité avec lesquelles il a mis en bon état de culture, une ferme négligée et devenue improductive.

M. BOUTTON-LEVÊQUE (Maine-et-Loire).

Le jury départemental de Maine-et-Loire signale M. Boutton-Levêque comme un éleveur distingué, qui s'est occupé avec succès de l'amélioration de la race chevaline, et a donné aux cultivateurs du département les moyens de fournir un contingent plus considérable aux remontes de la cavalerie.

Le nom de M. Boutton-Levêque est connu honorablement par les amateurs de chevaux, aussi le jury central regrette qu'il ne lui ait pas fourni les moyens d'apprécier la beauté de ses élèves, en les faisant paraître à l'exposition, et il lui accorde une mention honorable.

M. TRIPPIER-LAUBRIÈRES, propriétaire, à Saint-Mars-sur-Colmont (Mayenne).

Il a introduit dans un canton très en retard un assolement perfectionné, la culture des plantes fourragères et des racines; il recueille dans une fosse le purin qui s'échappe des étables, et le fait répandre sur les terres et les prairies; ses bestiaux sont bien choisis, il a quelques métis Durham; ses blés sont parfaitement nets de mauvaises herbes; les soins qu'il donne à ses terres doivent avoir une heureuse influence sur l'agriculture du pays, mais aucun document ne le constate; sa ferme, d'ailleurs, n'est que de douze hectares; le jury lui accorde une mention honorable.

D'après le procès-verbal du jury départemental de la Mayenne, le jury central accorde une mention honorable à

MM. DENIS frères, à Fontaine-Daniel,

Pour l'adoption d'un assolement sexennal.

MM. DUVAL fils, à Saint-Georges,

Pour des travaux d'assainissement, de nivellement et d'irrigation sur 50 hectares de prairies.

M. ÉCHARD, à Ernée, ouvrier irrigateur,

Dont on cite les travaux sans donner aucun renseignement qui puisse les faire apprécier.

M. Joseph DOUSSEAU,

Pour ses observations sur le part des juments.

M. DUBUAT, à Cossé,

Pour le perfectionnement de la race porcine.

M. COLLET, à Cossé,

Pour la culture des choux, de la navette et de la moutarde blanche comme fourrage.

M. MERCIER, à la Grange-Dorée,

Pour ses instruments perfectionnés et ses métis Durham.

M. Léon LECLERC, à Livré,

Pour la culture de la carotte et ses beaux élèves en chevaux.

Le jury central croit aussi devoir accorder une mention honorable à

M. LIPPMANN, maître de poste à la Memau,

Pour ses défrichements, nivellements, prairies artificielles.

M. Frédéric EHRMANN, à Bischwiller,

Pour ses plantations d'arbres fruitiers et forestiers, de ceps de vigne et de houblon.

M. PAULUS, à Haguenau,

Pour l'irrigation de ses prairies.

M. LEBEL, à Bechelbronn.

Pour expériences sur l'alimentation du bétail et les effets du sel sur leur nourriture.

M. ZORN DE BULACK, à Osthausen,

Pour la bonne disposition de ses bâtiments et la préparation des engrais.

M. DECHARIER, à Bocton-Mulle,

Pour l'assainissement de ses prairies, la construction de digues et ses irrigations.

M. VAN-HOCKE, en religion père HILE,

Pour la bonne direction donnée à l'établissement fondé par M. Mertion pour l'éducation agricole des orphelins du Haut-Rhin et du Bas-Rhin.

Le jury central, sur la proposition de la commission départementale de la Seine-Inférieure, accorde aussi une mention honorable à

M. FAUCHET,

Pour ses fumiers bien disposés et ses essais comparatifs avec le sulfate d'ammoniaque.

M. DELAMARE,

Pour la tenue de son exploitation et les soins donnés à la race bovine.

M. DUBOC,

Pour les soins donnés à la culture des racines, et ses dépenses pour l'amélioration de son troupeau.

M. HOUDEVILLE,

Pour sa culture soignée et son beau troupeau de mérinos.

M. LARA-MINOT, propriétaire agriculteur, département des Deux-Sèvres.

Au moment de clore ses travaux, le jury central apprit que M. Lara-Minot, membre du conseil général des Deux-Sèvres, secrétaire du comice agricole de Melle, vice-président du congrès de l'association agricole des cinq départements de l'Ouest et du Centre, avait été recommandé au jury central par le jury de son département.

Le nom de M. Lara-Minot nous était bien connu comme celui de l'un de nos agriculteurs les plus zélés et les plus dignes. Mais en l'absence de documents spéciaux, dont nous avons vainement recherché les traces, le jury ne pouvait apprécier exactement le degré de mérite des travaux de cet agriculteur et la nature de la récompense à laquelle les services rendus à son pays lui donnaient droit.

Ne pouvant, toutefois, passer sous silence le nom entouré d'une haute considération qui lui avait été signalé, et tout en lui réservant ses droits à l'une des récompenses élevées, le jury central décerne à M. Lara-Minot une mention honorable.

M. SIMONNEAU (de Nantes).

Cet agriculteur manufacturier s'est trouvé dans la même position que M. Lara-Minot : recommandé par le jury départemental, aucune pièce officielle à son égard ne nous est parvenue.

Nous savions que, par ses observations agricoles, par des perfectionnements dans la construction des fours à chaux, il avait rendu des services notables à l'agriculture de plusieurs communes de la Vendée et de la Loire-Inférieure, dans l'impossibilité d'apprécier exactement la valeur de ses améliorations et la récompense qu'elles méritent, le jury a voulu du moins les signaler à l'attention publique en décernant à M. Simonneau une mention honorable.

Le jury croit aussi devoir citer favorablement

Citations favorables.

MM. LUPIN, à Méry-ès-Bois;
SABATIER, à Bourges;
Charles et Adolphe MIGNAN, à Bourges;

MM. FOULLENAY, à Bannegon;
MONTAGNE, à Colombiers;
RIBERT, à Jarre.

M. CARADEUC, à la Chalotais (Côtes-du-Nord).

Il possède une propriété de 300 hectares, subdivisée en 14 fermes, dont l'une d'elles est cultivée par ses soins avec un zèle et un succès remarquables.

M. Caradeuc a fait construire les étables, les bâtiments ruraux sur les modèles les plus parfaits, il a fait venir les instruments agricoles les plus perfectionnés, il emploie la chaux, le sablon, fait labourer en planches, et ses terres sont travaillées avec presque autant de régularité que celles d'un jardin.

Il a amélioré les races bovine et porcine, et ne recule devant aucun sacrifice pour garnir ses étables des plus beaux animaux; mais rien ne constate que les améliorations faites par M. Caradeuc sur son domaine aient exercé une influence marquée sur l'agriculture du pays; le jury central lui accorde une citation favorable.

M. DE COURTHILLE, à Vareilles (Creuse).

Il a fait exécuter des travaux d'irrigation assez considérables pour arroser une centaine d'hectares de terre; ces travaux ne sont qu'en cours d'exécution. Aucun rapport détaillé ne fait connaître les avantages qu'ils peuvent procurer au pays; le jury central accorde à M. de Courthille une citation favorable.

Le jury départemental de la Gironde, en signalant à l'attention de l'administration les cultivateurs du département qui méritent des récompenses, ne donne aucun des renseignements nécessaires pour apprécier leurs droits; le jury central le regrette, et cite favorablement :

M. LEMOTHEUX,

Pour ses procédés d'irrigation.

M. FRÈRE-FÉLIX,

Pour sa colonie de jeunes enfants.

M. l'abbé BUCHON,

Pour son institut de Saint-Louis.

Le jury départemental d'Indre-et-Loire, en signalant les propriétaires qui ont donné une grande impulsion aux améliorations agricoles, ne donne point de renseignements suffisants pour faire apprécier l'influence qu'ils ont exercée, et, par conséquent, les services qu'ils ont rendus; le jury central se borne à citer favorablement :

MM. AUBRY DE LA BORDE;

DE LA VILLE-LEROUX, à Labruyère;

DE LA VILLE-LARMOIS, à Montgager.

Le jury départemental du Jura n'a point transmis de rapport; mais M. Combette, propriétaire à Arce, près Arbois, a adressé un mémoire sur des travaux de défrichements qu'il a opérés avec succès, et qui ont rendu à la culture des terrains improductifs.

Des attestations des autorités locales constatent les bons résultats obtenus; mais le jury central, manquant de renseignements sur l'influence qu'ils peuvent exercer sur l'agriculture du pays, et n'ayant point de rapport de la commission départementale, se trouve dans l'impossibilité d'accorder aucune récompense à M. Combette.

Le jury départemental de la Meurthe, en signalant à l'attention du Gouvernement les propriétaires et cultivateurs qui ont amélioré l'agriculture du pays, ne donne aucun détail qui puisse faire apprécier les récompenses qu'il conviendrait de décerner à chacun d'eux, et le jury ne peut que citer favorablement :

M. TURCK, à Dommartemont,

Pour l'école d'agriculture qu'il a établie depuis 10 ans.

M. DAURIER, à Varincourt,

Pour l'éducation des porcs anglo-chinois.

M. SUTIVAUX DE GREISCHE,

Pour ses cultures fourragères, ses croisements suisses et Durham, et ses poulains de demi et de quart de sang.

M. GOETZMANN, à Champlebœuf,

Pour l'éducation des chevaux de sang et pur sang, et pour les défrichements.

Suivant les documents envoyés par le jury départemental de l'Orne, le jury central croit devoir accorder une citation favorable à

M. DE VANSSAY DE LA FORGETERIE,

Pour ses moutons anglais à longue laine.

M. DE VIGNERAL,

Pour son manuel pratique d'agriculture.

MM. MÉRIEL, à Saint-Front,

Michel CONSTANTIN, à Montsecret,

François DUVAL, à la Lande-Patry (Orne),

Qui sont parvenus, par leurs bons exemples, à détruire les vieux usages et à donner à leurs voisins le goût des améliorations.

Le jury départemental du Pas-de-Calais a signalé à la bienveillance du Gouvernement un grand nombre de propriétaires, de fabricants de sucre et de cultivateurs; mais il n'a donné aucun renseignement sur leurs fermes, sur les améliorations qu'ils ont adoptées, et le jury ne peut que citer favorablement:

MM. ROHART, à Avion,
PENNEQUIN, à Saint-Martin,
LAUTHIEZ, à Barolles,
BRAEM, à Grenay,
LUCAS, à Filescamps,
TRANNIN, à Villers-les-Coquicourt.

Avant de terminer, le jury central croit devoir inviter l'administration à faire visiter les travaux faits par M. l'abbé Delajoux, à Pougny, département de l'Ain, la culture de M. Brillier, à Pradines, département de la Loire, et l'établissement fondé à la Gabarière, département de la Vienne, par M. l'abbé Fleurimon, afin d'apprécier s'il n'y aurait pas lieu à leur accorder des secours pécuniaires, soit pour les indemniser des sacrifices qu'ils ont faits, soit pour donner plus d'extension à leurs établissements.

CHAPITRE DEUXIÈME.

PREMIÈRE DIVISION.

ANIMAUX.

§ 1er. RACE CHEVALINE ET ASINE.

M. de Dampierre, rapporteur.

CONSIDÉRATIONS GÉNÉRALES.

La France possède d'immenses richesses chevalines; mais, ces richesses, elle ne les connaît pas, et nous avons souvent déploré que la conscience de sa force ne vînt pas encourager ses progrès.

L'ignorance seule paralyse la fructification des éléments précieux départis avec générosité à notre pays par la Providence. Il faut combattre cette ignorance, enseigner à tout le monde ce que peuvent produire les bonnes méthodes, les croisements intelligents, les soins de tous les instants, l'amour du cheval enfin, et nous pourrons un jour rivaliser avec l'Allemagne et même l'Angleterre, dont le sol, le climat, les ressources de toutes sortes ne sont certainement pas supérieures à ceux de la France.

En exprimant notre satisfaction de voir l'exposition de l'industrie nationale admettre à son rang, avec honneur, les produits de l'industrie agricole, nous ne pouvons nous empêcher de dire le regret qu'une pensée aussi féconde n'ait pas été réalisée depuis quinze ans; nous recueillerions en ce moment des fruits abondants de l'émulation et des bons exemples que répandent de pareilles institutions.

L'élevage du cheval eût pu faire, depuis quelques années, des progrès plus considérables; néanmoins, il en a fait d'immenses déjà, et quelques-uns des résultats exposés aujourd'hui doivent donner les plus légitimes espérances. Ils atteindront surtout ce but si désirable, de ne plus laisser prendre le change à l'opinion publique sur la situation de notre industrie chevaline, de lui montrer, au contraire, que cette situation est pleine d'encouragements.

L'enseignement eût été plus complet si nous eussions pu amener sous les yeux du public des types de toutes les races que nous possédons, depuis le cheval de Tarbes et du Limousin jusqu'à celui du Perche et du Boulonnais. L'amour-propre national n'y eût pas seul trouvé satisfaction ; il eût été frappant pour tous les yeux que les qualités diverses qui distinguent ces différentes races, loin de s'exclure, se peuvent aisément communiquer par des croisements judicieux, et dont l'exposition même nous offre des exemples remarquables.

Les besoins du pays réclament des chevaux qui aient à la fois *de l'étoffe* et *du sang*. La rapidité des services publics, la plus grande légèreté des voitures modernes, la remonte de notre

cavalerie, veulent des chevaux plus rapides dans leurs allures, plus légers, plus énergiques que le cheval *picard, boulonnais* et même *percheron*. Elles veulent, en même temps, plus de taille, plus d'étoffe, plus d'ampleur dans les membres qu'on n'en trouve dans les chevaux de race pure, ou dans leurs dérivés du Limousin et des Pyrénées. Eh bien, dans notre sentiment, rien n'est plus propre à créer ce cheval, si instamment réclamé par le commerce, que le croisement des grosses juments du Perche et du Boulonnais avec le cheval de pur sang arabe ou anglais. Nous parlerons tout à l'heure des produits de cette nature présentés à l'exposition, et nous nous félicitons vivement de cet enseignement donné par l'exemple, et qui doit avoir de nombreux imitateurs.

L'exposition présente trois types de chevaux :

1° Des chevaux d'espèce légère, de pur sang anglais ou arabe, ou des chevaux de sang limousin ayant un nombre inconnu, mais fort considérable, de croisements avec le pur sang ;

2° Des chevaux de trait percherons, boulonnais, normands et bretons ;

3° Des chevaux provenant de juments percheronnes et boulonnaises, avec des étalons de pur sang anglais ou arabe.

1° CHEVAUX D'ESPÈCE LÉGÈRE, DE PUR SANG ANGLAIS ET ARABE, ET DE SANG LIMOUSIN.

HARAS NATIONAUX DU PIN ET DE POMPADOUR.

Nous devons mentionner d'abord les 20 chevaux envoyés par les haras nationaux du Pin et de Pompadour, et rendre hommage aux mains habiles qui ont dirigé de pareilles productions. Rien ne surpasse la distinction, le sang, la pureté et la régularité de formes de ces animaux.

Ceux du Pin, au nombre de 6, sont de pur sang anglais. Leur aîné, *Corysandre*, qui courut si admirablement bien aux courses de 1838, se fait remarquer entre tous par sa taille, son élégance et son énergie. Un de ses produits, *Émilien*, est un poulain de deux ans, très-fort et distingué. Nous devons mentionner aussi une pouliche de deux ans, fort belle, *Étincelle*, par *Royal-Oak* et *Miss Anna*.

Les 14 chevaux venus de Pompadour sont tous des produits de la même année, de 1846. Rien n'est plus loyal et ne dénote mieux que l'on ne craint le jugement de personne, qu'un choix de cette nature; nous en félicitons sincèrement l'administration des haras.

Les 4 poulains et les 10 pouliches du haras de Pompadour sont tous fils d'étalons arabes et de juments de pur sang arabe et anglais.

Le nombre de nos juments arabes a malheureusement beaucoup diminué, mais nous avons, pour nous consoler des pertes que l'on remplacera, nous l'espérons, trouvé, dans les produits des juments anglaises accouplées au cheval arabe, souvent autant de distinction et toujours plus de force que dans les produits de pur sang arabe. Nous n'avons jamais vu à aucun cheval plus de cachet oriental qu'à *Molina*, fille de *Dine*, anglaise, qui, à la vérité, est elle-même petite fille d'un cheval arabe; qu'à *Médicis*, dont la grand'mère a aussi du sang arabe, du sang de *Massoud*. *Uzerche* et *Ulloa* seront admirés partout. *Uzerche* a moins de taille, mais il a cette élégance indéfinissable, cet œil de feu, cette élasticité de mouvements qui caractérisent le cheval arabe; c'est un digne descendant de *Bédouin* et de *Nichab*.

Si cette fusion des deux races anglaise et arabe se fait avec autant de facilité et de bonheur, nous ne nous en étonnons pas; c'est qu'après tout c'est le même sang, un sang dont la pureté n'a pas été altérée, et qu'il suffit d'employer avec habileté, pour l'approprier à tous les besoins, aux exigences de nos yeux même.

Les Anglais ont fait du cheval arabe pur le cheval de course le plus rapide, le cheval de chasse le plus énergique; ils ont transformé son cachet, mais en augmentant sa taille, la force de ses parties osseuses, de façon à le rendre également propre à tous les services qu'ils en réclament. Nous pouvons aussi aisément, et sans perdre la plus grande partie des qualités du cheval anglais, retrouver, avec des croisements arabes, le cachet particulier du cheval oriental, qui nous séduit si justement. Pompadour en est bien la preuve: ses produits n'ont pas la force de ceux du Pin, mais ils sont d'une distinction et d'une pureté irréprochables, et parfaitement propres à l'amélioration de toutes nos races légères. Pompadour fonde en ce moment le *pur sang français*, et il en a pris les éléments à des sources si pures déjà, que si cet établissement ne s'arrête pas dans la voie où il est entré, s'il lui est donné de pouvoir augmenter le nombre de ses juments arabes, cette pépinière précieuse donnera un jour des fruits abondants.

Si nous nous sommes un peu longuement étendus sur les chevaux du Pin et de Pompadour, c'est à cause de l'importance de ces deux haras, qui peuvent avoir une grande influence sur notre production chevaline, et dont la bonne direction est d'ailleurs digne de l'attention du jury.

HARAS DE SAINT-CLOUD.

Le haras de Saint-Cloud a marché dans les mêmes tendances que le haras de Pompadour. Fondé par le roi Louis-Philippe, il y a six ou sept ans à peine, il renfermait un grand nombre de juments arabes, barbes et limousines, dispersées déjà, en très-grande partie, par les ventes successives que la liquidation de l'ancienne liste civile a été obligée de faire.

Il reste néanmoins au haras de Saint-Cloud un petit noyau de juments et poulains les plus précieux, et cinq étalons arabes, entre autres, *Hamdany-Blanc*, le cheval le plus accompli que nous connaissions. Plusieurs produits d'*Hamdany-Blanc* figurent à l'exposition, et on reconnaîtra avec admiration que ce beau cheval transmet à toute sa descendance une pureté, une élégance, une symétrie de formes parfaites. Les excellents pâturages du haras de Saint-Cloud ont donné à ses produits un développement remarquable, sans rien ôter à leur distinction.

Aureng-Zeb, quatre ans, par *Hamdany-Blanc* et une jument limousine, née chez M. de Nexon, est un jeune cheval superbe, d'une distinction et d'une force que l'on trouve bien rarement unie à ce degré, et que l'on ne se lasse pas d'admirer.

Dhéma, deux ans, par *Hamdany-Blanc* et une grande et belle jument anglaise, tient de son père un cachet tout particulier, une tête carrée et expressive ; de sa mère, une taille et une force qui étonnent. Il est parfaitement régulier, il annonce de grands moyens, c'est certainement un cheval accompli.

Tamanour, trois ans, par *Hamdany-Blanc* et *Kenhlen-Yemani*, est de pur sang arabe, très-fort, distingué et plein de moyens.

Schabra, poulain de deux ans, par *Hamdany-Blanc* et *Vénus*, jument limousine, est aussi un charmant poulain, un peu léger, mais plein de souplesse et d'énergie.

Vénus, mère de *Schabra*, et suitée d'un poulain, par *Hamdany-Blanc*, figure aussi à l'exposition. *Vénus* est née chez M. de Nexon ; elle est fille d'*Antar*, et, depuis soixante ans, la souche dont elle est sortie s'est constamment retrempée dans le pur sang arabe. C'est une belle jument blanche, excellent échantillon de cette race limousine si justement vantée, alors que le cheval de selle était en honneur en France, et qui doit ses éminentes qualités aux étalons arabes, persans, barbes, employés depuis des siècles à la purifier, et à seconder les heureuses conditions où se trouve le limousin pour élever le cheval de sang.

Les animaux envoyés à l'exposition par le haras de Saint-Cloud nous font vivement désirer de voir l'État sauver d'une ruine imminente cet admirable établissement, fondé à grands frais, sur un sol excellent, et merveilleusement disposé pour recevoir un petit nombre de juments de race pure arabe, que des difficultés de de toute sorte empêchent l'industrie privée d'entretenir, et dont elle réclame cependant de toutes parts le secours avec instance.

Médailles d'or.

M. CALENGE, à Écoville (Calvados).

M. Calenge, l'habile et consciencieux éleveur auquel nous devons des chevaux d'un grand mérite, *Prospero*, *M. d'Écoville*, *1er Août*, *Fitz-Emilius*, a choisi pour l'exposition, comme un démenti à ceux qui s'imaginent que tout cheval de pur sang est grêle et haut sur jambes, trois belles pouliches du meilleur sang, admirablement membrées ; ce sont :

Catherine, trois ans, par *Master-Wags* et *Princess-Edwis*, par *Émilius*.

Angèle, trois ans, par *Master-Wags* et *Miss Sophia*, mère de *Fitz-Émilius*.

Carmélita, deux ans, par *Birdcatcher* et *Camélia*, par *Camel*.

Le jury décerne à M. Calenge une médaille d'or.

2° CHEVAUX DE TRAIT, PERCHERONS, BOULONNAIS, NORMANDS ET BRETONS.

M. LATACHE, à Faye (Oise).

M. Latache de Faye (Oise), qui possède des juments de pur

sang de premier mérite, a envoyé à l'exposition des juments de travail, boulonnaises, avec leurs produits issus de chevaux de pur sang. Ces animaux n'ont pu, malheureusement, rester longtemps exposés; ils étaient un sujet d'études fort intéressant.

Sur 8 juments, dont plusieurs suitées, envoyées par M. Latache, 5 seulement appartenaient à la race boulonnaise-percheronne. Les autres, ainsi que 2 jeunes chevaux de 2 ans, étaient issus d'étalons de sang; nous les classerons dans la 3me catégorie.

Les juments de M. Latache de Faye sont d'excellents types de leur race; elles sont très-bien membrées, près de terre, très-étoffées; leur tête est commune et leur encolure courte, mais elles rachètent ces défauts par une largeur de poitrine et de reins remarquable. La meilleure, Javotte, âgée de 11 ans, est née chez M. Latache et donne de fort bons produits; 3 de ces juments sont filles d'un étalon percheron appartenant à M. Latache de Faye; nous leur préférons les boulonnaises pures.

Le jury, appréciant les essais heureux de M. Latache de Faye, et en vue surtout des croisements dont il est parlé dans cette 3me catégorie, lui décerne une médaille d'or.

M. SUREAU (Eure-et-Loir.)

Médailles d'argent.

Nous préférons de beaucoup aux chevaux de M. Rivière l'étalon envoyé par un cultivateur des environs de Chartres, M. Sureau. Celui-là est bien un cheval percheron, mais il est plus enlevé, plus léger que les vieux types de cette race, et il subit déjà l'influence du commerce, qui, depuis quelques années, recherche les chevaux aux allures légères; ce qui nous donne à craindre de voir peu à peu diminuer le nombre de ces belles et fortes juments, qui ont presque autant d'étoffe que leurs très-proches parentes, les boulonnaises, mais qui, en même temps, ont une belle encolure, une tête expressive, et sont des moules précieux pour toutes sortes de croisements.

Le jury décerne à M. Sureau une médaille d'argent.

M. INIZARN (Finistère).

Nous avons vu avec intérêt un cheval de la grosse race bretonne, du canton de Morlaix, croisé avec un cheval de trait anglo-normand. Ce jeune étalon, né chez M. de Roquefeuille, a été élevé par M. Inizarn. Sa tête est mauvaise et mal attachée, mais il a le rein bien fait, de bons aplombs, de belles actions, et il est bien membré.

Le j.ry accorde une médaille d'argent à M. Inizarn.

Médaille de bronze

M. TILLIARD (Eure).

M. Tilliard a exposé un cheval normand grand et fort, un peu commun, mais qui a de bonnes allures, et dans lequel nous avons observé la disparition du plus grand nombre des défauts reprochés à l'ancienne race normande. Ce cheval a évidemment du sang anglais; nous le voudrions seulement un peu plus près de terre.

Le jury, appréciant les bons antécédents de M. Tilliard, éleveur consciencieux, lui décerne une médaille de bronze.

Mention honorable.

M. RIVIÈRE, à Paris.

M. Rivière, marchand de chevaux à Paris, a envoyé 3 chevaux prétendus percherons. Nous ne reconnaissons pas dans ces animaux les caractères si remarquables de la belle et bonne race percheronne, une des richesses si enviées de notre pays. Leurs membres sont empâtés, leur tête commune; l'un d'eux est un énorme limonier, et nous lui trouvons beaucoup plus les formes d'un cheval flamand que celles du cheval percheron. Nous devons reconnaître néanmoins les services rendus par M. Rivière dans le commerce des chevaux du Perche et le mentionner d'une manière honorable.

3° Chevaux provenant de croisements des étalons de pur sang anglais ou arabe avec des juments de trait percheronnes ou boulonnaises.

M. Latache de Faye a exposé 5 animaux, fils de juments boulonnaises et de chevaux de pur sang anglais, et nous avons remarqué dans le nombre une belle jument gris pommelé, suitée, Caroline, âgée de 7 ans et fille de Vestris et de Javotte. Cette jument a beaucoup d'étoffe et de sang, de fort belles actions, et M. Latache nous a dit avoir pu la vendre 1,500 francs, Sa mère est commune et de pure race boulonnaise, mais Vestris, qui était très-distingué, lui a donné beaucoup de sang.

Les quatre autres produits sont fils de Peter, cheval de pur sang, très-fort, mais commun; ils ont moins de distinction que Caroline, mais sont très-fortement membrés, et les 2 poulains de 2 ans vendus par M. Latache à deux fermiers, MM. Fosse et Blanchet, ont tant de taille et de force qu'ils sont destinés à faire des limoniers. Voilà ce que peut l'emploi intelligent du pur sang.

Le haras du Pin a envoyé 2 juments nées d'une percheronne employée aux travaux du domaine du Pin depuis 12 ans et achetée 800 francs dans une foire du Perche, et de deux chevaux de pur sang, arabe et anglais.

Joséphine, née en 1843 par Napoléon et la Percheronne, est une grande, forte et belle jument, trottant admirablement et pleine de fonds : elle a fait le trajet, attelée, du Pin à Alençon (40 kilomètres) en 2 heures 10 minutes, avec une aisance parfaite. C'est un produit tout à fait remarquable et une superbe jument d'attelage qui pourrait même être montée.

Baya, née en 1847 par Seklavi II, arabe, et la jument percheronne ci-dessus indiquée, est une fort belle pouliche, plus distinguéee ncore et plus régulière que sa sœur Joséphine.

Nous ne pouvons trop vivement appeler l'attention des éleveurs sur les animaux de cette dernière catégorie. Dans les pays surtout où l'on entretient des races de chevaux de trait, qu'ils essaient d'y mêler, avec intelligence, le pur sang arabe et anglais; qu'ils choisissent, pour leur donner des étalons de sang, les juments qui ont le plus d'étoffe et qui sont le plus près de terre, et ils verront que les produits auront plus de valeur que leurs mères et seront recherchés pour tous les services.

RACE ASINE.

A divers points de vue, la race asine a un grand intérêt pour la France. Notre pays exporte annuellement plus de 15,000 mulets : c'est une branche de commerce qui fait la richesse de plusieurs provinces et surtout du Poitou.

Nous regrettons de n'avoir vu figurer à l'exposition aucun âne étalon de grande espèce, assez beau pour être signalé au jury.

L'âne d'espèce plus petite est, par sa sobriété, son prix peu élevé, la ressource du pauvre : dans les pays de montagnes et de vignobles, il rend aux petits cultivateurs de grands services, et on ne saurait se trop préoccuper de ce dont personne ne s'occupe malheureusement, de chercher à augmenter la force et la taille de ces animaux, sans modifier la merveilleuse facilité avec laquelle ils se nourrissent.

Médaille d'argent. **M. PASQUIER, à Paris (Seine), rue de Sèvres.**

A un certain point de vue, la race asine, enfin, est d'un intérêt véritable pour l'hygiène publique. Le lait d'ânesse est beaucoup employé pour les affections de poitrine, et la Faculté de médecine de Paris s'est souvent occupée de cette question. Nous avons donc appelé l'attention du jury sur les 5 animaux exposés par M. Pasquier, nourrisseur à Paris, qui entretient ordinairement dans son établissement 40 ou 45 ânesses et 2 ou 3 étalons. Ils sont parfaitement conformés, et on reconnaît aisément qu'ils sont l'objet de soins tout à fait dignes d'éloges. Le jury accorde à M. Pasquier une médaille d'argent.

Mention honorable. **M. MAINET, à Beauvoir (Seine-Inférieure).**

L'animal exposé par M. Mainet, étalonnier dans la Seine-Inférieure, peut être très-bien employé dans ce but, et le jury lui accorde une mention honorable.

Le Jury mentionne également M. Guchon (Seine), pour son étalon.

---

§ 2. RACE BOVINE.

M. de Kergorlay, rapporteur.

CONSIDÉRATIONS GÉNÉRALES.

On s'accorde généralement à juger du degré de perfectionnement de l'agriculture d'un pays par la quantité et le mérite du bétail qu'elle parvient à y produire et à y entretenir, en rapport avec les surfaces du pays et la masse de la population. Comme cette exposition est la première à laquelle les animaux et les autres produits de l'agriculture aient été admis, je crois devoir remonter plus loin que l'exposition précédente, pour donner une idée aussi exacte que possible de l'état actuel de la production bovine en France, et de son développement depuis le commencement du siècle. Les documents manquent complétement pour remonter plus haut.

La statistique de 1812, publiée par Chaptal, donne, pour le nombre total d'animaux de la race bovine, 6,681,952.

La statistique officielle de 1839 porte au nombre de 9,936,538.

Ce qui, en vingt-sept ans, implique une augmentation de plus de 67 p. o/o, en supposant exacts les deux chiffres indiqués par les statistiques officielles, et il y a lieu de présumer que celui de 1812 était au-dessus de l'exacte vérité, et celui de 1839 au-dessous.

En effet, le conseil général d'agriculture ayant ouvert une enquête dans son sein sur cette question en 1842, 36 de ses membres y apportèrent le fruit de leurs recherches personnelles; le plus grand nombre affirma que, dans leurs départements, le nombre des bêtes à corne avait au moins doublé; dans quelques localités l'accroissement avait été beaucoup plus rapide, il avait triplé et même quintuplé, tout en s'améliorant sous le rapport de la taille, du poids et de la qualité. Les statistiques locales les plus exactes que nous possédions confirment tout à fait ces assertions, notamment celle publiée sur le département de l'Eure, par M. Hippolyte Passy; les chiffres fournis par la statistique de 1839 indiquent que la France possédait 290 têtes de gros bétail par hectare. Or, Macculloch, en 1834, n'en trouvait, en Angleterre, que 300 par hectare. De 1839 à 1850, les documents officiels ne sont pas encore publiés, mais il est de notoriété incontestable que le développement de la production a continué et est même devenu plus rapide dans ces dix dernières années.

Il résulte encore des documents officiels soumis au conseil général d'agriculture dans sa session de 1841-1842, que de 1812 à 1841 la quantité de viande vendue sur les marchés d'approvisionnement de Paris à Sceaux et à Poissy, a augmenté de plus de 20 p. o/o. Ce mouvement a continué à se développer de 1841 à 1847. Il y a cinquante ans, à peine, 25 départements prenaient part à l'approvisionnement, en viande, de Paris, aujourd'hui plus de 60 y sont intéressés.

La qualité de la viande amenée sur ces marchés a subi de notables améliorations. La Normandie et le Cholet ont été de tout temps en possession de fournir la viande la plus fine et la plus recherchée; parvenus, sous ce rapport, au plus haut degré de perfection connu, ils n'ont plus de progrès à faire. Mais les départements du centre, qui formaient autrefois le Limousin, le Nivernais, le Charolais et le Berry, voient s'augmenter le nombre et s'améliorer, de la manière la plus remarquable, la qualité des bestiaux qu'ils livrent à la consommation. Le poids moyen des animaux vendus sur les marchés de Sceaux et de Poissy est augmenté de 20 p. o/o de 1823 à 1849.

Ces résultats importants s'obtiennent sans que les prix s'élèvent.

Il est reconnu que le prix moyen du kilogramme de viande, en France, est de 0,80 le kilogramme. Dans la plupart des pays de production, on peut trouver, selon la saison, de bonne viande de bœuf ou de vache, ou de mouton ou de veau, à 0,60 le kilogramme, et même, sur les marchés d'approvisionnement de Paris, le prix moyen du kilogramme de bœuf, pendant les quatre années qui ont précédé 1850, n'a été que de 1 fr. 1 cent.,

Le prix moyen pendant les quatre années qui ont précédé 1790, avait été de 1 fr. 6 cent., aussi, il est dans cette dernière période de 0,05 supérieur au prix de la première.

Que s'il n'en est pas de même dans l'intérieur de Paris, si on se plaint légitimement d'une différence exorbitante entre le prix de la viande vendue à l'étal des bouchers à Paris et celui auquel, à la porte de Paris, elle est vendue par les producteurs, cela tient uniquement à la mauvaise organisation du commerce de la boucherie dans Paris. Le jour où le Gouvernement voudra s'en préoccuper, il pourra facilement faire cesser un état de choses aussi anomal, et donner une impulsion immense à la consommation de la viande dans Paris, en en faisant baisser le prix notablement.

La production de la race bovine a donc fait de grands progrès en France dans ce siècle-ci, et surtout depuis quinze ans, tant sous le rapport du nombre que sous celui du mérite des individus qu'elle livre à la consommation. En quoi le Gouvernement a-t-il contribué à ce développement? En bien peu de choses, il faut le reconnaître.

Sur le fonds d'encouragement à l'agriculture, qui, en 1825, n'était que de 120,000 francs, et qui aujourd'hui est de 659,000 francs, on distribue quelques primes pour encourager l'amélioration des taureaux; on en distribue pour encourager la culture des racines fourragères et des prairies artificielles, sans lesquelles on ne peut améliorer les races d'animaux: car la base de tout perfectionnement, dans les formes et les qualités, est une nourriture abondante et succulente pendant tout le cours de l'année.

Depuis onze ans le Gouvernement a introduit en France des animaux de la race anglaise de Durham; il s'est occupé avec zèle et persévérance de l'acclimater en France, de l'y multiplier et d'en faciliter les croisements avec plusieurs de nos races françaises.

Ces croisements ont été diversement appréciés dans les premières années; ils ont eu à vaincre quelques préjugés. Mais aujourd'hui les observations les plus scrupuleuses des agriculteurs les plus éclairés, faites dans des pays très-différents les uns des autres, ont mis hors de doute que cette race avait une prédisposition remarquable à l'engraissement précoce; qu'elle communiquait, dès le premier croisement, cette prédisposition, à un degré plus ou moins élevé, aux animaux de de nos races indigènes, surtout à ceux qui appartiennent aux races normandes, charolaises et flamandes; qu'à ce premier degré de croisement, l'influence du sang de Durham, en améliorant ses formes d'une manière très-remarquable, n'altérait ni l'aptitude à la production laitière, ni l'aptitude au travail; qu'enfin elle produisait de la viande à un prix notablement inférieur à celui auquel reviennent nos animaux indigènes quand ils sont en état d'être livrés à la boucherie, parce que, sauf la période des dix-huit premiers mois de leur existence, où ils réclament des aliments plus substantiels que nous n'avons l'habitude d'en donner à nos jeunes animaux, ils consomment beaucoup moins d'aliments que les animaux des races indigènes et arrivent beaucoup plus promptement, plus facilement à l'état d'engraissement. Les animaux présentés à l'exposition par MM. de Béhague, d'Herlincourt, Auclerc, etc., ont pleinement confirmé ces résultats, qu'on peut regarder désormais comme incontestables.

Le Gouvernement a créé en 1844 un concours d'animaux de boucherie à Poissy; trois autres ont été successivement établis à Lyon, à Bordeaux et à Lille. Ces concours ont eu de très-heureux résultats. Non-seulement ils ont établi la supériorité des animaux Durham de sang pur sur les animaux français sous le rapport de la facilité, de la précocité et du bon marché de l'engraissement; mais ils ont fait reconnaître que même les animaux métis l'emportaient toujours sur ceux de nos vieilles races indigènes, de sorte que, aujourd'hui, les éleveurs français, qui s'obstinent à élever des animaux de ces vieilles races, reconnaissent qu'ils ne peuvent pas lutter contre les animaux croisés même au premier degré, et réclament des concours et des prix séparés. En même temps, ils cherchent à donner à leurs animaux des formes qui les rapprochent de ceux dont la race Durham offre le type le plus parfait et la réunion la plus complète.

En 1849, on a joint au concours d'animaux de boucherie un concours d'animaux reproducteurs. Il est à désirer que ces encouragements divers puissent être développés sur une échelle plus large, et que le Gouvernement comprenne toute l'importance qui s'attache à la multiplication et à l'amélioration des bestiaux. Il ne s'agit de rien moins que de faire entrer la viande dans l'alimentation générale du pays, et de mettre cet aliment précieux à la portée des consommateurs les plus nombreux et les moins aisés; la masse générale des fumiers augmentant en même temps que le nombre des bestiaux, la puissance de fécondité du sol s'élèvera progressivement. Les terrains qui ne donnent aujourd'hui que 6 à 12 hectolitres de froment à l'hectare, deviendront capables d'en produire de 15 à 30; ils pourront ensuite, sans être épuisés, produire des récoltes industrielles telles que le colza, le lin et le chanvre, qui, en augmentant l'ensemble des produits que le cultivateur retirera d'un même sol, avec la même somme de travaux, lui permettront de livrer ses produits, y compris ses animaux, à meilleur marché, et la France pourra non-seulement assurer à bon marché l'alimentation de ses propres habitants, mais elle verra s'augmenter progressivement la masse des denrées alimentaires qu'elle pourra céder aux nations voisines, qui n'ont pas les mêmes ressources qu'elle, comme l'Angleterre. Or, c'est dans cet excédant de production livré à l'exportation que se trouve la ressource la plus efficace contre les mauvaises récoltes produites par les intempéries des saisons, et qui reviennent à des époques peu éloignées.

La vacherie du Pin, où le Gouvernement entretient et multiplie des types de plusieurs races anglaises de bestiaux, a envoyé quinze animaux de la race bovine à l'exposition. Huit appartiennent à la race de Durham.

Un jeune taureau, nommé Tabarin, né en mars 1848, se fait remarquer par la perfection et l'ensemble de ses formes. Sa peau est d'une finesse extraordinaire; à peine âgé de 16 mois, il a déjà du maniement comme s'il devait être bientôt livré à la boucherie.

Deux vaches, nommées Constance et Marquise, sont remarquables par la beauté de leurs formes. Il est impossible de voir un dos plus droit, des hanches plus larges et mieux développées, un flanc plus court; la queue est noyée dans les pelotes de graisse qui recouvrent la pointe des fesses, les cuisses ont un développement magnifique et descendent carrément aussi bas que possible.

Deux jeunes génisses de 15 mois, Tomyris et Télésille, sont plus irréprochables encore de forme que les deux vaches précédentes. On ne peut rien imaginer de plus fin et de plus accompli.

La vacherie du Pin avait aussi envoyé trois animaux de la race de Hereford, un bœuf, une vache et une génisse. Ces animaux ne sont pas aussi réguliers et aussi remarquables de forme que ceux de Durham, mais leur chair est réputée plus fine, plus délicate, et ils sont plus vigoureux au travail que les Durham. Ces deux qualités donnent une grande valeur à cette race.

Enfin la vacherie du Pin a exhibé quatre animaux de la race de Devon.

Cette race est très-rustique, très-robuste, habituée à vivre sur des terrains légers et à consommer des fourrages médiocres.

Son lait est remarquable par la quantité et la qualité du beurre qu'il contient. Les bœufs travaillent très-bien; ils sont dociles, vigoureux, et ont un pas agile. Leur viande est fine et savoureuse.

Le taureau, nommé le prince de Galles, est un animal admirablement conformé. Son rein est parfaitement droit, les épaules sont bien couchées, le flanc est court, la côte très-arquée, les hanches très-larges, tout le corps descendu et près de terre, la tête fine, les cornes bien placées. On peut affirmer qu'un taureau ainsi établi donnerait d'excellents résultats, s'il était croisé avec des vaches bretonnes, picardes ou d'autres petites races.

Les deux vaches sont dignes du taureau.

Ces animaux, provenant d'un établissement national, ne pouvaient concourir pour les récompenses réservées aux particuliers, mais le jury qui les a admirés à si juste titre devait consigner, dans son rapport, les éloges mérités auxquels ils ont des droits si légitimes.

Je passe maintenant aux autres exposants.

L'industrie du bétail se divise nécessairement en deux sections : l'élevage et l'engraissement, qui sont aussi diverses entre elles que le filage et le tissage du coton ou de la laine. Un très-petit nombre d'agriculteurs réunissent ces deux industries.

La raison en est simple : ces industries exigent, en général, pour leur succès économique, des sols différents. Ainsi, la vallée d'Auge, qui fournit tous les ans au marché de Paris le bœuf gras, accompagné de 40,000 compagnons, tire tous les animaux qu'elle engraisse, de la Manche, de l'Orne, de la Sarthe et d'autres départements ; mais elle n'en élève presque aucun.

M. de Béhague est le seul agriculteur qui ait exposé à la fois des animaux nés, élevés et engraissés chez lui et par ses soins ; mais, comme sa spéculation d'élevage est établie et dirigée au point de vue d'être terminée par l'engraissement, nous croyons devoir le renvoyer à la seconde section de ce rapport : c'est comme engraisseur qu'il recevra la récompense à laquelle il a les droits les plus légitimes.

1° ÉLEVAGE.

INSTITUT DE GRIGNON.

Médaille d'or

L'institut de Grignon a exposé deux taureaux et huit vaches, le premier taureau est de race Schvytz pure. Cette race, importée par l'habile directeur de cet établissement, il y a 12 ans, s'y est très-bien acclimatée et s'y conserve très-pure par ses soins.

Le deuxième taureau est fils d'une mère Schvytz et de Richard, excellent et célèbre taureau Durham.

La première vache est croisée Schvytz-Cotentine. Agée de 5 ans, elle se fait remarquer par sa belle conformation. Elle donne de 25 à 30 litres de lait, et est marquée comme une flandrine de premier ordre d'après le système de M. Guénon.

La seconde est une vache de race Cotentine pure.

La troisième vache est de race Schvytz pure.

La quatrième est croisée Durham-Schvytz.

La cinquième est le résultat d'un double croisement ; elle est fille d'un taureau Durham et d'une mère qui était elle-même croisée Schvytz-Cotentine. Il est difficile de rencontrer une bête d'une conformation plus régulière et plus parfaite.

La sixième est une vache croisée Durham-Cotentine.

La septième est une vache issue d'un taureau Devon et d'une mère Cotentine.

La huitième est une vache issue d'un taureau écossais et d'une mère Schwytz-Cotentine.

Le jury a reconnu le mérite de ces divers croisements et a apprécié la beauté des animaux qui en sont les produits. Chez tous ceux qui ont du sang Durham, on reconnaît à l'instant la bonne influence qu'exerce cette race précieuse, par l'atténuation des défauts des races auxquelles elle s'allie, et par l'amélioration et le développement prédominant des parties du corps de ces animaux qui fournissent le plus de viande de première qualité.

Celui de nos collègues qui a été chargé du rapport sur les instruments aratoires, et ceux qui nous entretiendront de la race porcine et de la race ovine, auront aussi de justes éloges à accorder à l'institut de Grignon.

Le jury, appréciant tous les services rendus à l'agriculture par M. Bella, depuis vingt-deux ans qu'il dirige ce grand établissement, le zèle infatigable dont il n'a cessé de donner des preuves, et les beaux résultats qu'il a obtenus et qui ont trouvé d'heureux imitateurs, soit parmi ses voisins, soit parmi ses nombreux élèves, n'hésite pas à lui accorder la médaille d'or.

M. D'HERLINCOURT.

M. d'Herlincourt (Pas-de-Calais) expose un taureau et quatre vaches croisées Durham-Flamandes.

La belle conformation de ces cinq animaux a été appréciée par le jury. Une grande partie des qualités de la race Durham se fait remarquer dans ces animaux, et les principaux défauts de la race flamande ont disparu, ou du moins sont fortement atténués.

La production du lait, loin d'être atténuée, est plus forte chez plusieurs de ces vaches qu'elle n'était chez leurs mères. Une de ces vaches donne plus de trente litres de lait par jour.

Le jury, sachant que, depuis plusieurs années, M. d'Herlincourt s'occupe avec zèle et persévérance de l'amélioration de la race bovine, non-seulement chez lui, mais dans tout le département du Pas-de-Calais, qui, grâce à lui, possède maintenant plus de quarante très-bons taureaux de race Durham, et ayant reconnu que le succès avait couronné ses efforts, et que, sous tous les rapports, les animaux croisés étaient supérieurs à ceux de l'ancienne race du pays, n'hésite pas à lui accorder une médaille d'or.

M. LESENNE (Seine-Inférieure).

Médailles d'argent.

M. Lesenne, propriétaire cultivateur à Froberville (Seine-Inférieure), a exposé un taureau issu d'un taureau Durham nommé Hecatombe, acheté, en 1845, par la société d'agriculture de Valmont, et d'une mère Cotentine qui donne plus de trente litres de lait.

Cet animal se fait remarquer également par la beauté et par la régularité de sa conformation; il est justement apprécié dans son pays, où, malgré le prix élevé de ses saillies, on lui amène un très-grand nombre de vaches. Cependant le jury, prenant en considération que cet animal n'est pas né chez M. Lesenne, croit ne devoir lui accorder qu'une médaille d'argent.

M. FAUVILLE (Nord).

M. Fauville, cultivateur à Neuville-sur-l'Escaut, a présenté un taureau de pure race flamande. Ce taureau, du poids de 1,350 kilogrammes, a de très-belles formes; il a produit un grand nombre de vaches qui donnent trente litres de lait par jour. Il est très-bien marqué comme courbeline, d'après le système Guénon.

Le jury accorde à M. Fauville une médaille d'argent.

M. CREMET (Loire-Inférieure).

M. Cremet, cultivateur à Couesnon (Loire-Inférieure), a présenté un taureau de race Choletaise. Ce taureau, âgé de deux ans, se fait remarquer par un rein et un dos très-bien soutenus, un ensemble de formes très-satisfaisant, une culotte bien dessinée et bien descendue. M. Cremet possède cette race depuis longues années, et se livre principalement à la spéculation de l'élevage de génisses qu'il vend amouillantes ou après leur premier veau.

Le jury lui décerne une médaille d'argent,

M. DE PLOESQUELLEC (Morbihan).

Médaille de bronze.

M. de Ploesquellec, propriétaire cultivateur, secrétaire de la société d'agriculture de l'arrondissement de Morlaix, a amené un taureau de la petite race Bretonne. Cette race est très-sobre; elle vit, la plus grande partie de l'année, au milieu des landes et des bruyères de la Bretagne. Les vaches sont remarquablement bonnes laitières;

elles donnent, malgré leur petite taille, seize et même dix-huit litres de lait par jour. Ce lait est très-butireux, et le beurre qu'il produit est de très-bonne qualité. Aussi en exporte-t-on, par le port de Morlaix, pour une valeur de 4,000,000 francs environ annuellement.

Le taureau de M. de Ploesquellec a bien les caractères de sa race; il est marqué quarréline de deuxième ordre, d'après le système Guesnon.

Le jury lui accorde une médaille de bronze.

M. CHARLIER, médecin vétérinaire et propriétaire cultivateur à la Briqueterie, près Reims (Marne).

M. Charlier a adressé au jury un mémoire dans lequel il expose les résultats des six opérations de castration qu'il a faites sur des vaches à lui appartenant. Ces six opérations ont toutes parfaitement réussi. Les vaches qui les ont subies ont vu augmenter la production de leur lait. Ce lait est devenu plus riche en beurre et en caséum, d'après l'analyse chimique qui en a été faite avec soin avant et après l'opération. Les vaches se sont plus facilement engraissées. Le jury, appreciant l'importance de ces résultats pour l'agriculture et voulant récompenser le zèle couronné de succès de M. Charlier, lui accorde une médaille de bronze.

Mentions honorables.

M. GAUBERT (Eure-et-Loir).

M. Gaubert, cultivateur à Saint-Géons (Eure-et-Loir), a présenté à l'exposition un taureau de race Cotentine, né et élevé chez lui, dont la mère donne quarante litres de lait dans les premiers mois qui suivent le vêlage. Cet animal se fait remarquer par un dos très-allongé et très-bien soutenu; il est fécond et a donné déjà de nombreux et bons produits.

Le jury décerne à M. Gaubert une mention honorable.

M. COYETTE (Seine-et-Marne).

M. Coyette, propriétaire cultivateur à Trilport (Seine-et-Marne), a présenté un taureau flamand de 4 ans, issu d'un père et d'un grand-père qui, eux-mêmes, avaient été élevés chez M. Coyette. Ce taureau a de très-belles parties; la ligne du dos est bien soutenue; la tête et le cornage sont bons; l'épaule et l'avant-bras sont très-beaux; malheureusement le train de derrière ne répond pas à celui de devant.

Le jury accorde à M. Coyette une mention honorable.

M. DUTRONE (Seine-Inférieure).

M. Dutrône a voulu prévenir les accidents que produisent les vaches en frappant de leurs cornes, et, au moyen de croisements par des taureaux écossais sans cornes, il a obtenu de vaches normandes, soit de grande, soit de petite taille, des vaches sans cornes.

Le jury, appréciant l'intention philanthropique dans laquelle M. Dutrône a entrepris ces essais et le zèle avec lequel il les a poursuivis, lui accorde une mention honorable, en exprimant l'espérance qu'à une future exposition M. Dutrône aura aussi amélioré les formes de ces animaux, et, par là, acquerra des droits à une récompense d'un ordre plus élevé.

M. DE TORCY (Orne).

M. de Torcy a exposé un taureau Durham né à la vacherie du Pin, et vendu par l'administration, nommé Virgile.

Le jury, appréciant cette circonstance, ne peut lui accorder qu'une mention honorable, avec l'expression du regret que M. de Torcy n'ait pas pu présenter à l'exposition quelques animaux semblables à ceux qu'il a amenés aux concours de Poissy, et qui ont été reconnus plus d'une fois par le jury pour être les plus beaux, les plus réguliers de formes, les plus remarquables qui aient été élevés en France et amenés sur nos marchés jusqu'à présent.

M. DAVESNES (Loire-Inférieure).

M. Davesnes, à Gorges, a exposé un taureau Durham nommé Cleruland, qu'il a acheté à la vente du Pin, en 1847, dans l'intention d'améliorer la race de son pays.

Le jury lui décerne une mention honorable.

Citations favorables.

M. Eugène SOLLET (Seine-et-Marne).

M. Eugène Sollet, propriétaire cultivateur à Alepcu (Seine-et-Marne), a présenté un taureau normand-hollandais âgé de 19 mois.

Le jury lui accorde une citation favorable.

LE COMICE AGRICOLE DE BOUXVILLER.

Le comice agricole de Bouxviller, voulant améliorer la race bovine du pays, fait acheter tous les ans des taureaux de la race de Simmenthal en Suisse, choisis avec soin, et les fait revendre aux enchères entre les cultivateurs du pays. Depuis 4 ans, 44 bons taureaux ont été placés de cette manière; plusieurs des membres du jury ont pu juger par eux-mêmes des bons résultats du croisement de la race de Simmenthal avec celle qui était la plus répandue dans ce pays.

Le jury, appréciant le zèle intelligent que déploie le comice de Bouxviller pour l'amélioration de la race bovine, lui accorde une citation favorable.

M. TOURRET (Seine).

M. Tourret, à Châtillon (Seine), a exposé une vache bretonne de la petite espèce. Cette espèce est remarquablement bonne laitière, et le lait est riche en crème et en beurre; cette vache donne 10 à 12 litres de lait dans les mois qui suivent son vêlage; cette espèce est très-sobre et très-rustique; la vache de M. Tourret est marquée flandrine du premier ordre.

Le jury accorde à M. Tourret une citation favorable.

M. GUÉNON (Seine).

M. Guénon, dont nous avons déjà apprécié la méthode, et à qui nous avons payé le juste tribut de reconnaissance qui lui est acquis pour les services que sa découverte a déjà rendus et est appelée à rendre à l'agriculture, a exposé 3 vaches picardes, 3 vaches normandes, 23 vaches bretonnes et 12 vaches hollandaises qui présentaient une collection à peu près complète des caractères qui distinguent ses principales classifications.

Le jury, considérant que M. Guénon n'a ni produit ni élevé aucune des vaches qu'il a exposées, n'a pu lui accorder qu'une citation favorable.

2° ENGRAISSEMENT.

Médailles d'or.

M. DE BÉHAGUE, propriétaire (Loiret).

M. de Béhague a présenté à l'exposition 4 bœufs d'engrais,

4 vaches et 1 taureau. M. de Béhague est un des éleveurs qui ont été le plus souvent couronnés au concours de Poissy. Il a consacré à faire des expériences sur les différents systèmes de croisements de races, d'élevage et d'engraissement, un vaste domaine placé dans une situation ingrate, car il renferme très-peu d'herbages naturels, et dans toutes les saisons, il est nécessaire d'avoir recours aux fourrages artificiels pour nourrir convenablement les animaux. Ceux qui ont été amenés à l'exposition ont excité une profonde et générale admiration. Il est rare de rencontrer un animal plus beau dans le développement de toutes ses formes que le bœuf âgé de 40 mois nommé O'Connell. Deux autres, âgés de 37 et de 36 mois, étaient également remarquables, et le plus jeune, âgé à peine de 30 mois, pourrait parfaitement être livré, dès aujourd'hui, à la boucherie, si son propriétaire ne préférait le conserver pour le présenter au concours de Poissy de 1850.

M. de Béhague s'est proposé un double but, celui de produire de la viande le plus promptement et le plus économiquement possible. L'état dans lequel étaient les animaux de 30 à 40 mois prouve qu'il a résolu complétement, et de la manière la plus satisfaisante, la première partie de ce problème qui intéresse également l'économie rurale, l'hygiène publique et l'humanité qui trouvera dans sa solution, d'immenses ressources pour améliorer l'alimentation des classes pauvres de notre société. Ces animaux acquièrent en moyenne 20 à 30 kilos de poids vif par mois pendant le cours entier de leur existence; c'est un développement très-remarquable.

M. de Béhague paraît n'avoir pas résolu moins heureusement la seconde partie du problème, la question économique, puisqu'il nous a affirmé qu'il résultait de sa comptabilité. qui est tenue en grand détail et avec grand soin, que les animaux de l'âge de 30 mois environ lui revenaient à 45 centimes le kilog. de poids vif, et qu'il lui était facile et ordinaire de les vendre au boucher 55 et même 60 centimes, ce qui constitue un profit raisonnable, sans compter celui qui résulte des engrais que l'animal a produits pendant le cours de son existence. Les jeunes vaches et le taureau sont de très-beaux types de croisement de taureaux de race de Durham pure avec des mères charolaises et normandes. La vache nommée Aurélie, âgée de 5 ans, est une magnifique bête qui a pris la plupart des caractères de la race Durham.

Celle qui se nomme Sabinée, et qui n'a que 30 mois, a conservé davantage le type de la race normande, à laquelle elle se rattache par sa mère; elle avait obtenu le premier prix des vaches laitières au dernier concours de Poissy.

Le jury, appréciant justement le zèle intelligent et la persévérance que M. de Béhague apporte à diriger son exploitation, croit qu'il a mérité la plus haute récompense et le plus grand encouragement qu'il soit possible de lui accorder; en conséquence, il lui décerne la médaille d'or.

M. AUCLERC (Cher).

M. Auclerc, propriétaire à la Celle-Bruyères, près Bourges, a présenté à l'exposition 2 taureaux de 21 mois et de 26 mois, et une vache de 22 mois avec 2 génisses de 7 mois. Tous ces animaux sont croisés Durham-Charolais.

M. Auclerc, dont le domaine ne renferme que 56 hectares, est placé dans une situation plus difficile encore que M. de Béhague. Il n'a ni herbage ni prairies naturelles. Son sol calcaire est très-maigre, et ce n'est que par une culture habile qu'il obtient des fourrages verts pendant l'été, des betteraves et des pommes de terre pour la nourriture d'hiver. M. Auclerc s'occupe, depuis 25 ans, de l'amélioration de son domaine. Il a successivement adopté les instruments les plus perfectionnés et a introduit, dans un pays où elles étaient inconnues auparavant, la culture des légumineuses, du sarrazin comme fourrage vert, du raygrass, du fromental, de la lupuline et de la pomme de terre en grand, faisant preuve d'une haute sagesse en commençant ainsi par améliorer la quantité et la qualité de ses fourrages avant de s'occuper des animaux eux-mêmes. Quand il est parvenu à se procurer de très-bons fourrages en quantité suffisante, il n'a pas craint de faire les sacrifices nécessaires pour se procurer deux très-bons taureaux de Durham pur sang, avec lesquels il a considérablement amélioré la race Charolaise, qui était la plus répandue dans le pays.

Son taureau blanc de 21 mois, quoique de 3/4 de sang, a encore conservé plusieurs des caractères distinctifs de la race Charolaise.

Le taureau brun rouge, aussi 3/4 de sang, a pris davantage du type Durham. Son dos est droit et large; le train de derrière est bien établi et bien descendu. L'animal, qui a déjà été mis au travail, a fait preuve d'énergie et a un pas rapide. M. Auclerc affirme qu'il est meilleur au travail que ses camarades, purs charolais.

La jeune vache de 22 mois est issue d'un père et d'une mère qui sont tous les deux de 1/2 sang. C'est une bête très-remarquable pour le pays ; une des deux génisses est plus remarquable encore par ses formes, par son développement précoce et par la beauté de son ensemble.

Le jury, appréciant les obstacles que M. Auclerc a eus à surmonter et les heureux résultats qu'il a obtenus sur un terrain très-ingrat et avec des ressources bornées, lui décerne la médaille d'or.

M. DE CUDENNEC (Finistère).

Médailles de bronze.

Trois compatriotes de M. Bernard Breton l'ont accompagné dans son voyage et ont amené aussi chacun un bœuf gras.

Celui de M. de Cudennec était arrivé à un très-haut degré d'engraissement; mais, sous le rapport de la conformation, ils ne valaient pas celui de M. Bernard Breton, on reconnaissait facilement que chez eux le type breton avait été altéré et gâté par un croisement avec des taureaux de race Angevine. En gagnant un peu de taille, ces animaux avaient perdu sous le rapport de l'ensemble de leurs formes.

Le jury accorde une médaille de bronze à M. Cudennec.

Il en accorde aussi une à M. Madec et une à M. Le Saout.

M. Bernard BRETON (Finistère).

Mention honorable.

Propriétaire cultivateur à Saint-Thégonnec, arrondissement de Morlaix, département du Finistère, il n'a pas craint d'exposer aux vicissitudes d'un double voyage sur mer et sur un chemin de fer un bœuf engraissé de 5 ans, pour présenter à l'exposition un type de la race Bretonne pure. Cette race est sobre, vigoureuse, arrive avec l'âge à un haut degré d'engraissement et donne une viande d'une qualité extrêmement fine, justement appréciée par les bouchers et recherchée par les connaisseurs. Aussi le port de Morlaix voit-il maintenant s'embarquer 4,000 et même 5,000 bœufs gras par an qu'on exporte aux îles de Jersey, de Guernesey et même en Angleterre, depuis que la célèbre loi de sir Robert Peel en a ouvert l'entrée à tous nos produits agricoles.

Le jury, appréciant le mérite de l'animal exposé par M. Bernard Breton, l'avait jugé digne d'obtenir une médaille d'argent; mais, considérant que M. Bernard Breton a déjà obtenu cette récompense pour l'ensemble de ses travaux agricoles, il ne lui accorde en ce moment qu'une mention honorable.

§ 3. RACE PORCINE.

M. de Kergorlay, rapporteur.

La statistique officielle la plus récente évalue le nombre des porcs existant en France à 4,000,000. Paris seul en consomme 9,000,000 kilogrammes annuellement.

Il y a beaucoup de départements dans lesquels la viande de porc est la seule qui soit encore à la portée de l'habitant des campagnes. Cet animal est donc une ressource précieuse pour l'alimentation publique. D'un autre côté, quand on lui fournit une litière abondante, le porc produit une quantité très-considérable de fumier plus ou moins riche, selon les aliments qu'il a consommés; il est donc important d'encourager la production d'un animal aussi précieux.

Mention pour ordre.

INSTITUT DE GRIGNON (Seine-et-Oise).

L'institut de Grignon a présenté un verrat et une truie de la race de Hampshire, un verrat et une truie croisés Berkshire-Chinois et une truie Berkshire pure.

Ces animaux sont tous des plus remarquables par la beauté de leur conformation. Dans ces diverses races, le corps s'arrondit en tonneau et est si près de terre, que les mamelles des femelles balayent presque le sol quand elles marchent; le train de derrière prend un développement des plus considérables et le grouin se raccourcit et diminue par compensation. Quand on compare ces animaux aux types des races indigènes du centre et de l'ouest de la France, qui sont si hauts sur pattes et si efflanqués, on comprend facilement ce que l'expérience confirme, à savoir que les races anglaises doivent consommer beaucoup moins de nourriture, pour être amenées à un état convenable d'engraissement, ou, pour parler plus exactement, que ces animaux sont toujours, à tout âge, et quelle que soit leur nourriture, en état d'engraissement. Ces races sont donc précieuses, et il convient de récompenser ceux qui nous en présentent les plus beaux types.

Le jury a été unanime à reconnaître que l'institut de Grignon méritait, pour les porcs qu'il a exposés, la médaille d'or ; mais, comme il l'a déjà obtenue pour sa vacherie, il ne sera mentionné ici que pour ordre.

VACHERIE DU PIN.

Exposant hors concours.

La Vacherie du Pin a exposé deux truies anglo-chinoises d'un ensemble de formes vraiment admirable. De nombreux sujets sortis de cette famille ont été achetés par des particuliers, et, soit qu'on les ait conservés purs, soit qu'on les ait croisés avec des femelles indigènes, partout on en a obtenu d'excellents résultats.

L'établissement du Pin se trouve naturellement placé hors de concours ; mais l'administration, qui rend un important service à l'agriculture française, en conservant et en propageant cette race précieuse, a droit à des éloges que le jury s'empresse de lui décerner.

M. MILLET (Indre et-Loire).

Médaille d'argent.

M. Millet, fermier à Saint-Aventin (Indre-et-Loire), a exposé un verrat et une coche anglo-chinoise, plus une coche anglo-tourangeaine qui prouve que le croisement des verrats anglais avec nos truies indigènes réussit très-bien et améliore celles-ci.

Le jury accorde une médaille d'argent à M. Millet.

M. PRIMOIS (Calvados).

Médaille de bronze.

M. Primois, maître de poste, à Caen (Calvados), expose un verrat et une truie issus d'un verrat Berkshire pur et d'une truie de la grande race normande. Ces animaux présentent une conformation considérablement améliorée, et le jury accorde à M. Primois une médaille de bronze.

M. BARTHOLOMON (Seine).

Mention honorable.

M. Bartholomon, loueur de chevaux et de voitures, à Paris, présente une très-belle truie anglaise pour laquelle le jury lui décerne une mention honorable.

§ 4. RACE OVINE, MOUTONS, LAINES EN SUINT ET LAVÉES.

M. Yvart, rapporteur.

CONSIDÉRATIONS GÉNÉRALES.

L'exposition des produits de l'espèce ovine est plus complète en 1849 qu'elle ne l'avait été jusqu'alors. Vingt-neuf cultivateurs ont envoyé des produits de leurs troupeaux ; douze d'entre eux ont soumis à l'appréciation du jury des moutons pourvus de leur laine, afin que le jury pût juger à la fois les formes des animaux et les toisons qu'ils donnent.

Des cultivateurs qui, par suite de la position de leurs fermes, n'ont intérêt qu'à produire des laines communes ou des laines de moyenne finesse, ont saisi l'occasion de prouver qu'ils les obtenaient de moutons bien conformés, d'un accroissement rapide, et capables d'être livrés à la boucherie dans les premières années de leur vie, conditions avantageuses qui peuvent compenser le moindre prix des laines communes et des laines moyennes. Les cultivateurs qui ont exposé des laines de peu de finesse ont tous présenté les animaux qui les portent; les producteurs de laines de moyenne finesse, en général plus convenables au peigne qu'à la carde, ont aussi envoyé, pour la plupart, des béliers, des brebis ou des agneaux; tandis que les producteurs des laines les plus fines n'ont soumis à l'examen du jury que des toisons, et parfois même seulement des mèches de ces toisons. Ces différences proviennent sans doute de ce que les derniers ne peuvent obtenir ces laines superfines qu'au moyen de moutons d'un accroissement fort lent, et qui n'acquièrent que peu de poids lorsqu'ils sont adultes.

L'augmentation du nombre des exposants, et les différences très-marquées qui existent dans les produits exposés, nous forcent à établir des catégories plus nombreuses que cela n'a eu lieu dans les précédentes expositions. On ne peut pas plus examiner comparativement un mérinos très-fin et un mouton de l'Artois, qu'on ne peut comprendre dans le même examen la fabrication des draps de Sedan et celle des couvertures. Les distinctions ne sont cependant pas sans difficultés, lorsqu'il faut passer d'une catégorie à la catégorie la plus voisine; souvent il n'existe pas de différences assez tranchées entre une laine mérinos propre à la carde et une laine mérinos propre au peigne pour que la destination de ces produits ne puisse être changée : l'habileté des manufacturiers surmonte des difficultés qui autrefois auraient constitué des obstacles absolus.

Malgré ces observations, il est possible de faire, des laines exposées, quatre catégories. On peut placer :

Dans une première classe, les laines mérinos les plus fines, les plus élastiques, les plus courtes, les plus recherchées dans la fabrication des étoffes feutrées, et qui se distinguent par leur finesse, leur douceur et leur prix élevé;

Dans une deuxième classe, les laines mérinos d'une moyenne finesse, d'une résistance plus grande que les laines de la première catégorie, et qui, sans être impropres au feutrage, sont cependant le plus généralement peignées;

Dans une troisième classe, les laines mérinos plus longues encore, et qui ne peuvent être que peignées;

Enfin, dans une quatrième classe, les laines communes, un peu dures au toucher, que des cultivateurs cherchent à obtenir par l'emploi de béliers anglais, qui s'engraissent avec la plus grande facilité et donnent des produits très-profitables pour la boucherie, lorsque les pâturages et le climat où l'on opère le permettent.

LAINES MÉRINOS DE PREMIÈRE FINESSE.

Ces laines sont produites, en France, en quantité beaucoup moindre que les laines mérinos de moyenne finesse. Après avoir obtenu des toisons meilleures que celles qui nous viennent d'Espagne, les cultivateurs français ont longtemps supposé qu'ils ne pouvaient être dépassés dans la production des laines les plus fines. Ils n'avaient pas prévu quelle serait la propagation de la race mérine dans le nord-est de l'Allemagne, dans la Russie méridionale, dans l'Austrasie, etc. Dans ces contrées, la nourriture des bêtes à laine peut être remboursée, aux propriétaires du sol, à peu près exclusivement par la vente des toisons; il en résulte que, faisant peu de cas du produit de la viande, les propriétaires de mérinos ont adopté les races de petite taille, déjà indiquées comme étant d'un accroissement très-lent, mais comme portant la laine la plus fine. En France, au contraire, il est désirable qu'il en soit autrement, à cause du prix de la viande de boucherie. On conçoit, dès lors, comment les propriétaires de terrains fertiles se sont attachés, avec beaucoup de raison, à obtenir à la fois et de bons moutons de boucherie et des laines de moyenne finesse. Mais il faut admettre aussi qu'exceptionnellement, lorsque les terres sont peu fertiles, ou la vente des moutons difficile, il est de l'intérêt des cultivateurs français de produire des laines superfines. La nature de notre climat ne s'oppose nullement à la production des laines superfines. Le choix de la race n'est qu'une question d'économie rurale, dans laquelle il faut tenir compte des positions différentes des exploitations, où l'on a intérêt, dans certains cas, à avoir beaucoup de viande et beaucoup de laine, et, dans d'autres cas, à avoir de la laine plus fine et d'un plus grand prix.

Partant de ces idées, nous devons nous attacher à accorder des distinctions égales aux producteurs des laines les plus fines, et à ceux des laines de moyenne finesse.

Plusieurs des cultivateurs qui exposent des laines très fines ont déjà fait juger leurs troupeaux en 1844, et même auparavant; leur persévérance prouve qu'ils ne se sont pas trompés dans le choix de leur industrie.

Rappel de médaille d'or.

M. GODIN aîné, à Châtillon-sur-Seine (Côte-d'Or).

A la tête des cultivateurs qui ont des troupeaux mérinos de première finesse, se place depuis longtemps M. Godin aîné, de Châtillon-sur-Seine.

Excellent cultivateur et marchand de laine, très-connu dans tout le Châtillonnais, M. Godin choisit lui-même, en 1828, dans les bergeries les plus renommées de la Saxe, la souche du troupeau qu'il entretient depuis cette époque près de Châtillon-sur-Seine. Il en montra les toisons aux jurys de 1834, de 1839 et de 1844. Celles qu'il présente aujourd'hui ont les mêmes qualités que précédemment : elles sont très-fines, très-élastiques, et aussi égales que possible dans leurs diverses parties. Le Jury n'hésite donc pas à rappeler à M. Godin la médaille d'or qu'il a obtenue, en 1844, pour un troupeau saxon à laine très-fine, qui reste composé de 1,200 bêtes.

M. MONOT-LEROY, à Pontru (Aisne).

Nouvelles médailles d'argent.

M. Monot-Leroy est placé dans un arrondissement où la plupart des cultivateurs vendent des laines de moyenne finesse ; il ne persévère pas moins à obtenir des laines superfines, sans doute par les circonstances particulières où se trouve sa propriété. Cette observation, faite en 1844, doit être renouvelée aujourd'hui.

Dans les trois dernières expositions, des médailles d'argent ont été décernées à M. Monot-Leroy. Son troupeau est resté ce qu'il était autrefois, sous le rapport du nombre (500 bêtes) et sous celui des qualités du lainage. Le jury croit devoir décerner à M. Monot-Leroy une nouvelle médaille d'argent.

M. PORTAL DE MOUX (Aude).

M. Portal a obtenu une médaille d'argent en 1844 pour des laines très-fines. Celles qu'il soumet en 1849 à l'appréciation du jury sont non-seulement très-fines, mais elles sont encore très-remarquables par leur douceur et leur propreté ; elles doivent ces qualités à ce que M. Portal de Moux exploite une petite ferme très-fertile qui comporte la culture de la luzerne et de la betterave, et permet conséquemment de nourrir le troupeau pendant la majeure partie de l'année à la bergerie. Les moutons sont ainsi à l'abri de toutes les causes extérieures, et notamment la chaleur et la poussière, qui durcissent fréquemment les laines dans le midi de la France. Dans de pareilles circonstances, il était très-facile à M. Portal de produire des laines fines et très-douces. Le jury n'hésite pas à lui accorder une nouvelle médaille d'argent.

M. CHATELAIN, à Vitry-le-François (Marne).

Médailles d'argent.

Le département de la Marne a, pendant quelques années, donné beaucoup de toisons d'une grande finesse. L'honorable M. de

Jessaint a autrefois contribué à donner de la finesse aux troupeaux de ce département par des ventes annuelles de béliers provenant de l'alliance des races de Naz et de Rambouillet. Ces étalons avaient une toison fine et une taille élevée; on leur reprochait de ne pas porter assez de laine. M. de Jessaint s'est vu forcé de changer la race de ses moutons, qui étaient de grande taille; il leur a donné une toison moins fine, mais plus lourde. M. Chatelain s'attache à produire des laines fines par d'autres moyens; son troupeau provient du mélange du sang saxon et du sang de Naz; ses moutons ont sans doute des toisons de peu de poids, mais, comme ils sont de petite taille, ils peuvent être modérément nourris. M. Chatelain opère sur un troupeau de 450 bêtes. L'importance de ce troupeau, la qualité des laines envoyées à l'exposition, ont déterminé le jury à lui décerner une médaille d'argent.

Rappel de médailles d'argent.

M. TERRASSON DE MONTLEAU, à Saint-Estèphe (Charente).

Exploitant dans une partie de la France où les mérinos sont peu répandus, M. Terrasson y entretient cependant un troupeau de 250 bêtes à laine superfine. Déjà, en 1844, il avait obtenu, à cause de ce troupeau, une médaille d'argent. Depuis cette époque, le troupeau de M. Terrasson s'est maintenu.

Le jury, tenant compte de sa persévérance, lui rappelle la médaille d'argent.

Médaille de bronze.

M. DELAVILLE-LEROUX, à Vaigné (Maine-et-Loire).

Propriétaire de plusieurs domaines composés de terres naturellement peu fertiles, mais qui s'améliorent par une bonne culture, M. Delaville-Leroux a placé dans ses propriétés 1,500 bêtes du type de Naz. Ce peut être une opération fort rationnelle que l'introduction des bêtes de ce type sur des terres de peu de fertilité; mais il faut, pour la rendre aussi fructueuse que possible, une connaissance complète des qualités des toisons. Or, bien que les deux toisons envoyées par M. Delaville-Leroux soient fines, elles ne présentent pas, dans leurs diverses parties, toute l'égalité qui doit exister quand on se sert du type de Naz. Le jury décerne à M. Delaville-Leroux une médaille de bronze.

M. RIVAUD, directeur de la ferme-école du Petit-Rochefort (Charente).

Mentions honorables.

M. Rivaud est le second propriétaire qui, de la Charente, envoie des laines fines à l'exposition. Il opère sur un petit domaine de 57 hectares; il a dû se borner à l'entretien de 150 bêtes ovines. Isolé des départements où se produit en grand la laine mérinos, M. Rivaud paraît lutter avec beaucoup de difficultés contre cette position. Ses toisons sont légères; il ne vend pas sa laine plus de 2 francs le kilogramme. Le jury, tenant compte des efforts de M. Rivaud, lui décerne une mention honorable.

M. TARDIEU DE VILLOTTE, à Arles (Bouches-du-Rhône).

M. Tardieu de Villotte, propriétaire à Arles, cultive dans une localité où la race mérinos présente de très-grands troupeaux qui, l'hiver, vivent dans le département des Bouches-du-Rhône, et, l'été, dans les pâturages des Alpes. M. Tardieu y possède un troupeau de mérinos, dont la très-grande finesse est démontrée par la carte d'échantillons qu'il envoie. Cette carte fait connaître que ce troupeau est composé de 800 bêtes; mais elle n'indique ni le poids ni le prix des toisons. Il est regrettable que M. Tardieu n'ait pas envoyé des toisons entières et des renseignements plus complets sur son troupeau. Une mention honorable est décernée à M. Tardieu, pour la finesse des échantillons de laines qu'il a soumis à l'appréciation du jury.

LAINES DE MOYENNE FINESSE.

La production des laines mérinos de moyenne finesse convient à beaucoup de cultivateurs français; l'explication en est facile à donner. Les moutons qui produisent ces laines peuvent être fortement nourris, et prendre de la précocité, c'est-à-dire la propriété de s'engraisser quand ils sont encore jeunes; s'il peuvent être soumis, sans de grands inconvénients, à l'opération du parcage; enfin, ils donnent une laine qui, selon les circonstances commerciales, peut être employée après avoir été peignée ou après avoir été cardée. Ces races conviennent ainsi aux pays fertiles; elles permettent aux cultivateurs de tirer un parti avantageux et de la toison et de la chair de leurs animaux; elles leur permettent d'épargner la main-d'œuvre dans le transport des engrais; elles les mettent, jusqu'à un certain point à l'abri des fluctuations commerciales, d'où il résulte que tantôt la laine peignée est demandée, et que tantôt c'est la laine cardée qui obtient la préférence. Après avoir bien étudié ces conditions de production et de vente, beaucoup de cultivateurs s'adonnent à la production des laines mérinos de moyenne finesse; il en est qui perfectionnent beaucoup les races qui les fournissent; il en est un grand nombre qui achètent périodiquement, à des prix fort élevés, des béliers de la bergerie nationale de Rambouillet. Les producteurs des laines mérinos de moyenne finesse doivent être encouragés par le Gouvernement. L'exposition de 1849 permet de distinguer ceux dont les noms suivent :

Médaille d'or.

M. RICHER, à Gouvix (Calvados).

Le comte Héracle de Polignac avait autrefois formé, dans la haute Normandie, un troupeau très-nombreux, divisé en plusieurs cheptels; ce troupeau a obtenu les distinctions les plus élevées dans les précédentes expositions de l'industrie. M. Richer, autrefois régisseur des propriétés de M. de Polignac, a conservé la majeure partie de ce troupeau.

Il nous a présenté, cette année, quatre béliers remarquables sous les divers points qui ont dû entrer dans notre examen. La taille de ces animaux n'était pas très-elevée, et cependant leur poids était considérable, ce qui tenait à la bonté des formes. Ainsi la poitrine était large, la côte ronde, le dos et les reins parfaitement droits. Ces béliers étaient bien couverts de laine, depuis la face jusqu'aux onglons; la toison était tassée, la mèche blanche, d'une moyenne finesse et d'une moyenne longueur. La commission a vu dans ces animaux un type convenant, en France, à beaucoup de cultivateurs. Le jury décerne à M. Richer une médaille d'or.

Médailles d'argent.

M. ANCELOT, à Chancourt (Aisne).

M. Ancelot possède un troupeau mérinos formé dès 1817, et composé maintenant de plus de 1,000 bêtes de forte taille.

Depuis 1821, cet honorable cultivateur n'a cessé d'améliorer son troupeau au moyen de béliers pris dans la bergerie nationale de Rambouillet et chez M. Gilbert de Wideville. Des soins persévérants dans le choix de ces étalons, une nourriture abondante, ont contribué à donner aux mérinos de Chancourt une réputation telle qu'à dater de 1834 ils n'ont cessé de fournir, chaque année, des béliers pour le perfectionnement d'une partie des troupeaux du département de l'Aisne.

M. Ancelot a exposé deux de ces béliers :

1° Un bélier adulte dont la laine est de bonne finesse, la taille très-élevée, mais dont les formes laissent à désirer, surtout à cause de l'abaissement que présente la colonne vertébrale en arrière des épaules;

2° Un bélier antenois également de grande taille, bien fait, et dont la laine a beaucoup de longueur, et convient parfaitement au peigne.

M. Ancelot a l'habitude de présenter des béliers dans les concours des comices agricoles de Saint-Quentin et de Marle. Le nombre des médailles qu'il a obtenues dans ces concours, et, ce qui vaut mieux encore, le nombre des béliers qu'il vend ou loue chaque année, enfin les qualités des béliers qu'il a envoyés à l'exposition de l'industrie de 1849, sont autant de raisons qui déterminent le jury à décerner la médaille d'argent à M. Ancelot.

M. MONGAS, à Fourches (Seine-et-Marne).

M. Mongas a envoyé plusieurs toisons remarquables par la longueur, la finesse moyenne et le tassé des mèches qui les composent. Ce sont trois conditions qui, en général, donnent de la valeur aux toisons. M. Mongas, ayant un troupeau de 600 bêtes participant de ces caractères, et qui, depuis 1826, s'entretiennent sur la ferme de Limoges-Fourches, le jury croit devoir lui décerner une médaille d'argent.

M. GUÉNEBAULT, à Laperrière, commune de Poiseul-la-Ville (Côte-d'Or).

Rappels de médailles d'argent.

C'est pour la seconde fois que ce cultivateur envoie des produits à l'exposition. La beauté de ses laines, convenables au peigne par leur force et leur longueur, lui avait mérité, en 1844, la médaille d'argent. Les toisons qu'il soumet au jury de 1849 ne le cèdent en rien à celles de 1844. Aussi convient-il de rappeler à cet honorable cultivateur la médaille d'argent qu'il a reçue en 1844.

M. DURAND, à Maison-Rouge (Seine-et-Marne).

M. Durand est dans la même position que M. Guénebault. En effet, il obtint, en 1844, une médaille d'argent pour des toisons d'une bonne finesse et d'un bon poids. Celles qu'il expose cette année ont les mêmes caractères.

Dans la formation de son troupeau, qui remonte à 25 ans, M. Durand s'est d'abord servi de béliers de Naz; mais depuis 15 ans il donne la préférence à ceux de Rambouillet, sans doute dans le but d'augmenter le tassé et, conséquemment, le poids de ses toisons.

D'après l'examen de celles qui sont exposées en 1849, le jury n'hésite pas à rappeler à M. Durand la médaille d'argent qui lui a été décernée en 1844.

Médailles de bronze.

M. LATACHE, au Val-Bruant (Haute-Marne).

Ce propriétaire entretient, depuis 1818, un troupeau mérinos sur le même domaine. Sans s'attacher à produire des laines de première finesse, il s'efforce de donner plus de mérite à ses toisons de moyenne finesse; aussi vend-il le kilogramme 10 p. 0/0 de plus que la plupart des cultivateurs de ses environs. Mais l'examen de ses toisons admises à l'exposition fait croire qu'il n'obtient ce résultat que par une diminution notable de leur poids. Une médaille de bronze est décernée à M. Latache.

M. CUGNOT, à la Douairière, près Rambouillet (Seine-et-Oise.)

Quelques agneaux et quelques agnelles forment l'exposition de ce cultivateur. Les agneaux, remarquables par leur taille, pèchent un peu dans leur conformation, par l'étroitesse de leur garrot et la longueur de leurs flancs; les agnelles sont beaucoup mieux faites (ce qui, d'ailleurs, se voit ordinairement). La commission regrette que M. Cugnot n'ait exposé que des animaux fort jeunes, qu'il est extrêmement difficile de juger. Elle n'ignore pas que ce cultivateur entretient, depuis 1819, sur un domaine de 240 hectares, un troupeau mérinos qui passe pour très-beau, et qui, tiré originairement de la bergerie de Rambouillet, donne chaque année beaucoup de béliers d'un bon prix. Dans l'impossibilité d'apprécier les animaux adultes et les toisons de ce troupeau, le jury décerne à M. Cugnot une médaille de bronze pour les agneaux et agnelles qu'il a pu examiner.

M. LEGENDRE, à Bazoches (Loiret).

Depuis vingt ans M. Legendre entretient, sur un domaine de 168 hectares, un troupeau de 900 bêtes mérinos de forte taille. Les béliers qu'il a exposés sont remarquables par leur taille et paraissent devoir porter beaucoup de laine. Leur poitrine n'est pas assez large, leurs côtes ne sont pas assez rondes. Ces défauts se voient fréquemment quand la taille est très-élevée. Le jury, cependant, tenant compte de la quantité de laine que doivent donner ces béliers, décerne à M. Legendre une médaille de bronze.

M. PILLARD-DAMILLEVILLE, à Saint-Paterne-au-Breuil (Indre-et-Loire).

Le département d'Indre-et-Loire nourrit peu de moutons mérinos. En venant s'y fixer, en 1817, après une carrière militaire très-honorablement remplie, M. Pillard-Damilleville importa dans ses terres l'élevage des mérinos donnant de lourdes toisons d'une moyenne finesse. Son troupeau est maintenant de 200 bêtes. L'innovation due à cet honorable cultivateur détermine le jury à lui décerner une médaille de bronze.

M. D'OUTREMONT, à la Ribellerie, commune de Mettray (Indre-et-Loire).

M. d'Outremont est, sous le rapport de l'élevage des mérinos, dans une position qui ressemble beaucoup à celle du précédent exposant; il exploite, en effet, dans un pays qui a peu de mérinos. Il a un troupeau peu considérable (150 bêtes); il présente cependant de bonnes toisons d'une moyenne finesse. Le jury lui décerne une médaille de bronze.

M. Joseph BRU, à Vouville (Seine-et-Marne), et M. Alexis COLLEAU, à Maurevert (Seine-et-Marne). Mention honorable.

Les exposants de toisons mérinos de moyenne finesse sont nombreux; mais c'est à cette production que s'attachent beaucoup de cultivateurs français. La commission constate les qualités que présentent, dans ce genre de laine, les toisons envoyées par MM. Bru et Colleau. Malheureusemen, les dossiers que la commission a examinés ne contiennent de renseignements ni sur l'ancienneté ni sur l'importance des troupeaux de ces cultivateurs. Obligé de prendre seulement en considération la bonne qualité des produits exposés, le jury les mentionne honorablement.

LAINES LONGUES MÉRINOS FAITES POUR LE PEIGNAGE.

La plupart des toisons qui appartiennent à la deuxième classe, et dont il vient d'être question dans le paragraphe précédent, sont peignées, mais elles peuvent aussi être cardées. Lorsqu'elles sont soumises au peignage, elles ont, dans certaines de leurs parties, notamment celle qui correspond au ventre de l'animal, des mèches courtes qui ne peuvent être que cardées. Quand les mèches ont sur toutes les parties de la toison la longueur voulue pour être peignées, quand elles donnent au peignage beaucoup de cœur ou laine peignée, et peu de blousse, alors seulement elles ont les caractères que l'on doit rechercher pour le peignage. Maintenant que l'emploi des laines mérinos peignées augmente beaucoup en France, il importe que des troupeaux soient élevés pour cette destination.

Nouvelle médaille d'or.

M. GRAUX, cultivateur à Mauchamp près Berry-au-Bac (Aisne).

On employait autrefois, en France, pour le peigne, une grande quantité de laine lisse et soyeuse, très-résistante, exportée d'Angleterre. On employait ce lainage parce qu'il se peigne très-facilement et convient pour la fabrication des étoffes rases.

Cependant, la grosseur de ces laines, le goût des étoffes fines et légères, la diminution du prix des laines mérinos ont été autant de raisons qui souvent ont fait abandonner les laines anglaises, et leur ont fait préférer les laines mérinos, bien que celles-ci donnassent beaucoup plus de déchets que les premières, parce qu'elles sont plus courtes et n'ont pas la même résistance.

Profitant d'un hasard heureux, la naissance d'un agneau mâle, tout à fait singulier par le caractère de sa toison qui était lisse et soyeuse, M. Graux est parvenu à obtenir une race mérinos dont la laine, tout en conservant beaucoup de finesse, a acquis le caractère lisse soyeux de la laine anglaise, ainsi que beaucoup de résistance.

Il en résulte que nous avons maintenant une laine mérinos qui se peigne aussi bien que la laine anglaise, mais qui a infiniment plus de finesse et de douceur. Ces dernières qualités sont poussées si loin, que les laines de Mauchamp peuvent s'associer avantageusement avec les matières les plus douces, notamment avec le duvet de cachemire.

Mais, pour arriver à ce résultat, il a fallu du temps, de l'esprit de suite dans la manière d'opérer, et des dépenses. Jamais le concours de l'administration de l'agriculture n'a manqué à M. Graux.

Cependant, malgré ces efforts, l'œuvre qu'il a commencée en 1828 n'est pas encore à son terme, parce qu'il est extrêmement difficile qu'un caractère accidentel se propage et devienne le partage d'une race. Sur 816 animaux dont se composait le troupeau de M. Graux en 1849, 157 seulement ont conservé l'ancien lainage mérinos : 659 ont une laine droite, lisse et soyeuse, peu élastique, mais très-résistante et parfaitement convenable au peigne.

Ces bêtes du nouveau type ne donnent pas encore des toisons aussi lourdes que les bêtes mérinos ; elles ont encore dans leur conformation quelques défauts qui s'effacent de plus en plus. Des progrès considérables ont été obtenus ; le terme n'en est pas encore atteint.

Le jury décerne de nouveau aujourd'hui à M. Graux la médaille d'or.

M. GUILLEMOT, fermier à Angieselle et Courcelles près Sésanne (Marne). Mention pour ordre.

Lorsque l'on accouple les béliers de M. Graux avec des brebis mérinos, ils ne transmettent leurs caractères qu'avec difficulté, sans doute parce que leur race est nouvelle. Si donc un cultivateur voulait maintenant opérer dans son troupeau une transformation aussi complète que celle qui s'opère à Mauchamp, il lui faudrait beaucoup de temps. Dans quelques années, quand la race de Mauchamp aura pris plus d'ancienneté, alors seulement elle imprimera davantage ses caractères aux produits des croisements. Il ne serait donc pas prudent, dès aujourd'hui, de chercher à obtenir un troupeau mérinos à laine entièrement droite et soyeuse ; il faudrait, au moins, s'attendre à beaucoup de lenteur dans cette opération. Mais, si les béliers de M. Graux ne peuvent encore servir à la propagation du nouveau type qu'ils donnent à Mauchamp, ils peuvent, par un seul accouplement avec des brebis mérinos, allonger, adoucir et rendre plus résistantes la laine des agneaux, sans lui faire perdre l'apparence de la laine mérine. M. Guillemot est un des cultivateurs qui ont modifié leurs troupeaux dans la mesure qui vient d'être indiquée. Il lui a suffi d'employer une seule fois un bélier de Mauchamp. Les produits de ce bélier et des brebis mérinos ont été accouplés entre eux. M. Guillemot a exposé trois béliers de son troupeau et plusieurs toisons. Les béliers, qui ont dix-huit mois, sont fort grands; ils peuvent, sous le rapport de la conformation, rivaliser avec beaucoup de béliers mérinos; mais ces béliers portent une laine plus longue, plus douce, plus résistante que tous les autres béliers mérinos envoyés à l'exposition. Les toisons de M. Guillemot présentent au plus haut degré ces mêmes qualités, et, en résumé, M. Guillemot a beaucoup augmenté le produit de sa bergerie. Il est donc un de ceux qui, par leur intelligence, contribueront à faire valoir le mérite de l'innovation de M. Graux. Ce fermier est d'ailleurs signalé au jury comme ayant une ferme parfaitement tenue et bien dirigée, dans un terrain naturellement peu fertile. Il a obtenu à Reims, à Châlons et au grand concours de Poissy plusieurs médailles.

M. Guillemot ayant été déja récompensé par une médaille d'argent au chapitre des agriculteurs non exposants, le jury ne peut ici que lui confirmer cette récompense.

LAINES COMMUNES, PLUS GROSSES ET PLUS DURES QUE LES LAINES MÉRINOS, OBTENUES DE MOUTONS PLUS RUSTIQUES, PLUS FACILES À ENTRETENIR ET À ENGRAISSER.

Pendant fort longtemps la race mérine a attiré exclusivement l'attention des cultivateurs et du Gouvernement, dans l'amélioration de l'espèce ovine. Le prix élevé des laines fines expliquait, jusqu'à un certain point, cette direction donnée à l'élevage des troupeaux; maintenant que ces laines n'ont plus une valeur exceptionnelle, les cultivateurs français ont cherché à améliorer les formes et la constitution de plusieurs races à laines communes.

Ces races sont ou indigènes ou métis; dans ce dernier cas, elles proviennent toujours de béliers de races anglaises, car dans cette carrière les Anglais nous ont devancés.

M. SABATHIER, propriétaire à Bourges (Cher).

Médailles d'argent.

Ce cultivateur est le seul exposant qui soumette à l'appréciation du jury des moutons à laines communes, de pure race indigène. Il agit sur l'ancienne race berrichonne, qui, avant l'introduction des mérinos, donnait des laines recherchées par leur finesse et leur qualité. Actuellement la sécheresse et le peu de finesse de ces laines, comparées aux laines mérinos, les mettent beaucoup au-dessous de ces dernières. Si le kilogramme de laine du Berry se vend passablement, c'est qu'il contient peu de suint. La toison en devient plus légère et se vend fort peu. En compensation le mouton du Berry est assez bien fait; s'il était mieux nourri, si les béliers étaient choisis avec plus de soin, il est probable qu'on pourrait faire des moutons berrichons une souche fort avantageuse pour la boucherie. M. Sabathier s'occupe de cette opération dans une ferme dont il a perfectionné la culture. Ses moutons y parviennent au poids moyen de 45 kilogrammes, et les toisons à celui de 2 kilogrammes et 1/2.

Le jury croit devoir décerner à M. Sabathier une médaille d'argent pour les efforts qu'il fait en vue d'améliorer une race très-répandue dans le centre de la France.

M. LECREPS, à Lormois (Seine-et-Oise).

M. Lecreps, régisseur d'une propriété de M. Paturle, a exposé des béliers, des brebis et des toisons, provenant du mélange du sang anglais de Dishley et du sang mérinos. Ses produits sont, les uns, de 1/2 sang anglais, les autres ont 1/4 de sang. Quelques animaux n'appartiennent que pour 1/8 à la race anglaise. Dans ces diverses combinaisons, M. Lecreps cherche sans doute celle qui lui permettra d'obtenir des toisons d'une vente facile pour le peignage, et des moutons de boucherie s'engraissant à moins de frais que les mérinos.

L'emploi des béliers de sang anglais a pour effet de développer le tissu graisseux, de rendre les animaux plus faciles à s'élever sur des terrains froids et argileux; mais il a aussi pour résultat, non-seulement de grossir la laine mérinos, mais de lui ôter de sa douceur. L'utilité de ces béliers doit donc dépendre beaucoup et de l'exploitation dont on dispose et du genre de lainage qui est habituellement produit dans la contrée où se trouve cette exploitation.

Les laines que M. Lecreps a envoyées à l'exposition font supposer que la conformation de ses animaux est bonne.

Le jury a trouvé dans les produits Dishley-mérinos, qui ont 1/4 de sang anglais, plusieurs animaux qui ont une toison suffisamment fine pour être recherchée des marchands de laine des environs de Paris, et qui ont d'ailleurs une conformation assez bonne pour pouvoir s'engraisser facilement. C'est principalement pour ce genre de production que le jury décerne une médaille d'argent à M. Lecreps.

Médaille de bronze.

M. PROM, propriétaire à Saint-Caprais (Gironde).

Malgré l'éloignement de Paris où il se trouve, M. Prom a envoyé un bélier et une brebis d'un troupeau anglo-mérinos qu'il forme depuis plusieurs années. Ces animaux sont à la fois remarquables par leur forme et par l'abondance de leurs toisons; ils doivent ainsi permettre au cultivateur de vendre de la laine à bas prix, et de moins s'attacher à la finesse de la toison. Le jury décerne à M. Prom la médaille de bronze pour le troupeau de 90 bêtes qu'il a formé à Saint-Caprais.

Citation favorable.

M. LADREY, à Saint-Éloy (Nièvre).

M. Ladrey a déjà envoyé aux expositions de 1839 et 1844 des toisons anglo-mérinos de troupeaux nombreux qu'il entretient dans le département de la Nièvre. M. Ladrey a, depuis longtemps, propagé ces métis anglais par la vente de beaucoup de béliers; il est donc un des cultivateurs qui ont employé avec le plus de persévérance et de succès les béliers anglais. Le jury regrette de ne pouvoir constater de nouveau l'état actuel de son troupeau, par la raison que l'exposition de M. Ladrey ne consiste que dans quelques mèches de ses toisons.

M. DELVIGNE-DUROISEL, à Dury près Ham (Aisne).

Le jury cite l'introduction de béliers anglais qu'a faite M. Delvigne-Duroisel, propriétaire à Dury près Ham (Aisne), en regrettant de ne pouvoir porter un jugement sur ces béliers, qui, achetés en Angleterre, ne rentrent pas dans la catégorie des produits pouvant être récompensés.

Mentions pour ordre.

M. BELLA, directeur de l'école régionale de Grignon (Seine-et-Oise).

Un établissement dans la position de celui de Grignon est dans l'obligation de faire des essais variés pour l'enseignement des élèves; aussi le troupeau de Grignon a-t-il été employé de tout temps à de nombreuses expériences.

Autrefois, on y a essayé l'emploi des béliers mérinos à laine superfine; l'on n'en a pas obtenu de résultats avantageux. Le troupeau sert aujourd'hui à constater l'influence des croisements par des béliers anglais. Des béliers des deux races Dishley et South-Down sont employés à Grignon.

Les essais faits au moyen du croisement des races Dishley et mérinos ont été pratiqués dans beaucoup de fermes; il est des cultivateurs qui se sont arrêtés à propager par eux-mêmes des moutons Dishley-mérinos.

Les tentatives de croisement entre les races South-Down et mérinos ont été beaucoup plus rares. L'école régionale de Grignon tend à démontrer, par les produits South-Down-mérinos qu'elle envoie à l'exposition, que de l'alliance de ces deux races, dont les laines ont entre elles une certaine analogie, on peut obtenir de bons moutons de boucherie et des laines de moyenne valeur pour le peigne. La race South-Down trouve, sur les terres sèches et perméables de Grignon, à peu près le sol où elle se multiplie en Angleterre. Cette circonstance explique la beauté des métis de Grignon.

M. Bella ayant soumis à l'appréciation du jury des animaux de l'espèce bovine qui sont très-remarquables, et dont il a été rendu compte précédemment, il ne sera mentionné ici que pour ordre.

M. D'HERLINCOURT, à Éterpigny (Pas-de-Calais).

M. d'Herlincourt s'occupe, comme M. Bella, de l'amélioration de l'espèce ovine ainsi que de celle de l'espèce bovine. Il présente des brebis et des agneaux croisés Dislhey-artésiens qui portent une laine très-commune, à la vérité, comme les moutons indigènes de l'Artois, mais qui valent, pour la boucherie, beaucoup mieux que ces moutons, en ce qu'ils peuvent s'engraisser plus facilement et plus jeunes. C'est au double titre d'éleveur de bœufs et d'éleveur de moutons que M. d'Herlincourt a été distingué par le jury.

LAVAGE DES LAINES.

M. DESPLANQUES, à Lizy-sur-Ourcq (Seine-et-Marne).

Médaille d'argent.

M. Desplanques, depuis longtemps laveur de laine, a présenté à l'exposition de 1844 une machine destinée à faciliter le lavage à froid des laines qui doivent être peignées, et il a présenté, en outre, plusieurs toisons lavées par sa machine.

Les innovations dues à M. Desplanques lui ont valu, à cette époque, une médaille de bronze.

Depuis la dernière exposition, il a persévéré dans sa manière de laver les laines; et il envoie de nouveau des toisons préparées par son procédé.

M. Desplanques a pour but de conserver aux brins de laine le parallélisme qui existe entre eux dans la toison, et de faciliter ainsi l'opération du peignage. L'usage des laines peignées de nature mérinos devenant de plus en plus considérable dans notre pays, le procédé de M. Desplanques peut devenir fort utile: il met les toisons entièrement dans l'état où elles se trouvent à la suite du lavage opéré sur l'animal vivant, et qui n'est usité que dans une partie de la France. Il ôte aux laines la majeure partie de leur suint, et facilite le transport des toisons en en diminuant le poids d'environ 50 p. o/o; il empêche qu'elles ne jaunissent et s'altèrent par la présence de la totalité du suint et des autres matières animales qui toujours adhèrent aux brins. Cependant le procédé Desplanques conserve aux laines assez de suint pour aider au dégraissage qu'il faut toujours opérer en fabrique.

En 1844, le procédé de M. Desplanques était encore à l'état d'essai; depuis cette époque, il a été employé sur de grandes quantités de laines, qui ont été livrées à plusieurs de nos principaux manufacturiers. Il est juste de tenir compte à M. Desplanques de sa persévérance et de ses succès. Il importe de propager le lavage à froid de toute espèce de laine, parce que, par cette sorte de lavage, la laine ne durcit pas, ainsi que cela a lieu lorsqu'on emploie l'eau chaude. Il importe particulièrement d'appliquer ce procédé aux laines mérinos destinées à être peignées, par la raison qu'elles se produisent en France en très-grande quantité. Le jury décerne à M. Desplanques une médaille d'argent pour son procédé de lavage à froid des laines destinées à être peignées.

DEUXIÈME DIVISION.

PRODUITS AGRICOLES.

§ 1er. COCONS, SOIES GRÉGES, SOIES OUVRÉES.

M. Arlès-Dufour, rapporteur.

CONSIDÉRATIONS GÉNÉRALES.

Pour cette branche si variée, si belle, et si riche de *présent* et d'*avenir*, de notre production nationale, nous voudrions pouvoir établir une division tranchée entre l'agriculture et l'industrie; mais la fusion, l'assimilation, l'association intime est si facile entre ces deux sœurs, que nous avons souvent dû renoncer à les séparer dans notre appréciation et nos récompenses.

On comprendra notre embarras, si l'on considère que beaucoup d'exposants présentent à la fois des cocons, des soies gréges et des soies ouvrées.

Il est cependant à désirer, dans l'intérêt général de l'industrie séricicole, que la division s'établisse de plus en plus entre la partie principalement agricole, la production des cocons, et la partie industrielle, filature et moulinage.

Nous constatons un très-grand progrès dans cette direction; car, il y a peu d'années, tout propriétaire, tout cultivateur pouvant seulement alimenter une bassine pendant quelques jours, tenait à grand honneur de filer lui-même sa soie. Il en résultait une quantité innombrable de petites filatures et de produits imparfaits, et peu de régularité dans la généralité des soies de France qui, alors, étaient primées par les soies du Piémont et d'Italie.

L'établissement des grandes filatures, qui a permis d'appliquer la mécanique et la vapeur à l'industrie séricicole, a marqué pour elle une ère nouvelle, et changé du tout au tout sa position. Aussi, dès cette époque, les soies de nos belles filatures et de nos bons moulins ont primé, sur tous les marchés, les soies du Piémont et d'Italie de 10 à 12 p. o/o.

Il est de notre devoir de reconnaître que le Gouvernement a contribué puissamment à hâter ce mouvement, en appelant à l'aide des agriculteurs et des industriels du Midi l'attention et le concours de la science, dont les agents les plus actifs furent alors MM. Camille Beauvais, Darcet, Bourdon, Robinet, Brunet de Lagrange, Eugène Robert, Mlle Petzer et M. Tillancourt.

Comme tout se tient et se lie, et qu'un progrès mène à l'autre, nous avons à signaler de nombreux et beaux établissements pour le cardage et la filature des bourres, des frisons, et de tous les déchets qui, en restant sans valeur, augmentaient le prix coûtant des soies.

Nous signalerons aussi de grands progrès dans le moulinage et le retordage des soies à coudre et des cordonnets; ils seraient bien plus importants sans le droit de sortie qui, sans aucune utilité pour personne, en arrête l'exportation.

La concurrence des grandes filatures dans l'achat des cocons, en poussant leur prix à un taux exagéré qui s'est soutenu pendant dix ans, a déterminé partout de grandes plantations de mûriers et l'établissement de belles magnaneries. Il en est résulté un accroissement considérable, et qui ne s'arrêtera pas de longtemps, dans la production de la soie.

Ce mouvement ne s'est pas borné aux départements considérés longtemps comme seuls propres à la culture du mûrier et à la production de la soie; il s'est étendu à ceux du centre et du nord de la France, où de nombreux et importants essais ont parfaitement réussi.

Partout des hommes éminents se sont mis sérieusement à l'œuvre, et nous ne saurions trop les en féliciter et les encourager; car, en persévérant dans leurs soins et leurs sacrifices, ils doteront leurs départements d'une nouvelle source de travail et de richesse.

Il y a 5 ans, on ne citait en France que 10 à 12 marques (filature et ouvraison) méritant le privilége de vendre à livrer, même avant la récolte, et à 10 p. 0/0 au moins au-dessus du cours des soies courantes de France, du Piémont et d'Italie. Cette année nous en pourrions citer 30 à 40.

Il est à remarquer que la grande impulsion prise par l'industrie sétifère coïncide avec la levée de tout droit *protecteur* sur les soies étrangères. Et cependant, au dire des chambres de commerce ou consultatives des départements séricicoles, la suppression de ce droit devait être la ruine des producteurs, des filatures et des mouliniers français : elle a été, au contraire, la cause la plus active et la plus directe de leurs progrès.

A cette époque, il y a 15 ans à peine, notre production s'élevait à environ 100 millions, qui alimentaient la moitié de notre consommation. Aujourd'hui (cours de 1849), elle doit dépasser 160 millions, dont 150 environ alimentent nos fabriques de soieries, de rubans et de mélanges, et 8 ou 10 s'exportent en Angleterre, en Russie, en Allemagne et en Suisse, malgré un droit de sortie de 2 et 3 francs par kilogramme.

Dans ce produit énorme de 160 millions, qui se répartit seulement entre 8 ou 10 départements, la part de l'agriculture est magnifique; car on peut évaluer à plus des 3/4, soit à environ 120 millions, ce que l'industrie de la filature lui paye *d'argent comptant* pour les cocons. Les 40 millions complémentaires des 160 forment la main-d'œuvre et les bénéfices divers de la filature et des ouvraisons [1].

[1] Pour bien faire comprendre l'importance, pour notre agriculture, de ce fabuleux produit, nous dirons qu'il est, pour ainsi dire, *semé*, *récolté* et *réalisé* en 36 à 40 jours.

Les calculs faits dans diverses localités pour établir le véritable prix courant du cocon prouvent qu'il ne dépasse pas, année moyenne, 2 fr. 25 cent., ou tout au plus 2 fr. 50 cent. le kilogramme. Son prix moyen de vente est, selon la localité, de 3 fr. 50 cent., 4 fr., 4 fr. 25 cent. On peut donc prendre 4 fr.

En 1848, les cocons se sont vendus à 2 fr., 2 f. 25 c. et 2 fr. 50 au plus. En sorte que les producteurs, au lieu de recevoir 120 millions, n'en ont reçu qu'environ 65 : c'est, depuis 1814, la première année où les cocons se soient vendus à perte.

Ce n'est que depuis peu d'années que les soies de France s'exportent régulièrement : jusque-là on ne les connaissait pas ; on les trouvait trop chères à l'étranger.

En 1848, ce fut à l'effet matériel de l'exportation, qui dépassa 12 millions, aussi bien qu'à son effet moral, que nous dûmes un arrêt dans la baisse des prix, qui étaient déjà tombés au-dessous de ceux de l'année 1793.

Ces grands et rapides progrès ne nous dispensent cependant pas d'importer encore annuellement, pour notre propre consommation, pour plus de 60 millions de soies étrangères de toutes provenances, qui sont le Piémont, la Lombardie, l'Espagne, la Grèce, la Syrie, la Turquie, les Indes et la Chine. Il convient d'ajouter que, quels que soient nos progrès futurs, il existe des qualités de soie étrangère dont nous ne pourrons peut-être jamais nous passer, parce qu'elles sont indispensables dans la fabrication de certaines étoffes. De même que, malgré l'amélioration et l'accroissement de la production de nos laines indigènes, la France ne pourra jamais se passer de certaines laines étrangères.

Quant à nous, tout en applaudissant aux efforts du pays pour accroître ses richesses par le travail, et diminuer de plus en plus le nombre et l'importance des articles qu'il tire de l'étranger, nous sommes loin de regretter et de déplorer *cette impossibilité de tout produire*, que Dieu semble avoir imposée à tous les peuples, même à la Chine, pour les obliger à se rapprocher, à se lier, à se connaître et à s'aimer les uns les autres, par l'échange de leurs produits et de leurs idées.

Exposant hors de concours.

M. TAVERNIER, à Villeneuve-Saint-Georges (Seine-et-Oise).

M. Tavernier, guidé par les conseils de M. Camille Beauvais, a fait, dans sa propriété de Villeneuve-Saint-Georges, une plantation de 2,000 mûriers qui réussit admirablement, et qui, d'ici à peu d'années, suffira à l'éducation de 10 à 12 onces de graine.

Les cocons qu'il expose sont d'une excellente conformation, et les gréges qu'ils ont produites, et qui sont filées par M. de Tillancourt, sont belles et bonnes.

Nous félicitons vivement M. Tavernier du bon exemple qu'il donne ainsi dans son département.

MM. TEISSIER frères, à Vallerangue (Gard).

Rappels de médailles d'or.

M. Teissier père, fondateur de cet établissement et de sa réputation européenne, s'est retiré, après avoir obtenu les plus hautes récompenses; ses fils, qui étaient ses collaborateurs, marchent dignement sur ses traces, et promettent de conserver et même d'étendre cette belle réputation. Ils restent les premiers filateurs du Gard pour les gréges blanches et jaunes, si appréciées par les fabricants de gaze à bluter, et par tous ceux qui s'occupent des articles les plus délicats.

Le jury rappelle à MM. Teissier frères la médaille d'or.

MM. CHARTRON père et fils, à Saint-Vallier et Saint-Donat (Drôme).

Cette maison, l'une des plus importantes de France, a mérité et obtenu toutes les récompenses, jusqu'à la plus élevée. Loin de se reposer sur ses lauriers, elle n'a cessé de progresser et de grandir.

A ses belles filatures et à ses beaux moulins elle a ajouté un tissage de crêpe et de gaze à la mécanique.

Elle file environ 160,000 kilos de cocons, et ouvre 11 à 12,000 kilos de soie, en organsin de premier mérite.

Elle mérite donc, sous tous les rapports, le rappel de la médaille d'or.

M. Jean MENET, à Beaulieu (Ardèche).

Médailles d'or.

Quoique le nom de M. Menet soit connu dans le monde industriel à l'égal de celui de Louis Blanchon, c'est la première fois qu'il expose ses produits, qui portent tous le cachet de la perfection. Ses gréges et trames blanches se vendent, à Paris, à des prix fabuleux, pour la fabrication des blondes et des nouveautés.

Ses organsins blancs, d'une régularité admirable, obtiennent, à Saint-Étienne, pour la fabrication des rubans-gaze, une faveur prononcée.

Ses organsins jaunes, apprêt lâche, pour la fabrication des satins, et surtout des belles peluches, sont presque toujours retenus d'avance par les premières fabriques de la Moselle. Depuis quelques années, et malgré leur prix très-élevé, les fabriques étrangères les demandent aussi.

Il est impossible d'apporter au choix des cocons, à leur filature et à l'ouvraison, des soins plus consciencieux et plus intelligents; et ce qui étonne chez M. Menet, c'est que, faisant si bien, il puisse faire autant.

Il occupe environ 380 ouvrières.

Sa filature, de 126 bassines, fait 13 à 14,000 kilos de grége.

Ses moulins font environ 13,000 kilos d'organsin et de trame.

Son établissement est mû par 3 roues hydrauliques, représentant 20 chevaux, et par une machine à vapeur de 6 chevaux.

En 1845, il a vendu ses organsins blancs 150 francs le kilo, et ses organsins jaunes, pour peluche, 118 francs.

Aucune soie étrangère n'a jamais dépassé le prix de 105 francs.

M. Menet n'a cessé de donner l'exemple des améliorations dans la culture du mûrier et l'éducation des vers à soie.

Le jury, appréciant tout ce qu'il a fallu d'efforts persévérants et d'intelligence à M. Menet pour conquérir la belle place qu'il occupe dans cette grande industrie des soies, lui décerne la médaille d'or.

M. Casimir CHAMBON, à Alais (Gard).

Ce nom, illustré dans l'industrie sétifère par Louis Chambon, est dignement porté par Casimir, qui a soutenu son ancien établissement au tout premier rang.

Il occupe dans sa filature et ses moulins 150 ouvrières. Son établissement est mû par une machine à vapeur et un moteur hydraulique.

Il livre aux fabriques les plus difficiles environ 5,000 kilogrammes de soie grége et 5,000 kilogrammes de soie ouvrée.

La beauté de ses soies pour la fabrication si délicate des tulles et des blondes est proverbiale.

Casimir Chambon a déjà obtenu une médaille d'argent et un

rappel; le jury, pour le récompenser de ses soins éclairés et incessants, lui décerne une médaille d'or.

M. Eugène ROBERT, magnanier à Sainte-Tulle, près de Manosque (Basses-Alpes).

La société dont fait partie M. Robert obtient une récompense comme filateur de soie grége; mais le mérite et les services tout personnels de l'éducateur de vers à soie, appellent sur M. Eugène Robert l'attention du jury central.

Depuis 15 ans, M. Robert, élève des bergeries de Sénart, propage dans le midi de la France les grands principes de propreté, d'aération, de choix et de régularité dans l'aliment et sa distribution, d'égalisation pendant les âges, principes qui sont l'honneur de la sériciculture moderne. Sa merveilleuse persévérance a vaincu tous les obstacles; le Midi n'a qu'une voix, maintenant, pour reconnaître les services de M. Robert, et lui attribuer une grande part dans le progrès séricicole qui a conduit à des rendements plus considérables dans cette belle industrie.

M E. Robert, athlète infatigable, n'a cessé de demander que la science fût appelée à faire de nouvelles recherches sur la muscardine, cette maladie terrible qui désole la sériciculture, et lui occasionne des pertes annuelles qu'on ne peut évaluer à moins de 20 millions. Il a fait plus : lorsque le ministère de l'agriculture est entré dans cette voie habile et prévoyante, M. Robert a offert libéralement sa magnanerie et le concours de sa longue expérience de praticien. Il a ouvert ses ateliers, pendant 3 ans, à l'honorable M. Guérin-Menneville, naturaliste éminent: il l'a secondé avec courage; il a subi les pertes considérables qu'entrainent nécessairement de longues expériences, où de nombreuses matières sont sacrifiées à la noble passion des découvertes utiles.

M. E. Robert, pendant toute la durée des éducations annuelles, ouvre sa magnanerie aux habitants de la campagne qui veulent y venir étudier; il leur fait des cours, dont les effets bienfaisants sont un titre de plus à l'estime du jury, qui lui décerne une médaille d'or.

M. le major BRONSKI, au Château-Saint-Selve (Gironde).

Le major Bronski expose, pour la seconde fois, des gréges et des cocons d'une qualité et d'un blanc vraiment merveilleux. Et cependant ce n'est pas autant comme producteur que comme intelligent créateur et inventeur, que le jury l'accepte et tient à le récompenser hautement.

En effet, depuis la dernière exposition, sa production ne s'est pas considérablement accrue, ce qui s'explique par l'impossibilité où il se trouve d'employer des ouvriers pour ses éducations, sans s'exposer à perdre le fruit d'une découverte qui n'est pas brevetable.

Les certificats des autorités du département de la Gironde, les rapports des chambres de commerce des villes manufacturières les plus intéressées aux progrès de la soie, les demandes nombreuses, sans limites de prix, de graine de la race Bronski, demandes faites principalement par les producteurs des plus belles soies blanches, en établissant, en constatant le succès des intelligentes et laborieuses recherches du major Bronski, décident le jury à lui décerner la médaille d'or.

Rappel de Médailles d'argent.

M. Ferdinand CARRIÈRE, à Saint-André-de-Valborgne (Gard).

Les soies blanches exposées par cet excellent filateur sont dignes de sa réputation, si bien établie dans les fabriques de gaze de Paris et du nord de la France.

Le blanc est toujours remarquable; cependant nous conseillons à M. Carrière, et à tous ses confrères du Gard, de ne rien négliger pour l'améliorer encore par la rénovation de la graine, qui semble s'abâtardir.

Le jury de 1849 lui rappelle la médaille d'argent qu'il avait obtenue en 1839.

M. Louis SOUBEYRAN, à Saint-Jean-du-Gard (Gard).

Depuis la dernière exposition où il obtint la médaille d'argent, M. Soubeyran n'a cessé d'augmenter et de perfectionner sa production.

Il occupe maintenant 250 à 300 ouvriers, et 200 bassines établies d'après les plus nouveaux systèmes. Il file et ouvre en organsins 12 à 15,000 kilogrammes de grége.

Ses organsins, apprêt pour satin, sont en grande réputation en France et en Angleterre.

En 1844, le jury lui donna la médaille d'argent, qu'en raison de ses progrès il lui rappelle.

MM. BARRÈS père et fils cadet, à Saint-Julien (Ardèche). Médailles d'argent.

Quoique MM. Barrès exposent pour la première fois, leur réputation comme filateurs et mouliniers les a depuis longtemps placés au premier rang dans l'industrie séricicole.

Les produits qu'ils exposent, tant en grége qu'en organsin, sont irréprochables et justifient leur réputation.

Ils ont dans leur établissement une chute d'eau et une machine à vapeur. Leur filature de 52 tours marche toute l'année pour filer environ 50,000 kilogrammes de cocons. Leurs moulins, qui ont 313 tavelles et 2,400 broches, font environ 4,000 kilogrammes de beaux organsins. Ils occupent 150 ouvrières ou ouvriers.

Leur marque est du petit nombre de celles qui ont le privilége de se vendre à l'avance, à un prix de faveur

Il est impossible de porter plus de soins à toutes les opérations de la filature et de l'ouvraison que ces intelligents et honorables industriels.

Le jury leur décerne la médaille d'argent.

MM. BUISSON, Eugène ROBERT et Charles CHAMPANHET, à Sainte-Tulle, près de Manosque (Basses-Alpes).

La belle filature établie par ces intelligents industriels, dans un département si éloigné des grands centres, rend à ses populations agricoles et à celles des départements voisins, des services dont la portée est incalculable.

Il fallait un grand courage et de la confiance dans l'avenir pour entreprendre une pareille création. M. Eugène Robert, qui en a été l'âme, n'en a pas manqué un seul instant.

A peine construit, monté, agencé et prêt à fonctionner, cet établissement fut presque entièrement détruit par une trombe qui ravagea Manosque en 1845.

Un an après, tout était réparé, et aujourd'hui cet établissement modèle, muni d'une machine à vapeur, de 500 tavelles, de 120 broches de doublage et de 108 guindres, fonctionne régulièrement et produit les belles gréges exposées.

En 1844, le jury leur décerna une médaille de bronze; pour récompenser la persévérance et les progrès accomplis depuis lors, il donne à MM. Buisson, Robert et Champanhet la médaille d'argent

M. Jules CHAMPANHET-SARGEAS, à Vals (Ardèche).

Filateur et moulinier, M. Champanhet quoique très-bien connu, expose pour la première fois des gréges et des organsins qui donnent une juste idée de sa production.

Son moulinage fut établi en 1824, et s'alimentait alors de gréges achetées à de bonnes filatures; mais les progrès accomplis par l'association intime de la filature et de l'ouvraison déterminèrent, en 1840, M. Champanhet à compléter ses établissements par l'adjonction d'une belle filature de 140 bassines, dans laquelle il occupe 200 ouvriers. Ses moulins en occupent 90.

Ses organsins, qu'il perfectionne sans relâche, jouissent, sur les marchés de Lyon et Saint-Étienne, d'une excellente réputation.

L'ensemble de sa production peut s'évaluer, année moyenne, à 700,000 francs.

Le jury lui décerne la médaille d'argent.

M. Léon MOLINES, à Saint-Jean-du-Gard (Gard).

Quoiqu'il se présente pour la première fois, M. Moline occupe depuis bien longtemps une belle place aux premiers rangs de la filature française.

Les magnifiques gréges qu'il expose donnent une juste idée de sa filature, à laquelle rien ne manque.

Son établissement se compose de 104 tours; il occupe 130 à 140 ouvriers, et transforme 75,000 kilogrammes de cocons de choix, pour lesquels il paye aux agriculteurs 280 à 300,000 francs, en 6,000 kilogrammes de magnifiques gréges qui, à un cours normal, valent environ 350,000 francs.

M. Léon Molines se voue au perfectionnement de sa filature avec un zèle et un amour propre qui expliquent ses succès.

Le jury, pour le récompenser, lui décerne la médaille d'argent.

M. HENRIOT fils, à Reims (Marne).

Il expose de bons cocons bien conformés et des gréges d'une

excellente nature, filées par la filature centrale de M. de Tillancourt.

Tous les témoignages que nous avons recueillis prouvent que, grâce à son intelligente persévérance, M. Henriot est parvenu à acclimater, dans le département de la Marne, la culture du mûrier. Il possède déjà une plantation de plus de 12,000 mûriers, dont la riche végétation et la belle tenue font l'admiration des agriculteurs des environs, qui, pour la plupart, ont suivi ou suivront sans doute son exemple.

Que M. Henriot persévère, et nous ne doutons pas qu'il ne réussisse aussi bien dans la sériciculture qu'il a réussi autrefois dans l'industrie, où il a occupé une très-belle place. Il rend et rendra d'immenses services à sa province, en la dotant d'une nouvelle richesse.

Le jury lui décerne la médaille d'argent.

M. Charles-Paul DEYDIER, à Ucel (Ardèche).

Il est un des plus anciens et des plus grands filateurs mouliniers de l'Ardèche. Ses organsins jouissent, en France et en Angleterre, d'une excellente réputation; ils figurent au nombre des marques privilégiées qui sont vendues à livrer.

M. Deydier occupe près de 400 ouvriers ou ouvrières, 140 bassines et 1,475 tavelles. Il transforme en soie grége 110,000 kilogrammes de cocons, qui font 12,000 kilogrammes de soie, qu'il ouvre ensuite en organsin.

L'ensemble de ses produits s'élève, en temps normal, à près de 600,000 francs.

Sa filature date de 1752. Il va sans dire que, depuis lors, elle a été plus d'une fois renouvelée; autrement, quelque parfait que fût le moulinage, les organsins de M. Deydier, dont nous avons apprécié la beauté ne jouiraient pas de leur belle réputation.

Le jury décerne à M. Charles-Paul Deydier la médaille d'argent.

M. DE TILLANCOURT, à Paris, Grande-Rue-de-Chaillot.

En fondant et dirigeant avec une grande intelligence la filature centrale des Champs-Élysées, M. de Tillancourt a déjà rendu de grands services aux départements environnants et même éloignés. Les propriétaires, ayant à leur portée un établissement où ils peuvent vendre ou faire filer à façon leurs cocons, n'hésitent plus à s'occuper sérieusement de la culture du mûrier et de l'éducation des vers. Les témoignages nombreux qui sont venus à nous avec empressement prouvent que M. de Tillancourt ne se borne pas au rôle de filateur, mais que son expérience, ses connaissances personnelles et sa bienveillance en font l'aide et le conseil de tous les sériciculteurs qui se livrent à cette nouvelle branche d'agriculture. Nous accomplissons encore un devoir en disant que madame Cherrier le seconde avec beaucoup de zèle et d'intelligence dans la surveillance des détails.

La filature centrale, établie en 1844, était presque encore à l'état de projet lors de l'exposition, et le jury se borna à la mentionner honorablement.

Aujourd'hui elle est devenue un véritable établissement industriel, suffisant aux besoins croissants de la nouvelle zone séricifère, et susceptible de se développer avec elle.

Les gréges exposées sont d'une excellente nature et parfaitement bien filées.

Pour récompenser le zèle, les efforts et la persévérance de M. de Tillancourt, le jury lui décerne la médaille d'argent.

Nouvelles médailles de bronze.

M. NOYER frères, à Dieulefit (Drôme).

Ils sont d'excellents filateurs et mouliniers; leurs produits sont très-appréciés à Lyon et à Saint-Étienne.

La trame et l'organsin exposés donnent une idée des soins qu'ils apportent à leur ouvraison.

Ils filent environ 60,000 kilogrammes de cocons, qui produisent 4,000 kilogrammes de grége, trame ou organsin, d'une valeur d'environ 250,000 francs.

Ils obtinrent une médaille de bronze en 1834, et un rappel en 1839.

Le jury, trouvant que MM. Noyer frères ont suivi le mouvement général de progrès, leur décerne une nouvelle médaille de bronze.

MM. GIBELIN et fils, à la Salle (Gard).

Ils exposent des soies gréges jaunes et blanches en divers titres, qui témoignent de très-grands soins dans le choix des cocons et leur filature.

Ils occupent de 80 à 100 ouvriers, et filent 50 à 60,000 kilogrammes de cocons blancs ou jaunes, qui produisent 4 à 5,000 kilogrammes de soie grége.

Le jury, trouvant que, depuis la dernière exposition, où ils obtinrent la médaille de bronze, MM. Gibelin et fils ont progressé, leur décerne une nouvelle médaille de bronze.

M. Joseph PRADIER, à Annonay (Ardèche). Rappel de médaille de bronze.

Il expose de la belle grége blanche et des trames blanches pour la fabrication de la blonde, qui proviennent de sa filature et de son moulinage.

M. Pradier occupe 40 à 50 ouvrières. Il a 25 bassines, et transforme 15,000 kilogrammes de cocons en 1,000 à 1,100 kilogrammes de soie grége ou ouvrée, dont la valeur commerciale est d'environ 80,000 francs.

Comme on le voit, son établissement est encore peu important, mais il est en voie de le développer, et ses produits, d'ailleurs, jouissent d'une très-bonne réputation.

A l'exposition de 1839, M. Pradier obtint une médaille de bronze que le jury de cette année lui rappelle.

MM. MOURGUE et BOUSQUET, à Saint-Hippolyte-du-Fort (Gard). Médailles de bronze.

Ils exposent de très-belles gréges qui proviennent de leurs filatures.

Leur premier établissement date de 1845, mais ils ne se sont développés que depuis l'année 1847, où, poussés par leurs succès, ils ont construit à Saint-Hippolyte une magnanerie, une nouvelle filature perfectionnée, et une petite ouvraison pour organsin.

Ils emploient 140 ouvrières ou ouvriers; ils ont une machine à vapeur et 110 tours à filer qui dévident 65,000 kilogrammes de cocons. La valeur totale des soies qu'ils livrent à la consommation peut être estimée à 250,000 francs.

Sous tous les rapports, ces industriels méritent les éloges du jury, qui leur décerne la médaille de bronze.

MM. ROUX frères et CABRI, à Saint-André-de-Valborgnes (Gard).

Les belles soies blanches qu'ils exposent sont un échantillon réel des produits qu'ils livrent habituellement aux fabriques de Paris et du nord de la France, si difficiles dans le choix de ces matières.

Cette filature n'est pas considérable, puisqu'elle n'a que 50 tours et n'emploie que 60 ouvrières; mais le jury départemental dit qu'elle se développe, et la consommation estime beaucoup ses produits; c'est pourquoi le jury lui vote une médaille de bronze.

M. Auguste HERME, à Crest (Drôme).

Il expose des gréges et des organsins, apprêt pour satin et apprêt pour peluche, qui donnent la meilleure opinion de ses produits; ils jouissent d'ailleurs d'une très-bonne réputation sur le marché de Lyon.

M. Herme file 40 à 45,000 kilogrammes de cocons, et il livre au commerce environ 2,000 kilogrammes de grége et 2,000 kilog. d'organsin, formant ensemble une valeur de 150 à 200,000 francs.

Le jury départemental témoignant des efforts intelligents de M. Herme, qui expose pour la première fois, le jury central lui décerne une médaille de bronze.

M. Gaston AFFOURTIL, à Vallerangue (Gard).

Cette importante maison a exposé pour la première fois des soies d'une blancheur naturelle du cocon; leur emploi est affecté spécialement aux articles de la fabrique de Paris.

Les soies provenant de cette filature se distinguent par une grande régularité, par une netteté parfaite et un blanc pur et brillant.

Les efforts remarquables de cet industriel, pour égaler et même surpasser ses concurrents, méritent d'être encouragés.

Le jury lui décerne une médaille de bronze.

M. RELIQUET aîné, propriétaire à Machecoul (Loire-Inférieure).

Il expose quatre écheveaux de soie grège jaune, bien filée et d'une bonne nature.

Cette exposition n'aurait pas attiré particulièrement l'attention du jury sur M. Reliquet, si les témoignages du jury départemental et de M. l'inspecteur d'agriculture ne le lui avaient signalé comme ayant, à force de frais, de soins intelligents et de persévérance, importé dans son département la culture du mûrier. M. Reliquet a semé ses premiers mûriers en 1838, et aujourd'hui il en possède une plantation de 15,000. M. l'inspecteur cite aussi comme très-intelligente son éducation des vers, qui se développera rapidement, à présent que ses mûriers entrent en plein rapport.

Le jury applaudit aux efforts persévérants et désintéressés de M. Reliquet, et lui décerne la médaille de bronze.

M. Théodore ADAM, à Moulins-lès-Metz (Moselle).

Grâce à son intelligente persévérance, M. Adam a vaincu les préjugés qui s'opposaient à la culture du mûrier dans la Moselle. Il y a quelques années, il planta ou sema près de Metz environ 2 hectares de mûriers des meilleures espèces connues, et, aujourd'hui, ses plantations sont en plein rapport. La magnanerie qu'il a établie lui a donné cette année de très-beaux et très-bons cocons. Les gréges qu'il expose sont d'une excellente qualité, et parfaitement filées par M. de Tillancourt.

Le jury départemental donne les plus grands éloges à M. Adam pour son zèle infatigable et généreux.

Le jury central lui décerne la médaille de bronze.

MM. VAULTRIN, à Corny (Moselle); GILOT, à Voippy (Moselle).

Mentions honorables.

Ces honorables propriétaires n'épargnent rien pour propager dans leur département la culture du mûrier et l'éducation des vers. Les gréges exposées sont très-bonnes, et donnent les meilleures espérances.

Le jury accorde à MM. Vautrin et Gilot une mention honorable.

M. AUTRAN aîné, à Montélimart (Drôme).

Les gréges qu'il expose sont d'une excellente nature, et parfaitement filées.

Nous savons que M. Autran aîné possède une filature assez importante; mais, le jury départemental n'ayant appuyé l'admission d'aucun renseignement positif, nous ne pouvons entrer dans une appréciation raisonnée, et sommes obligés de nous borner à le mentionner honorablement.

M. MAZORIN fils, à Saint-Hippolyte (Gard).

Il expose des gréges jaunes dont la beauté témoigne en faveur des soins qu'il apporte au choix des cocons et à leur filature.

Son établissement, monté depuis peu sur le système Michel, est dans les meilleures conditions de développement et de succès.

Le jury espère que M. Mazorin réalisera les espérances que son début inspire, et, en attendant, il lui donne une mention honorable.

MM. LAVERNE et L. MATHIEU, à Uzès (Gard).

Ces filateurs et mouliniers exposent une grande variété de soies, qui prouvent l'intelligence de tous les procédés du moulinage et du retordage.

Les efforts qu'ils font pour développer et perfectionner leur production si variée, méritent les encouragements du jury, qui leur vote une mention honorable.

Mme BENOUVILLE, propriétaire à Barignon (Haute-Saône).

Cette dame expose des gréges jaunes et blanches, bien filées et d'une bonne nature, produites par une éducation d'environ 10 onces, faite chez elle, dans une magnanerie modèle, et filées chez elle.

Mme Benouville, en établissant une filature dans le département de la Haute-Saône, qui n'en possédait pas, rend un grand service aux cultivateurs, qui, faute de savoir où porter leurs cocons, négligeaient ce magnifique produit.

Le jury, pour reconnaître les services rendus par Mme Benouville, lui vote la mention honorable.

Citations favorables. Le jury départemental de la Moselle accompagne les gréges exposées par trois propriétaires de ce département, de renseignements sur les progrès et les succès de la culture du mûrier et de l'éducation des vers dans cette partie de la France, qui nous donnent d'autant plus de satisfaction et d'espoir, que les gréges exposées sont d'une excellente nature. Ces gréges ont été filées par M. de Tillancourt; elles sont exposées par

MM. SUBY, de Jouy (Moselle);

HESSE, de Metz (Moselle);

D'ALLONVILLE, de Moulins (Moselle).

Qu'ils persévèrent dans leurs efforts, ils réussiront et auront bien mérité du pays.

Le jury les cite favorablement.

M. Titus LAFFOREST, à Brantôme (Dordogne),

Expose des cocons blancs assez beaux.

M. DE MÉRÉDIEU-EYMERY, à Notre-Dame-de-Sanilhac (Dordogne),

Expose des soies gréges.

M. Marie NIEL, à Notre-Dame-de-Sanilhac (Dordogne),

Expose des soies gréges.

M. MITRAUD, à Magnac-Laval (Haute-Vienne),

Expose des soies gréges.

MM. BUISSARD et BOUZOUD, à Letouvet (Isère).

Le président de la société d'agriculture de l'Isère atteste que MM. Buissard et Bouzoud ont découvert et déjà appliqué pratiquement un procédé fort simple, qui empêche le gommage de la soie filée par un temps froid ou humide.

Ce procédé ne pouvant encore être considéré qu'à l'état d'expérience, le jury se borne à citer favorablement MM. Buissard et Bouzoud.

---

§ 2. CHANVRE ET LIN.

M. Desportes, rapporteur.

M. Frédéric ROUXEL, à Saint-Brieuc (Côtes-du-Nord). Médaille d'argent.

M. Rouxel a établi au moulin de Persasc, près Saint-Brieuc, sur une chute de 15 chevaux, une usine pour le teillage et le peignage du lin et du chanvre; cette création remonte à 1840. M. Rouxel a introduit des machines irlandaises qui fonctionnent avec avantage; les produits sont beaux et recherchés par la consommation; la production annuelle s'exerce sur 1,500,000 kilogrammes de lin et de chanvre en bois; 30 ouvriers sont employés dans l'usine et 10 au dehors. Une partie de sa vente se fait pour la filature à la main; une autre, et dans une plus forte proportion, pour la filature mécanique.

M. Rouxel a dignement répondu à la confiance du conseil général des Côtes-du-Nord qui lui avait donné la mission d'étudier la question linière, et l'introduction de sa machine à teiller en France a été considérée comme un service considérable rendu au pays.

M. Rouxel mérite, à tous égards, la haute approbation du jury, qui lui décerne une médaille d'argent.

Médaille de bronze.

LE COMICE AGRICOLE DE FONTENAY (Vendée).

Les échantillons présentés sont bons; la matière est bien assouplie et parfaitement appropriée aux besoins de la filature.

En présence de la réduction de nos exportations de lin, on ne saurait proclamer avec trop d'éclat ce qu'on doit de reconnaissance aux hommes honorables qui s'appliquent à conserver une culture qui réclame autant de main-d'œuvre, et qui fournit encore par le teillage un élément de travail quand l'hiver suspend les autres soins de l'agriculture.

Le jury, appréciant les soins éclairés apportés par le comice agricole de Fontenay au perfectionnement des bonnes méthodes de culture, lui décerne une médaille de bronze.

Citations favorables

M. Yves LEBONNIEC, à Lannion (Côtes-du-Nord).

M. Lebonniec convertit par année 180,000 kilogrammes de lin brut en filasse; il en extrait 45,000 kilogrammes de lin teillé, d'une valeur de 54,000 francs; il emploie 13 ouvriers dans ses ateliers et 34 au dehors; il opère au moyen d'une machine de son invention mise en mouvement par une force hydraulique de 10 chevaux.

Tout ce qui tend à perfectionner les préparations du lin et du chanvre mérite les éloges du jury central; il cite favorablement M. Yves Lebonniec, dont les produits sont de bonne qualité.

M. Yves DURAND, à Yvias (Côtes-du-Nord).

M. Durand emploie 30 ouvriers pour teiller par an 10,000 kilogrammes de filasse, qu'il extrait de 50,000 kilogrammes de lin en bois. Le jury départemental s'exprime ainsi à son sujet : « Procurer « à nos pauvres fileuses, qui trop souvent n'ont pas d'autres ressources, une filasse bien préparée et à bon marché, qui leur permette de soutenir, au moins sur les marchés du pays, la concurrence des fils à la mécanique, telle est la charitable et patriotique « pensée de M. Durand. »

Le jury, reconnaissant la bonne qualité des échantillons exposés, et s'associant à l'honorable témoignage de ses compatriotes, cite favorablement M. Yves Durand d'Yvias.

M. Jules TURQUET, à Senlis (Oise),

M. Turquet expose un échantillon de chanvre teillé propre à la filature. Cette matière est bien préparée et prouve que les chanvres de l'arrondissement de Senlis sont propres au filage mécanique. C'est la démonstration que voulait faire M. Turquet, démonstration éminemment utile, puisque, d'une part, elle tend à mettre en valeur un produit agricole d'un grand intérêt, et que, de l'autre, elle doit aider à l'industrie manufacturière.

Le jury accorde à M. Turquet une citation favorable.

---

§ 3. RUCHES A MIEL.

M. Louis Leclerc, rapporteur.

CONSIDÉRATIONS GÉNÉRALES.

A quelque prix que l'industrie, la science et les rares périodes de prospérité financière pissent faire descendre le sucre de canne et de betterave, de longtemps les pauvres habitants des campagnes ne prendront une part bien considérable dans la consommation de cette précieuse denrée : le miel sera longtemps encore le sucre du paysan. L'une des plus grandes sensualités de l'enfance, aliment savoureux et salubre, charmant et délicieux produit de l'une des tribus d'insectes les plus admirablement douées, le miel offre cet avantage ignoré des masses, mais immense, de fournir, comme le sucre, au malade qui le mêle à ses médicaments pour les édulcorer, la somme de carbone indispensable à la respiration. Sevré longtemps de son alimentation ordinaire, le malade s'épuise et périt s'il est trop pauvre pour ne pouvoir consommer ni sucre, ni miel. A ce point de vue, que la physiologie moderne a si admirablement éclairé, la modeste production du miel intéresse le premier et le plus précieux de tous les biens, la vie même. L'homme de progrès qui descend jusqu'à l'humble industrie du miel, ne lui apportât-il qu'une facilité nouvelle, qu'un mince perfectionnement de détail, celui-là est encore un bienfaiteur de l'humanité.

Les apiculteurs qui ont créé les ruches perfectionnées, et qui ont accru la production du miel en jetant de vives lumières sur les mœurs et le ménage des abeilles, sont presque tous Français. Grâce à cet esprit de curiosité intelligente qui caractérise notre nation, et qui cherche sans cesse les voies nouvelles, nos apiculteurs actuels suivent les nobles traces de leurs devanciers, et l'exposition de 1849 en donne la preuve manifeste.

Mais les idées de progrès sont lentes à se répandre sur les points les plus reculés de nos campagnes. Les méthodes d'éducation y sont encore grossières, peu productives, et si barbares, qu'en beaucoup de lieux on massacre impitoyablement les abeilles, pour ravir plus commodément leur trésor, et se dispenser de leur offrir, pendant la mauvaise saison, une petite part de la richesse merveilleuse qu'elles nous donnent pour rien !

Voilà surtout ce qui s'oppose à l'extension de l'apiculture en France ; la population de nos ruches, mal conduite et décimée, ne s'accroît pas ; elle ne produit encore que 7,000,000 de kilogrammes de miel, et 1,500,000 kilogrammes de cire, ayant en total une valeur de 15,000,000 de francs [1]. Nous ne possédons encore qu'un million et demi de ruches, en général fort mal construites et plus mal gouvernées ; et ce qui

[1] M. Alex. Moreau de Jonnès, *Statistique agricole de la France*, page 475.

prouve que c'est bien là une industrie de pauvre paysan, c'est que nos départements où règne le moins d'aisance possèdent le plus de ruches : le Morbihan, 78,000; les Landes, 54,000; la Corrèze, 44,000; le Finistère, 34,000. Encourager cette importante production en honorant beaucoup ceux qui l'améliorent et la propagent, c'est, dans la pensée du jury central, un acte de justice et d'humanité.

M. le docteur PAIX DE BEAUVOYS, propriétaire et médecin, à Seiches (Maine-et-Loire).

Médaille d'or.

M. le docteur de Beauvoys expose plusieurs modèles d'une ruche à cadres verticaux entiers, ou brisés en deux parties; un costume complet pour travailler impunément dans le rucher; un instrument de son invention, appelé *mellitôme*, pour faciliter les transvasements, attirer les cadres, les replacer, et nettoyer les parois de la ruche; divers autres appareils destinés à rendre les travaux plus commodes et plus productifs; des détails d'histoire naturelle très-utiles à connaître; enfin un flacon de miel produit de son rucher, très-blanc, très-fin et d'un arome extrêmement agréable.

Les cadres verticaux et mobiles sont un perfectionnement très-heureux des feuillets de la ruche Hubert; mais ils diffèrent essentiellement du système de cet illustre apiculteur, en ce que les cadres sont construits de manière à ne se point rencontrer, et de la sorte aucune abeille n'est écrasée quand on place et déplace ces appareils.

Sans entrer dans une description minutieuse de la ruche Beauvoys, il suffira de dire que son extrême simplicité, la facilité de ses manœuvres, frappent les yeux les moins exercés. Cette ruche est véritablement la seule où l'apiculteur puisse voir tout ce qui se fait, tout ce qui se passe, tout ce qui se couve, tout ce qui éclot, et quand il le veut et quand il juge nécessaire de voir. Pas un seul mystère de ce merveilleux gouvernement n'échappe à l'explorateur; il peut donc prévoir et diriger, prendre et laisser ce qui lui plaît, faire commodément des essaims et à son heure, réunir en une seule deux populations malheureuses ou appauvries, réparer les fautes ou les accidents, poursuivre les ennemis subtils qui échappent même à l'instinct jaloux et irascible des abeilles, créer à volonté des alvéoles royaux, ce qui annule de nombreuses chances de destruction, et au besoin prendre un de ces alvéoles et l'expédier à des amis par la poste, ce qui est arrivé.

De nos jours, peu d'hommes entendent l'apiculture d'une manière plus complète et plus profonde; bien peu la professent avec un dévouement plus désintéressé. M. de Beauvoys consacre sa vie à propager l'apiculture économique et rationnelle parmi les pauvres habitants de la campagne. Dix départements de l'Ouest se sont enrichis de son activité bienfaisante. Courses, voyages lointains et coûteux, rien ne l'arrête. Il entretient une infatigable correspondance avec les pasteurs des plus humbles villages. A jour dit, le dimanche, à l'issue du service divin, il arrive, et, entouré de villageois qui l'attendent, il les enseigne dans le modeste langage qu'ils comprennent.

Ces travaux, si intelligens par leur simplicité même, cette mission si généreusement accomplie au profit de la portion la plus paisible et la plus respectable du peuple, sont bien dignes de la médaille d'or que le jury décerne à M. de Beauvoys.

Médaille de bronze.

M. Charles SAURIA, à Saint-Lothein (Jura).

M. Sauria habite une contrée qui se couvre spontanément de plantes où les abeilles trouvent un riche butin. Tandis que la moyenne du rendement des ruches n'est, en France, que de 4 kilogrammes et demi, le produit d'une ruche, dans quelques départements de l'Est, est souvent décuple. Ce beau résultat ne tient pas seulement au sol, les soins intelligents de l'apiculteur y contribuent beaucoup. Pour la ruche en elle-même, elle est susceptible de perfectionnements, que M. Sauria a tentés avec succès.

Le principal consiste dans un plancher à claire-voie qu'il donne à chaque hausse, distinct et bien séparé, de manière à ce qu'on puisse enlever la récolte d'une hausse sans offenser les rayons inférieurs. Ces planchers existent dans la ruche Radouan, mais, à la partie supérieure de chaque hausse, M. Sauria complète ce perfectionnement, et met aussi un plancher à la partie inférieure. Il est auteur d'un petit traité simple et court, bien capable de faire aimer l'apiculture, et de guider sûrement ceux qui manquent encore d'expérience dans cette utile industrie.

Le jury lui décerne une médaille de bronze.

M. CHATEAUX, rue de la Chaussée-d'Antin, n° 5, à Paris (Seine).

Ancien sous-officier, employé dans une maison de plaisance, M. Châteaux, passionné pour l'apiculture, élevait des abeilles dans un beau parc, et il a eu l'ingénieuse idée d'unir les systèmes de Lombard et de Gélieu. Il facilite ainsi l'essaimage par séparation. La coupe verticale de la ruche est complète, et s'étend même au chapeau, ce qui permet une exploration plus étendue du travail.

La ruche de Lombard avait un plancher massif, simplement percé de trous; M. Châteaux le construit à claire-voie, ce qui facilite l'active circulation des ouvrières. La ruche de Bosc n'avait pas de cloison séparative des deux parties, et les gâteaux construits sur la ligne de partage se déchiraient ou tombaient lorsqu'on voulait l'ouvrir; M. Châteaux est revenu à cette cloison de Gélieu, et l'établit habilement.

La ruche de M. Châteaux est bien agencée, simple, rustique, peu coûteuse; le jury lui décerne une médaille de bronze.

Citations favorables.

M. Flavien PASTEUR, à Censeau (Jura).

Placé dans une contrée favorable aux abeilles, qu'il gouverne d'ailleurs avec beaucoup d'intelligence, M. Pasteur expose une capote remplie de beaux rayons, qui contiennent un miel superbe, abondant et d'un goût très-suave. Les produits de M. Pasteur donnent une juste idée de ce que peuvent, en apiculture, les soins attentifs et judicieux, secondés par les bonnes conditions de localité. Le jury lui accorde une citation favorable.

M. DAMAINVILLE, à Poudron (Oise).

Il expose un ingénieux petit appareil pour alimenter au besoin la population d'une ruche. C'est un rayon artificiel, une sorte de vase alvéolaire fort ingénieusement construit, et dont une longue pratique a démontré l'utilité, en ce que les abeilles y prennent leur pâture sans pouvoir s'engluer, ni obstruer leurs stygmates. Cet appareil est coté 5 francs.

Le jury lui accorde une citation favorable.

§ 4. VINS.

M. Louis Leclerc, rapporteur.

CONSIDÉRATIONS GÉNÉRALES.

Jusqu'ici, les vins français avaient été nominativement exclus de nos expositions industrielles. Se reposant sur l'incontestable supériorité de ses vignobles, la France ne se donnait point le souci, en apparence, fort inutile, de la constater, tandis que plusieurs nations étrangères appelaient solennellement leur production vinicole à ces fêtes du travail, et prodiguaient honneurs et récompenses même à ce qui usurpait le nom de nos crus les plus célèbres. Les vins français, implicitement compris, cette fois, dans l'invitation générale qui a été faite à l'agriculture, de figurer à l'exposition de 1849, n'ont pas bien compris encore l'éclat qu'ils pouvaient ajouter à ce magnifique concours, et les services qu'il devait leur rendre. De fâcheux découragements ont retenu quelques habiles producteurs, qui n'ont peut-être pas assez compté sur la bienveillance et sur la sollicitude du jury central; d'autres se sont arrêtés à cette objection spécieuse, que le public ne saurait porter de jugement sur le contenu d'un vase clos et cacheté. Mais combien de produits figurent avec honneur à l'exposition, et reçoivent des récompenses brillantes, sans que le public fasse plus intime connaissance avec eux! La délicate conserve alimentaire, si précieuse pour nos marins, est scellée dans sa boîte de fer-blanc; beaucoup d'instruments de musique et de précision, les montres de haut prix, cachent sous une glace transparente les perfections que des hommes spéciaux peuvent seuls apprécier. Une publicité aussi digne qu'elle est étendue, soit par l'exhibition même, soit par la solennité des rapports et des récompenses, cette publicité suffit, et nos vins en eussent acquis l'heureux bénéfice.

Les vins français, en effet, sont victimes de préjugés et d'erreurs qui n'ont pas cours seulement à l'étranger. Parmi nos grands vins, plusieurs s'en seraient allés, et n'auraient plus de nom que dans l'histoire; d'autres ne mériteraient plus leur antique réputation; d'autres encore seraient vaincus à tout jamais par leurs similaires exotiques. Et cela s'imprime et se répand en plusieurs langues, même en français. Combien donc il eût été utile de prouver, dans cette circonstance solennelle, que la France œnologique n'a laissé périr aucune grande tradition, et qu'elle possède aujourd'hui, dans leur incomparable supériorité, tous les produits célèbres qu'elle doit à la douceur de son climat, à la fécondité de son sol, au génie et à la piété de nos pères! Plusieurs vins français, déjà célèbres, se sont notablement améliorés encore dans ce siècle; de précieuses conquêtes ont été faites, et le pays, par exemple, eût pu apprendre, si l'exposition le lui eût appris, que quelques-uns de nos départements sont en mesure de fournir à la consommation des vins de liqueur délicieux, frais, salubres, peu coûteux, en remplacement des 30,000 hectolitres de vins, ou violents, ou suspects, et toujours chers, que nous allons chercher annuellement au dehors.

En toute industrie, et surtout quand il s'agit de produits alimentaires, dont la perfection intéresse plus qu'on ne croit peut-être la valeur intellectuelle des peuples, le maintien des types élevés doit être l'objet des sollicitudes et de la prévoyance d'une sage administration. Les types élevés sont une mesure à l'aide de laquelle se juge la production commune et courante; l'émulation qu'ils font naître maintient un niveau de perfections relatives, dont profite la masse des consommateurs. C'est ainsi que, sans surexciter la production vinicole, ce qui dans l'état actuel des choses serait au moins une imprudence, il est très-important d'encourager l'amélioration des vins dits d'*ordinaire*, car le vin de bonne qualité mérite seul le nom de vin; lui seul est en harmonie avec les lois très-précises de l'hygiène et de la physiologie humaines. Or, en France, partout où mûrit le fruit de la vigne, on peut avec du talent et des soins produire autre chose que du vin détestable, c'est-à-dire nuisible.

Tel est surtout le genre de mérite, fort humble sans doute,

mais infiniment utile, que le jury de 1849 se fût plu à récompenser. Cette satisfaction, dont il n'a pas joui, il la lègue à ses successeurs. Reconnaître et constater officiellement la suprême perfection de nos grands vins, lorsqu'elle est contestée; récompenser, sur preuves et témoignages authentiques, l'amélioration des produits d'une nature moins haute, telle est la ligne dans laquelle le jury de 1849 espère que l'avenir entrera.

Si les vins envoyés cette année sont peu nombreux; si cette partie de l'exposition, comme l'exposition des produits de l'agriculture en général, ne doit être regardée que comme un premier essai, du moins ce premier essai est satisfaisant, et le zèle des viticulteurs qui ont exposé est digne des plus grands éloges. Fait imperceptible et comme perdu au milieu d'une immense réunion de produits si variés de nature, de destination, de volume et de formes, les vins s'y sont trouvés dans des conditions désavantageuses, surtout au point de vue de la température, inconvénient facile à éviter dans l'avenir, et tous pourtant sont sortis avec honneur de cette épreuve redoutable. Le concours, cependant, ne peut encore être considéré comme réel; aussi le jury central se borne-t-il, pour cette année, à remercier, au nom du pays, les producteurs distingués qui, si la lutte eût été complétement engagée, eussent, pour la plupart, obtenu d'éminentes récompenses.

M. de Montebello, à Cramant-sous-Aï, et M. Jacquesson, à Châlons-sur-Marne, ont envoyé des champagnes mousseux d'une grande perfection : limpidité parfaite, brillante couleur, mousse abondante, finesse de saveur, montant et vivacité, richesse de parfum, tout est distingué dans ces beaux liquides, avec lesquels aucun produit similaire étranger ne pourrait soutenir un seul instant de comparaison. Les vins de M. de Montebello, d'une grande finesse et un peu doux, conviennent plus particulièrement à l'est et au nord-est de l'Europe; ceux de M. Jacquesson, plus secs, d'une sève fort remarquable, et pleins de franchise, correspondent mieux au goût français et nord-américain, qui forme un genre à part.

M. Lesourd-Delisle, d'Angers, a envoyé des mousseux d'Anjou, qui tiennent un rang distingué parmi les mousseux français produits en dehors du département de la Marne. Ce vin, très-limpide, donne une belle mousse; il a une énergique saveur et un arome agréable. M. Lesourd-Delisle en place chaque année 8,000 flacons.

Le Jura a envoyé à l'exposition plusieurs spécimens de ses célèbres produits, trop peu connus de nos jours.

Mme veuve Bouvenot, d'Arbois, présente un vin rouge de 1809, fin, léger, aromatique, riche encore de matière sucrée, et d'une belle couleur, à 40 ans! Un vin de paille de 1822, moelleux et aromatique, d'un goût exquis; un vin *jaune* qui ne porte aucun millésime, mais que l'on dit *très-vieux*. Il doit l'être, en effet, car les jaunes d'Arbois, qui sont aux premiers rangs dans la grande œnologie française, ne livrent toutes leurs perfections qu'à un âge avancé. Le vin jaune de Mme veuve Bouvenot est très-limpide, d'une brillante couleur, savoureux, très-sec, éminemment apéritif.

Celui de M. Bulabois, propriétaire à Pupillin, près d'Arbois, date de 1825. Il est sec, savoureux et corsé, d'une très-belle couleur; le bouquet est charmant. M. Sauria, de Saint-Lothein, a envoyé également un échantillon de vin jaune, mais de Poligny, et de la récolte de 1842; très-bon vin, ayant toutes les qualités du genre, mais trop jeune encore, et conséquemment d'une acidité qui masque ses mérites. Un vin *de paille*, de Poligny, du même producteur, est un vin hors ligne, une curiosité œnologique qui réunit les perfections les plus délectables, bien dignes de la célèbre récolte de 1811.

M. Poillevey, de Poligny, expose un vin rosé de 1842, d'une remarquable finesse, moelleux, d'un arome très-agréable, excellent [1]. M. Poillevey, président du comice agricole de Poligny, est un vinificateur habile, qui, dans un essai sur la vinification, a donné les plus utiles conseils aux vignerons du Jura.

[1] Un vin *de paille* de 1845 s'est trouvé altéré.

Trois spécimens de vin de Château-Châlon, dit *vin de garde*, vin célèbre dans les annales œnologiques de la France, créé par un monastère de femmes, et que l'abbesse était tenue de faire préparer sous ses yeux, avec des soins infinis. Il ne figurait qu'aux fêtes religieuses les plus solennelles; le souverain pontife seul le recevait en présent. L'illustre *vin de garde*, certes, n'a point dégénéré. L'art médical utilise toujours ses vertus toniques éminentes et fort précieuses, dans les anémies surtout, et dans les convalescences difficiles. Mais ce vin est rare et cher, comme tout ce qui est supérieur.

Le vin de garde envoyé par M. Sauria est de la récolte de 1802. Malheureusement, une altération fâcheuse, qui peut être attribuée au vase, gâte la saveur de ce bon vin, dont le bouquet seul s'est conservé intact et délicieux.

Le vin de garde exposé par M. Landry, de Poligny, est de 1840, c'est-à-dire très-jeune encore. La limpidité est parfaite; la couleur est analogue aux beaux et vifs reflets de la topaze de Saxe; le bouquet est extrêmement agréable. Ce vin est déjà excellent.

Le vin de garde de M. Gagneur, receveur des finances à Poligny, a conquis tous les suffrages de la commission. On fait remonter son âge à l'année 1778; il est limpide et brillant, frais et corsé, d'une sève vigoureuse, d'un goût exquis; son bouquet est d'une extrême richesse, et tout spécial. Les tons de la topaze de l'Inde donnent une idée juste de sa belle couleur: c'est un admirable vin.

Nous terminerons ce rapport en mentionnant un livre intitulé: *Traité des vins de France*, envoyé à l'exposition par son auteur, M. P. Batilliat, pharmacien à Mâcon. Le jury central avait d'abord décidé que, n'ayant point à se prononcer sur le mérite d'une théorie, à moins qu'elle n'eût produit des résultats industriels authentiquement prouvés, il ne serait pas donné suite à cette affaire. Mais un rapport du jury départemental, ultérieurement communiqué, affirme qu'il résulte d'essais auxquels s'est livrée l'académie de Mâcon, que les procédés découverts par M. Batilliat ont rendu transportables aux

Antilles, des vins français que leur délicatesse privait jusqu'ici des avantages de ces débouchés. Le jury central enregistre donc la déclaration, et il exprime le regret qu'on ne l'ait pas mis en mesure, par l'envoi de produits comparés, de confirmer ces honorables et importants témoignages.

§ 5. FROMAGES.

M. Louis Leclerc, rapporteur.

CONSIDÉRATIONS GÉNÉRALES.

Bien qu'un droit de 10 à 15 p. 0/0 de la valeur protége les fromages français contre la concurrence étrangère, la France importe encore pour 4,500,000 francs de ce précieux aliment; précieux, en effet, car, indépendamment de l'attrait que lui donne sa sapidité toute spéciale et variée selon les genres, il contient presque toujours, sous un petit volume, des principes nutritifs très-abondants. Si l'homme aisé, si le riche y puisent des satisfactions accessoires, qui excitent ou soutiennent la fabrication des espèces recherchées, l'ouvrier, le pauvre trouvent dans les fromages un mets tout préparé, savoureux et très-nutritif. C'est donc un produit de haute importance et qui mérite plus d'attention qu'on ne lui en accorde généralement.

Par malheur, derrière les espèces excellentes, mais peu nombreuses, qui se sont fait un nom et une belle place dans notre pays, on rencontre une masse énorme de produits déplorables et mal préparés, dont aucune statistique n'a encore essayé de déterminer la valeur qui doit être considérable.

La malpropreté, la maladresse, l'ignorance, tels sont les causes fâcheuses que nos agronomes éminents attribuent à cet état de choses fort triste. Des petits traités dans le genre de celui qu'un honorable représentant n'a point dédaigné de produire[1], l'appel des fromages d'une contrée dans les expositions locales que quelques comices agricoles ont le bon esprit

[1] L'honorable M. Desjobert, *Fromages de Neuchâtel.*

d'organiser, des encouragements donnés à propos, jetteraient cette humble mais bien intéressante industrie dans une voie d'améliorations fécondes en conséquences bienfaisantes. La Société centrale d'agriculture s'en occupe avec persévérance et succès.

Deux variétés de fromages, seulement, se sont présentés à l'exposition. Le jury central espère que, dans cinq ans, le nombre des exposants sera plus considérable.

Médailles de bronze.

M. Pierre-Antoine GERMAIN, à Censeau (Jura).

Une pièce de fromage cuit, de 1848. Demeuré debout pendant deux mois, sous une haute température, ce fromage a été trouvé d'un bon goût; sa pâte est fine et bien liée. Le jury départemental assure que l'on n'en fait pas de ce genre en France qui lui soit supérieur. L'exposant nourrit 18 vaches qui lui donnent 2,500 kilogrammes par an. Le jury lui décerne une médaille de bronze.

M. DHUICQUES, cultivateur à Macquelines (Oise).

Cet exposant présente deux variétés d'un fromage extrêmement fin, moelleux et d'une saveur excellente. La première qualité se vend 2 francs (250 grammes) chez les premiers marchands de comestibles de la capitale. La seconde qualité, très-savoureuse encore, se livre à 80 centimes dans de nombreux dépôts. M. Dhuicques en expédie aussi dans les départements qui avoisinent celui de l'Oise.

Son étable compte 56 têtes de bétail, dont 24 vaches laitières, en races du pays améliorées par de judicieux croisements avec les flamandes et les hollandaises. Ces travaux lui ont obtenu d'honorables distinctions dans divers concours. Son exploitation est d'une contenance de 300 hectares, où il multiplie les prairies artificielles et la culture des racines pour accroître progressivement son intéressante fabrication. Entreprise en mai 1847, elle avait donné, au 1er juillet 1848, en fromages, une valeur brute de 10,600 fr.

Le jury décerne à ce producteur habile et progressif une médaille de bronze.

§ 6. TABAC.

M. Louis Leclerc, rapporteur.

M. Joseph JORDAN, à Wolff (Bas-Rhin).

Médaille de bronze.

Il expose du tabac en feuilles de la variété dite *Virginie*. Le parfum offre toutefois plus d'analogie avec le bon Maryland. La feuille est fine, légère, moelleuse; ses nervures sont un peu fortes; elle appartient au premier type. Bon scaferlati.

Depuis 1814, cette culture est l'objet de soins très-attentifs; M. Jordan est à la tête d'une exploitation qu'il dirige avec intelligence et succès.

Le jury central lui décerne une médaille de bronze.

---

§ 7. PAILLE A CHAPEAUX.

M. Pépin, rapporteur.

M. Pierre-Jules-Hippolyte GRELLEY, rue Rochechouart, n° 67, à Paris (Seine).

Médaille de bronze.

Des essais sur la culture du blé barbu de Toscane (marzolo) ont été faits près d'Elbeuf (Seine-Inférieure), par M. Grelley, sur un terrain d'une superficie de deux ares. Plusieurs échantillons de pailles et de tresses très-fines exposés provenaient de la récolte de 1848, les graines de cette graminée avaient été envoyées de Toscane à l'exposant.

M. Grelley a étudié la culture du blé pour paille en Toscane; il en a parfaitement saisi les détails quant au degré d'épaisseur de la semence et au point le plus convenable pour le récolter. Le terrain doit être très-maigre, tels que les sables et graviers du diluvium du bassin de la Seine, tel qu'il existe à Saint-Aubin, près Elbeuf. Il a aussi tenté des essais sur quelques-unes de nos graminées indigènes, qui fournissent un chaume d'une finesse et d'une cylindricité remarquables, et sont bien supérieures au froment sous ce rapport, mais pas toujours sous celui de la ténacité.

On cite même des essais de ce genre faits en Angleterre, au commencement du siècle; un chapeau de paille de Cretelle (*cynosurus cristatus*) a été vendu, à Londres, environ 650 francs.

Les pailles de blé barbu de Toscane exposées par M. Grelley

égalaient celles qui ont été envoyées à l'exposition par le département de l'Isère. Quelques échantillons sont d'une finesse extrême. M. Grelley n'ayant pas encore fait confectionner des chapeaux avec ses pailles fines, ni même des quantités notables de tresses, ces essais ne peuvent donc être regardés jusqu'à présent que comme culture. Mais le jury, considérant qu'il y a possibilité de tirer un grand avantage de ce produit ailleurs que dans le midi de la France et de l'Europe, décerne à M. Grelley une médaille de bronze.

§ 8. CONSERVATION DU HOUBLON.

M. Payen, rapporteur.

Médaille de bronze. M. Eugène-Nicolas LORENTZ, brasseur à Nancy (Meurthe).

Il a exposé un bloc de houblon comprimé, emballé dans du fil de fer, et présentant un cube de 30 centimètres environ.

La récolte, le séchage, la conservation du houblon peuvent assurer le succès de la culture de cette plante en France. Ces opérations ont une importance réelle.

Le procédé mis en usage par M. Lorentz consiste surtout dans une pression énergique et un emballage en fil de fer, qui maintient les blocs pressés.

C'est un des meilleurs moyens qu'on puisse employer, et M. Lorentz, en commençant à le mettre en pratique, s'est rendu digne de la médaille de bronze que le jury lui décerne.

CHAPITRE TROISIÈME.

1re DIVISION.

MACHINES ET INSTRUMENTS SERVANT A L'AGRICULTURE.

M. E. Moll, rapporteur.

CONSIDÉRATIONS GÉNÉRALES.

Jusqu'en 1849, les expositions quinquennales étaient exclusivement industrielles. L'agriculture n'y était représentée que par quelques machines admises et appréciées plutôt au point de vue de leur mérite mécanique que pour leur utilité agricole. En présence de l'influence heureuse et si puissante exercée, par ces fêtes solennelles, sur les branches qui étaient appelées à y prendre part, le Gouvernement a eu la bonne pensée de faire cesser cette exclusion qui pesait sur la première de nos industries; il a voulu que l'exposition de cette année fût en même temps agricole et industrielle, que l'agriculture y fût représentée, non plus seulement par ses machines et outils, mais par ses bestiaux, ses produits de toute espèce, et pût même participer aux récompenses en dehors de ce qu'elle exposait, par ses fermes, ses exploitations, en un mot, par l'ensemble des éléments de production sur lesquels elle opère.

Grâce lui soit rendue; l'expérience de cette année est décisive et portera fruit. Impossible dorénavant de repousser la grande industrie champêtre de ces solennels concours, car elle a noblement répondu au généreux appel du Gouvernement, malgré tout ce que les circonstances politiques, commerciales et sanitaires avaient de fâcheux, malgré les difficultés inhérentes à une première tentative de ce genre.

Il sera donné ailleurs le chiffre des agriculteurs qui ont pris part au concours pour leurs exploitations, leurs bestiaux, leurs produits quelconques. Qu'il suffise ici du rapprochement suivant pour justifier l'assertion énoncée plus haut : les exposants de machines agricoles (sans compter ceux des machines horticoles et viticoles) étaient, en 1844, au nombre de 62; en 1849, ce nombre atteignait 128.

Pourquoi faut-il, après cette comparaison si satisfaisante, constater de nouveau le fait pénible, le fait humiliant de notre infériorité à l'égard des autres branches industrielles pour tout ce qui est extérieur, pour tout ce qui est apparent, pour tout ce qui a le privilége de frapper les regards et d'attirer la foule? Le beau, sur cette pauvre terre, serait-il décidément en raison inverse du bon? On serait tenté de le croire en voyant l'admiration qui s'adresse à l'œuvre stérile de l'art, et le dédain ou, du moins, l'indifférence que recueille cette noble machine, emblème de la véritable civilisation, condition première de cette production de 2 milliards et demi de valeur, en céréales seulement, que fournit annuellement le sol de la France.

Sous ce rapport, disons-le, la réunion sur un même point des produits de l'agriculture et de ceux de l'industrie, est peut-être fatale aux premiers. L'agriculture est et sera toujours éclipsée par ce rapprochement. C'est en vain que l'on évoquera ce chiffre de 6 milliards qui représente la valeur de sa production annuelle, cet autre chiffre de 25 millions qui se rapporte au nombre des travailleurs qu'elle occupe et fait vivre, ces considérations si puissantes de moralité, de force, de stabilité et de patriotisme, qui militent en faveur de cette intéressante population rurale ; tout cela ne prêtera pas aux modestes épis de blé l'éclat et le prestige nécessaire pour lutter contre les brillants produits de l'industrie, aux grossières machines aratoires la faculté de soutenir la comparaison avec ces admirables engins de la métallurgie, de la construction, du tissage, de la locomotion qui semblent participer de l'intelligence de ceux qui les ont inventés, tant il y a de puissance et de délicatesse, de complications et de simplicité dans le merveilleux travail qu'ils accomplissent.

L'agriculture a-t-elle assez pénétré dans nos mœurs pour que des expositions uniquement agricoles, telles qu'on en a fait en Belgique, qu'on en fait annuellement en Angleterre, eussent le privilége d'attirer l'attention et l'intérêt du public?

L'expérience pourrait seule résoudre cette question d'une manière certaine. Toutefois, disons-le avec regret, les probabilités sont pour la négative.

La France, essentiellement agricole par la nature de son magnifique territoire, par son organisation sociale, ses intérêts et ses antécédents, la France, qui ne peut éviter le bouleversement social dont on la menace qu'en marchant résolument dans cette voie, en donnant chaque jour plus de prédominance à l'élément rural, en utilisant, au profit des classes pauvres, les immenses ressources, encore improductives, que lui offre son sol, la France, c'est-à-dire la partie éclairée, pensante et influente de la nation, semble n'avoir aucune sympathie réelle pour l'agriculture. Par goût, elle est militaire, artistique, littéraire; par raison, elle s'est faite industrielle et commerçante; aucun motif ne paraît encore avoir pu l'engager à devenir sérieusement agricole.

Cet étrange et fâcheux antagonisme entre les goûts et les intérêts du pays, entre le bras qui agit et la pensée qui devrait le diriger, cet antagonisme, résultat de la plus singulière, de la plus étonnante erreur en matière d'instruction publique, va, sans doute, s'affaiblissant chaque jour davantage, et doit disparaître, enfin, devant la loi de fer de la nécessité; mais jusque-là, jusqu'à cette transformation complète dans nos mœurs, il faut que l'agriculture se résigne à accepter l'hospitalité de sa sœur, l'industrie manufacturière, aux grandes expositions quinquennales.

Nous venons de mentionner le progrès dans le nombre des exposants de machines aratoires.

Y a-t-il également eu progrès pour le mérite, pour la valeur des objets exposés? On répondrait non! s'il fallait s'en rapporter à l'impression que paraît avoir produite la vue de ces objets sur plusieurs agronomes, tant Français qu'étrangers, qui, par la connaissance qu'ils ont de l'état des choses, sous ce rapport, dans les pays voisins, étaient à même de comparer.

Il leur a semblé que, pour la mécanique agricole, nous étions encore de trente ans en arrière de l'Angleterre. Dans une aussi grave question, il faut se garder des jugements à première vue; un examen approfondi, une étude sérieuse, s'appliquant également à l'un et à l'autre des termes de comparaison, peuvent seuls permettre de se faire une opinion vraie. Heureusement que cette étude est aujourd'hui facile. Grâces aux relations suivies qui existent entre la France et l'Angleterre, grâces aux nombreuses publications agronomiques qui nous parviennent de ce dernier pays, et que la connaissance, chaque jour plus répandue, de la langue anglaise nous permet d'utiliser, nous sommes en mesure d'établir des comparaisons exactes.

Ce n'est pas ici le lieu de traiter cette question à fond. Mentionnons cependant quelques points qu'il est utile de signaler à l'attention du pays.

La prédominance de la grande culture, le haut prix de la main-d'œuvre et des produits agricoles, et jusqu'au climat généralement si variable en Angleterre, y ont depuis longtemps poussé à la construction des machines aratoires puissantes, propres à activer le travail cultural et à économiser les bras. Cette tendance, favorisée par le bas prix du fer, a eu pour résultat, dans ce pays, d'attirer les deux grands éléments de progrès, intelligences et capitaux, vers la fabrication des instruments aratoires, et de donner lieu à l'établissement d'un grand nombre d'usines importantes pour ce genre d'industrie. On comprend que, sous l'empire de circonstances pareilles, l'Angleterre ait tenu et tienne encore le premier rang pour la construction des machines agricoles.

S'en suit-il de là qu'elle nous soit, comme on l'a dit, en avance de trente ans sous ce rapport?

Voici, en quelques mots, l'état des choses : si l'on considère l'ensemble des engins et machines de toute espèce servant à l'exploitation du sol, dans les deux pays, on ne peut se dissimuler la grande supériorité de l'Angleterre sur la France. Nulle part, dans la première, on ne voit d'aussi mauvaises charrues que celles qu'on rencontre encore dans beaucoup de nos départements.

Mais, si l'on compare les instruments perfectionnés, en ne prenant que ceux qui sont déjà d'un usage assez général, on trouve que, pour les outils à main, l'Angleterre nous est également supérieure; que, pour les machines plus ou moins compliquées servant à la première préparation des produits, machines à battre, hache-pailles, coupe-racines, concasseurs, de même que pour les semoirs, les herses, les rouleaux, les extirpateurs, scarificateurs, houes-à-cheval et buttoirs, nous sommes, à peu d'exception près, au niveau de notre voisine; enfin, que pour l'instrument aratoire par excellence, pour la charrue, nous avons sur elle une supériorité incontestable, au point de vue de la force nécessaire, et surtout au point de vue de la qualité du travail.

Cette assertion est tellement opposée, non-seulement à l'opinion générale, mais encore à l'impression que laisse une comparaison superficielle, qu'elle ne peut manquer d'étonner. Hâtons-nous d'ajouter qu'elle se fonde sur de nombreuses expériences comparatives, faites dans des localités diverses, et dans les meilleures conditions pour arriver à des résultats d'une rigoureuse exactitude.

Un fait significatif vient, du reste, la confirmer : dans aucun pays du continent où l'on a importé des charrues anglaises, celles-ci n'ont été adoptées telles quelles. Partout on leur a fait subir des modifications plus ou moins grandes, qui en ont généralement changé le caractère, tandis que machines à battre, semoirs, scarificateurs, rouleaux, etc., étaient reçus et copiés sans changement ou avec des changements minimes.

Les instruments aratoires, en général, et les charrues, en particulier, sont en Angleterre d'une forme plus élégante, plus gracieuse qu'en France. Cette circonstance, qui expliquerait jusqu'à un certain point l'idée qu'on se fait de prime à bord de leur supériorité, tient en partie à un trait caractéristique des Anglais, trait qu'ils ont de commun avec les Hollandais, le besoin d'embellir tout ce qui leur est utile, de faire concourir la forme, l'idéal, l'art, en un mot, à augmenter encore la valeur des objets qui en ont déjà une grande par les services qu'ils rendent. C'est ce même sentiment qui fait transformer les chaumières anglaises en frais et riants cottages, et les moulins à vent de la Nord-Hollande en autant de pittoresques fabriques aux éclatantes couleurs. Elle tient encore à ce fait, que le fer y est bien plus prodigué qu'en France dans la construction de ces machines, et qu'il en constitue même fréquemment la seule matière, d'où résulte naturellement qu'on peut rendre les diverses parties de ces instruments moins massives et moins lourdes sans en diminuer la solidité.

Cette substitution du fer au bois, qui a pareillement été adoptée par plusieurs de nos constructeurs, convient-elle aux conditions particulières où nous nous trouvons? De bons esprits penchent pour la négative, se fondant sur ce double fait que le fer est plus cher en France qu'en Angleterre, et qu'ensuite les instruments tout en fer ne sauraient presque jamais être réparés par les simples ouvriers de villages.

Les constructeurs habiles et les ateliers importants sont encore effectivement trop peu nombreux en France. C'est déjà beaucoup, avec la lenteur et le haut prix des transports, quand un agriculteur se décide à faire venir une machine de loin. Il y renoncerait, quelque utile qu'elle lui fût, si elle ne pouvait être réparée que dans la fabrique même.

Sous ce rapport comme sous tant d'autres, les chemins de fer seront d'une immense utilité pour l'agriculture, s'ils veulent bien favoriser celle-ci de tarifs modérés.

Ce qui vient d'être dit sur la valeur comparative de nos instruments aratoires n'aurait probablement pu l'être en 1844. Nous étions alors plus arriérés, relativement à nos voisins, que nous ne le sommes aujourd'hui.

Si l'exposition de 1849 nous a montré encore quelques constructeurs se traînant dans l'ornière, d'autres essayant d'en sortir, mais par une voie mauvaise, cent fois essayée et toujours abandonnée, nous n'en pouvons pas moins constater un grand et sérieux progrès accompli dans les cinq dernières années. Disons même qu'à aucune époque le mouvement vers les améliorations ne s'était manifesté d'une manière aussi sensible dans la construction des instruments aratoires, et que ce mouvement ne se borne pas aux fabriques importantes, mais s'étend également aux simples ateliers de villages.

Ajoutons que c'est à peu près exclusivement à l'influence de cette grande culture, si calomniée dans plusieurs circonstances et malheureusement si peu répandue chez nous, qu'est due cette heureuse impulsion.

Ce mouvement se généraliserait, on éviterait ces essais avortés, ces inventions à nouveau de systèmes défectueux, si toutes nos sociétés d'agriculture et nos comices, imitant ce qui s'est fait avec tant de succès dans plusieurs villes, à Rouen, à Toulouse, à Clermont (Oise), créaient, aux chefs-lieux, des musées agricoles renfermant, avec les modèles des meilleurs instruments perfectionnés, ceux de quelques machines proposées pour des circonstances analogues à celles où se trouve la localité, machines dont l'expérience aurait démontré les imperfections.

Des publications à bon marché, avec de bonnes gravures sur bois, seraient encore d'une utilité réelle pour combattre, sous ce rapport, le grand obstacle qui s'oppose à l'avancement de notre agriculture, l'ignorance des travailleurs, l'absence ou du moins la pénurie de guides sûrs et éclairés dans lesquels ils aient confiance.

Terminons ces considérations par quelques mots : les bons instruments aratoires, qui sont le moyen le plus puissant qu'ait la grande culture pour soutenir la concurrence avec la petite, et, par conséquent, pour se maintenir à côté de celle-ci et conserver au pays ce mélange de grandes et petites exploitations qui réalise les conditions incontestablement les les plus avantageuses à une nation, les bons instruments aratoires sont indispensables au progrès de la petite comme de la grande culture; car, s'ils économisent la main-d'œuvre dans la grande, ils facilitent, activent et perfectionnent le travail dans la petite. Ils sont, non pas la seule, mais une des principales conditions pour la solution de ce double problème qui touche à la prospérité, à la grandeur, à l'existence même de la France : l'abaissement du prix de revient des denrées agricoles; l'accroissement de production de ces denrées en raison de l'accroissement constant de la population. Enoncer ces problèmes, c'est en signaler l'immense gravité; ajouter que l'agriculture seule peut les résoudre serait suffisant pour constater l'importance de cette grande et noble industrie et son action décisive sur les destinées du pays.

---

§ I. — ATELIERS DE CONSTRUCTION, INSTRUMENTS ARATOIRES. CHARRUES.

Médailles d'or.

M. Denis-Louis LAURENT, fabricant d'instruments aratoires, rue de Lancry, n° 20, à Paris.

Il a exposé : 1° une machine à battre le blé de la force de 4 chevaux; 2° une machine à battre à bras de la force de 2 hommes; 3° un rouleau, système Krosskhill; 4° un hache-paille de la force d'un cheval; 5° un hache-paille à bras; 6° un coupe-racines; 7° une charrue de défrichement, système Moll; 8° deux charrues ordinaires offrant des applications différentes du même système; 9° une charrue sous-sol tout en fer; 10° une charrue fouilleuse; 11° une charrue Rosé; 12° un buttoir; 13° un râteau ramasseur, à cheval; 14° une machine pour faire les tuyaux d'assainissement (drainage).

La maison Laurent, ancienne maison Rosé et Laurent, a toujours tenu un rang distingué parmi nos fabricants d'instruments aratoires, et, en 1844, elle obtenait déjà une médaille d'argent. Mais, depuis plusieurs années, elle s'est placée tout à fait hors ligne, à un point de vue fort important. Parmi les fabricants français, M. Laurent est peut être celui qui a le plus fait pour introduire en France les meilleurs instruments aratoires de l'étranger, surtout de l'Angleterre, et en doter notre agriculture. Il n'a reculé, dans ce but, devant aucun sacrifice. C'est ainsi qu'il a enrichi notre agriculture de l'excellente machine à battre de Ransome, du rouleau Krosskhill, de la charrue sous-sol de Smith, de la charrue fouilleuse, du râteau à cheval de Grant, enfin de la machine à tuyaux d'assainissement d'Ainslie. Mais il ne s'est pas borné à copier ces instruments, il les a presque tous perfectionnés et rendus plus appropriés aux conditions ordinaires dans lesquelles opère notre agriculture. C'est ce qui explique la différence dans l'usage qu'on remarque entre les instruments venus directement d'Angleterre et les mêmes instruments sortis des ateliers de M. Laurent. Le même esprit de progrès lui a fait également adopter et exécuter toutes les bonnes idées qui lui étaient communiquées, et les agriculteurs qui s'occupent de l'amélioration des instruments aratoires n'ont trouvé nulle part un meilleur accueil, plus d'empressement et un concours plus efficace que chez lui.

Ses tendances en faveur des innovations utiles ne lui ont pas fait négliger les machines qu'il fabrique depuis longtemps, et dont une longue expérience a sanctionné l'usage. Ses hache-paille, ses coupe-racines sont excellents; son buttoir est le meilleur que nous possédions, et le support Rosé, fort utile déjà dans beaucoup de circonstances, a reçu de lui des modifications qui remédient aux seuls inconvénients qu'il présentait dans certains cas.

En présence de titres aussi bien établis, le jury décerne à M. Laurent la médaille d'or.

M. A. N. CAMBRAY, mécanicien, constructeur d'instruments aratoires.

Il a exposé : 1° une machine à broyer les fruits à cidre; 2° un concasseur spécialement destiné aux féveroles et au maïs; 3° un autre concasseur pour toute espèce de grains destinés à la nourriture du bétail et pour la drèche des brasseurs; 4° un coupe-racines; 5° une râpe à pommes de terre; 6° une machine à broyer la graine de lin et de moutarde; 7° un tarare; 8° un moulin à bras; 9° un hache-paille à tambour; 10° une machine à charger les sacs.

Aucune de ces machines n'est nouvelle; mais toutes sont bien exécutées, d'un bon usage et d'un prix modéré. Plusieurs ont reçu des perfectionnements qui en accroissent l'utilité. Il en est ainsi du grillage placé dans la trémie du coupe-racines, et qui sert à la sortie de la terre et des pierres; du troisième cylindre ajouté au concasseur à féveroles, lequel cylindre commence l'opération et prépare les grains à subir l'action des deux cylindres placés au-dessous; du troisième cylindre également ajouté au moulin à cidre, et placé de façon à faire l'office d'une seconde paire de cylindres, etc.

Quant à la machine à charger les sacs, on ne peut que l'approuver, tant au point de vue de l'exécution qu'au point de vue des services qu'elle rend, services modestes, mais dignes d'intérêt, car ils touchent à la santé des ouvriers.

M. Cambray ne borne pas sa fabrication aux machines qui viennent d'être mentionnées; il fait également des machines à battre, des bluteries, d'excellentes machines à égrener le maïs, enfin tous les instruments aratoires proprement dits. Ses houes à cheval et ses rayonneurs ont été les premières bonnes machines de ce genre qu'on ait fabriquées en France. Sa maison est une des plus anciennes de Paris, et il a su lui conserver sa réputation méritée et son importante clientèle. Honoré à l'exposition de 1834 de la médaille d'argent, en 1839 d'un rappel de cette médaille, en 1844 d'une nouvelle médaille, il a acquis tous les titres désirables à la médaille d'or, que le jury lui décerne.

M. Jean-Jules BODIN, directeur de la ferme-école des Trois-Croix, près Rennes (Ille-et-Vilaine).

Il a exposé : 1° un grand hache-paille et hache-ajoncs; 2° une herse à couvrir; 3° trois charrues de diverses grandeurs; 4° douze boulons servant à la construction des charrues.

Ces instruments ne sont pas nouveaux; mais ils sont remarquablement bien exécutés, d'une solidité à toute épreuve et d'un prix très-modéré.

Le *hache-paille* est dans le système Dombasle, c'est-à-dire que les lames sont sur les croisières du volant. Il est disposé de façon à pouvoir couper la paille à différentes longueurs, ainsi que l'ajonc (*ulex europæus*), cette plante si précieuse pour la nourriture d'hiver des bestiaux en Bretagne, mais dont la préparation par les moyens ordinaires (en la pilant et l'écrasant à bras) offre des difficultés telles, que son emploi devient fort coûteux dans la petite culture et presque impossible dans la grande. Avec l'instrument de M. Bodin, qui marche, soit à bras, soit avec un manége, cette préparation n'est guère plus difficile que le simple coupage de la paille. Le prix de ce hache-paille est de 175 francs.

La *herse à couvrir*, imitée de celle de M. Lebachellé, et qui tient le milieu entre la herse ordinaire et le scarificateur de grande dimension, est un bon instrument, très-propre non-seulement aux recouvrailles, mais encore à la préparation du sol partout où un effet très-énergique n'est pas indispensable. Il ne laisserait rien à désirer s'il avait deux supports mobiles, patins ou roulettes, par derrière, comme les autres scarificateurs.

Les trois araires (un petit, un moyen et un araire renforcé pour défrichement) sont établis sur le système Dombasle : soc américain, versoir en fonte présentant une surface concavo-convexe analogue à celle des derniers versoirs de Roville, age courbe, etc. Ils offrent néanmoins plusieurs particularités, parmi lesquelles il faut citer, avant tout, la prolongation de l'extrémité postérieure de l'age, prolongation qui offre le moyen le plus simple, le moins coûteux d'accroître la longueur des mancherons, c'est-à-dire du bras du levier sur lequel agit l'homme, sans en diminuer la force, ou sans être obligé d'en augmenter la grosseur. M. Bodin, en remédiant ainsi à ce défaut si grave que présentent presque tous nos araires, a notablement facilité l'introduction de ce genre de charrues dans les contrées de la Bretagne où il n'était pas en usage.

Ancien élève de Grignon, M. Bodin a établi auprès de Rennes la première ferme-école qui se soit créée en France. Par ses excellentes leçons, par son exemple, et, enfin, par son importante fabrique d'instruments aratoires, il a exercé sur l'agriculture du département d'Ille-et-Vilaine et des contrées voisines la plus heureuse influence. M. Bodin, à l'exposition de 1844, a obtenu une médaille d'argent. Depuis, sa fabrique a pris une très-grande extension : presque tous les instruments qui s'y construisent ont reçu des perfectionnements plus ou moins notables; le prix en a été réduit. Enfin, à la construction des machines aratoires proprement dites, il a joint celle de tarares et de machines à battre dans le genre des machines Honyau. Le jury décerne à M. Bodin la médaille d'or.

M. Louis LEBERT, mécanicien, constructeur d'instruments aratoires à Pont-sous-Gallardon (Eure-et-Loir).

Il a exposé : 1° une machine à battre les grains; 2° une machine à égrener le trèfle; 3° un semoir à cheval; 4° six charrues de différents modèles.

L'établissement de M. Lebert, qui paraît être depuis plusieurs siècles dans cette même famille, a pris, surtout à partir de 1840, sous l'intelligente direction du propriétaire actuel, un développement remarquable qui lui assigne un rang distingué parmi les premiers établissements de ce genre qui existent en France.

Le succès de M. Lebert dans ce pays de Beauce, en général si peu accessible aux innovations, surtout en fait d'instruments aratoires, tient en grande partie au système qu'il a suivi pour ces instruments spécialement, système excellent lorsqu'on travaille pour une localité déterminée : il s'est attaché moins à introduire des modèles nouveaux de l'étranger qu'à perfectionner les machines de la contrée même, tout en leur conservant, autant que possible, le cachet particulier et les principales dispositions auxquels les cultivateurs sont habitués. Il faut ajouter qu'une connaissance approfondie de l'agriculture du pays, de la nature des terres et de la nature des travaux à exécuter, ainsi qu'une habileté réelle dans l'emploi et le maniement des diverses machines qu'il fabrique, lui ont été d'un grand secours dans cette circonstance.

Les six charrues qu'il expose tiennent toutes plus ou moins du type de la charrue de Beauce, du moins un laboureur beauceron n'en repousserait probablement aucune. Cependant toutes offrent entre elles des différences notables, tant pour la transmission du tirage que pour les moyens de régulation et pour le corps, soc et versoir. Chacune de ces charrues a une destination spéciale et convient plus particulièrement à un certain genre de labour, à une certaine nature de sol. Trois de ces instruments sont des araires. Mais l'habile constructeur, connaissant l'extrême répugnance des cultivateurs beaucerons à se servir de l'araire simple, les a munis de supports, tous trois établis sur des systèmes différents, et tous trois si rationnellement combinés qu'il serait difficile de décider lequel est le meilleur. On peut en dire autant des avant-trains des trois autres charrues : l'une d'elles, connue sous le nom de *charrue-fourche*, et qui a déjà figuré, mais avec quelques perfectionnements de moins, à l'exposition de 1844, présente à l'arrière une disposition ingénieuse au moyen de laquelle on peut, à volonté, remuer le fond de la raie sans en ramener la terre à la surface.

Le *semoir* est un semoir à cuillères faisant 5 raies dont l'écartement peut varier dans certaines limites. Il est traîné par un cheval et n'offre rien de remarquable, si ce n'est une exécution parfaite.

Tous ces instruments ont été l'objet de récompenses multipliées dans les divers concours du pays (20 médailles d'or et d'argent).

La *machine à battre* a été établie pareillement en vue de satisfaire les habitudes des cultivateurs beaucerons, qui tiennent beaucoup à ce que la paille ne soit ni brisée ni même mêlée. Aussi est-elle construite sur le système dit *en travers*. En portant à $0^m,90$ le diamètre du tambour-batteur armé de 16 barres, et à 230 le nombre de tours que fait ce tambour par minute, en remplaçant la surface cannelée concave par une claire-voie à travers laquelle s'échappe le grain, en supprimant le secoueur ou la toile sans fin dont un simple plan incliné remplit les fonctions sans dépense de force, enfin grâce à la bonne exécution des engrenages et aux galets de grande dimension sur lesquels tournent les tourillons du tambour. M. Lebert est parvenu à faire disparaître une partie des principaux défauts de ce système. Sa machine peut être considérée comme une des meilleures machines en travers que nous possédions.

Quant à la machine pour égrener le trèfle, les expériences auxquelles la commission a pu se livrer dans l'établissement de MM. Derosne et Cail, et avec l'habile concours de M. Grabit, lui font penser qu'elle résout enfin le problème si longtemps étudié, si imparfaitement résolu jusqu'à ce jour, de l'extraction complète de la graine de trèfle sans qu'aucun grain soit écrasé et avec une dépense comparativement minime de force. Cette machine, dont l'organe principal est un tambour à 18 barres garnies extérieurement de tôle piquée, lequel tambour se meut dans une enveloppe également doublée de tôle piquée sur une partie de sa surface intérieure et formée par un grillage en toile métallique sur le reste, cette machine coûte de 75 à 350 francs, suivant les dimensions et les pièces accessoires. Elle est mue, soit par un cheval, soit par un ou deux hommes. Avec cette dernière force, elle bat de 8 à 10 kilos de graine à l'heure.

Le jury, appréciant les améliorations apportées par M. Lebert à la construction des instruments et machines aratoires de la Beauce et du Perche, et les services qu'il a rendus ainsi à l'agriculture de cette riche contrée, lui décerne la médaille d'or.

M. DE LENTILHAC aîné, directeur de la ferme école de Sallegourde (Dordogne). Rappel de médailles d'argent.

Il a exposé deux charrues. La première est un petit araire dans le genre de ceux qu'il a déjà exposés en 1844, c'est-à-dire sur système américain modifié. La seconde est une charrue à soc et versoir semblables, mais montée sur avant-train beauceron. L'adoption de cet avant-train par l'habile directeur de Sallegourde, de préférence à tant d'autres meilleurs et moins chers, tient sans doute à des circonstances particulières que le jury n'est pas à même d'apprécier. Quant aux autres parties de ces instruments, il ne pourrait que répéter ce qu'il en a dit en 1844. Il peut néanmoins ajouter que, grâce au bas prix et à la bonne construction des araires livrés par la fabrique de Sallegourde, ces instruments se sont répandus en grand nombre dans le pays et y ont remplacé, au grand avantage de l'agriculture, les antiques et défectueux araires, en usage dans toute cette partie du Midi. Aussi n'hésite-t-il pas à accorder à M. de Lentilhac le rappel de la médaille d'argent qui lui avait été décernée en 1844.

Médailles d'argent.

M. Armand BAZIN fils, agriculteur et directeur de la fabrique d'instruments aratoires, au Mesnil-Saint-Firmin (Oise.)

Il a exposé une charrue et un fouilleur.

La *charrue* est l'araire brabançon, mais notablement modifié. Le soc est en fonte et d'une forme particulière. Une lame tranchante en fer aciéré est rapportée avec des boulons sur le bord inférieur. Le versoir est une plaque de tôle courbée sur une matrice et offrant une surface qui paraît se rapprocher des surfaces réglées, et qui doit, par conséquent, offrir peu de résistance au glissement de la bande de terre.

Le patin belge a été maintenu. Mais l'ancien régulateur a été remplacé par le régulateur Dombasle.

Ainsi modifié, cet instrument est incontestablement supérieur à la charrue qui en a été le modèle, non-seulement pour le travail et la facilité de conduite, mais aussi pour la simplicité de la construction.

Le *fouilleur* a pour but d'ameublir le sous-sol, sans le ramener à la surface; il remplit, par conséquent, les fonctions des charrues sous sol et marche, comme celles-ci, derrière une charrue ordinaire, en entamant et en remuant le fond de la raie ouverte par cette dernière. Il se compose d'un age élargi, postérieurement, en un plateau sur lequel sont fixées solidement 3 fortes dents de scarificateurs, disposées en triangle. Un patin, un régulateur et deux mancherons complètent cet instrument, qui a, sur les charrues sous-sol, l'avantage d'être meilleur marché et de n'exiger qu'un attelage ordinaire, et sur le fouilleur anglais à 4 roues, celui d'une grande supériorité de travail.

Tout en regrettant que M. Bazin n'ait pas également exposé l'excellent scarificateur et surtout l'ingénieuse houe à cheval à trois lignes qu'il construit et emploie dans le magnifique établissement qu'il dirige avec son père, le jury, en raison de ses beaux et utiles travaux et du mérite qu'il reconnaît à ses instruments, lui décerne une médaille d'argent.

M. Amédée TURCK, directeur de l'institut agricole de Sainte-Geneviève, près Nancy (Meurthe).

Il a exposé une charrue Grangé perfectionnée et un instrument nouveau qu'il appelle râteau-niveleur.

La première est une des plus ingénieuses et des meilleures parmi les nombreuses applications qu'on a faites du système Grangé. Quoique d'un mécanisme moins compliqué que d'autres, cette charrue présente cependant toutes les dispositions nécessaires pour faire varier le travail à volonté. On peut même lui rendre, jusqu'à un certain point, la mobilité des charrues ordinaires.

Quant au *râteau-niveleur*, c'est un instrument nouveau qui, au moyen de certaines modifications, peut faire successivement les fonctions de râteau pour les pierres et les galets, de niveleur pour les champs et les prés, de scarificateur, d'extirpateur et de rayonneur. Il consiste en un age, disposé de façon à être relié à un avant-train Dombasles, et sur l'extrémité postérieure duquel est fixée une forte traverse courbe formant une portion de cercle et dont le rayon serait l'age. Elle est consolidée par deux montants qui partent de ses extrémités et viennent s'encastrer dans l'age, à moitié longueur de ce dernier. Le châssis forme aussi un triangle à base circulaire. C'est sur cette traverse courbe, munie de deux mancherons, que sont fixées, à 0^m14 les unes des autres, onze fortes dents de scarificateurs, lorsque l'instrument doit fonctionner comme râteau.

On conçoit, en effet, que, placées à une aussi faible distance, et sur une seule ligne, ces dents qui, par leur forme, ont une forte tendance à pénétrer en terre, doivent nécessairement ramasser et pousser devant elles les pierres d'un certain volume et les racines qui se trouvent dans l'épaisseur de la couche remuée par l'instrument. En fixant, devant la ligne de dents, une feuille de forte tôle, qui laisse passer la pointe des dents de 0^m08 environ, on transforme l'instrument en niveleur, lorsqu'il s'agit d'aplanir de faibles inégalités, rapprochées les unes des autres, dans un terrain préalablement remué.

Pour faire de cette machine un excellent scarificateur, on retranche, de la traverse courbe, une dent sur deux qu'on répartit sur les montants et sur l'âge, qui, à cet effet, sont percés de trous destinés à les recevoir. Pour en faire un extirpateur, on remplace les dents par des pieds d'extirpateur, en nombre proportionnel à la largeur des socs, et qu'on distribue d'une manière régulière sur la traverse, les montants et l'age. Enfin, on a un rayonneur en plaçant sur la traverse deux, trois ou quatre pieds de rayonneur, suivant la distance qu'on veut laisser entre les rayons.

M. Turck a déjà reçu, en 1844, une médaille d'argent pour deux instruments nouveaux et fort ingénieux. Le jury, reconnaissant la valeur des deux instruments qu'il vient d'exposer, surtout du dernier, décerne à cet habile et intelligent agriculteur une nouvelle médaille d'argent.

M. DECK aîné, constructeur d'instruments aratoires et d'appareils de meunerie, à Fécamp (Seine-Inférieure).

Il a exposé : 1° un appareil de nettoyage des blés pour moulins, 2° un scarificateur, 3° un rayonneur.

L'appareil de nettoyage se compose de 3 cylindres en tôle percée, placés horizontalement et superposés les uns aux autres. Tous sont mus par une force qu'on évalue à 1/2 ou 3/4 cheval. Le cylindre supérieur en contient un second, qui sert d'émotteur et reçoit le grain, lequel, tombé dans le cylindre extérieur, se sépare en deux portions : le petit grain passe au travers et se dégage par une espèce de tuyau de descente, tandis que le bon grain passe dans le cylindre du milieu, garni de battes servant à détacher la terre qui pourrait être adhérente au grain; enfin celui-ci, tombant dans le cylindre inférieur, y est soumis à l'action énergique de brosses et y arrive à l'état de propreté parfaite. Cet appareil se distingue par son prix modéré (800 à 1,000 francs), par la perfection du travail qu'il opère, et surtout par le peu d'espace qu'il exige. Il nettoie de 6 à 7 mille kilogrammes de blé par 24 heures. C'est l'appareil Gaune, mais notablement perfectionné.

Le *scarificateur* est monté sur un châssis triangulaire en bois garni de bandes de fonte. Les dents sont d'une bonne forme et convenablement distribuées. Cet instrument, qui fonctionne comme les autres scarificateurs, présente cette particularité, que, tout en marchant, le conducteur peut en faire varier l'entrure au moyen d'une crémaillère de forme demi-circulaire, placée en excentrique sur l'axe coudé des roues de derrière et mue par un levier en fer.

Le *rayonneur*, malgré son ancien nom, est un instrument nouveau. Il a un châssis et une monture semblables à ceux du scarificateur; mais, au lieu de dents, il porte sur la traverse postérieure deux rangées de petits buttoirs en fonte, placés de façon à ce qu'aucune partie du sol ne reste intacte, sans cependant qu'il y ait engorgement. Cet instrument met toute la surface en petites rigoles de 0m,06 à 0m,12 de profondeur, et distantes de 0m,23 de centre à centre les unes des autres. On sème à la volée sur le terrain ainsi préparé. La semence se rassemble au fond des rayons, et, en faisant passer ensuite en travers une herse qui rabat les buttes, on la recouvre d'une manière parfaitement régulière. Ceux qui connaissent les inconvénients du recouvrage ordinaire à la herse, surtout dans les terrains motteux, ne douteront pas de l'utilité de cet instrument, qui, de plus, par l'enlèvement d'un pied ou buttoir sur deux, ou de deux sur trois, devient un excellent rayonneur pour les récoltes sarclées qu'on sème ou plante en lignes espacées.

M. Deck a encore exposé deux houes à cheval pour cultures à plat et pour cultures buttées, lesquelles houes peuvent être rangées dans le petit nombre des bonnes houes que nous possédons.

Tous ces instruments sont solides et bien exécutés. Ils indiquent chez l'auteur non-seulement des connaissances en mécanique, mais encore des connaissances en agriculture. Le jury décerne à M. Deck la médaille d'argent.

M. Jean-Baptiste HUSSON, agriculteur à Haussonville (Meurthe).

Il a exposé : 1° un faneur mécanique, 2° un râteau-amasseur, 3° un râteau-ratisseur, 4° un rigoleur; 5° un manége pour exercer les poulains, 6° un modèle de fosse à purin.

Le premier de ces instruments se rapproche, quant à l'ensemble du mécanisme, du faneur de Robert Salmon. C'est également un râteau circulaire porté sur deux roues, formé de barres armées de dents qui sont fixées sur des cercles en fer dont l'axe commun reçoit, par engrenage, son mouvement de l'une des roues. Mais là s'arrête l'analogie. Les barres sont ici d'une seule pièce, doubles pour chaque rangée de dents; elles posent directement sur les cercles, et non sur des montants articulés munis de ressorts; elles sont, par conséquent, fixes. En revanche, les dents, qui sont en bois, étant attachées, non plus sur les barres, mais sur deux lanières (ou cordes tordues) parallèles, non-seulement chaque ligne de dents, mais même chaque dent isolément est mobile, et cède facilement devant les petites saillies du terrain. Cette circonstance, jointe à la forme et à la direction des dents, permet de baisser assez l'instrument, même dans les prés à surface peu unie, pour qu'aucune portion du foin n'échappe à son action, sans qu'on ait à craindre que les dents pénètrent dans le sol et se brisent ou du moins ramènent de la terre et la mêlent au foin. L'expérience de plusieurs années, chez divers agriculteurs des environs de Nancy, a prouvé que cette machine réunissait toutes les conditions désirables de solidité, de simplicité, de bon marché et de bonne exécution du travail. On peut la considérer comme une simplification et un perfectionnement notables de la machine de Salmon, la meilleure que l'on connût jusqu'à présent.

Le *râteau-amasseur* et le *râteau-ratisseur* sont des instruments à bras, simples, peu coûteux, de nature à rendre plus facile et plus prompt le travail auquel ils sont destinés, et qui, avec le faneur, complètent les moyens mécaniques servant à l'importante opération de la fenaison.

Le *rigoleur* est une espèce d'araire, mais destiné à marcher habituellement avec l'avant-train Dombasle. Il a un soc ancien système, c'est-à-dire fixé sur le sep, un versoir en bois et deux coutres dont l'un, placé sur la face gauche de l'age, dans le prolongement de la gorge, l'autre sur un bras perpendiculaire à l'age et qui permet d'en régler à volonté l'écartement. La bande de gazon qu'il s'agit de déplacer pour faire une rigole est coupée verticalement à droite et à gauche par les coutres, tranchée horizontalement par le soc, et soulevée et renversée par le versoir, dont l'écartement peut être réglé à volonté. Ce dernier s'enlève, lorsqu'il s'agit d'approfondir beaucoup une rigole. L'instrument marche alors, comme la charrue sous-sol, dans la rigole ouverte dont il détache et remue la fond sans le ramener à la surface, ce qui se fait ensuite à la pelle.

C'est, sans contredit, un des meilleurs rigoleurs connus.

Le manége à poulains a beaucoup d'analogie avec le manége à corde de M. de Valcourt. Comme celui-ci, il a un grand nombre de bras reliés entre eux par des traverses; mais l'emploi en diffère. A l'extrémité de chaque bras on attache un poulain; une guide en bois fixée à l'anneau du licou l'empêche de se jeter dans le cercle. Le plus sage de la bande est attelé à un bras plus long que les autres. Un homme, placé dans le manége, le dirige au moyen de guides, et l'allure qu'il lui fait prendre règle celle des autres. Ce manége sert non-seulement à exercer simultanément un grand nombre de poulains dans un espace borné, mais encore, jusqu'à un certain point, à les dresser. C'est un appareil essentiellement pratique, et tel qu'on devait l'attendre d'un éleveur aussi distingué que M Husson.

On peut en dire autant de son système d'épuisement pour les fosses à purin. Il n'y a là rien de neuf, mais c'est une application rationnelle de ce qui existe ailleurs. Tous les cultivateurs qui emploient le purin savent, en effet, combien les pompes qui servent à l'élever sont onéreuses par les continuelles réparations qu'elles exigent. L'appareil à seaux de M. Husson n'a pas cet inconvénient; il est peu coûteux, et n'est presque pas sujet aux avaries. C'est un de ces moyens simples et, en apparence, insignifiants, mais qui ont une grande valeur aux yeux du praticien, car ils facilitent et perfectionnent des travaux de tous les jours.

Ces divers objets, fruit des observations, des recherches et des essais de M. Husson, ont tous reçu la sanction d'une longue et concluante expérience, non-seulement chez l'auteur, mais encore chez de nombreux agriculteurs, qui en ont reconnu le mérite, et se sont empressés de les adopter. Le jury est heureux, dans cette circonstance, de pouvoir joindre son suffrage aux suffrages si nombreux et si honorables qu'a déjà reçus M. Husson, de la part de ses confrères et de plusieurs comités et comices agricoles; il lui décerne pour l'ensemble de ses machines la médaille d'argent.

M. ANDRÉ-JEAN, propriétaire agriculteur, au château de Saint-Selves (Gironde).

Il a exposé la charrue de défrichement qui porte son nom, une charrue double-corps du même système avec semoirs, un araire à patins et un coupe-racines.

La charrue de M. André-Jean est bien connue. Elle a figuré aux expositions de 1839 et de 1844, où elle a obtenu une médaille d'argent et un rappel de cette même médaille. Elle a fonctionné dans un grand nombre de concours, et les récompenses et les rapports dont elle a été l'objet ne laissent plus de doutes sur son incontestable mérite dans les circonstances spéciales pour lesquelles elle a été créée, c'est-à-dire dans les défrichements de landes, de marais desséchés, de bois, etc Perfectionnée encore depuis, elle est aujourd'hui, sans contredit, la meilleure charrue fixe que nous possédions. Cette rigidité de marche, et, partant, l'ingénieuse disposition de l'age triple et de l'avant-train qui distinguent cette charrue, sont-ils un avantage, même pour les labours ordinaires ? C'est ce dont il est permis de douter, et la présence de l'excellent araire à patin qu'expose également M. André-Jean prouverait que lui-même n'est pas de cet avis. Mais hâtons-nous d'ajouter que ce système s'accorde parfaitement avec la multiplicité des corps, et que nul bi ou tri-socs n'offrira plus de conditions de stabilité et de régularité de travail que la charrue double exposée par cet habile agriculteur, charrue spécialement destinée aux semailles, et munie, à cette fin, de deux semoirs fort simples qui prennent leur mouvement sur le bouge intérieur de chacune des roues. N'exigeant qu'un attelage ordinaire, et pouvant être conduite par le premier venu, cette charrue doit être précieuse dans toutes les contrées où le sol a le grave défaut de déchausser les plantes.

Quant au coupe-racines, il est sur le système du coupe-racines de Grignon, et, quoique fait un peu grossièrement, et ayant un tambour presque cylindrique, il est de nature à rendre d'excellents services.

Le jury, reconnaissant les habiles et constants efforts que ne cesse de faire depuis longues années cet honorable agriculteur pour l'avancement de son art, lui décerne ici, pour les instruments signalés, une nouvelle médaille d'argent.

M. Jean-Baptiste BONNET, cultivateur, à Rousset (Bouches-du-Rhône).

Il a exposé la charrue de défoncement qui porte son nom. L'utilité des défoncements, encore contestée dans le Nord par beaucoup de cultivateurs, est depuis longtemps reconnue dans le Midi ; car ils sont le moyen le plus puissant d'atténuer l'effet des longues et désastreuses sécheresses qui désolent ces contrées. L'impossibilité d'effectuer un labour de défoncement avec des attelages peu nombreux avait fait adopter le *pelleversage*, c'est-à-dire le bêchage du fond de la raie par des hommes qui suivent la charrue, creusent le fond du sillon qu'elle vient de tracer et en relèvent la terre sur la bande renversée, méthode excellente, très-usitée en Flandre où elle est connue sous le nom de *ryollage*, mais qui, malheureusement, est fort coûteuse. Remédier à ce dernier et si grave inconvénient, tout en opérant le défoncement aussi bien que le pelleversage, tel a été le but que s'est proposé M. Bonnet, et que, le premier, il a su atteindre d'une manière complète.

Ce n'est pas qu'on n'eût déjà fréquemment essayé de défoncer en faisant passer la charrue deux fois dans la même raie. Mais, en pareil cas, la charrue ordinaire, au lieu de soulever la terre du sous-sol et de la renverser sur la terre labourée, ne faisait que la comprimer contre celle-ci par un effet de coin, et la laissait retomber ensuite au fond de la raie. Le problème était donc d'élever la terre détachée du fond de la raie jusqu'au-dessus de la bande précédemment retournée, puis de la renverser sur celle-ci en lui faisant faire la même révolution que dans les labours ordinaires. C'est ce problème que M. Bonnet a résolu en faisant suivre le soc d'un plan cycloïdal montant, et qui, parvenu à une certaine hauteur, passe successivement à une suface hélicoïde, laquelle se débarrasse, en se retournant, de la terre qui s'était élevée jusque-là sur le plan cycloïdal.

Simple maître-valet chez M. Isoard, propriétaire près d'Aix, M. Bonnet, en inventant sa charrue, a fait preuve d'une remarquable intelligence, et a doté l'agriculture d'un instrument qui lui manquait, qui est le complément nécessaire des charrues sous-sol, qui, enfin, a déjà rendu de grands services à notre agriculture et promet de lui en rendre de plus grands encore. Le jury décerne à cet honorable agriculteur la médaille d'argent.

M. Jean PARDOUX, mécanicien, à Randan (Puy-de-Dôme).

Il a exposé une charrue à avant-train pour labours en billons, et une charrue double pour labours à plat.

Cette dernière est sur le système des charrues dites *guimbardes*, inventées par M. de Dombasle. Ce sont deux corps de charrue; un verse-à-gauche et un verse-à-droite placés l'un au-dessus de l'autre et en opposition, de telle sorte que, quand l'un pose sur terre, l'autre a le sep en l'air. La charrue Pardoux se rapproche de l'application ingénieuse qu'a faite de ce système le sieur Paris, à Saint-Quentin; mais elle en diffère par quelques points essentiels : les deux corps de charrue ne sont pas fixés d'une manière invariable sur l'age, qui est ici immobile; ils n'y sont attachés que par deux boutons sur lesquels ils pivotent quand, arrivés au bout de la raie, ou veut changer de corps de charrue. Le changement opéré, un levier à ressort mentonnet sert à les fixer dans la position voulue. L'age, après avoir dépassé l'avant-train, s'infléchit vers la terre et porte à son extrémité une tringle au bout de laquelle est le crochet d'attelage. Cette tringle, traversant le piton d'un petit montant qui glisse dans une coulisse horizontale portée sur les armons d'avant, peut être dirigée et fixée à droite ou à gauche, suivant qu'on veut donner plus ou moins de raie. Il en résulte que le tirage s'effectue directement sur l'age, et que l'avant-train n'est qu'une espèce de support dans le genre du support Rosée, mais muni de dispositions ingénieuses pour la régularisation verticale et l'inclinaison de la charrue suivant la pente du terrain. Deux tringles, partant de l'age et aboutissant aux boîtes à coulisse de la traverse, assurent la régularité de la marche de l'avant-train. Ajoutons que la forme des socs et des versoirs est très-bonne. Au total, quoique moins solide peut-être que la charrue Paris, la charrue Pardoux est une des meilleures que nous possédions pour labours à plat.

Quant à l'autre charrue, établie sur un système analogue, sauf un avant-train moins compliqué et l'immobilité du seul corps qu'elle porte, elle rentre, par la fixité de sa marche et par la faculté de se maintenir en raie sans le secours du laboureur, dans la catégorie des charrues Granger dont elle a tous les avantages, mais aussi tous les inconvénients. De plus, le versoir paraît être d'une forme moins heureuse que ceux de la charrue double. C'est encore, néanmoins, une très-bonne charrue, qui, dans des circonstances données, rendra des services réels à l'agriculture. Le jury décerne à l'habile constructeur de ces deux instruments, pour la charrue double spécialement, une médaille d'argent.

M. C. H. PROUX, propriétaire, agriculteur à Levet (Cher).

Il a exposé une machine à battre portative, un rouleau brise-mottes avec semoir, un froisseur pour égrener le trèfle, et un modèle de parc roulant. La *machine* est montée sur deux ou quatre roues à volonté. Le manége en est séparé : c'est un manége sous terre. La transmission de mouvement s'opère au moyen de courroies sans fins. La machine est sur le système dit *suédois;* mais la surface concave qui enveloppe une partie du tambour batteur est unie. Les coussinets du tambour peuvent être haussés ou baissés au moyen d'une vis de rappel. Un râteau circulaire dans le genre de celui de Roville, et un ventilateur complètent cette machine, qui, par la facilité avec laquelle elle peut être transportée d'un lieu à un autre, est de nature à rendre de grands services partout où les propriétés sont divisées en petites et moyennes fermes.

Le *froisseur* consiste en un manchon cylindrique vertical, garni de tôle piquée à l'intérieur, et dans lequel tourne un cylindre également garni de tôle piquée. Par-dessous se trouve un appareil semblable, ou plutôt la continuation du même, mais sur un plus grand diamètre. Introduites dans l'intervalle assez étroit qui sépare le cylindre du manchon, les têtes de trèfle y subissent un froissement qui est en raison de la vitesse avec laquelle se meut le cylindre, et qui enlève et pulvérise la balle en laissant la graine à nu. Cette machine paraît devoir donner de bons résultats.

Le rouleau brise-mottes, armé d'espèces de lames ou becs en fonte, doit agir très-énergiquement, moins cependant que le rouleau Krosskhill, mais il est moins cher (300 francs). Le semoir qui est ajouté à ce rouleau consiste en une trémie sous laquelle se meut un cylindre muni d'un filet en hélice qui entraîne la semence hors de la trémie; il peut remplacer avec avantage la main du semeur pour la semaille de certaines graines. Quant au parc roulant et couvert, tout en reconnaissant qu'il renferme une idée bonne et utile, réalisée d'une manière ingénieuse, on doit craindre que le prix élevé de cet appareil, les avaries fréquentes qu'il doit éprouver ne l'excluent pendant longtemps de la culture. Le jury, appréciant l'utilité pratique des autres machines exposées par l'habile agriculteur de Levet, désireux d'ailleurs d'encourager les cultivateurs qui se livrent à la construction des instruments aratoires, décerne à M. Proux une médaille d'argent.

M. Charles-Henry MOYSEN, propriétaire cultivateur, à Mézières (Ardennes).

Il a exposé 12 instruments : 1° un bis-soc pour labours à plat; 2° un araire à levier régulateur auquel peut se substituer une maille allongée à roulettes, formant support; 3° un autre araire à levier à roulettes; 4° un tranche-gazon, un arracheur de pommes de terre et betteraves, et un rigoleur se plaçant alternativement sur le même bâti en bois; 5° un extirpateur; 6° une herse articulée en fer, pouvant changer de forme instantanément au moyen d'un levier; 7° un rafleur pour la récolte de la graine de trèfle; 8° un sarcloir et rigoleur à bras; 9° et 10° deux autres sarcloirs à bras; 11° un frontal pour les taureaux méchants; 12° un arrache-joncs.

Ces instruments sont tous fort mal construits, mais tous, sans exception, présentent plusieurs dispositions entièrement nouvelles et la plupart fort ingénieuses. Dans l'impossibilité de les décrire ici d'une manière tant soit peu intelligible sans le secours de nombreuses figures, le jury se borne à signaler comme particulièrement remarquables les versoirs des trois charrues; leurs régulateur et supports et les appareils à rigoler des n°s 4 et 8; le sarcloir n° 8, à cheval sur la ligne et muni d'un rouleau qui sert d'abord à conduire l'instrument aux champs, et ensuite à lui donner une tendance plus ou moins prononcée à pénétrer en terre, suivant la position dans laquelle on le place; le sarcloir à levier n° 10, instrument peu pratique dans l'état actuel, mais présentant une idée qui peut recevoir plus d'une application fructueuse; enfin, le frontal pour les taureaux dangereux, appareil sanctionné par l'expérience.

Il y a, dans ces instruments informes et grossièrement établis, de quoi défrayer utilement les travaux d'habiles constructeurs, qui pourraient tirer un excellent parti des idées conçues par M. Moysen, idées que sa position d'agriculteur, étranger à la construction, ne lui a pas permis de faire exécuter d'une manière satisfaisante, mais qu'il livre généreusement au public, car il n'a point voulu prendre de brevet d'invention.

C'est en se plaçant à ce point de vue, et c'est pour reconnaître l'esprit ingénieux et observateur de cet honorable agriculteur, ainsi que le zèle ardent qu'il met, depuis nombre d'années, au service des progrès agricoles, que le jury lui décerne une médaille d'argent.

Médailles de bronze.

M. Sébastien BRANGER, propriétaire-cultivateur, à Marsais-Sainte-Radegonde (Vendée).

Il a exposé un araire dans lequel se trouve résolu d'une manière très-ingénieuse un problème dont on ne croyait la solution possible que dans les charrues à train : la faculté de faire varier l'entrure et l'enrayure sans arrêter. C'est, comme dans le système Rabourdin, au moyen d'un double age, dont le supérieur est mobile, qu'on obtient ce résultat. Mais l'absence d'avant-train établissait des conditions toutes différentes et des difficultés d'un nouveau genre que l'auteur est parvenu à surmonter avec un succès d'autant plus remarquable, qu'il a été obtenu sans nuire à la solidité de l'instrument. L'age supérieur est en fer carré, et tient à l'age inférieur, très-court, par un petit montant à double articulation qui lui permet de se mouvoir dans le plan horizontal et dans le plan vertical. Recourbé à son extrémité antérieure et percée d'un trou à travers lequel passe la tringle d'attelage qui part du bout de l'age inférieur, il se termine postérieurement par un anneau allongé embrassant un fort montant en fer, un peu recourbé en avant et fixé sur l'age inférieur, à la naissance des mancherons. Au moyen d'une boîte à coulisse munie d'une vis de pression, on fixe l'anneau sur le montant au point convenable, et on détermine ainsi la position de l'extrémité antérieure de l'age et de la tringle d'attelage; partant, on règle la profondeur de la raie et la largeur de la bande de terre.

La vis de pression étant sous la main du laboureur, il peut opérer tout en marchant. Mais, lors même qu'il trouverait préférable de s'arrêter pour le faire, comme cela est supposable, la faculté pour lui de pouvoir régler sans quitter les mancherons, sans s'exposer, par conséquent, aux accidents qui n'arrivent que trop fréquemment lorsqu'on opère sur les régulateurs ordinaires placés derrière les chevaux, sera certainement de nature à être prise en considération.

Le versoir est, comme celui de la charrue Dombasle, divisé en deux parties; le versoir proprement dit, lié à l'avant-corps par 2 charnières, est mobile et peut être plus ou moins écarté au moyen d'une entretoise à vis et écrou. Quoique la mobilité du versoir ne soit pas une condition nécessaire des bonnes charrues, et ne puisse, en tout cas, s'exercer que dans des limites très-restreintes, elle est d'un certain avantage dans quelques circonstances, notamment pour obtenir un renversement égal de la bande de terre avec des épaisseurs variées ou dans des terrains en pente. On pourrait désirer un peu plus de longueur dans l'age et les mancherons; telle qu'elle est, néanmoins, cette charrue est très-remarquable. Le jury décerne à l'habile agriculteur qui en a doté l'industrie rurale une médaille de bronze.

M. RABOURDIN, propriétaire cultivateur, à Villacoublay (Seine-et-Oise).

Il a exposé une charrue à avant-train de son invention, qui se distingue par le mécanisme particulier pour la régulation verticale qui porte son nom, par une transmission du tirage telle, que la pression de l'age sur l'avant-train est neutralisée et ne peut dès lors accroître la résistance, enfin par une forme de versoir et de soc qui paraît être parfaitement appropriée à la nature des terres cultivées par cet habile agriculteur. Cette charrue laisserait peu à désirer, si la balance était mobile, et surtout si les dispositions pour la régulation horizontale étaient plus complètes. Telle qu'elle est, on peut, néanmoins, la considérer comme une des bonnes charrues à avant-train que nous possédions; en conséquence, le jury décerne à M. Rabourdin une médaille de bronze.

M. Gustave RIVAUD, directeur de la ferme-école du Petit-Rochefort (Charente).

Il a exposé un extirpateur et trois araires de dimensions variées.

L'extirpateur est à trois socs fort larges et montés d'après le système Valcourt. Cette disposition donne à ces organes non-seulement de la solidité, mais encore la faculté de pénétrer dans des terrains durcis. Une rouelle par-devant assure la régularité de la marche.

Le petit araire est destiné à la culture de la vigne plantée en lignes régulières, et, à cette fin, le corps y est autrement placé que dans les araires ordinaires; le sep, au lieu d'être dans le même plan que l'age, est un peu à gauche, comme dans la vigneronne de M. Lacaze. Quant aux deux autres araires, ce sont des Dombasles de petite et de grande dimensions, mais modifiées en ce sens que les versoirs sont en fer battu et présentent une surface qui paraît mieux appropriée au glissement et au renversement de la bande de terre. Ces instruments, sans rien présenter de particulier qui puisse attirer l'attention des curieux, sont d'une construction simple, solide et d'un prix modéré. Ce sont, en un mot, de bonnes machines de service pour l'agriculture. Le jury décerne à l'habile et zélé directeur du Petit-Rochefort, une médaille de bronze.

M. DE BEC, directeur de la ferme-école de la Montauronne (Bouches-du-Rhône).

Il a exposé une charrue dite *sous-sol*. L'utilité et l'emploi des instruments de ce genre ont été signalés plus haut. Il reste à dire ici que la charrue de M. d. Bec, sans avoir les mêmes dimensions que la charrue sous-sol de M. Laurent, permet cependant de remuer le sous-sol à 0m,15 et 0m,20 de profondeur au-dessous du fond de la raie, et présente toutes les conditions d'un excellent travail et d'une grande solidité, jointes à un prix modéré.

Le jury ne doute pas des bons effets que doit produire l'introduction de cet instrument dans la culture du Midi; il décerne à l'habile et savant directeur de la Montauronne une médaille de bronze.

M. Pierre-Florentin BOULLY-JOLY, fabricant d'instruments aratoires, à Bourbonne-les-Bains (Haute-Marne).

Il a exposé une charrue à avant-train. Pour quiconque a vu les machines aratoires en usage, dans cette partie de la Haute-Marne, la charrue du sieur Boully-Joly paraîtra, certes, un notable perfectionnement. Mais, même sans tenir compte de cette circonstance, de nature cependant à être prise en considération, le jury regarde cet instrument comme digne d'une attention spéciale; car il offre, dans presque toutes ses parties, l'application rationnelle des principes admis aujourd'hui dans la construction des charrues, sans que l'ensemble des formes et des dispositions, l'aspect et les conditions d'emploi auxquels on est habitué dans le pays, aient été modifiés. Enfin, il est d'un prix excessivement bas (65 francs, tout compris). Le grand nombre de ces charrues vendu depuis peu prouve que les cultivateurs de la localité ont su apprécier ces avantages. Le jury, qui partage cette bonne opinion, accorde au sieur Boully-Joly une médaille de bronze.

MM. TALBOT frères, serruriers et constructeurs d'instruments aratoires, à Ménetou-Salon (Cher).

Ils ont exposé une charrue à avant-train, dont le corps (soc et versoir) paraît une des nombreuses applications du système de génération proposé par M. Moll pour les versoirs, et peut être considéré comme un des meilleurs que nous possédions. L'expérience a, du reste, démontré les avantages de cette forme de versoir; car, ainsi que le constatent de nombreux renseignements parvenus au jury, partout, dans les concours comme dans l'emploi usuel, cette charrue, toutes choses égales d'ailleurs, a offert moins de résistance (en moyenne, 1/3) que d'autres charrues considérées jusqu'à présent comme les plus parfaites.

Elle ne laisserait plus rien à désirer, si l'avant-train avait une balance mobile, une régulation horizontale (pour faire varier la largeur de la raie), et cette disposition si simple et en même temps si importante, le prolongement du *forceau* derrière l'essieu, disposition au moyen de laquelle on obtient les mêmes résultats qu'avec le levier Granger, sans en avoir les inconvénients, c'est-à-dire le soulèvement de l'avant-train, qui, dès lors, ne transmet plus jusqu'à terre la pression de l'age.

Malgré l'absence de ces perfectionnements, qu'on peut espérer voir adopter par MM. Talbot, le jury accorde à ces habiles constructeurs une médaille de bronze.

M. Bernard AYCARD, fabricant d'instruments aratoires, à Marseille (Bouches-du-Rhône).

Il a exposé une charrue simple. Cet instrument se rapproche, pour l'ensemble, de la charrue Dombasles mais il en diffère par plusieurs modifications rendues nécessaires par les circonstances physiques du pays. Ainsi, le soc Dombasles ne fonctionnait que difficilement dans les terrains pierreux et desséchés de la Provence. Le sieur Aycard a su lui donner une forme plus convenable, et, par une disposition ingénieuse, faciliter le rechaussage, rendre la partie qui s'use le plus, la pointe, indépendante du tranchant. Le versoir a également subi quelques changements qui le rendent particulièrement propres aux labours profonds, si importants dans le Midi. Le jury accorde à ce constructeur une médaille de bronze.

M. QUENTIN-DURAND fils, mécanicien, constructeur d'instruments aratoires, rue de Paradis-Poissonnière, n° 29, à Paris.

Il a exposé un crible-plan incliné, un hache-paille rotatif, un petit manége en terre, une baratte à beurre et une ratissoire à lame mobile.

La maison Quentin-Durand a été, pendant quelque temps, l'une des premières maisons de Paris pour la construction des instruments aratoires, et le jury se plaît à reconnaître que M. Quentin-

Durand père a rendu des services réels à notre agriculture, soit en la dotant de plusieurs bons instruments de l'étranger, soit en perfectionnant les instruments indigènes. Aujourd'hui, sous la direction de M. Durand fils et grâce à son activité, cette maison tend à reprendre son ancien rang.

Les objets exposés, par leur bonne exécution et leurs prix modérés, et plusieurs dispositions ingénieuses qui en augmentent plus ou moins le mérite, sont de nature à favoriser ses efforts dans ce sens. Le jury a surtout remarqué le crible-plan incliné, machine très-ancienne, mais perfectionnée par M. Quentin-Durand de façon à en rendre l'emploi plus facile et l'action plus énergique, ce qui l'a fait adopter pour les magasins de la guerre et de plusieurs grands commerçants en grains. Le hache-paille rotatif, instrument également fort connu, mais que M. Durand, un des premiers, a fabriqué en France et qu'il a amené à un degré remarquable de simplicité. Il en est de même de la baratte dont l'idée première est due à M. de Valcourt, idée que M. Durand a été le premier à mettre à exécution.

Le jury, appréciant l'ensemble de ces faits et le mérite des instruments exposés, décerne à M. Quentin-Durand fils une médaille de bronze.

M. DÉSERT, maréchal, à Bouville (Seine-Inférieure).

Il a exposé une charrue cauchoise modifiée, un extirpateur, une houe-buttoir ou sarclo-buteur et une ratissoire.

La charrue a conservé le soc et le versoir du pays, mais l'avant-train, l'age, la transmission du tirage et les moyens de régulation ont été avantageusement modifiés; sans être exempt de défauts, cet instrument peut être considéré comme un perfectionnement réel sur l'ancienne charrue cauchoise.

Quant à l'extirpateur et à la houe-buttoir, le jury croit pouvoir les signaler comme de bons instruments destinés à rendre de grands services dans la localité, d'autant plus que leurs prix modérés (180 et 60 francs) les mettent à la portée des simples cultivateurs. 204 extirpateurs et 117 houes-buttoirs vendues en peu de temps témoignent, du reste, de la juste appréciation que font ceux-ci du mérite de ces instruments.

Le jury joint son suffrage au leur en décernant à M. Désert une médaille de bronze.

Mentions honorables.

M. Maurice THOMAS, forgeron, à Bassuet (Marne).

Il a exposé une charrue à avant-train offrant plusieurs particularités remarquables.

La régulation horizontale s'effectue non-seulement au moyen de la chappe qui glisse sur la portion du cercle réunissant les deux armons, mais encore à l'aide d'une vis sans fin encastrée dans l'intérieur de l'age et engrenant sur l'étançon de devant: moyen efficace, mais qui a l'inconvénient de diminuer la solidité de l'age, dans la partie qui en a le plus besoin. Une vis de rappel, placée près de l'extrémité de l'age, permet d'incliner la charrue à droite ou à gauche, faculté utile dans le labour des terrains en pente. Enfin, une forte tringle parallèle à l'age, terminée par une petite fourche qui la fixe à volonté sur un montant de l'avant-train, offre le moyen de donner à la charrue une grande stabilité de marche qu'accroît encore le passage de la chaîne de tirage, sous la traverse des armons. Par l'addition d'un régulateur, qu'il serait facile d'établir à l'extrémité de l'age, l'instrument pourrait marcher comme araire. En le reliant à l'avant-train, par le seul moyen de la chaîne de tirage et du gougon placé sous l'age, on le met dans la même condition que l'araire Dombasle, muni de son avant-train; enfin, en fixant sur le montant de l'avant-train la tringle mentionnée plus haut, on lui donne presque la fixité de la charrue Granger.

Le sep est trop long, mais il est fort étroit; le soc, d'ancien système, et le versoir en tôle ont une forme qui paraît convenir dans les terres légères.

Tout en reconnaissant ce qu'il y a d'ingénieux dans le mécanisme de cet instrument, le jury ne peut qu'en regretter la complication qui se traduit d'une manière fâcheuse par le prix de 180 francs auquel il est coté, par l'absence de solidité de certaines parties et par la difficulté des réparations.

Néanmoins, comme l'ensemble de la charrue témoigne du génie inventif de l'auteur; que la plupart des dispositions qu'elle présente pourront, dans certains cas donnés, recevoir d'utiles applications, le jury accorde à l'auteur une mention honorable.

M. Eugène BERGE, directeur de la ferme-école de Belley (Aube).

Il a exposé une charrue champenoise perfectionnée qui se distingue par un versoir propre aux terres légères, par une régulation dans le système Rabourdin, c'est-à-dire au moyen du double age, avec vis de rappel à l'extrémité postérieure. L'avant-train offre un moyen de régulation horizontale, très-complet par la mobilité, dans une coulisse, du demi-collet qui reçoit l'extrémité de l'age; mais ce qui le distingue avant tout, c'est que la languette à laquelle on attelle les moteurs, au lieu d'aboutir à l'essieu, est fixée au centre d'un ressort à lames elliptiques, placé devant l'essieu et destiné, suivant l'auteur, à amortir les chocs et à servir de dynamomètre.

Le jury ne peut reconnaître d'avantages dans cette addition que sous ce dernier point de vue : la transmission de la puissance par l'intermédiaire d'un ressort, ayant toujours pour résultat d'absorber inutilement une partie de la force.

Cette réserve faite, le jury accorde à M. Berge, pour l'ensemble de sa charrue, une mention honorable.

M. Frédéric WASSE, fabricant d'instruments aratoires, à Cagny (Somme).

Il a exposé une charrue tourne-soc à double oreille mobile faisant alternativement fonction de versoir et de muraille. M. Wasse, qui le premier paraît avoir introduit ce système de charrue dans les pays où l'on se sert encore généralement de l'antique et défectueuse charrue tourne-oreille, est parvenu, après bien des tâtonnements, à établir une forme de versoir qui, sans être entièrement exempte des défauts inhérents à ce système, remplit cependant plusieurs des conditions d'un bon versoir. Cette circonstance, jointe aux ingénieuses dispositions pour opérer le renversement du soc et le changement de versoir, constitue un véritable progrès que les cultivateurs paraissent avoir apprécié, si l'on en juge par le nombre de ces charrues qui se sont vendues depuis quelques années. Aussi le jury, quoique ne considérant cet instrument que comme une transition, accorde à M. Wasse une mention honorable.

M. TEILLARD, fabricant d'instruments aratoires, à Roanne (Loire).

Il a exposé deux araires à versoir en fonte, soc américain et régulateur Rosé, c'est-à-dire offrant les principales conditions des bons araires. Le seul reproche grave qu'on puisse adresser à ces instruments, c'est d'avoir le soc et la partie antérieure de l'avant-corps trop plats, défaut qui vient d'une courbure vicieuse de la gorge et qui a pour effet de diminuer la solidité de ces parties. Quoique ce défaut n'ait une grande importance que dans les terrains pierreux, M. Teillard, en le corrigeant, accroîtra beaucoup l'utilité de ses instruments dont la bonne confection, du reste, et le bas prix (28 et 34 francs), engagent le jury à accorder au constructeur une mention honorable.

M. Simon BICHET, négociant, ancien agriculteur, à Besançon (Doubs).

Il a exposé une charrue de son invention pour labours à plat. Cet instrument, tout en fer, présente, à côté de plusieurs dispositions déjà connues, un mécanisme nouveau et remarquable. Le soc est double; les deux portions, formant chacune un triangle rectangle, sont réunies perpendiculairement l'une à l'autre de telle sorte, que la pointe est commune et que, lorsqu'un des socs est dans le plan horizontal, l'autre se trouve dans un plan vertical et fait office de coutre. L'angle que forment ces deux plans est rempli en partie par une surface concave qui forme le prolongement en avant de la surface de l'un ou de l'autre versoir. Cette surface paraît offrir toutes les conditions pour le soulèvement et le renversement de la bande de terre avec le moins d'efforts possible. Les deux versoirs, portés sur des étançons spéciaux à chacun et qui pivotent sur l'age, travaillent alternativement; quand l'un fonctionne, l'autre est en l'air dans une position horizontale. Le même mécanisme qui rabat un versoir et soulève l'autre fait également tourner le soc. On peut, du reste, enlever l'un des versoirs; l'instrument fonctionne alors comme charrue à planches ou billons. Ce mécanisme est ingénieux; il en est de même des moyens de régulation. Malheureusement tout cela est compliqué; le soc même, cette pièce si sujette à usure, est d'une confection et d'une réparation difficiles. La charrue de M. Bichet, serait néanmoins un grand progrès sur l'ancienne charrue tourne-oreille si nous n'avions pas, pour le même objet, dans les charrues jumelles, et les guimbardes avec avant-train, des instruments plus simples et mieux appropriés aux ressources si bornées de l'agriculture en fait d'ouvriers forgerons. Toutefois, tenant compte à M. Bichet des ingénieuses dispositions qu'on remarque dans sa charrue, dont plusieurs pourront recevoir plus d'une application ailleurs, et prenant en considération le bas prix de l'instrument, eu égard aux matériaux et à la construction, le jury accorde à M. Bichet une mention honorable.

M. Joseph RAMELLA, fabricant d'instruments aratoires, à Gap (Hautes-Alpes).

Il a exposé une charrue pour labours à plat, les seuls praticables dans les terrains à pente rapide, si nombreux dans ce département. Cette charrue est celle de M. Allier, qui a figuré à l'exposition de 1844, et a été honorée d'une médaille de bronze. Mais elle a reçu quelques modifications dans les dispositions des étançons, et par l'addition facultative d'un petit avant-train assez ingénieux; modifications qui, sans être d'une grande importance, n'en constituent pas moins un progrès. Aussi le jury, qui, d'ailleurs, a pris en considération les services rendus à la localité par le sieur Ramella, lui accorde une mention honorable.

M. François MEUGNIOT, fabricant d'instruments aratoires, à Dijon (Côte-d'Or).

Il a exposé une charrue à avant-train pour labours à plat, construite d'après le système bien connu du tourne-soc. Le constructeur a su néanmoins donner au soc plus de solidité que cela n'a lieu d'ordinaire dans cette espèce de charrue; les deux versoirs qu'on emploie alternativement sont d'une forme convenable, et se placent et s'enlèvent facilement; il en est de même du coutre, qui sert en outre à consolider le soc.

Honoré d'une mention honorable en 1834, et d'une citation favorable en 1839, M. Meugniot paraît digne au jury d'une nouvelle mention honorable.

M. André RAYET, taillandier, à Lussat (Creuse).

Il a exposé une charrue pour labours à plat, du genre de celles dites *charrues-jumelles*. On sait que ces charrues, inventées par M. de Valcourt, se composent de deux corps complets de charrues, réunis à la partie postérieure, ayant les versoirs du même côté et un sep commun. La charrue du sieur Rayet en diffère par les points suivants : les deux versoirs ne se touchent que par l'aile supérieure, ils sont en fonte et portent des socs américains. Enfin, l'age est simple, et pivote sur une broche fixée au centre d'une pièce de fonte parallèle au sep et unissant les deux étançons par le haut. Au moyen de deux chevilles de fer, on le fixe dans l'un ou l'autre des deux sens qu'il doit occuper, suivant qu'on verse à droite ou à gauche. De cette manière, la manœuvre est simplifiée. Arrivé au bout de la raie, le laboureur n'a plus besoin de dételer ses chevaux, il se borne à les faire tourner, après avoir enlevé les deux chevilles, qu'il replace ensuite lorsque l'age est parvenu à sa nouvelle position. Au total, le jury considère cette charrue comme un instrument utile, appelé à rendre des services, en se substituant aux mauvaises charrues tourne-oreilles dans les contrées où les labours à plat sont en usage. Il décerne, en conséquence, à l'inventeur une mention honorable.

M. BARDONNET DES MARTELS, directeur de la ferme-école de Montbernaume (Loiret).

Il a exposé une charrue de son invention qui offre plusieurs dispositions remarquables. Quoique munie d'un avant-train, elle peut marcher comme araire, la volée s'attachant directement à un régulateur fixé à l'extrémité de l'age. L'avant-train ne sert, par conséquent, que de support.

Le large sep des charrues du pays a été remplacé par une muraille dont le bord inférieur, très-étroit, n'occasionne que peu de frottement, et ne fait jamais *botter* la charrue.

Quant à la forme du versoir qu'on remarque dans cette charrue, le jury pense que les avantages qu'y a trouvés l'inventeur tiennent à des circonstances tellement exceptionnelles, qu'ils ne peuvent en aucune manière empêcher de le considérer comme défectueux. C'est donc exclusivement au mode de transmission du tirage, aux moyens de régulation, au rétrécissement de la semelle et au prix modéré de l'instrument que s'applique la mention honorable que le jury accorde à M. Bardonnet, qui, depuis nombre d'années, montre tant de zèle pour les progrès de l'agriculture.

M. Jean-Marie TRITSCHLER, mécanicien constructeur, à Limoges (Haute-Vienne).

Il a exposé un petit araire verse-à-gauche, à age court, lequel est mobile sur les étançons, et sert ainsi à régler l'entrure. Ce systeme, bien connu, à côté de l'avantage d'une prompte et facile régulation, a l'inconvénient de diminuer un peu la solidité de l'instrument, défaut grave dans les grandes charrues, mais minime dans les charrues destinées, comme celle-ci, à faire des labours légers, et que, d'ailleurs, le sieur Tritschler a su atténuer d'une manière ingénieuse. Une simple bride mobile, qu'on fixe au moyen d'une vis de pression, sert de coutelière, et permet de changer non-seulement la hauteur, mais encore la position du coutre en avant de la gorge; innovation heureuse, et qui probablement ne tardera pas à se répandre.

Le sieur Tritschler, qui a un important atelier de construction, a rendu service à l'agriculture de la Haute-Vienne, en ajoutant à ses autres travaux la fabrication des instruments aratoires, et la petite charrue qu'il expose pourra être fort utile à la petite et moyenne culture, et ne tardera pas à s'y substituer, en partie du moins, à l'antique araire, surtout si le constructeur s'attache à en rendre la conduite plus facile, en allongeant les mancherons. Le jury accorde au sieur Tritschler une mention honorable.

M. GAUGRY-LUMET, fabricant d'instruments aratoires, à Châteauroux (Indre).

Il a exposé une charrue à avant-train bien établie, dont le soc se distingue des socs ordinaires, en ce qu'il est en deux parties, la pointe, fort allongée, et le tranchant, disposition qui, suivant la commission départementale, rend cette charrue particulièrement propre aux terrains pierreux. Elle paraît être, en effet, très-répandue dans les environs de Châteauroux. Le jury, tout en faisant observer que la confection et la réparation de ce soc doivent exiger plus d'habilité et de soins que pour les socs ordinaires, accorde à l'inventeur une mention honorable.

M. Adrien LIGEARD, fabricant d'instruments aratoires, à Saint-Cyr (Indre-et-Loire).

Il a exposé plusieurs instruments parmi lesquels le jury a remarqué :

1° Un araire américain très-simple, très-léger, et propre aux terrains meubles;

2° Un extirpateur à 3 pieds très-larges, destiné à marcher avec avant-train ;

3° Une charrue à avant-train propre aux terres fortes et aux labours profonds. Ces trois instruments n'offrent rien de particulier. On peut même dire que, pour la jonction de l'age avec l'avant-train et pour le soc, la charrue n'est pas à la hauteur des derniers perfectionnements; mais ils sont solides, bien confectionnés, et constituent un progrès réel pour la localité.

Le jury, d'ailleurs, a pris en considération les petites charrues à brancard et à un cheval que fabrique également le sieur Ligeard, au prix de 25 francs, et qu'il a eu le tort de ne pas exposer: charrues adoptées par tous les petits cultivateurs de la Touraine; et qui ont rendu de grands services à la petite et moyenne culture de cette contrée. Il lui décerne, en conséquence, une mention honorable.

M. Antoine ROUQUET, fabricant d'instruments aratoires, à Toulouse (Haute-Garonne).

Il a exposé un instrument qu'il appelle *grappin*. En l'absence de toute explication de la part de l'auteur et du jury départemental, le jury central, réduit à de simples conjectures, a supposé que cet instrument est destiné à ouvrir un sol durci par la sécheresse, afin de permettre à la charrue d'y fonctionner, ou même, dans l'occasion, à marcher derrière une charrue ordinaire pour remuer le fond de la raie sans ramener la terre à la surface, et faire ainsi office de charrue sous-sol.

Établi sur le même système que les bonnes charrues du pays, c'est-à-dire avec un age long, fixé au joug des bœufs et qui porte à son extrémité postérieure une forte tige de fer recourbée et tranchante en avant, surmontée d'un long mancheron et terminée inférieurement par un épatement sur lequel se fixe un soc étroit à griffes, cet instrument a paru au jury parfaitement approprié au travail mentionné, travail important surtout dans les contrées à sol argilo-siliceux et sujettes à de longues sécheresses. En conséquence, il accorde à l'auteur une mention honorable.

M. Jean-Baptiste BAILLET, propriétaire cultivateur, à Fouilloy (Somme).

Il a exposé : 1° une charrue à trois corps pour labours à plat; 2° une charrue à un seul corps et oreilles mobiles, également pour labours à plat; 3° un plantoir à betteraves; 4° un rouleau divisé en trois parties; 5° un échenilloir; 6° un dynamomètre en bois.

La charrue n° 1 a déjà figuré à l'exposition de 1844, où elle a reçu une mention honorable. Parmi les autres instruments, le jury a fixé son attention principalement sur la charrue n° 2. Cet instrument, qui a deux versoirs, dont la partie inférieure est mobile, présente une disposition déjà essayée ailleurs, mais que le sieur Baillet a su appliquer avec succès dans cette circonstance: la pointe du soc est seule fixe; l'aile et le tranchant, pour chacun des côtés, tiennent à la base du versoir qui leur correspond, et se fixent dans une rainure pratiquée de chaque côté de la pointe du soc. Les versoirs, ainsi prolongés, ne sont guère plus difficiles à placer et à déplacer que l'oreille des charrues ordinaires de Picardie. Cette disposition rend, à la vérité, l'instrument plus compliqué, plus cher, plus exposé aux accidents que ces dernières, mais aussi beaucoup plus parfait au point de vue de la qualité du labour et de la résistance opposée à sa marche.

Le jury, pour cette seconde charrue, ainsi que pour le rouleau, accorde à M. Baillet une nouvelle mention honorable.

M. P. F. LAGRANGE, mécanicien modeleur, rue du Faubourg-du Temple, n° 81, à Paris.

Il a exposé les modèles d'une machine à battre le grain, d'un moulin à blé avec manége, d'une roue hydraulique horizontale et deux barattes.

Ces modèles, sans présenter rien de particulier, sont bien exécutés et peuvent être utiles, tant pour servir à l'enseignement que pour servir aux ouvriers qui voudraient les copier en grand.

Le jury accorde au sieur Lagrange une mention honorable.

M. CUAZ, forgeron et charron, à Montferrat (Isère).

Citations favorables

Il a exposé une charrue tourne-soc pour labours à plat. Cette charrue, qui marche avec un support à roulette, est dans le système des charrues à double oreille mobile, faisant office alternativement de versoir et de muraille. C'est assez dire que la forme de ces versoirs est nécessairement défectueuse, quoique moins mauvaise que celle de beaucoup d'autres versoirs du même genre. Malgré ce défaut, inhérent à la nature même du système, cette charrue peut rendre de bons services dans certaines circonstances données, et doit être en tous cas considérée comme un progrès sur les tourne oreilles ordinaires, d'autant plus que les dispositions pour le changement du soc, du versoir et du coutre sont simples et ingénieuses. Le jury accorde à M. Cuaz une citation favorable.

M. GUILLEMONT, fabricant d'instruments aratoires, à Étinnehem (Somme).

Il a exposé une charrue tout en fer, établie sur le même système que la charrue Wasse, mentionnée précédemment. La construction solide et soignée de cet instrument engage le jury à accorder au sieur Guillemont une citation favorable.

M. Jean-Eugène PILLIER, constructeur d'instruments aratoires, à Lieusaint (Seine-et-Marne).

Il a exposé une charrue fouilleuse destinée à remuer le sous-sol, sans le ramener à la surface, en marchant dans la raie ouverte par une charrue ordinaire. Quoique cet instrument soit d'invention anglaise, et ait été importé par M. Thackeray, le sieur Pillier n'en mérite pas moins des éloges, tant pour avoir su en comprendre l'utilité dans une contrée où les préventions contre le remuement du sous-sol sont plus fortes qu'ailleurs, que pour la parfaite exécution et le prix modéré de sa charrue. Le jury lui accorde une citation favorable.

M. Michel-Louis FAUSSABRY, serrurier et maréchal, à Lazarne (Charente-Inférieure).

Il a exposé un araire imité de l'araire Dombasle, sauf pour le versoir qui est en tôle et dont la forme, sans être plus parfaite, présente, néanmoins, l'avantage de se rapprocher de celle des versoirs du pays, et de faciliter ainsi l'introduction de la charrue simple parmi les cultivateurs de la contrée. Cette considération engage le jury à accorder au sieur Faussabry une citation favorable.

M. GUIBERT, fabricant d'instruments aratoires, commune de Saint-Jean et Saint-Paul (Aveyron).

Il a exposé une charrue dite *aratropode*. C'est la charrue du pays avec un soc et un versoir meilleurs, un age court et un support à rouelle par devant. Le jury, en raison de ces perfectionnements, accorde au constructeur une citation favorable.

M. Charles MIGNAN, propriétaire cultivateur, au Petit-Moutet (Cher).

Il a exposé une charrue de son invention dont l'avant-train compliqué, mais ingénieux, se distingue par un levier d'entrure qui permet au laboureur de changer, tout en marchant, la profondeur du labour; par une coulisse adaptée au côté gauche de l'essieu et qui sert à le baisser plus ou moins, suivant la profondeur de la raie, afin de maintenir la sellette toujours de niveau; par un essieu coudé qui permet de donner à l'age une direction horizontale et d'y appliquer directement le tirage comme aux araires. Un régulateur vertical adapté à une crémaillère et fixé au bout de l'age, donne le moyen de placer le point d'attache de la volée d'attelage de façon à ce que jamais l'age n'exerce une forte pression sur la sellette. Malgré la complication de cet avant-train, le jury n'aurait que des éloges à donner à la charrue de M. Mignan, sans le versoir dont la forme, empruntée aux charrues dites *de France*, est aujourd'hui condamnée par la pratique comme par la théorie, quoique dans quelques cas exceptionnels, que certains constructeurs ont eu le tort de considérer comme la règle, elle se soit montrée supérieure aux meilleurs versoirs à surface gauche. Le jury accorde à M. Mignan, pour son ingénieux avant-train, une citation favorable.

M. Michel BOURNISIEN, à Escorpain (Eure-et-Loir).

Il a exposé une charrue construite pour marcher avec avant-train. Non-seulement le soc, mais encore le sep et la partie inférieure de l'avant-corps et du versoir se composent de pièces détachées qu'on fixe au moyen de boulons. Sans voir un but utile dans la séparation de ces deux dernières pièces, le jury, reconnaissant que la charrue est solidement construite et d'un prix modéré, et que le soc et le versoir ont une surface qui paraît convenir aux terres du pays, accorde à l'auteur une citation favorable.

M. Jean LAROUDIE, fabricant d'instruments aratoires, à Limoges (Haute-Vienne).

Il a exposé une charrue verse-à-gauche montée sur age long, qui, tout en offrant les dispositions principales de l'ancienne charrue du pays, condition nécessaire pour être acceptée par les cultivateurs, est cependant un notable perfectionnement sur celle-ci, et se distingue en outre par son prix modéré (40 francs). Le jury accorde à M. Laroudie une citation favorable.

M. CAZANAVE, cultivateur et forgeron, à Pieusse (Aude).

Il a exposé un bi-soc à niveau égal, destiné, par conséquent, à faire simultanément deux raies, et une charrue simple. Ces deux instruments sont montés d'après le système Rouquet, qu'on peut considérer comme une transition de l'antique araire à la charrue perfectionnée.

Le bi-soc, quoique n'offrant pas toutes les conditions de solidité, et malgré la petitesse des corps de charrue, peut être d'un emploi utile pour les recouvrailles. La charrue simple, avec ses ingénieux moyens de régulation, n'a besoin que d'un versoir meilleur pour devenir un excellent instrument.

Le jury accorde au sieur Cazanave une citation favorable.

M. Joseph SEGUY, maréchal ferrant, à Thézan (Hérault),

Il a exposé un araire dit *dental*. C'est le dental du Midi, mais grandement perfectionné, armé d'un soc en triangle isocèle et à bords tranchants, au lieu de la simple pointe de fer des autres dentals, muni de deux versoirs mobiles en fer, et porté sur une forte tige recourbée de fer qui est fixée dans l'age long, de façon cependant à ce qu'au moyen d'une vis de pression on puisse faire varier l'entrure. Cet instrument, auquel on pourrait désirer des dimensions un peu plus fortes, remplace avantageusement le dental ordinaire dans les deuxième et troisième labours, dans la culture de la vigne, et surtout lorsqu'il s'agit d'ouvrir un terrain desséché et durci, que la charrue ordinaire ne peut entamer.

Le jury accorde à l'inventeur une citation favorable.

§ 2. EXTIRPATEURS, SCARIFICATEURS, HERSES, ROULEAUX.

M. Louis-François GRATIEN, agriculteur, à Rieux-Hamel (Oise). Médailles de bronze.

Il a exposé le scarificateur qui porte son nom. C'est toujours, pour l'ensemble, l'ancien instrument tout en fer qui a figuré à l'exposition de 1844 : mais plusieurs détails ont reçu des perfectionnements. Les moyens de régulation sont plus parfaits ; plusieurs pièces ont été renforcées ; enfin les deux roues de derrière peuvent être placées à l'intérieur, de façon à permettre à l'instrument de passer près des arbres sans les endommager.

En raison de ces perfectionnements, qui font de cet instrument un des très-bons scarificateurs que nous ayons, le jury accorde au sieur Gratien une nouvelle médaille de bronze.

M. PORTAL DE MOUX, agriculteur, à Conques (Aude).

Il a exposé un scarificateur-houe à cheval de son invention. Cet instrument a une armature de pieds à pelle et une autre de pieds à pointe pour les terres très-dures. Il peut à volonté se rétrécir et s'élargir, et cultiver une ou plusieurs lignes à la fois, le tout sans que les pieds cessent d'être dans une direction parallèle à la ligne de mouvement. Muni d'un age à roulette ; il a une marche régulière, et, quoique léger, il est cependant solide, grâce à l'ingénieuse combinaison des pièces du châssis entre elles.

M. de Moux, qui a déjà beaucoup fait pour l'agriculture du Midi, lui a rendu un service réel en la dotant de son excellent scarificateur, dont une longue expérience a déjà démontré toute l'utilité.

Le jury décerne à cet honorable agriculteur une médaille de bronze.

M. Maximilien LEMAIRE, fabricant d'instruments aratoires, à Essuiles-Saint-Rimault (Oise).

Il a exposé un scarificateur et une charrue à 4 socs.

Le scarificateur, tout en fer, est imité du scarificateur Gratien. Il est seulement moins large et, par cette raison, plus solide ; il offre, de plus, une modification dans l'application du tirage, modification qu'on ne peut toutefois considérer comme un progrès, mais dont il serait facile de corriger le défaut. A part ce seul point, c'est un excellent instrument qui est apprécié par tous ceux qui s'en servent.

On peut en dire autant du quatre-socs qui est monté sur un châssis triangulaire en fer, et présente toutes les conditions d'une excellente machine pour la recouvraille des semences et le déchaumage en terres faciles. Le jury accorde au sieur Lemaire, pour ses deux instruments, une médaille de bronze.

M. Pierre DELAIRE, forgeron, à Sauxillange (Puy-de-Dôme).

Il a exposé plusieurs rouleaux articulés. Pour apprécier le mérite de ces instruments, il faut se rappeler que les rouleaux d'une seule pièce ou de deux pièces, montés sur un axe rigide, n'agissent régulièrement que sur des terrains à surface plane, et, par conséquent, fonctionnent mal partout où on laboure en billons bombés et étroits. Le sieur Delaire a su remédier à cet inconvénient en divisant ses rouleaux en 2, 3 et même 5 parties (2 devant et 3 derrière), réunies au moyen d'espèces de charnières, un peu grossières à la vérité, mais simples et suffisantes pour rendre chaque partie jusqu'à un certain point indépendante des autres, et permettre au rouleau d'agir uniformément sur toute la superficie du terrain, lors même qu'il présente des creux ou des saillies. Du reste, cet instrument a déjà reçu la sanction de l'expérience. Plusieurs récompenses accordées dans les concours témoignent de son mérite; aussi le jury n'hésite-t-il pas à décerner au sieur Delaire, une médaille de bronze.

M. MANSSON-MICHELSON, fabricant d'instruments aratoires, rue du Faubourg-Saint-Denis, n° 184, à Paris.

Il a exposé un instrument dit *ravaleur vicinal*, monté sur un double châssis d'après le système des herses Bataille. Ce ravaleur est, comme l'indique son nom, destiné à la réparation des chemins. Un assemblage de socs et de versoirs, ingénieusement combiné et placé sur le cadre postérieur dont on règle à volonté l'entrure, comble les ornières en y jetant toutes les bavures et toutes les saillies qui se trouvent de chaque côté.

L'importance croissante des chemins vicinaux donne un nouveau degré d'intérêt à cet instrument, qui paraît au jury de nature à rendre des services réels dans beaucoup de circonstances. Il décerne à l'habile inventeur une médaille de bronze.

M. Alexandre DANGU, fabricant d'instruments aratoires, à Puy-la-Vallée (Oise). Mentions honorables.

Il a exposé un scarificateur tout en fer construit dans le système Gratien déjà mentionné, mais avec quelques modifications de nature à accroître un peu la solidité de l'instrument, à en diminuer le prix et à faciliter les variations de profondeur à laquelle il pénètre.

Le jury accorde au sieur Dangu une mention honorable.

MM. DELARUE et GUÉRET, charrons-forgerons, à la Villette, rue de Flandres, n° 170 (Seine).

Ils ont exposé des scarificateurs et des extirpateurs, montés suivant deux systèmes différents. L'une des montures est celle de Bataille, avec ses dispositions compliquées, mais ingénieuses, pour faire varier l'entrure, maintenir l'équilibrité et donner à l'instrument toute la fixité désirable.

Dans l'autre, le cadre porte-dents est relié d'une manière invariable à l'avant-train triangulaire; mais, pour que le conducteur ait la faculté de faire varier l'entrure, ce cadre est porté sur 2 roues qu'on peut hausser ou baisser à volonté.

Ce mécanisme est plus simple et probablement plus solide encore que celui de Bataille. Il satisferait à toutes les exigences, si l'action des roues exerçait d'une manière égale sur les 2 lignes de dents, condition importante et qu'il serait facile d'obtenir par une disposition simple et peu coûteuse.

Quant à la confection de ces instruments, elle ne laisse rien à désirer.

Le jury accorde à MM. Delarue et Guéret une mention honorable.

M. A. PIGNEL, fermier, à Bois-sir-Amé, près Bourges (Cher).

Il a exposé un rouleau et un semoir à engrais pulvérulents. Le rouleau est de grande dimension, en bois, et, comme tous les rouleaux quelque peu perfectionnés actuellement en usage, à châssis, brancard et siége. On peut regretter qu'il ne soit que d'une seule pièce.

Le semoir consiste en un auget surmonté d'une trémie et au fond duquel se trouve un cylindre cannelé. Cet appareil se fixe à l'arrière d'un tombereau ordinaire. Une chaîne à la Vaucanson passant sur le moyeu d'une des roues en transmet le mouvement au cylindre par l'intermédiaire d'une poulie placée sur l'axe de ce dernier; un grillage en fil de fer couvre la trémie et empêche les corps trop volumineux d'y pénétrer; sous le cylindre se trouve un plan incliné qui contribue à la régularité de l'épandage des engrais, lesquels, chargés dans le tombereau, sont mis à la pelle par un ouvrier dans la trémie d'où ils tombent par une ouverture qu'on règle à volonté sur le cylindre qui, par son mouvement de rotation, les débite.

Cet appareil, fort simple et qui n'a rien de neuf en lui-même, offre, par sa réunion à un tombereau, une idée nouvelle et d'une utilité pratique incontestable, surtout pour les matières dont l'épandage à la main offre des inconvénients, soit pour l'ouvrier, soit à cause de la perte qu'occasionne le vent.

Le jury accorde à M. Pignel, pour son semoir à tombereau, une mention honorable.

Citations favorables.

M. Nicolas-Alexandre-Laurent LACOUR, agriculteur, à Saint-Fargeau (Yonne).

Il a exposé un modèle à moitié d'une herse triangulaire, brisée suivant sa longueur et sa largeur, et formée ainsi de quatre petites herses réunies par des charnières qui permettent à l'instrument de se plier à toutes les ondulations du terrain.

Quoique cette disposition doive nécessairement accroître le prix et la fragilité de l'instrument, on doit cependant la considérer comme un perfectionnement réel partout où on laboure en billons étroits et bombés.

Le jury accorde à l'auteur une citation favorable.

M. Pierre-Nicolas-Eusèbe CAMUS, cultivateur, à Wambez (Oise).

Il a exposé une herse à châssis en forme de trapèze, qui, par l'addition de quatre roues pouvant se hausser ou se baisser à volonté au moyen de vis de rappel, et par la courbure, la forme et la distribution des dents, paraît très-propre au scarifiage des terres à surface durcie, des luzernes et trèfles, ainsi qu'à l'enlèvement de la mousse dans les prés. Le jury lui accorde une citation favorable.

M. A. F. M. HERMITTE, propriétaire cultivateur, à Saint-Martin-lès-Seyne (Basses-Alpes).

Il a exposé un instrument qu'il appelle *aro-herse*. Un châssis composé de quatre pièces de bois, dont deux se croisent obliquement et forment ainsi deux triangles réunis à leur sommet; des coutres armés chacun d'une ailette et plantés par-dessous et par-dessus l'une des deux pièces; un anneau d'attelage à la base d'un des triangles, à l'autre base deux mancherons pouvant servir successivement pour l'une et pour l'autre armature: tel est cet instrument, qui n'est qu'un polysoc de très-petite dimension, dont l'une des armatures jette la terre à droite, l'autre la jette à gauche.

Si on voulait donner à l'ensemble de cette machine des proportions plus grandes, il faudrait nécessairement un soc à chaque pied et un véritable versoir, ainsi que les dispositions nécessaires pour maintenir le parallélisme de l'instrument avec le sol.

Réduite aux dimensions exigées du modèle exposé, cette machine peut marcher sans l'aide de ces additions, se maintenir en équilibre avec le seul secours des mancherons, et offrir quelque utilité pour les recouvrailles partout où le grain demande à être enterré plus profondément et surtout plus régulièrement que ne le fait la herse. Quoique inférieur sous ce rapport aux bons polysocs que nous possédons déjà, cet instrument ne laisse pas que d'avoir un certain mérite par sa simplicité, sa légèreté, son bas prix; aussi le jury accorde-t-il à M. Hermitte une citation favorable.

M. Louis-François MARTIN, cultivateur, à Chelles (Seine-et-Marne).

Il a exposé une charrue à quatre socs. A part la forme des versoirs, qui est défectueuse, cet instrument présente un ensemble de dispositions qui témoignent de l'intelligence de l'inventeur, et au moyen desquelles non-seulement l'instrument marche avec une grande régularité sur terrain plat, et y conserve toujours une position parallèle au sol, mais peut encore fonctionner dans des sillons courbés et étroits, chaque corps de charrue pouvant être haussé ou baissé à volonté. Cet instrument, au moyen de quelques améliorations de détails, peut arriver à rendre des services réels dans toutes les circonstances où les polysocs sont d'un usage possible. Le jury accorde à l'inventeur une citation favorable.

M. Jean GUICHARD, ancien contre-maître de la fabrique de Mettray, forgeron et charron, à Saint-Symphorien-Extra (Indre-et-Loire).

Il a exposé une charrue à avant-train et un extirpateur à trois socs. Ces deux instruments n'offrent rien de particulier, mais ils sont solides, bien établis, d'un prix modéré et de nature à faire un bon service. Le jury accorde au constructeur une citation favorable.

M. Florentin LAURENT, cultivateur, à la Neuville-sous-Corbie (Somme).

Il a exposé une herse à châssis rectangulaire, allongé, muni de trois rangées de dents. La forme de ces dents, qui diffère pour chaque rangée, et leur courbure en avant, laissent prévoir que l'instrument agit très-énergiquement, probablement trop énergiquement, dans certains terrains, où il s'enfoncerait jusqu'au châssis. Mais, comme c'est un inconvénient auquel il est facile de remédier, le jury n'hésite pas à accorder à l'auteur une citation favorable.

M. BOHOREL, médecin et agriculteur, à Campeaux (Oise).

Il a exposé un petit scarificateur tricycle muni d'un brancard et d'un siége, qu'on enlève à volonté. Dans tous les scarificateurs usités jusqu'à présent les dents sont fixes, et les roues ou les supports quelconques sur lesquels pose le châssis peuvent se hausser et se baisser suivant l'entrure qu'on veut donner à l'instrument. Ici, c'est le contraire, les roues sont fixes et les dents sont mobiles. La supériorité de la première de ces combinaisons sur l'autre n'est pas douteuse. Néanmoins, la disposition assez ingénieuse au moyen de laquelle est obtenue la mobilité des dents, la facilité qui en résulte de faire varier le nombre de celles-ci suivant les circonstances, et l'addition du brancard et du siége, qui, dans certains cas, peuvent avoir leur utilité, engagent le jury à accorder à l'inventeur une citation favorable.

M. PAILLER, conducteur des ponts et chaussées, à Valence (Drôme).

Il a exposé le modèle d'un instrument qu'il appelle *dégazonneur*, et qui est, en effet, destiné à enlever le gazon sur les accotements des routes. Cet instrument présente plusieurs dispositions ingénieuses, qui témoignent de l'intelligence de l'auteur. Mais, comme il lui manque encore la sanction de l'expérience; que, d'ailleurs, le but est d'une importance secondaire, et est atteint d'une manière satisfaisante par la ratissoire et même par la houe, le jury doit se borner à donner à M. Pailler une citation favorable.

---

§ 3. SEMOIRS, PLANTOIRS, HOUES A CHEVAL.

M. Joseph FERRY, fabricant d'instruments aratoires, à Épinal (Vosges). Médailles de bronze.

Il a exposé un rigoleur pour les prés et un plantoir à pommes de terre.

Le *rigoleur* est construit d'après le système de Thaer, mais perfectionné et rendu plus pratique par M. Ferry. C'est une petite charrue tout en fer, à soc légèrement concave, et dont l'aile, très-allongée, est relevée verticalement et présente le tranchant en avant. Un petit avant-train fort ingénieux donne à la marche de l'instrument la stabilité indispensable à la bonne exécution du travail.

Comme l'indique son nom, cet instrument est destiné à faire des rigoles d'irrigation et d'assainissement dans les prés arrosés. L'importance croissante que prend l'irrigation, en France, laisse assez prévoir de quelle utilité peut être un bon rigoleur, car les frais de confection des rigoles entrent pour beaucoup dans les dépenses d'établissement et d'entretien des prés et il faut d'habiles ouvriers pour bien faire les rigoles à la main. Quoique les charrues rigoleuses en général ne puissent fonctionner dans les terrains accidentés, et que celle de M. Ferry en particulier ne fasse que les petites rigoles, cet habile et zélé constructeur n'en aura pas moins doté l'agriculture d'une machine qui ne réclame que quelques améliorations de détails pour rendre de grands services.

Le *plantoir* à pommes de terre est un instrument nouveau en agriculture. L'habile directeur de l'institut agricole de Sainte-Geneviève, M. Turck, avait, il est vrai, présenté un planteur à pommes de terre à l'exposition de 1844; mais cet instrument ne suppléait pas entièrement à la main de l'ouvrier, qui était obligé de jeter les tubercules un à un dans les tubes. Le plantoir de M. Ferry évite cet inconvénient. Quatre trémies, convenablement espacées, reçoivent les tubercules entiers ou coupés. Elles sont fixées au-dessus de deux cylindres parallèles, placés l'un contre l'autre au même niveau et d'une longueur égale à la largeur de l'instrument. Aux points correspondants aux trémies, chaque cylindre porte une cavité représentant à peu près un quart desphère, de sorte qu'à un moment donné les cavités des deux cylindres, se joignant ensemble, forment des demi-sphères dans chacune desquelles vient se loger un tubercule que le mouvement des cylindres, tournant l'un contre l'autre fait tomber dans le tube qui se trouve au-dessous et qui est armé d'un espèce de buttoir destiné à ouvrir le sol. Si les cylindres avaient eu un mouvement continu, il serait arrivé que chaque cavité se chargeant, dans son parcours sous la trémie, d'un tubercule, ceux-ci auraient été comprimés ou écrasés à leur rencontre. L'habile constructeur a su éviter cet inconvénient : au moyen d'une combinaison ingénieuse, il imprime aux cylindres un mouvement alternatif. Chaque cylindre fait un demi-tour, et, lorsque le tubercule est tombé, vient se replacer dans la position où les deux cavités réunies forment la demi-sphère ouverte sous la trémie.

Le sieur Ferry a commencé par être simple ouvrier forgeron. C'est par son intelligence, son zèle et son amour pour le progrès qu'il s'est élevé au rang de fabricant d'instruments aratoires. Le succès qu'ont obtenu la plupart de ses instruments dans les concours, et, ce qui vaut mieux encore, dans la pratique usuelle, lui assignent un des premiers rangs parmi les constructeurs des Vosges.

Le jury s'estime heureux de pouvoir lui décerner, pour son rigoleur et pour son plantoir, une médaille de bronze.

M. BOUSCASSE père, propriétaire agriculteur, à Puilboreau (Charente-Inférieure).

Il a exposé une houe à cheval de son invention, construite par le sieur Peyry. Cet instrument a fixé d'une manière toute particulière l'attention du jury. Entièrement différent de la houe de Roville, il se rapproche de celle de Schwertz. Comme celle-ci, il se compose d'un age avec mancherons et de bras porte-dents. Mais là s'arrête l'analogie. La houe Bouscasse porte à l'extrémité de l'age un régulateur semblable à celui des houes de Roville, et un support à roues monté sur un levier, qui permet de le régler très-facilement. Les bras porte-dents, au nombre de deux, sont des barres de fer carrées, d'environ 0m,03, fixées par le milieu à la partie postérieure de l'age, à environ 0m,15 l'une de l'autre; l'antérieure est un peu plus courte que celle de derrière. Sur ces bras et sur l'age, percé d'un trou en avant et en arrière des bras, se placent des pieds de quatre genres différents suivant le travail qu'on veut exécuter; des dents de herse pour entamer et émietter la croûte durcie du sol; des coutres droits et recourbés pour ratisser et couper entre deux terres les racines des mauvaises herbes; des socs en triangle rectangle, qu'on place le tranchant en dedans, lorsqu'il s'agit de déchausser les plantes, et le tranchant en dehors pour les rechausser; enfin des socs en triangle isocèle pour remuer plus profondément les entre-lignes. Ces divers organes se fixent sur les bras au moyen de boîtes en fer, percées de deux trous, l'un horizontal, dans lequel passe le bras; l'autre vertical, qui reçoit la partie supérieure de la dent ou du pied. Ces boîtes glissent sur le bras, et se fixent au point voulu par une vis de pression qui agit non-seulement sur la boîte, mais encore sur le pied qui traverse celle-ci.

Par son ensemble, comme par les détails d'exécution, cette houe paraît devoir remplir toutes les conditions désirables dans un instrument de ce genre. On ne pourrait lui reprocher que son prix élevé (130 fr.), prix qui, néanmoins, baissera lorsqu'elle sera fabriquée plus en grand. M. Bouscasse est un des agriculteurs les plus éminents de l'Ouest. La culture de la Charente-Inférieure lui doit une partie des améliorations qui ont produit un si notable changement dans ce département. Le jury est heureux de pouvoir lui décerner, pour son excellente houe à cheval, une médaille de bronze.

M. Augustin PRUVOST, serrurier et charron, à Wazemmes (Nord).

Il a exposé un semoir de son invention. Cet instrument, destiné à être traîné par un cheval, est établi à peu près sur le système des semoirs à cuillères : une trémie régnant sur toute la largeur de l'instrument; au-dessous, des réservoirs où les organes distributeurs puisent la semence qui tombe de la trémie, et d'où ils la portent dans des tuyaux qui la laissent couler jusqu'au fond des rayons tracés par les pieds des rayonneurs. Ce qui distingue ce semoir des semoirs à cuillères ordinaires, c'est la disposition fort ingénieuse de celles-ci. D'un noyau en fonte partent des becs recourbés, dont l'extrémité est légèrement creusée en demi-alvéole du côté extérieur. Sur le même côté, s'applique contre le bec une petite feuille de tôle qui le couvre à peu près sur un tiers de sa circonférence, et qui peut être avancée, reculée et fixée au moyen d'une vis de pression dans la position convenable. C'est cette feuille de tôle qui, par la longueur dont elle dépasse le bec, forme, avec la demi-alvéole de celui-ci, la cavité plus ou moins grande dans laquelle vient se loger la graine. Cette ingénieuse disposition, qui permet de semer toute espèce de graines avec les mêmes organes est incontestablement supérieure aux cuillères ordinaires. Les autres parties de l'instrument, offrant toutes les conditions désirables dans un bon semoir, le jury décerne à l'habile inventeur une médaille de bronze.

Mention pour ordre.

M. JACQUET-ROBILLARD, à Arras (Pas-de-Calais).

Il a exposé un semoir construit sur le système à capsule.

Ce semoir, qui sème neuf raies à la fois, présente des dispositions ingénieuses pour faire varier l'intervalle entre les lignes, ainsi que la grandeur des ouvertures qui se trouvent sur la surface cylindrique de la capsule, et qui débitent la graine. La capsule porte plusieurs lunettes qui permettent de voir dans l'intérieur et de s'assurer, tout en marchant, de la quantité de graine qui s'y trouve encore, disposition qui obvie à un des plus graves inconvénients des semoirs à capsules.

Le jury accorde à M. Jacquet-Robillard, pour son semoir, la mention pour ordre, cet honorable industriel ayant exposé d'autres objets dont il est parlé ailleurs.

Mentions honorables.

M. Pascal ROCHE, constructeur d'instruments aratoires, à Rousset (Bouches-du-Rhône).

Il a exposé une charrue couvre-garance de son invention. Le

buttage de la garance est une opération dont l'expérience a démontré l'utilité. Mais c'est en même temps une opération chère, lorsqu'elle s'exécute à la bêche, et c'est en partie cette considération qui empêche, dans plusieurs localités, l'adoption de la culture de la garance en planches étroites. C'est dans le but de la rendre plus prompte, plus facile, plus économique surtout, que M. Roche a construit l'instrument qu'il expose. Compatriote de M. Bonnet, il s'est inspiré de l'invention si remarquable de celui-ci. La charrue couvre-garance est, en effet, une espèce de charrue Bonnet double, ou, si l'on veut, elle est à la charrue Bonnet ce que les buttoirs sont aux charrues ordinaires. De même que la charrue Bonnet, elle creuse le fond de la raie qui règne entre les planches, et élève la terre détachée par le soc jusqu'à la hauteur convenable, pour ensuite la verser à droite et à gauche à l'instar des buttoirs. Cet instrument, pouvant fonctionner dans des raies étroites et profondes où les buttoirs n'ont plus d'action, peut être d'une grande utilité dans d'autres travaux que ceux du buttage de l. garance, notamment dans les opérations d'assainissement et d'égouttement des terres. Le jury accorde à M. Roche, pour son utile instrument, une mention honorable.

M. Eugène DELON, cultivateur, à Essonnes (Seine-et-Oise).

Il a exposé un plantoir à pommes de terre, un semoir pour haricots, betteraves, fèves, etc. et un rouleau.

Ce dernier est en fonte et ne présente rien de particulier. Quant au plantoir et au semoir, tous deux établis sur le même principe, l'idée en est neuve et ingénieuse. C'est un cylindre creux, en tôle, fixé au moyen de brides sur la roue droite de l'avant-train de la charrue. Cette roue, qui marche dans la raie ouverte au précédent tour, entrainant le cylindre dans son mouvement, met la graine ou les tubercules, renfermés dans celui-ci, successivement en contact avec les ouvertures percées sur sa surface, ouvertures qui permettent la sortie de la graine et présentent des dispositions remarquables. L'examen de ces instruments en fait bien augurer; mais, comme ils n'ont pas encore reçu la sanction de l'expérience, le jury se borne à accorder au sieur Delon, à titre d'encouragement, une mention honorable.

M. J. F. VIGNERON, docteur en médecine, président du comice agricole, à Toul (Meurthe).

Il a exposé un *semoir* destiné à être placé sur l'avant-train d'une charrue. Il était difficile de faire du neuf après tout ce qui a été fait dans ce genre. Et, en effet, le semoir en question n'est, pour l'ensemble, que le semoir à brosse de Dombasle, d'André-Jean, de Chavaudon, etc. Mais, dans les détails, l'auteur a su apporter plusieurs perfectionnements qui contribueront certainement à étendre le cercle assez restreint où la semaille *sous-raie* et, par conséquent, les charrues à semoir offrent quelque utilité : ainsi, la plaque à tiroir, qui permet au laboureur de régler de sa place le débit de la semence, etc.

Ce même semoir peut être placé, comme le semoir Dombasle, sur une brouette, et, quoique inférieur, dans cette condition, aux excellents semoirs à cuillères de l'illustre directeur de Roville, il peut encore rendre de bons services.

Le jury rend hommage au zèle et aux lumières du docteur Vigneron, en mentionnant honorablement son semoir.

Citations favorables.

M. A. TARIN, pépiniériste, à Coclois (Aube).

Il a exposé une houe à cheval qui fait en même temps les fonctions de sarcloir et de buttoir. L'ensemble et les diverses parties de cet instrument sont bien entendus, et, quoique léger et peu propre à vaincre une grande résistance, il est de nature à rendre de bons services dans les cultures en lignes. Le jury accorde au sieur Tarin une citation favorable.

M. A. J. LEQUIEN, agriculteur, à Lorgies (Pas-de-Calais).

Il a exposé un semoir de son invention. Cet instrument a pour organes distributeurs des mollettes en bois portant des alvéoles à la circonférence. Il fonctionne avec un cheval, et convient aux céréales comme aux plantes cultivées en lignes espacées.

A côté de certaines dispositions ingénieuses, qui témoignent de l'esprit inventif de l'auteur, cette machine offre une grande complication, qui se traduit d'une manière fâcheuse par son prix élevé

(700 francs). Toutefois, ayant égard à ce qu'offre de bon et de pratique ce semoir, le jury accorde à l'inventeur une citation favorable.

M. SAINT-JOANNIS, chaudronnier-mécanicien, à Marseille (Bouches-du-Rhône).

Il a exposé un semoir à cuillères qui n'offre rien de particulier, si ce n'est que les cuillères sont d'une forme un peu différente des autres et sont en plomb au lieu d'être en cuivre.

Du reste, l'instrument paraît satisfaire aux conditions nécessaires pour l'emploi fructueux des semoirs, et on ne peut que se féliciter de voir la confection de ces machines s'introduire dans le Midi, où elles sont peu répandues.

Le jury accorde à M. Saint-Joannis une citation favorable.

M. D. DAVENNE, propriétaire agriculteur, à Montazeau (Dordogne).

Il a exposé un semoir rayonneur de son invention.

Cet instrument a déjà figuré aux expositions de 1839 et 1844. Il y a reçu une mention honorable et un rappel de cette même mention. Quelques améliorations de détail apportées à ce semoir par l'agriculteur zélé qui l'a inventé et introduit dans la culture, engagent le jury à le citer favorablement.

M. L. E. LEBAS, maréchal et serrurier, à Montivilliers (Seine-Inférieure).

Il a exposé un semoir à bras dans le genre de ceux dits *semoirs à capsule*. L'instrument consiste en un cadre monté sur deux roues et portant une trémie allongée, au-dessus de laquelle est la capsule cylindrique contenant la graine qui, dans le mouvement de rotation que reçoit cette capsule de l'une des roues, au moyen d'une courroie sans fin, passe à travers la double rangée d'ouvertures pratiquées dans la circonférence de la capsule et tombe dans la trémie, et de là, dans le rayon creusé par le pied à versoirs qui est fixé sur le cadre, en avant de la trémie. Elle est recouverte par des dents placées à l'arrière et faisant fonctions de râteau. Comme dans tous les semoirs de ce genre, les ouvertures de la capsule peuvent être diminuées à volonté, suivant la graine, au moyen de deux cercles. Le rayonneur peut également prendre plus ou moins de profondeur, d'après la hauteur donnée à deux petits pieds placés de chaque côté et agissant comme sabots.

Cet instrument est inférieur à nos bons semoirs à bras; mais il est simple, peu coûteux et peut être d'une utilité réelle comme moyen de transition.

Le jury accorde à l'auteur une citation favorable.

§ 4. INSTRUMENTS POUR LA RÉCOLTE.

Médaille d'argent.

Commune de SAUVES (Gard).

La commune de Sauves (Gard) est le siége d'une industrie toute particulière, la fabrication des *fourches* et *attelles* en bois de micocoulier (*celtis australis*) et d'alisier. Cette industrie y est exploitée d'une manière complète, c'est-à-dire que l'on y crée en même temps la matière première et les produits fabriqués.

Il y a, par conséquent, à Sauves même, deux industries distinctes en ce qui concerne ce produit, l'industrie sylvicole et l'industrie manufacturière.

Il sera question plus loin de celle-ci, car des fourches et des attelles de Sauves ont figuré à l'exposition; ici, c'est de la production de la matière première, de l'industrie sylvicole, dont il s'agit, industrie intéressante à plus d'un titre.

Les plantations de micocouliers et d'alisiers qui fournissent cette matière première, et en livrent chaque année pour une valeur d'au moins 100,000 francs aux fabricants de fourches et attelles, sont le plus ordinairement entremêlés d'oliviers, de vignes et de mûriers, et couvrent en partie les pentes rocheuses et les terrains arides qui environnent cette commune, et qui, par aucune autre culture ne sauraient être utilisés aussi avantageusement.

Ces plantations sont exploitées par la méthode dite *du jardinage*, c'est-à-dire que, chaque année, on coupe sur les diverses souches les brins qui ont atteint les dimensions convenables. Ces coupes, de même que la multiplication des pieds des deux essences citées et les façons données au sol, se font avec beaucoup de soins et d'entente.

Mais ce qui surtout est digne de fixer l'attention, ce qui distingue cette culture de toutes les autres cultures forestières, et la range presque dans l'arboriculture fruitière, c'est la taille à laquelle on soumet les brins dès leur apparition, taille si bien conçue et si habilement exécutée, qu'on voit en quelque sorte sur pied et de toute pièce la fourche ou l'attelle; cette dernière seulement, dans l'impossibilité d'obtenir les trois becs de grosseur égale et régulièrement espacés qui constituent la fourche, car le brin de fourche se vend plus cher que le brin d'attelle qui n'a besoin que d'un certain développement au talon.

C'est grâce à cette taille, qui transforme ainsi en bois de service d'une haute valeur des brins de 5 à 6 ans qui, sans cela, n'auraient fourni que de mauvais cotrets, que les plantations de micocouliers sont devenues, pour la ville de Sauves, la source principale de revenus et d'aisance.

Dans l'impossibilité de récompenser individuellement tous les habiles et industrieux cultivateurs de cette ville, le jury, ne voulant pas négliger cette occasion de leur manifester sa sympathie et d'attirer l'attention du pays sur cette branche intéressante de production, décerne à la commune de Sauves la médaille d'argent.

MM. SARRAN et DUFOUR, fabricants de fourches et attelles en bois, à Sauves (Gard). Médaille de bronze.

Ils ont exposé deux fourches et deux paires d'attelles. C'est la première fois que ces modestes produits figurent à l'exposition, et l'on pourrait même, au premier abord, s'étonner de les y voir, si l'on ne savait que Sauves est depuis longtemps en possession de fournir une grande partie du Midi de fourches et attelles en bois; que la valeur des objets de ce genre, annuellement fabriqués dans cette seule commune, s'élève à près de 200,000 francs, malgré le prix très-minime de chaque article; qu'enfin les fourches et attelles de Sauves sont, pour la forme, la solidité et le fini, probablement les plus parfaites de France et d'Europe, ce qui est dû, non-seulement à l'espèce de contrôle qui s'exerce sur cette industrie, ainsi qu'aux seuls bois employés, le micocoulier de Provence et l'alisier, les meilleurs, sans contredit, qui existent pour cet objet, mais encore aux ingénieux procédés de culture et d'exploitation auxquels on soumet les taillis de micocouliers et d'alisiers.

Le jury qui, en vue de ces procédés, a déjà décerné une médaille d'argent à la commune de Sauves, comme récompense aux producteurs de bois, témoigne sa sympathie aux industrieux fabricants et ouvriers de cette commune, en décernant aux deux exposants une médaill· ·le bronze.

Mentions honorables.

M. COLOMBEAU, fabricant d'instruments aratoires, à Smarves (Vienne).

Il a exposé un instrument dit *rafleur*, servant à la cueillette du trèfle laissé à graine. C'est une espèce de ravale montée sur quatre rouelles, portant des rebords élevés et un peigne en fer sur le bord antérieur, peigne dont on peut régler l'inclinaison à volonté; traîné par un cheval et dirigé par un ouvrier, cet instrument enlève et détache les têtes de trèfle prises entre les dents du peigne; ces têtes tombent dans la caisse. Comme on ne récolte que les têtes, le battage en est rendu plus facile, et on peut, après la cueillette, faucher les plantes restées sur pied et obtenir encore un fourrage passable. L'importance de la production de la graine de trèfle, dans beaucoup de parties de la France, et les difficultés de la cueillette, rendent cet instrument intéressant pour les cultivateurs.

Malheureusement, l'auteur n'en a encore livré que six, et il n'a pas fait connaître si l'expérience avait justifié son attente. En l'absence de documents plus précis, tout en reconnaissant que l'instrument paraît offrir les conditions désirées et témoigne, par d'ingénieuses dispositions, de l'intelligence et de l'habileté du constructeur, le jury doit se borner à lui accorder une mention honorable.

M. L. P. FUSELIER, mécanicien-constructeur, à Nevers (Nièvre).

Il a exposé un faneur mécanique établi sur le système de celui de Salmon, de Woburn, lequel, quoique datant de 1816, est encore le meilleur faneur de l'Angleterre. Rien n'a été changé dans l'ensemble, mais plusieurs détails ont été perfectionnés de manière à diminuer les frottements, à rendre plus facile le jeu des diverses pièces, et répandre l'usage de cette machine qui prendra un plus haut degré d'importance à mesure que les irrigations s'étendront sur notre territoire.

Le jury accorde à M. Fuselier une mention honorable.

M. PENN-HELLOUIN, propriétaire agriculteur, à Aunay-sur-Odon (Calvados).

Il a exposé un tord-lien et un ébroussoir : le premier est une petite machine d'un mécanisme fort simple, fort ingénieux, destinée à la confection des liens de paille dans les contrées où, comme en basse Normandie, on réunit les deux poignées de paille, non par un nœud, mais par la torsion; avec le tord lien, un enfant peut faire beaucoup mieux et plus vite qu'un ouvrier habile réduit à ses deux mains. Toutefois, bornée à ce seul emploi, cette machine n'aurait d'utilité que dans les contrées où est usitée la méthode normande, mais il est à remarquer qu'elle peut également servir à la confection des cordes de paille et de foin dont les applications à la couverture des meules, à la confection des toits en chaume, etc., sont nombreuses et générales.

L'ébroussoir, espèce de grande pelle à main, portant un peigne sur le bord antérieur et deux poignées, ressemble au cueille-trèfle présenté à l'exposition de 1844, par M. Rey, président de la société d'agriculture d'Autun. De même que ce dernier, il est destiné à la cueillette des têtes de trèfle laissé pour graine, et peut, dans beaucoup de circonstances, rendre d'incontestables services.

Le jury signale le mérite de ces instruments en accordant à l'ingénieux inventeur une mention honorable.

---

§ 5. MACHINES POUR LA PRÉPARATION DES PRODUITS AGRICOLES
(MACHINE À BATTRE, HACHE-PAILLE, COUPE-RACINE, BARATTES.)

M. Victor HOUYAU, ingénieur-mécanicien, à Cheffes, près Angers (Maine-et-Loire). Médaille d'or.

Il a exposé une machine à battre les grains. Cette machine, d'origine anglaise, et importée en France comme machine à bras, n'avait eu aucun succès, comme il était facile de le prévoir. M. Houyau l'a prise en cet état, y a fait plusieurs perfectionnements et ajouté un manége de son invention, manége simple, d'une grande solidité et facile à déplacer. Cette machine, comme celle de Ransome, n'a point de cylindres alimentaires. L'absence de ces organes, considérés pendant longtemps comme indispensables, est aujourd'hui reconnue d'un grand avantage dans toutes les machines établies sur le système de la percussion, c'est-à-dire dont le tambour se meut avec une vitesse considérable. Elle manque également d'un râteau circulaire et d'un ventilateur. Ces pièces sont utiles, mais elles emploient beaucoup de force, et l'expérience a prouvé qu'elles n'étaient pas indispensables dans les machines de ce genre, attendu que le tambour en remplit jusqu'à un certain point les fonctions. D'ailleurs, les machines à ventilateur, pas plus que celle-ci, ne permettent de se passer de tarare.

La machine de M. Houyau a reçu la sanction d'une longue expérience. Plus de 200 ont été livrées à l'agriculture depuis peu d'années. Un membre de la commission d'agriculture en possède une dont il est des plus satisfaits. Elle bat avec une grande perfection, et fait, avec deux chevaux de moyenne taille, l'ouvrage que beaucoup de machines renommées font avec quatre. Ce qui ajoute encore au mérite de cette machine, c'est le prix très-bas de 630 francs, tout compris, auquel M. Houyau la livre. Le jury est heureux de pouvoir signaler à la France agricole cet excellent produit des importants ateliers de Cheffes, qui ont également fourni à l'exposition le rouleau compresseur, si connu et si bien apprécié par nos ingénieurs des ponts et chaussées. Le jury décerne à M. Houyau, pour ses deux instruments, la médaille d'or.

Médailles d'argent.

MM. VACHON père et fils, négociants meuniers, à Lyon (Rhône).

Ils ont exposé un trieur à plan incliné pour l'agriculture, et un trieur cylindrique pour la meunerie, tous deux établis sur le sys- dont ils sont les inventeurs. Ce système, qui a été l'objet de nombreux rapports des premières sociétés savantes de France, et qui est aujourd'hui adopté dans un grand nombre d'usines importantes, est trop connu pour qu'il soit nécessaire d'en donner ici la description. Qu'il suffise de rappeler qu'il repose sur cette idée nouvelle et ingénieuse, que des trous d'un diamètre convenable, percés dans une tôle de 3 millimètres, et fermés en dessous, offrent un logement aux graines rondes et gravier, sans retenir les grains de blé, lesquels, en raison de leur longueur, ne peuvent s'y loger en entier, et sont entraînés dans le mouvement imprimé à la tôle.

Dans le trieur à plan incliné, lequel est précédé d'un émotteur, et surmonté d'une trémie, c'est par un mouvement de va-et-vient qu'on fait glisser le blé sur la tôle alvéolée, et c'est par un mouvement de bascule qu'on débarrasse celle-ci des graines rondes qui se sont logées dans les trous.

Dans le trieur cylindrique qui a remplacé le trieur à chaîne sans fin, ce double effet est obtenu : le premier, également par un mouvement de va-et-vient dans la direction de l'axe du cylindre, lequel mouvement fait glisser dans le sens de la pente le blé amené dans ce dernier ; le second, par le mouvement de rotation du cylindre, mouvement qui entraîne les graines rondes logées dans les trous de la tôle alvéolée garnissant l'intérieur du cylindre, et les fait tomber dans la conque fixe qui est placée dans le cylindre, au-dessous de l'axe de celui-ci.

Des dispositions ingénieuses permettent de régler à volonté l'alimentation du trieur, débarrassent le grain des corps étrangers plus gros, ainsi que de la poussière qui s'y trouvent mêlés, et donnent le moyen de diviser le blé, après le triage, en bon blé et petit blé.

Les appareils de MM. Vachon donnent le moyen d'expulser du blé des graines qui, telles que certaines vesces et gesses, les agrostemmes, etc., ayant un diamètre égal et une pesanteur spécifique semblable à ceux du grain, ne pouvaient en être séparés jusqu'à ce jour que par le triage à la main.

Il suffit d'énoncer ce fait et d'ajouter que, dans beaucoup de parties de la France, et dans certaines années surtout, ces graines sont d'une abondance extrême, pour faire comprendre tout le mérite de l'invention de MM. Vachon, tant au point de vue de la consommation, c'est-à-dire de la meunerie, qu'au point de vue de la production, c'est-à-dire de l'agriculture, pour la préparation des blés de semence.

Le jury joint son suffrage aux nombreuses récompenses obtenues par MM. Vachon, en décernant à ces honorables industriels la médaille d'argent.

M. Antoine CORRÈGE, ingénieur-mécanicien, rue de l'Ouest, n° 68, à Paris.

Il a exposé la machine à nettoyer le blé qui porte son nom. Ce nettoyage, sans contredit le plus connu et le plus répandu de tous ceux qu'emploie la meunerie, a reçu de notables perfectionnements depuis l'exposition de 1839, à laquelle il a figuré. La pièce principale est encore une colonne verticale creuse, intérieurement garnie de tôle piquée, et renfermant un arbre en fer armé de plateaux, d'ailettes et de brosses qui, en projetant, par un rapide mouvement circulaire, le grain avec force contre les parois, le débarrassent de tous les corps étrangers qui y adhèrent, même du velu, et le préparent convenablement à la mouture. Mais, à cet appareil, à l'émotteur et au ventilateur qui l'accompagnaient, M. Corrége a ajouté, d'abord un crible sasseur de 4 mètres de longueur en tôle découpée, placé dans un coffre qui s'adaptait à la colonne verticale; puis, au lieu de ce crible, un cylindre horizontal sasseur et trieur, placé dans le même coffre, mais précédé d'un ventilateur qui, agissant sur le grain à sa sortie de la colonne verticale, le débarrasse de la balle et de l'épillon détachés par l'action des ailettes, plateaux et râpes. Ainsi modifié et composé d'un émotteur, d'un ventilateur, de la colonne verticale, d'un second ventilateur et du cylindre sasseur, ce nettoyage satisfait à toutes les conditions au point de vue du travail, et ne laisserait plus rien à désirer, si le prix n'en était encore un peu élevé et les dimensions assez considérables. Ajoutons, du reste, et c'est là un bel éloge, que, malgré ces deux défauts, il est aujourd'hui peu de grandes usines à farine qui ne possèdent un et souvent deux et trois appareils Corrége.

M. Corrége, outre ses appareils, construit aussi, dans ses importants ateliers, des moulins, des roues hydrauliques, des bluteries, des manéges, des pompes, des moulins à tan, etc. Honoré d'une médaille d'argent en 1839, il a paru au jury digne de la nouvelle médaille d'argent qu'il lui décerne.

M. N. DUVOIR, mécanicien-constructeur de machines à battre, à Liancourt (Oise).

Il a exposé une machine à battre le grain de son invention. Cette machine est établie sur le système en travers; mais l'habile constructeur lui a fait subir de notables modifications, dont plusieurs peuvent être considérées dès aujourd'hui comme des perfectionnements. Le tambour batteur, armé de douze barres en fer et tournant sur des coussinets mobiles, égrène le blé contre une surface cannelée concave qui se trouve en dessous, et à laquelle succède une tôle percée qui laisse passer le grain et le fait arriver sur les cribles, où il est soumis à l'action énergique de deux ventilateurs, tandis que la paille, saisie par une espèce de laminoir en bois, est déposée sur un plan incliné, au bas duquel elle glisse et s'entasse avec toute la régularité nécessaire pour qu'on puisse facilement la mettre en bottes aussi bien faites que pourrait les livrer le fléau. On sait que c'est là une condition exigée, à tort ou à raison, par tous les cultivateurs des départements environnant Paris et même du Nord en général. Or, aucune machine ne paraît y satisfaire aussi complétement que la machine Duvoir qui, avec deux chevaux de force moyenne (la résistance n'est que de 80 à 90 kil.), bat 70 gerbes de 10 à 11 kil. à l'heure, et opère l'égrenage d'une manière parfaite. La machine exposée est un véritable chef-d'œuvre d'exécution : engrenages, arbres, tourillons, coussinets, tout enfin y présente le soigné et le fini des machines les plus délicates de l'industrie. Des renseignements positifs, obtenus par le jury, lui ont prouvé que les 14 machines déjà livrées par M. Duvoir offrent presque toutes la même perfection. Ce qui ajoute encore à ce mérite, c'est le prix de 1,800 francs tout compris auquel est coté cette machine.

En présence d'efforts si heureusement couronnés, et des témoignages de plusieurs agriculteurs qui emploient cette machine, le jury décerne à l'habile constructeur une médaille d'argent.

M. Jean-Joseph **MOLARD**, mécanicien constructeur, à Lunéville (Meurthe). Médailles de bronze.

Il a exposé une machine à battre portative. L'avantage que présente cette dernière qualité ne saurait être l'objet d'un doute; cet avantage, plus important pour la France que pour d'autres pays, s'accroît encore chaque jour à mesure que les fermes se morcellent et que la grande propriété disparaît. C'est cette considération qui avait engagé le Conservatoire des arts et métiers à faire venir, il y a plusieurs années, la meilleure machine portative de l'Angleterre, celle de Ransome. Il est à regretter que cette machine, si remarquable, non-seulement au point de vue de la mobilité, mais aussi et surtout au point de vue du battage, n'ait pas été plus étudiée par la plupart de nos constructeurs, par ceux du moins qui, ne travaillant pas pour le rayon d'approvisionnement de Paris, ne sont pas forcément bornés au système en travers.

Cette réflexion surgit tout naturellement de la vue de la machine de M. Molard, machine qui, à quelques modifications près, et à part la mobilité, est l'ancienne machine de Roville avec ses cylindres alimentaires, son battage en dessous reconnu défectueux et abandonné par M. de Dombasle même, son ventilateur et son râteau circulaire.

A part cette imitation de dispositions vieillies, le jury n'a que des éloges à donner à cette machine qui, pour l'ingénieuse combinaison des rouages et du manége, en fonction comme dans la marche, pour la bonne exécution de toutes les pièces et le prix, laisse peu de choses à désirer.

Il accorde la médaille de bronze à cet habile mécanicien.

M. Alexis-Joseph DAMEY, ingénieur-mécanicien, rue Fontaine-au-Roi, n° 4 *bis*, à Paris.

Il a exposé une machine de son invention pour battre le blé. L'appareil de battage, par lui-même, n'offre rien de particulier. A quelques perfectionnements près, comme la vitesse plus grande du tambour et des cylindres alimentaires, la moindre largeur de la surface cannelée concave, etc., cet appareil est semblable à celui des machines dites *suédoises*. Cependant, cette machine est une des plus remarquables qui aient été produites depuis bien des années. Elle est portative, mais au lieu d'avoir, comme toutes les autres machines portatives, le manége, soit en terre, soit en l'air, placé à distance et réuni au moyen d'un arbre de couche, manége et machine sont ici montés sur le même bâti, ou plûtot la machine est établie sur l'axe même du manége, lequel axe est fixe. Au sommet de cet axe, se trouve en effet une plate-forme en fonte qui porte tout l'appareil de battage, ainsi que les 2 ouvriers servants. Par-dessous est une grande roue d'angle horizontale dont le moyeu, traversé par l'axe, porte les deux bras de levier auxquels on attelle les chevaux. Cette roue d'angle donne le mouvement au tambour et aux cylindres. Deux plans inclinés, placés à une hauteur convenable, permettent d'amener les gerbes et d'enlever les pailles. Le grain battu tombe dans une caisse placée au-dessous des bras du manége. Enfin, 2 roues, qu'on enlève et qu'on remet à volonté, permettent d'opérer les changements de place plus promptement que dans aucune autre machine. Quoique l'invention de M. Damey soit toute récente, elle paraît avoir déjà été l'objet d'expériences assez concluantes. 5 de ces machines fonctionnent aux environs de Dôle pour le compte de l'inventeur, qui les fait voyager dans les villages et fermes et y bat à façon à raison de 2 francs par 100 gerbes, le cultivateur fournissant les ouvriers et les chevaux nécessaires. Chaque machine bat environ 800 gerbes par jour. Si un emploi plus prolongé, qui est indispensable pour juger cette machine en pleine connaissance de cause, vient confirmer ce que ces premiers essais font espérer, il est à croire que, par sa grande mobilité et son prix très-modéré (700 fr.), cette machine ne tardera pas à se répandre et fera surgir chez nous des batteurs de profession comme il en existe en Angleterre, s'installant avec leurs machines dans les villages et fermes, et y battant à façon la récolte du petit comme celle du grand cultivateur. En attendant ce résultat si désirable, le jury est heureux de pouvoir, dès à présent, récompenser ce qu'il y a d'incontestablement bon et ingénieux dans cette machine, en décernant une médaille de bronze à M. Damey.

MM. FERRIÈRES et SABIN, mécaniciens-constructeurs, à Pontlieue (Sarthe).

Ils ont exposé un nettoyage à blé de leur invention. Ce nettoyage, à part l'émotteur qui en fait partie, se compose, comme celui de Corrége, d'un cylindre creux vertical, garni intérieurement de tôle piquée et renfermant le mécanisme au moyen duquel le grain est violemment projeté contre la râpe dans le parcours du cylindre.

Ce mécanisme est ici formé d'une hélice concentrique au cylindre, et qui ne laisse que quelques centimètres d'intervalle entre ses bords et les parois de celui-ci. Cette hélice, en partie garnie de tôle piquée, fait de 300 à 350 tours par minute dans le sens propre à retarder la chute du grain. Un ventilateur, placé à la partie inférieure du cylindre et sous l'action duquel, au sortir de l'appareil, le grain passe forcément, débarrasse celui-ci des corps légers et de la poussière.

Ce nettoyage paraît de nature à produire un très-grand effet. On peut dire que, en principe, il a quelque chose de plus rationnel que la plupart des autres appareils du même genre.

Quoique d'un prix assez élevé (2,000 francs l'appareil complet), et quoique exigeant à peu près la force de trois chevaux, MM. Ferrières et Sabin, depuis 1846, en ont placé un grand nombre dont on semble très-satisfait.

Le jury décerne à ces habiles constructeurs la médaille de bronze.

M. MITTELETTE, mécanicien, à Soissons (Aisne).

Il a exposé une machine à battre le blé.

De même que celle qu'il avait exposée en 1844, cette machine bat en travers et par conséquent conserve la paille. Les tourillons du tambour batteur sont portés sur des galets, et l'ensemble de l'appareil d'égrenage répond à celui des autres machines en travers, ou, si l'on veut, des machines dites *suédoises*. Quant au reste, elle en diffère notablement. Elle est portative et, à cet effet, montée sur quatre roues de petites dimensions que l'on se borne à caler lorsqu'on veut la faire fonctionner. Le manége, qui est un manége en terre, est séparé de la machine à laquelle il communique le mouvement au moyen d'un arbre de couche et d'une grande poulie. Enfin, et c'est là un perfectionnement qui paraît assez important, les douze barres du tambour sont, non pas parallèles à l'axe, mais légèrement inclinées en manière d'hélice. Cette disposition, qui tend à attirer les épis et à leur faire prendre une direction à peu près perpendiculaire à l'axe, doit, à la vérité, occasionner un peu de mêlée dans la paille; mais, par la même raison, elle ne peut que favoriser le battage et le rendre plus facile et plus parfait.

Le jury, appréciant l'utilité de ces diverses modifications, décerne à M. Mittelette une médaille de bronze.

M. Aimé BRICHARD, ouvrier menuisier, rue Notre-Dame-des-Victoires, n° 32, à Paris.

Il a exposé un tarare de son invention, d'une construction remarquable et qui a fixé l'attention toute spéciale du jury. Dans les tarares ordinaires, le grain passe d'abord à travers des cribles, et ce n'est qu'ensuite, qu'il est soumis à l'action du ventilateur. Il en résulte que, lorsque le grain contient beaucoup de menue paille et de balles, les cribles s'engorgent promptement et empêchent l'instrument de fonctionner. Aussi est-on obligé, dans ce cas, de recourir à une opération préalable, le jet, avant d'employer le tarare.

Dans celui du sieur Brichard, l'action du ventilateur s'exerce immédiatement sur le grain, d'abord à l'ouverture inférieure de la trémie, ensuite entre le premier et le second plan incliné qui conduisent le grain sur les deux cribles. Ceux-ci sont superposés l'un à l'autre et inclinés en sens contraire. Le premier laisse passer les grains et retient les corps plus volumineux ; le second ne laisse passer que les corps plus petits et retient le bon grain.

Le jury considère cette combinaison comme un perfectionnement important, surtout dans les contrées où le dépiquage, le battage au fléau ou le battage avec machines non munies de ventilateur sont usités. Il décerne au constructeur une médaille de bronze.

M. François CALARD, mécanicien-constructeur, rue Notre-Dame-des-Champs, n° 98, à Paris.

Il a exposé plusieurs feuilles métalliques percées.

On employait autrefois et on emploie encore en agriculture, et même dans la meunerie, des peaux percées pour cribles à main et cribles sasseurs et diviseurs. Inutile d'insister sur les inconvénients de ces appareils, dont les peaux subissent de si grands changements par les influences atmosphériques et sont fréquemment attaquées par les rats. Les toiles métalliques qui les ont en partie remplacés, quoique constituant un progrès, offrent aussi de graves inconvénients, car elles s'engorgent facilement et ne permettent aucune régularité pour la grandeur des ouvertures. Quant aux tôles piquées employées à la confection des râpes, des nettoyages de meunerie et des appareils à décortiquer ou émonder, confectionnées à la main, elles étaient presque toujours voilées et percées avec plus ou moins d'irrégularité, tant pour la distribution que pour la forme des trous. Il en était de même des feuilles métalliques percées unies qu'on avait essayé de substituer aux peaux en question. Frappé de ces inconvénients, M. Calard père s'attacha à trouver un moyen mécanique pour fabriquer les tôles piquées en râpes et les feuilles métalliques percées unies. Le succès couronna ses efforts. Depuis qu'il a commencé à livrer au commerce de ses feuilles métalliques percées, c'est-à-dire depuis 1830, l'usage a si bien établi leur supériorité sur les produits similaires, que partout elles tendent à se substituer aux peaux et tôles percées à la main et aux toiles métalliques. Aujourd'hui, grâce à cette supériorité et au concours de M. Calard fils, qui dirige les ateliers, cette fabrication a pris un très-grand développement, et elle s'applique à 65 numéros différents et aux feuilles de zinc et de cuivre comme aux feuilles de tôle, et trouve des débouchés non-seulement en France, mais encore en Belgique, en Allemagne, en Espagne et en Russie.

En présence de ces faits si concluants, le jury joint son suffrage à celui qu'a déjà recueilli M. Calard de plusieurs sociétés savantes et des nombreux acquéreurs de ses produits; il le mentionne ici pour ordre, M. Calard ayant exposé d'autres objets dont il est parlé ailleurs.

M. A. F. POLY-LABESSE, fabricant d'instruments aratoires, à Ferrières (Oise).

Il a exposé trois tarares de différentes grandeurs, et un cylindre pour cribler la menue paille. Les tarares, construits sur le système ordinaire des bons instruments de ce genre, sont confectionnés d'une manière solide et soignée. Le plus grand porte en dessous un cylindre trieur, addition utile dans toutes les grandes exploitations. Quant au crible cylindrique pour la menue paille, c'est un instrument nouveau dont on peut dire que le besoin se faisait sentir depuis longtemps. La menue paille et les balles contiennent, en effet, les parties les plus substantielles de la paille. Malheureusement elles sont presque toujours mêlées à une quantité plus ou moins grande de poussière qui, ayant à peu près la même pesanteur spécifique, ne peut en être séparée par le vent ou le jet. On est donc souvent obligé de les jeter sur le fumier. Le cylindre cribleur du sieur Poly-Labesse, permettant d'en nettoyer de grandes quantités avec peu de travail, est donc une invention des plus utiles, qui pourra rendre également de bons services pour la paille et le foin hachés. Il faut ajouter que tous ces instruments sont à des prix très-modérés. Le jury décerne à cet habile constructeur, spécialement pour son cylindre cribleur et son grand tarare, une médaille de bronze.

M. MORILLON, fabricant d'instruments aratoires à Gençay (Vienne).

Il a exposé une machine à égrener le trèfle et la luzerne. Elle consiste en un cône tronqué en fonte, placé horizontalement, portant des cannelures en forme de rochet, et tournant avec rapidité dans un manchon conique en fer, ayant à la surface intérieure des cannelures semblables, mais dirigées en sens contraire. La partie supérieure du manchon est ouverte sur sa longueur pour donner passage aux siliques de trèfle contenues dans la tremie placée au dessus de l'appareil. La partie inférieure offre également une ouverture qui est fermée par un tamis. Deux plans inclinés en toile métallique et un ventilateur complètent cet instrument, qui a paru au jury bien approprié au but qu'il doit remplir, et d'un mécanisme qui témoigne de l'intelligence et de l'habileté de l'auteur.

Le jury regrette pour cet instrument, comme pour beaucoup d'autres, l'absence de tout renseignement de nature à l'éclairer sur la valeur pratique de cette machine. Appréciant, toutefois, ce qu'il y a d'ingénieux dans le système en lui-même, il décerne à l'inventeur une médaille de bronze.

M. Pierre PONS, mécanicien et fabricant d'horlogerie, rue du Cherche-Midi, n° 73, à Paris.

Il a exposé nne machine à battre le blé de son invention. Cette machine est destinée à marcher à bras. Jusqu'à présent aucune machine à bras n'a encore eu de succès, et comme ce fait tient à la nature même des choses, il est peu probable qu'il change. Du reste, la machine de M. Pons peut être mue par un manége. Seulement elle perd alors cette simplicité et ce prix modéré qui la rendraient aujourd'hui abordable à la moyenne culture.

Elle est établie sur le système des battoirs à tiges. Ce système, cent fois essayé et cent fois abandonné, n'est-il pas à tout jamais condamné? C'est ce que pensaient tous les agriculteurs compétents avant l'invention de M. Pons, invention qui, si elle ne donne pas dès à présent la conviction contraire, est du moins de nature à faire naître des doutes. Tout porte à croire, en effet, que, si ce système doit réussir, ce sera par les ingénieuses dispositions qu'offre la machine de M. Pons, dispositions au moyen desquelles, 1° les épis, au moment où ils sont exposés à l'action des battoirs, au lieu d'être appuyés sur le plan du contre-batteur, se présentent obliquement à ce plan et se redressent spontanément après le choc; 2° les battoirs opèrent, non par un choc simple comme les pilons d'un boccard, mais par un choc double effectué dans les conditions particulières qui résultent de l'action d'un ressort flexible, effets obtenus par les verges en acier sur lesquelles sont montés ces battoirs et par l'ingénieux système d'échappement combiné avec le mécanisme qui transmet le mouvement à ces derniers.

Il est à regretter que la machine de M. Pons n'ait pas encore subi l'épreuve, seule concluante, d'un emploi prolongé. Néanmoins, appréciant tout ce qu'elle présente de bon, d'utile, de nouveau, applicable ailleurs, le jury n'hésite pas à décerner à l'habile inventeur une médaille de bronze.

MM. GROSLEY père, fils et gendre, fabricants de machines aratoires, rue de Sèvres, n° 167, à Paris.

Ils ont exposé une machine à battre et un tarare. La machine est établie sur le système dit *suédois*, avec tambour à claire-voie, dont l'axe tourne sur des galets. Le manége est en dessous. Cette machine est de petites dimensions et peut être facilement déplacée. Elle est simple, solide et d'un prix modéré (300 francs la machine, 400 francs le manége). Elle marche avec un ou deux chevaux.

Le tarare se distingue des autres par une addition fort utile pour les grains contenant beaucoup de menue paille : c'est une claire-voie en bois placée en avant de la caisse à tamis formant le fond de la trémie, claire-voie qui laisse passer le grain, mais arrête la menue paille, laquelle y subit l'action du ventilateur. Ce tarare est léger et de petites dimensions.

Ces machines sont bien construites; les engrenages y sont bons, les mouvements faciles.

Le jury décerne à MM. Grosley une médaille de bronze.

Mentions honorables.

M. Pierre SEIGNEURIE, propriétaire cultivateur, à Mallot (Calvados).

Il a exposé un tarare de son invention qui se distingue par des dispositions ingénieuses. Les cribles sont en tôle percée de 4 différentes grandeurs de trous; sous chaque division se trouve une espèce de trémie qui reçoit et écoule le produit du crible. Le ventilateur agit directement sur chacun d'eux, et son action peut être réglée à volonté. Tout paraît être combiné pour produire un excellent travail. Enfin le mouvement de va-et-vient et de trépidation est communiqué aux cribles par des bielles et un arbre tournant, de façon à éviter complètement ce bruit qui rend l'emploi des tarares ordinaires si désagréable.

Le jury, reconnaissant dans cet instrument une amélioration réelle, accorde à l'habile inventeur une mention honorable.

M. A. H. TURPAULT-BEAUMONT, négociant, à Cholet (Maine-et-Loire).

Il a exposé un rouleau pour le dépiquage du grain. Ce rouleau, qui est de grandes dimensions et destiné à fonctionner avec deux bœufs ou deux chevaux, est en bois, creux, et peut être rempli de pierres ou autres matières pesantes. Il porte sur le côté droit huit rayons à l'extrémité desquels sont des battes ou fléaux que le rouleau, dans sa marche, fait mouvoir avec une grande rapidité et qui viennent frapper avec force le grain étendu sur l'aire. Cette addition a déjà été essayée plusieurs fois et presque toujours abandonnée. Il faut ajouter, néanmoins, que le rouleau, la disposition et la forme des battes, ainsi que la transmission de mouvement pour ces dernières, offrent, dans la machine de M. Turpault, de véritables perfectionnements sur les mêmes machines connues jusqu'à présent. Aussi, quoique d'un prix assez élevée (350 fr), et destinée à un mode de battage défectueux pour nos contrées du centre et de l'ouest, le dépiquage en plein air, elle a paru au jury digne d'être l'objet d'une mention honorable.

M. P. H. GRELLET, négociant, à Rouen (Seine-Inférieure).

Il a exposé un blutoir mécanique d'une construction toute nouvelle. C'est une enveloppe cylindrique verticale, en tôle, divisée dans sa hauteur en plusieurs compartiments par des toiles métalliques. Un axe vertical porte des ailes armées de brosses qui, dans leur mouvement de rotation, promènent et frottent sur les toiles les matières à bluter. Cette machine, dont le mécanisme est des plus ingénieux, ne paraît pas encore avoir été appliquée au blutage de la farine, et des expériences prolongées peuvent seules faire connaître si elle convient à cet usage. Mais elle a déjà fonctionné avec plein succès dans une usine où l'on triture les bois de teinture. Reste à savoir si le chiffre du travail opéré est en rapport avec le prix nécessairement assez élevé de ce blutoir. Malgré l'absence de données à cet égard, le jury accorde à M. Grellet, pour son ingénieuse invention, une mention honorable.

M. B. VERNAY, mécanicien, à Villeneuve-l'Archevêque (Yonne).

Il a exposé un tarare et un poulain mécanique pour descendre dans les caves ou en monter les pièces de vin.

Le tarare est établi sur le système des tarares Dombasle. Il est bien exécuté, d'un prix modéré, et paraît devoir satisfaire à toutes les conditions des bons tarares.

En introduisant la fabrication de cette machine dans son atelier, M. Vernay a rendu service à la contrée qu'il habite.

Le poulain se distingue des poulains ordinaires par l'absence de saut ou treuil d'appel et par des dispositions destinées à le remplacer, lesquelles consistent en deux chaînes à la Vaucanson, glissant le long des montants et réunies de distance en distance par des tringles contre lesquelles s'appuient les barriques qu'on monte ou descend. Une manivelle et quelques roues dentées, combinées de façon à augmenter la puissance, font mouvoir les deux chaînes et avec elles les pièces de vin qu'elles supportent. Cette machine est incontestablement un progrès. Elle est plus maniable que les anciennes; les opérations doivent s'y faire avec une plus grande rapidité. Enfin, considération importante, elle permet d'éviter presque entièrement les accidents auxquels l'emploi des anciens poulains donne parfois lieu.

Le jury accorde à M. Vernay, pour ses deux instruments et plus spécialement pour son poulain mécanique, une mention honorable.

M. Joseph FOURNET, mécanicien pour moulins, rue du Faubourg-Saint-Martin, n° 240, à Paris.

Il a exposé un appareil de son invention pour le nettoyage des grains. Cet appareil, qui a emprunté diverses dispositions aux anciens nettoyages, en présente d'autres qui sont nouvelles et paraissent ingénieuses, mais sur le mérite desquelles le jury ne saurait encore se prononcer, la machine n'ayant pas été soumise à un emploi prolongé. Du reste, elle paraît devoir être d'un prix peu élevé, et convenir également au concassage du malt de brasseur.

En attendant des expériences concluantes, le jury accorde à M. Fournet, à titre d'encouragement, une mention honorable.

M. Marie-Jules LAVERNE, boulanger, à Châlons-sur-Marne (Marne).

Il a exposé une machine propre à faciliter le chargement et le déchargement des fardeaux, et notamment des sacs de blé et farine portés à dos d'hommes : c'est un plateau avec appui vertical, qu'on monte et descend au moyen d'une manivelle. On a souvent essayé de faciliter l'opération si pénible, et souvent dangereuse, du chargement à dos d'hommes des fardeaux et surtout des sacs de grains. L'invention de M. Laverne remplit complétement ce but, et doit rendre service dans les grands magasins, sur les ports, partout, en un mot, où s'effectuent de nombreux chargements à dos d'hommes. La machine de M. Laverne, à part son mérite mécanique qui est réel, a donc une valeur philanthropique.

C'est à ce point de vue surtout qu'elle a paru au jury digne d'une mention honorable, qu'il est heureux d'accorder à l'inventeur.

M. Charles-Henry SCHATTENMANN, directeur des mines de Bouxwiller, et propriétaire agriculteur, à Bouxwiller (Bas-Rhin).

Il a exposé le modèle de la fosse à fumier établie dans son exploitation.

L'emplacement du tas de fumier offre encore des dispositions tellement vicieuses dans la plupart de nos fermes, même dans les contrées avancées, qu'on a pu dire avec raison que c'est là où vient se perdre d'avance le plus clair des bénéfices de la culture.

Tantôt, en effet, le fumier est déposé au niveau du sol, sur une pente plus ou moins sensible et sans aucune disposition pour retenir les liquides qui s'en échappent ou qui viennent y affluer. Ailleurs, la fosse à fumier est un trou profond où le fumier baigne constamment dans l'eau qui s'y rend des cours et des toits, où sa décomposition n'a lieu qu'imparfaitement, et d'où il est fort difficile de l'extraire. Depuis longtemps, tous les hommes qui se sont occupés de l'avancement de l'agriculture avaient été frappés de ces inconvénients et avaient cherché à y remédier. Plusieurs systèmes furent mis en avant : celui qui paraît encore avoir pour lui l'opinion des agriculteurs les plus éminents est le système proposé et adopté par Thaer, Schwertz et de Dombasle, système que Roville et Grignon ont contribué à répandre par leur exemple, et dont M. Schattenmann expose une ingénieuse application. Ce système n'est cependant pas exempt d'inconvénients. Par la sécheresse, et surtout pour le fumier de cheval, il exige beaucoup de travail d'arrosage, et ce travail est parfois impuissant à empêcher la prompte décomposition de l'engrais et la perte des matières fertilisantes que renferme celui-ci. Il est vrai que M. Schattenmann prévient en partie cette perte au moyen du sulfate de fer dont il sature l'eau qu'il rejette sur le tas. Mais, en raison de la dépense qu'occasionne cette méthode, il est à craindre qu'elle ne se répande pas promptement. Malgré cet inconvénient, ce système est incontestablement un grand perfectionnement sur les défectueuses dispositions qui sont encore généralement en usage en France, et notamment dans la contrée qu'habite M. Schattenmann. Le jury est heureux, dans cette circonstance, de pouvoir joindre son suffrage à celui de la société d'agriculture du Bas-Rhin, en accordant à l'habile et zélé agriculteur de Bouxwiller une mention honorable.

Citations favorables.

M. Amédée-Désiré LAVOISY, fabricant d'ustensiles de ménage, rue Montmartre, n° 180, à Paris.

Il a exposé des barattes à beurre de dimensions variées. Ces barattes sont établies sur le système Valcourt avec cette modification que le mouvement est transmis aux ailettes batteuses par un engrenage qui l'accélère beaucoup et rend l'action de celles-ci plus énergique. Ces barattes sont très-bien exécutées, et, sauf le prix un peu élevé pour la culture, laissent peu à désirer.

Le jury accorde à M. Lavoisy une citation favorable.

M. L. E. A. RENOU, tonnelier, à Gallardon (Eure-et-Loir).

Il a exposé un modèle de baratte à beurre. Cette baratte, de son invention, rappelle, quant à l'ensemble, la baratte Valcourt, mais elle en diffère sur plusieurs points. C'est au moyen d'une boîte à eau chaude qu'on élève la température de la crème en hiver, tandis que d'autres dispositions permettent de l'abaisser en été, et qu'un thermomètre, placé à l'endroit propice, indique toutes les variations sous ce rapport.

Cette machine est ingénieuse, mais elle a paru au jury un peu compliquée et d'une appropriation difficile. Néanmoins, 20 de ces baratles paraissent avoir déjà été livrées à l'agriculture et fonctionner d'une manière satisfaisante.

Le jury accorde à M. Renou une citation favorable.

M. Charles-Camille GAILLARD fils, fabricant de toiles métalliques, rue du Faubourg-Saint-Denis, n° 210, à Paris.

Il a exposé un appareil de son invention qu'il nomme *conservateur-nettoyeur-aérifère*. Cet appareil consiste en une boîte octogonale dont les parois sont formées par des toiles métalliques montées de champ, sur un axe horizontal à manivelle. Dans la pensée de l'inventeur, cet appareil doit servir utilement à la conservation et au nettoyage du grain. On le remplit aux trois quarts de grain, et on lui imprime, au moyen de la manivelle, un mouvement de rotation qui, lorsqu'il est rapide, en vertu de la force centrifuge, détermine le refoulement du grain vers le pourtour et laisse au centre un vide dans lequel, à conditions données de vitesse, s'opère un certain mouvement du grain. Ce court exposé laisse assez prévoir, que, dans l'état actuel des choses, cette machine ne saurait encore présenter une utilité réelle pour l'agriculture, si ce n'est peut-être, dans certaines circonstances, comme coffre à avoine. Ce n'est encore qu'un ingénieux et curieux spécimen, un simple point de départ pour d'autres appareils à établir sur le même principe, lequel pourra recevoir d'utiles applications au nettoyage et à l'aération du grain, comme il en a reçu à tant d'autres services. C'est en se fondant sur ces considérations que le jury mentionne pour ordre l'invention de M. Gaillard, duquel il est parlé ailleurs pour les toiles métalliques qu'il a également exposées.

M. Martial-Hippolyte COURTILLET, serrurier-mécanicien, à Cellette (Loir-et-Cher).

Il a exposé un appareil pour le foulage de la vendange et une ratissoire à cheval.

Ces machines, bien exécutées et propres à rendre de bons services, ne présentent, du reste, rien de particulier.

Le jury accorde au sieur Courtillet une citation favorable.

M. Joseph PERNOLLET, ferblantier-mécanicien, à Ferney (Ain).

Il a exposé un crible trieur cylindrique en tôle blanche, percé sur sa longueur de trois genres de trous qui permettent de recueillir séparément l'ivraie, les graines rondes et le bon blé de semence. Cette machine, qui est une réduction bien exécutée des grands trieurs de meunerie, peut rendre des services en agriculture, à la condition toutefois que le prix en sera réduit. Le jury accorde au sieur Pernollet une citation favorable.

M. Jean ESTRIGUE, cultivateur, à Montferrand (Puy-de Dôme).

Il a exposé un tarare de son invention qui n'offre rien de particulier, si ce n'est la position de la manivelle placée de manière à ce que l'ouvrier ne soit point exposé à recevoir de la poussière. Comme, de plus, certaines dispositions, adoptées depuis longtemps ailleurs, paraissent être nouvelles dans le pays et dues à l'intelligence de l'auteur, le jury n'hésite pas à lui accorder une citation favorable.

M. Jean-Louis BAHIER, agriculteur, régisseur de la colonie agricole de Saint-Ilan (Côtes-du-Nord).

Il a exposé le modèle d'un manége sans engrenage, applicable aux machines à battre, coupe-racines, hache-paille, etc. C'est une des applications du système hongrois ; une grande poulie horizontale, placée sur un arbre vertical qui porte un bras pour le moteur; une corde sans fin transmet le mouvement de la poulie à une autre plus petite, placée sur la machine qu'on veut faire fonctionner.

Le jury, sans s'attacher aux proportions défectueuses du modèle, reconnaît l'avantage que retirerait l'agriculture, pour les machines exigeant peu de force, de l'adoption des manéges de ce système, soit sous la forme simple proposée par M. Bahier, soit sous les formes plus perfectionnées de MM. de Valcourt et Amédée Durand.

Il accorde, en conséquence, à M. Bahier, qui, sous d'autres rapports, rend d'éminents services à l'agriculture, une citation favorable pour son modèle de manége.

M. Fr. A. SENNELIER, instituteur communal, à la Ronde (Charente-Inférieure).

Il a exposé le modèle d'un appareil à dépiquer le blé. C'est un rouleau de grandes dimensions, comme on en emploie depuis longtemps dans le Midi et le Centre-Ouest pour cet objet, auquel rouleau l'auteur a ajouté, par derrière, des battes qui se soulèvent et retombent par le mouvement même du rouleau. L'idée n'est pas nouvelle, et parmi les nombreuses applications qui en ont été faites, il en est peu qui aient donné des résultats assez satisfaisants pour s'introduire d'une manière sérieuse dans la pratique. Il faut ajouter, d'ailleurs, que le dépiquage en plein air, que suppose l'emploi du rouleau, est destiné à faire place un jour au battage d'hiver à la grange, partout ailleurs que dans le Midi.

Néanmoins, pour reconnaître ce qu'il y a d'ingénieux dans le mécanisme de la machine en question, et pour encourager les instituteurs communaux à consacrer leurs moments de loisir au perfectionnement des instruments et des procédés de l'agriculture, le jury accorde au sieur Sennelier une citation favorable.

---

§ 6. MACHINES ET APPAREILS VINICOLES.

M. Louis Leclerc, rapporteur.

M. DESROCHES, à Romanèche (Saône-et-Loire). Médaille d'argent.

On se souvient des ravages que, de 1825 à 1842, la *pyrale* causa dans les vignobles du Lyonnais, du Beaujolais et du Mâconnais. L'extraordinaire multiplication de ce petit phalène répandit la ruine et la désolation dans ces intéressantes contrées; partout elle réduisait la récolte à des proportions misérables, et elle l'anéantit plusieurs années de suite sur un grand nombre de vignobles.

On essaya de combattre le fléau par l'échenillage, les vapeurs sulfureuses, l'huile, le goudron, les enduits glutineux et la chaux; on employa jusqu'à l'arsenic; on alla jusqu'à illuminer les vignes avec des lampions, vains efforts! Lorsqu'en 1828 un petit propriétaire vigneron de Romanèche, Benoît Raclet, eut l'idée d'échauder les ceps infectés, au moyen de l'eau bouillante. Le procédé lui réussit complétement, sans nuire le moins du monde à la vigne; mais il était embarrassant et coûteux. Ce fut seulement en 1842 que l'inventeur put révéler son secret, et il le fit *gratuitement*. En 1844, Benoît Raclet, homme sans tache, mourait pauvre, et laissait une famille dans la gêne. La croix d'honneur ne vint décorer que son tombeau

Benoît Raclet sauva les importants vignobles de ces contrées, mais il n'eut pas le temps de perfectionner et de rendre tout à fait économique son ingénieux procédé. Ce bonheur était réservé à M. Desroches, serrurier à Romanèche, qui a inventé un appareil simple et peu coûteux, une chaudière mobile, améliorée de tâtonnements en tâtonnements, au point qu'aujourd'hui des enfants et des femmes la manœuvrent avec aisance, et luttent avec succès contre l'ennemi. Cet appareil est très-bien combiné: il permet à 3 personnes d'échauder 1,500 ceps par jour, avec une dépense de combustible qui peut s'élever à un franc.

En présence de ces faits qui sont de notoriété publique; en présence de cette déclaration textuelle du jury de Saône et-Loire, que la chaudière *pyralienne* rend d'immenses services, le jury central est heureux de récompenser de tels services rendus à l'agriculture; il décerne à M. Desroches une médaille d'argent.

Médailles de bronze.

M. KAEPPELIN, secrétaire perpétuel de la Société d'agriculture du Haut-Rhin, à Colmar.

Sous le nom de cito-presseur, M. Kaeppelin expose le premier pressoir hydraulique à vendange qui soit venu à notre connaissance. Dans une coupe, ou bassin en fer, percée au centre pour recevoir l'eau qu'y introduit une pompe, on place une toile imperméable ajustée et fortement serrée, à la circonférence, par un anneau de fer que fixent des boulons; sur ce diaphragme composé, se place la vendange recouverte d'une toile perméable. Un dôme formant couvercle descend et vient se fixer sur l'appareil, par des rivures. L'eau chassée comprime le diaphragme en dessous, et force le moût de s'échapper par les issues multipliées du chapiteau; il s'écoule dans une rigole qui le conduit au récipient. Ainsi point de vis, ni de levier, ni de frottement, point de force perdue; transport facile, installation commode; manœuvre d'un seul homme; solidité évidente du mécanisme qui est tout en fer.

Une machine de ce genre, ayant un diamètre de $1^{m},60$ contient 4 hectolitres de vendange, peut pressurer en 10 heures de 70 à 150 hectolitres de raisins, et coûte 1,250 francs. Une machine de

60 centimètres contient 1 hectolitre, en pressure de 15 à 30 en 10 heures, et coûte 500 francs.

Pendant la vendange de 1847, M. Kaeppelin a soumis son pressoir à des expériences publiques et très-satisfaisantes, en présence du congrès vinicole alors réuni à Colmar, de la société d'agriculture du Haut-Rhin, et du comité de mécanique de la société industrielle de Mulhouse; il obtint une centaine de commandes que les événements de 1848 ont annulées. Quelques-unes de ses intéressantes machines fonctionnent cependant dans des fabriques de sirop de fécule et dans d'autres usines où l'on a besoin d'une pression puissante et rapide. Il assure que l'inconvénient des surfaces métalliques mises en contact avec le vin disparaît par l'application d'une couche de peinture.

Le jury central, frappé des avantages qu'offre cette nouvelle et ingénieuse application de la presse hydraulique, au pressurage du raisin et des autres fruits, espère la revoir, dans cinq ans, revêtue du mérite additionnel et indispensable que donne l'expérience. Le jury central décerne à M. Kaeppelin, une médaille de bronze.

M. GEORGES, ouvrier mécanicien, rue Papillon, n° 10, à Paris.

Le pressoir à mouvement horizontal, que présente l'honorable exposant, est une modification du pressoir troyen qui, lui-même, est un perfectionnement de l'ancien pressoir à coffre déjà connu en Champagne dans le siècle dernier. Ce qui caractérise la puissante machine de M. Georges, c'est, 1° la simplicité du mécanisme qui s'opère à l'aide d'un irrésistible levier de fer, faisant mouvoir un pignon qui commande les engrenages fixés à la tête des deux vis de pression placées parallèlement dans l'intérieur de la caisse à claire-voie; 2° le sommier attiré par les vis au lieu d'être soumis à leur impulsion, comme dans les pressoirs analogues; 3° la pression s'élevant à 350,000 kilogrammes, force énorme qui dispense de remuer et de tailler le marc.

La machine n'a pas tout le fini désirable, mais l'intelligent ouvrier, qui le reconnaît, déclare avoir été pris de court, et n'avoir pas eu le temps de polir son ouvrage. Il avait construit un premier pressoir de ce genre qui a eu pleine réussite chez son père, cultivateur-vigneron du département de l'Ain. Ce succès lui a donné l'idée d'exploiter une invention à laquelle il n'avait d'abord attaché qu'un intérêt de famille, pour ainsi dire. Ce que les ouvriers vignerons prisent par-dessus tout, c'est la force, c'est la puissance dans un pressoir; ce que le propriétaire redoute, c'est la complication des mécanismes, qui amène des ruptures et de coûteuses réparations : tous seront donc satisfaits du pressoir de M. Georges, sous ce double point de vue.

De plus, la machine est facilement transportable; elle occupe peu d'espace; deux hommes la manœuvrent aisément. Son prix est de 1,500 francs. Le jury central décerne à M. Georges une médaille de bronze.

M. MONTILLIER, rue Pierre-Levée, n° 10 *bis*, à Paris.

Cet honorable mécanicien présente le petit modèle, bien exécuté, d'un pressoir à percussion très-simple. Un volant horizontal à poignées vient heurter, à l'aide de deux talons, les talons correspondants de l'écrou mobile sur la vis centrale, et détermine la pression par une suite de chocs consécutifs. Ce système est simple et puissant. Le pressoir Montillier, occupant 3 mètres carrés et 2 mètres de superficie, peut, avec trois ouvriers, sécher un marc de 15 pièces en une heure et demie. Il coûte 1,000 francs; onze signatures attestent la solidité de cette machine et la facilité de sa manœuvre. Le jury central lui décerne une médaille de bronze.

M. BAIL, à Vaise, route de Bourgogne, n° 23 (Rhône).

Le pressoir de M. Bail, exposé en modèle, est une machine forte et solidement établie, répandue dans les vignobles du Beaujolais et du Lyonnais, où elle est très-estimée. Indépendamment du mécanisme à percussion, un peu compliqué, mais bien établi, ce qui caractérise ce pressoir surtout, c'est une caisse cylindrique à claire-voie dont les pièces sont très-ingénieusement assemblées, et qu'un mécanisme de manœuvre facile fait avancer ou reculer sur deux rails en fer, ce qui permet de placer la grappe, de la remuer et de l'enlever, sans être gêné par les jumelles et le plateau de pression. Deux hommes peuvent, sans fatigue et sans danger, mettre tout en mouvement. Les pressoirs de 20, 40 et 60 hectolitres se vendent 900, 1,000 et 1,400 francs. C'est une bonne machine agricole, sur le mérite de laquelle l'expérience a prononcé depuis plusieurs années; le jury central décerne à M. Bail une médaille de bronze.

M. DEZAUNAY, mécanicien à Nantes (Loire-Inférieure).

M. Dezaunay expose un pressoir dont la force théorique dépasse 600,000 kilogrammes. Cette puissante machine se compose d'une vis dont l'écrou s'abaisse par l'action successive ou simultanée d'une roue horizontale à poignée, de deux roues verticales et de leviers d'encliquetage. Ce mécanisme, assez grossièrement exécuté, est conçu avec intelligence, et fonctionne facilement, avec économie de temps et de main-d'œuvre. Les ruptures, et les réparations coûteuses qu'elles entraînent, ne paraissent point à redouter, car tout est construit solidement. Ce pressoir remplace déjà, chez un grand nombre de viticulteurs de la Loire-Inférieure, les vastes et incommodes pressoirs à fûts qui ont longtemps régné dans la contrée. Les attestations des propriétaires, les rapports des sociétés agronomiques s'accordent à reconnaître le mérite de cette machine dont le prix est de 1,000 francs.

Les mêmes autorités reconnaissent également, dans un manége portatif à un cheval, des avantages pratiques que sa bonne construction fait supposer; ce manége, qui figure aussi à l'exposition, est surtout destiné à faire mouvoir une machine à battre. Les recherches et les efforts de M. Dezaunay se concentrent sur l'amélioration des mécanismes qui intéressent l'agriculture. Le jury central lui décerne une médaille de bronze.

M. LESOURD-DELISLE, à Angers (Maine-et-Loire).

Aux longs dissentiments qui ont régné dans nos vignobles, sur la préférence à accorder au cuvage en vase clos, ou à l'air libre, tend à succéder une opinion qui est probablement la seule raisonnable, à savoir que chaque méthode est bonne selon la nature même de la vendange et du vin qu'elle produit. Depuis le célèbre appareil attribué à Mlle Gervais, on en a donné une foule d'autres qui ont eu des fortunes diverses. Aujourd'hui M. Lesourd-Delisle, viticulteur très-distingué de l'Anjou, expose une cuve qui, en 1843 et en 1848, a obtenu les suffrages et les récompenses de la Société industrielle d'Angers. Sans rien présenter d'absolument neuf, cet appareil est combiné de manière à clore parfaitement la vendange et à la conduire avec succès. Il n'offre aucune complication inutile, et son prix le met à la portée des viticulteurs qui se trouvent dans les conditions propres à l'adoption de ce système. Le jury central décerne à M. Lesourd-Delisle une médaille de bronze.

Mentions honorables.

M. Ch. PORQUET, à Pierry, près Épernay (Marne).

M. Porquet, propriétaire vigneron, expose un pressoir de l'invention de son jeune fils, mineur. Cette machine, facilement transportable, de 3 mètres de long sur 1 de large et 1 mètre 50 centimètres de hauteur, n'est encore qu'à l'état d'essai, et sa construction accuse quelque inexpérience; mais elle contient un principe nouveau, au moins dans son application au pressurage du raisin. Elle a attiré l'attention et mérité l'intérêt de plusieurs membres éminents de la commission des machines, et, dans la Marne même, dans ce département vinicole par excellence, un comice agricole vient de lui décerner une médaille d'or.

Une toile sans fin, marchant avec assez de lenteur pour qu'on ait le temps d'enlever ce qui est vert ou gâté, jette la vendange entre deux lames parallèles sortant d'un cylindre creux; un excentrique, placé à l'intérieur du cylindre, pousse ces lames au dehors, et leur permet de rentrer lentement à la rencontre d'un sous-presseur ou coursier composé de segments qui livrent passage au liquide, et dont la courbe se rapproche graduellement de la circonférence du cylindre. Le marc est repris par un second cylindre plein, tangeant au premier, qui achève la dessiccation. Deux conduits et un bassin reçoivent successivement le liquide, de qualité proportionnée au degré de pression. Un volant et une vis sans fin donnent le mouvement continu.

Le jury central fait des vœux pour que l'expérience vienne donner sa sanction aux perfectionnements que le très-jeune auteur de cette machine intéressante indique lui-même, et qu'il est en voie de réaliser. Le jury, à titre d'encouragement, décerne à M. Porquet une mention honorable.

M. F. DIETZ, taillandier, à Barr (Bas-Rhin).

Il expose le modèle d'un pressoir à vis fixe, dont l'écrou est abaissé par un ingénieux système d'engrenages qu'un seul ouvrier met en mouvement à l'aide d'une manivelle. Ce mécanisme, dont la solidité ne saurait être jugée sur un si petit échantillon, a surtout l'avantage d'être peu coûteux (600 francs) et de convenir aux petits propriétaires, dont les attestations multipliées témoignent des services qu'il peut rendre dans les vignobles très-morcelés. Le jury central décerne à M. Dietz une mention honorable.

MM. MARTIN-PERRAY et DELACROIX-DUVOISIN, à Jargeau (Loiret).

Ils présentent le modèle fort imparfait d'un pressoir mobile pour lequel ils ont obtenu une mention honorable en 1844. Ils y ont ajouté un appareil qui permet de pressurer, par la même machine, des pommes à cidre et des graines oléagineuses, sans que ces opérations puissent nuire à la qualité des liquides de nature différente. Ce sont, en effet, des caisses indépendantes, qui se placent et se déplacent facilement.

Le prix de la machine est de 800 francs à 1,000 francs; elle est répandue dans les vignobles de l'Orléanais, où elle rend de bons services. Le jury central décerne aux exposants une nouvelle mention honorable.

M. LÉGER, mécanicien, à Auxerre (Yonne).

Il expose le modèle d'un pressoir qu'il nomme *Auxerrois*; pressoir simple, double, quadruple, selon les désignations même de l'exposant, et dont les prix, en conséquence, s'élèvent graduellement de 1,800 à 2,600 et à 4,000 francs. Le mécanisme de pression n'offre rien de particulier; mais l'appareil, pivotant sur l'une des deux [illegible], peut rouler sur un rail demi-circulaire, pour aller se [illegible] solidement, à l'aide d'une bride, sur une troisième jumelle, et faire une seconde pressée, pendant qu'on enlève la première et qu'on dispose la troisième. Ce système, bien combiné, est avantageux dans les vignobles où le pressurage doit être actif et rapide. Rien dans les documents communiqués n'indique la quantité de pressoirs vendus, ni depuis quand ils fonctionnent. Le jury central décerne à M. Léger, une mention honorable.

M. HEINHOLD, horloger-mécanicien, rue des Juifs, n° 10, à Strasbourg (Bas-Rhin).

La machine à pressurer les raisins et les graines oléagineuses, présentée en deux petits modèles très-bien exécutés, offre une grande complication de leviers, d'engrenages, de crochets, de cordes et de poulies. La description fort complète de ces ingénieux mécanismes ne dit point depuis quand et en quels lieux ils fonctionnent, et n'indiquent aucun prix : il est donc difficile de se prononcer, même sur leur mérite théorique. Le jury départemental dit seulement que ces appareils sont destinés à la petite propriété. A ce point de vue, ils ont leur intérêt, et le jury central décerne à M. Heinbold une mention honorable.

Citations favorables.

MM. CANNEAUX père et fils, négociants en vins, à Reims (Marne).

Ils ont exposé un appareil pour doser et boucher les vins de Champagne; plus, des bouteilles dites *cylindriques*.

L'appareil est fort bien conçu, et parait construit de manière à atteindre le but que s'est proposé son auteur. Mais, d'une part, le jury central n'était pas en position de le faire fonctionner dans les conditions indispensables pour porter un jugement sérieux; d'une autre part, le jury départemental déclare que l'appareil n'a pas encore subi l'épreuve de l'expérience.

Quant aux bouteilles, si la distribution des épaisseurs de verre doit les rendre évidemment plus résistantes, et épargner une somme considérable des pertes que la force d'expansion d'un gaz, ingouvernable jusqu'ici, entraîne trop souvent, leur forme, par malheur, s'éloigne beaucoup des formes traditionnelles et séculaires, qui sont entrées dans les mœurs, pour ainsi dire, et dans l'affection publiques. MM. Canneaux n'en ont pas moins fait preuve d'intelligence et d'habileté; le jury central leur décerne une citation favorable.

---

§ 7. MOBILIER AGRICOLE, INSTRUMENTS DIVERS.

M. Pépin, rapporteur.

Médaille d'argent.

M. Michel-Marie ARNHEITER, fabricant d'instruments d'agriculture et d'horticulture, place Saint-Germain-des-Prés, n° 9, à Paris (Seine).

Les instruments qui ont rapport à l'horticulture ont suivi les progrès et les perfectionnements que l'art horticole a fait faire depuis 30 ans à toutes les branches qui s'y rattachent. M. Arnheiter a beaucoup contribué à l'invention et à la fabrication des nouveaux outils qui ont paru depuis 20 ans. Son établissement date de 1820; il occupe ordinairement dans ses ateliers 6 à 8 ouvriers et 10 à 12 au dehors, dont la journée de chacun est de 3 fr. 50 cent. à 4 fr.; il a deux forges et un moteur à bras, et emploie par an, tant en fer qu'en acier, pour la valeur de 4,000 francs. D'après sa déclaration, son commerce intérieur s'élève à 14,000 francs et à 8 ou 10,000 francs pour l'exportation.

Depuis l'exposition de 1844, M. Arnheiter a inventé une cisaille à chariot, un enfumigateur à pompe, un effeuilloir, un sécateur à deux lames mobiles, des émondoirs, un sécateur-échenilloir, une pioche-tournée à vis à l'usage des gardes forestiers, une scie-greffoir en fente, une canne sylvicole, etc. Il a exposé, cette année, plus de 130 instruments de différents genres; le nombre des divers instruments et outils nouveaux qui se fabriquent dans cet établissement se monte à plus de 400.

L'intelligence, le zèle et le fini que M. Arnheiter apporte à la confection de ces outils, lui ont mérité plusieurs médailles et mentions dans différents concours. Une médaille de bronze lui fut accordé en 1834, son rappel en 1839, et une nouvelle médaille de bronze en 1844. Aujourd'hui, le jury lui décerne, en récompense de son intelligence et de son zèle, une médaille d'argent.

M. ARMAND-CLERC, rue Saint-Maur, n° 128, à Paris (Seine).

Nouvelle médaille de bronze.

M. Armand-Clerc est fondateur et directeur de son établissement, qui date de 1820, et qui a pour titre : *École gratuite d'enseignement mutuel et pratique destinée aux orphelins pauvres.* Depuis 1847, il n'emploie aucun ouvrier du dehors; les machines et outils mis à l'exposition sont tous exécutés par les élèves de l'école. On remarque avec intérêt un assortiment d'instruments et de machines propres à l'agriculture et au ménage, tels que barattes rotatives ordinaires et perfectionnées, coupe-légumes, hache-paille, petite charrue à main pour les jardins, herse à bras, affiloirs de toutes espèces et autres objets utiles en agriculture et en horticulture. On y voit aussi des machines de précision exécutées par les élèves; plusieurs citations et mentions honorables ont été accordées à M. Armand-Clerc, ainsi qu'une médaille de bronze en 1844. Le jury, considérant les services utiles que cet établissement rend aux orphelins pauvres, se plaît à lui décerner une nouvelle médaille de bronze.

M. Louis PARMENTIER, peintre-vitrier, rue d'Anjou-Dauphine, n° 8, à Paris (Seine).

Médaille de bronze.

Les châssis vitrés à lames mobiles, destinés primitivement à la culture maraîchère et à celle des plantes tropicales, ont été inventés, en 1845, par M. Parmentier, et une médaille lui a été décernée par la société centrale d'horticulture, en 1847. Depuis cette époque, ces châssis ont reçu un perfectionnement tel, que ce système fut appliqué à des châssis-persiennes mécaniques à lames de jalousie pour établir dans les serres, les appartements et surtout les ateliers, une ventilation facile et tout à fait hygiénique et salutaire dans les endroits où se trouvent réunis un grand nombre d'ouvriers ou une grande masse de végétaux. Le mécanisme simple et la facilité de remplacer soi-même un carreau, ou plutôt une lame de verre qui ne coûte que 5 centimes au lieu de 40, le font employer avec avantage dans les séchoirs, usines, etc.

Le jury, ayant reconnu l'avantage qu'offrent les châssis à lames mobiles de M. Parmentier, lui décerne une médaille de bronze.

MM. CLEFF frères, serruriers-mécaniciens, barrière d'Italie, passage Moulinet, n° 7 (extra-muros) (Seine).

Le nouveau système de brouette inventé par MM. Cleff frères présente un grand avantage sur celles dont on s'est servi jusqu'ici pour le transport des objets de toute nature, et particulièrement les déblais et remblais de terre qui se font journellement dans les travaux de terrassement. Depuis 3 ans, les nouvelles brouettes de MM. Cleff sont employées dans des grands travaux de canalisation et même dans les carrières sous Paris. On a reconnu leur avantage par la facilité avec laquelle les ouvriers les conduisent; elles présentent ainsi une économie de temps par le déversement qui se pratique avec peu d'efforts et non par la torsion des bras et du corps, ce qui diminue de beaucoup la fatigue en réduisant d'un tiers le poids à porter par l'homme, attendu que la charge porte entièrement sur l'essieu de la roue où s'opère le déversement.

Les brouettes de terrassement ont un 1/2 hectolitre cube, d'une capacité de 30 litres; les brouettes-mesures pour usine vont jusqu'à 200. Malgré la bonne confection et l'avantage des brouettes-Cleff, le prix est à peu près le même que celui des brouettes ordinaires.

Le jury central, désirant récompenser le service que les frères Cleff ont rendu aux travaux de terrassement, leur accorde une médaille de bronze.

M. Adolphe LAUMEAU, fabricant de taillanderie, rue de la Pourvoirie, n° 11, à Versailles (Seine-et-Oise).

L'établissement de taillanderie de M. Laumeau a été créé par son père en 1817, et est avantageusement connu des horticulteurs par la confection et la bonne qualité des instruments aratoires qu'il fabriquait. Son fils lui a succédé le 1er mars 1847, et continue à mériter la réputation légitimement acquise de son établissement; il envoya à l'exposition de cette année 18 sortes d'instruments de jardinage, tels que charrue-ratissoire, décaissoir, couteaux à asperges, ciseaux à tondre, ciseaux d'élagueur, ciseaux à greffer, couteaux à dépoter, hersoir de jardin. Tous ces instruments ont été perfectionnés par M. Laumeau fils; je ne parlerai pas ici des bêches, serpes, ratissoires-binettes et autres outils qui ont toujours été réputés comme étant de bonne qualité, de bonne trempe et forgés avec art, ce qui a mérité à M. Laumeau une mention honorable de la société centrale d'horticulture. D'après la déclaration de M. Laumeau, son établissement se compose de deux forges, trois ouvriers payés de 3 francs à 3 francs 50 centimes par jour; il emploie 5,000 francs de fer du Berry et de Châtillon. Le produit brut de son commerce est de 10,000 francs par année.

Le jury, appréciant le perfectionnement, la bonne qualité et le soin qu'apporte M. Laumeau dans la fabrication des instruments aratoires, lui décerne une médaille de bronze.

M. Pierre-Henry BIR, place de la Mairie, à Courbevoie (Seine).

En 1844, M. Bir mit à l'exposition des produits de l'industrie un appareil à incubation artificielle qui fut cité favorablement par le jury, afin d'attirer l'attention sur cette industrie agricole. Cette année, cinq de ces appareils ont été constamment en activité pendant la durée de l'exposition; chacun d'eux contenait un plus ou moins grand nombre d'œufs placés dans l'intérieur, et les petits poussins, après l'éclosion, étaient dans une cage placée à la partie supérieure de l'appareil qui présente des dispositions vraiment ingénieuses.

Depuis cette première exposition, M. Bir a su, par ses essais et son expérience, apporter des modifications et des perfectionnements à ses couveuses artificielles, en en simplifiant la construction et en assurant l'incubation.

La boîte la plus simple est garnie en zinc; elle est chauffée au moyen d'une mèche carrée mise dans un bec qui a un réservoir où est l'huile, et qu'il faut remplir toutes les 24 heures. Ces couveuses peuvent contenir, suivant leur grandeur, de 30 à 80 œufs; d'autres sont établies en forme de colonnes, elles ont six portes vitrées au travers desquelles ont voit éclore sans rien ouvrir.

Le jury, considérant combien les procédés d'incubation artificielle peuvent rendre d'utiles services à l'industrie agricole, décerne à M. Bir une médaille de bronze.

M. Jean-Honoré-Victor VALLÉE, gardien des reptiles au Jardin-des-Plantes, à Paris (Seine).

L'appareil à incubation exposé pour la première fois par M. Vallée est parfaitement exécuté, de manière à remplir toutes les conditions désirables, et peut être supérieur, comme instrument de physique, à ceux connus jusqu'à ce jour, à cause d'une plus grande uniformité de température, mais les moyens de chauffage et d'aération sont les mêmes ou à peu près.

L'appareil de chauffage est en zinc; il contient environ un seau d'eau chauffée par une lampe à huile qui ne se renouvelle que toutes les 24 heures; deux thermomètres sont à l'intérieur, l'un est placé dans le cylindre et l'autre sur les œufs. Cette couveuse artificielle a servi avec succès à faire éclore des œufs de perdrix trouvés dans les champs pendant la moisson.

La couveuse de M. Vallée peut contenir 120 œufs; elle a servi avec avantage, dans différents cours scientifiques, au développement de l'embryon des œufs, et les personnes qui se la sont procurée en ont été très-satisfaites. Le jury, ayant remarqué l'ingénieuse confection de cet appareil, décerne à M. Vallée une médaille de bronze.

Mentions honorables.

M. Théodore COLLIGNON, à Ancy-sur-Moselle (Moselle).

Depuis 1845, époque de la publication d'un ouvrage ayant pour titre : *Plus d'échalas, ou nouvelle méthode de soutenir les vignes au moyen de lignes de fil de fer*, par André Michaux, membre de la société nationale et centrale d'agriculture, cette méthode avantageuse s'est répandue dans les pays vignobles, et particulièrement dans les départements de la Moselle et de la Meurthe; seulement, au lieu d'enlever les lignes de fil de fer à l'automne, au moyen d'un moulinet-dévidoir, comme le conseillait M. Michaux, les lignes de fil de fer employées dans ces départements restent en place.

Le modèle d'échalassement en fil de fer de M. Collignon se faisait remarquer à l'exposition; le système de l'auteur repose sur l'emploi d'un instrument qu'il a inventé et qu'il nomme *roidisseur*, et destiné à donner une forte tension au fil de fer et à remédier au relâchement produit par la dilatation; il consiste en une sorte de bride ou châssis en fer ovale allongé, traversé au milieu par un cylindre percé d'un trou, ainsi que les deux extrémités de la bride; une petite roue à rocher est placée sur l'un des côtés et arrêtée par un cliquet. Le prix des roidisseurs est de 20 à 32 francs 50 centimes le cent, suivant leur force.

La société d'agriculture de Metz, ayant reconnu les avantages produits par le système de M. Collignon dans le département viticole de la Moselle, lui a décerné une médaille d'argent. Le jury central, ayant remarqué que ce système pouvait également avoir plusieurs applications agricoles, décerne à son auteur une mention honorable.

M. DUVILLERS-CHASSELOUP, architecte de jardins, rue Bertrand, n° 26, à Paris (Seine).

M. Duvillers-Chasseloup a exposé un spécimen remarquable des inconvénients de l'étêtement pour les arbres plantés en ligne, ainsi qu'un atlas contenant les plans d'un grand nombre de jardins qu'il a exécutés.

Le jury mentionne favorablement les travaux de M. Duvillers-Chasseloup.

M. AGARD, rue de l'Arcade, n° 52, à Paris (Seine).

Citations favorables.

Les différents objets ayant rapport à l'horticulture, présentés par M. Agard, se composent d'une belle jardinière en bronze, en zinc et en fonte, montée sur gradins, le tout d'une légèreté et d'une forme élégante; plusieurs modèles d'arrosoirs et de petites pompes de jardins.

Le perfectionnement qu'apporte M. Agard dans la confection de ces différents objets, fait que le jury lui rappelle la citation qu'il a obtenue en 1844.

M. Léon BRISSE, agent forestier, rue Saint-Georges, n° 12, à Paris (Seine).

L'irmissoir ou plantoir sylvestre, exposé par M. Brisse pour le reboisement des forêts, est un petit instrument en fer ressemblant à la serfouette à main employée communément dans les jardins pour biner les caisses et les entre-rangs des plantes.

En décernant à M. Léon Brisse une citation favorable, le jury central émet le vœu que l'instrument présenté reçoive la sanction d'une plus longue pratique.

M. Alexandre LEBIRE, serrurier-taillandier, rue Saint-André, à Charonne (Seine).

Les râteaux-ratissoires exposés par M. Lebire sont d'une bonne fabrication; ils ont, pour les jardins, l'avantage de servir tout à la fois de râteaux, de ratissoires et de binettes, par le moyen d'une lame mince en fer qui est soudée et adaptée à la partie opposée de l'un de ces instruments. Le jury cite favorablement ce fabricant pour la bonne qualité de ces outils.

M. Pierre-François LEUNE, faïencier, rue des Deux Ponts, n° 31, île Saint-Louis, à Paris (Seine).

Les cloches en verre de toutes espèces jouent un assez grand rôle en horticulture. M. Leune est l'un des premiers qui fit confectionner les modèles de cloches qui servent à assurer la multiplication et la reprise des boutures d'arbres et de plantes exotiques; il a exposé des modèles de toutes formes et de toutes grandeurs; des cloches dites *à raisin* pour protéger les fruits contre les oiseaux et les insectes, et surtout pour en hâter la maturité dans les climats tempérés; des vases en verre pour boutures, afin de donner la facilité de voir au travers les progrès du développement des racines; des pots de même nature pour les marcottes, des vases à deux parties pour les jacinthes et autres liliacées. M. Leune a ajouté à son exposition une collection d'étiquettes en porcelaine, de plusieurs formes et de plusieurs grandeurs; une lampe rustique suspendue et ornée de fleurs, à la base de laquelle est placé un vase en verre renfermant des poissons.

Le jury cite favorablement M. Leune pour le perfectionnement qu'il a apporté aux cloches de jardins.

M. Julien PROVOST, rustiqueur, rue de la Tour-des-Dames, n° 9, à Paris (Seine).

M. Provost a exposé des guéridons, tables, jardinières, tabourets, le tout en bois rustique et garni de jonc.

Ces produits sont confectionnés avec goût et solidité. Le jury lui accorde une citation favorable.

CHAPITRE QUATRIÈME.

PREMIÈRE DIVISION.

ENGRAIS DES FERMES ET ENGRAIS COMMERCIAUX.

M. Payen, rapporteur.

CONSIDÉRATIONS GÉNÉRALES.

On peut dire que la production agricole, et notamment la production des subsistances destinée aux populations, sont proportionnées aux quantités d'engrais dont l'agriculture dispose.

Toutes les questions qui se rattachent à la préparation, la conservation, l'emploi, en un mot l'économie des engrais, sont donc des questions de premier ordre.

La science, aujourd'hui, est en mesure de résoudre ces questions; elle a donné, depuis peu de temps, il est vrai, les moyens de mettre à profit les amendements et les engrais qui se trouvent à la portée des cultivateurs, et, cependant, malgré des progrès réels faits dans cette voie, on laisse encore perdre, chaque année, une telle masse d'engrais puissants, que, si ces quantités étaient utilisées, elles accroitraient de plus de 25 p. o/o nos récoltes en céréales.

Pour définir nettement durant les dernières années la nature et le rôle des engrais les plus indispensables à fournir au sol, il a fallu le concours de la chimie minérale et organique et de la physiologie végétale.

Il a fallu montrer que, dans toutes les parties des plantes où la végétation est très-active, on voit dominer les sels minéraux et les substances organiques qui tirent leur origine des animaux.

Quant aux matières purement végétales qui constituent la masse des plantes, et souvent plus des 95/100es de leur poids, elles se reproduisent chaque année aux dépens des gaz de l'atmosphère et des détritus des récoltes précédentes (chaumes et racines) restés sur le sol; les agriculteurs n'ont donc pas à s'en préoccuper.

Ces données scientifiques semblent devoir conduire, dans tous les pays où l'agriculture est très-avancée, comme en Angleterre et dans le nord de la France, à faire consommer presque toutes les pailles par les animaux, et remplacer les litières par des substances terreuses placées directement sous les animaux, ou séparées au moyen de planchers à claires-voies, afin d'obtenir en plus grande abondance et de réserver, pour la fumure du sol, les déjections animales liquides et solides.

Toutefois, et sans pousser aussi loin encore l'emploi presque exclusif des matières ou déjections animales et des sels minéraux, nos agriculteurs aménagent mieux les fumiers; l'industrie manufacturière lui vient en aide, en confectionnant des engrais faciles à conserver, à transporter et à répandre sur le sol; elle utilise pour ces préparations les divers débris des animaux et les déjections humaines, presque entièrement perdues autrefois.

Les procédés généralement en usage aujourd'hui consistent dans l'application de substances désinfectantes favorables par elles-mêmes à la végétation, et qui, tout en prévenant le dégagement et la déperdition des gaz infects utiles aux plantes, peuvent assainir l'air au milieu des populations agglomérées. Ces procédés sont bien dignes de l'approbation qu'ils ont reçue des corps savants, et de tout l'appui qu'ils réclament de la part du Gouvernement et des administrations municipales.

C'est dans cette double voie, des progrès agricoles et des améliorations importantes pour la salubrité publique, que sont entrés hardiment, 1° les industriels dont nous allons exposer les titres; 2° ceux dont les travaux peu développés ne peuvent encore être cités; 3° enfin un plus grand nombre d'agriculteurs manufacturiers que nous regrettons de ne point voir figurer dans le grand concours de 1849.

Mais nous devons le déclarer ici, l'un des plus grands obstacles au développement de la fabrication et du commerce des engrais se rencontre dans la fraude que la cupidité parvient à y introduire, fraude coupable entre toutes, car non-seulement elle trompe sur la valeur de la marchandise, mais elle est bien plus préjudiciable encore, puisqu'en trompant l'espoir du cultivateur elle peut occasionner sa ruine, les produits de la récolte lui manquant alors pour s'indemniser de ses avances, de son loyer et des divers frais de culture.

Dans l'intérêt de la morale publique, dans l'intérêt de l'industrie et de l'agriculture, il est temps que de pareils abus disparaissent; que les vœux des comices, des sociétés d'agriculture et du congrès central soient réalisés : c'est-à-dire que, par mesure d'intérêt général, les fabricants, dépositaires et marchands d'engrais soient tenus d'indiquer, sur leurs magasins et leurs factures, les substances qui entrent dans les produits qu'ils livrent aux cultivateurs.

Alors il sera facile de faire vérifier la composition des engrais commerciaux, et de rendre, par les voies ordinaires, chacun responsable des dommages occasionnés; ou plutôt, les fraudes, ne pouvant plus se cacher, disparaîtront, laissant la carrière libre aux industries loyales.

Nombre d'exposants, 17; récompensés, 5; mentionnés pour ordre, 5; non cités, 7.

Médailles d'or. MM. DE LANCOSME-BRÈVES, président du conseil d'administration, et DUGUEN, gérant de la compagnie générale des engrais.

Tous les agronomes déplorent, depuis longtemps, l'énorme déperdition des substances fertilisantes qui s'accumulent dans les grandes villes, et notamment des produits des vidanges.

Non-seulement cette déperdition est très-préjudiciable aux intérêts de l'agriculture, mais encore elle entraîne des conséquences graves pour la salubrité publique et la sûreté des hommes. Chacun sait, en effet, que, partout où les anciens procédés de vidange et d'exploitation des poudrettes sont en usage, on observe, chaque année, des asphyxies mortelles parmi les travailleurs; l'air, dans de vastes quartiers populeux, est infecté par les plus rebutantes émanations; rien ne prouve qu'au delà même des limites où l'odeur putride cesse d'être sensible, rien ne prouve que les ferments organiques n'ont aucune influence fâcheuse sur la santé des hommes, et n'entrent pour rien dans le développement des affections endémiques. Quoi qu'il en soit, toute la population des villes, vivement affectée de ces graves inconvénients, appelle de ses vœux les moyens de s'en débarrasser.

Les agriculteurs, de leur côté, réclament la libre disposition de ces engrais utiles, mais les règlements de la salubrité, et même le dégoût qu'inspirent les manipulations nécessaires pour leur application, opposaient des obstacles insurmontables, en beaucoup d'endroits, à la réalisation des effets avantageux de ces substances.

La compagnie générale des engrais s'est occupée, avec un zèle persévérant, depuis plusieurs années, de dissiper tous ces inconvénients, ces dangers même, dans la vue d'utiliser, au profit de l'agriculture et de la production des subsistances, la masse énorme d'engrais qui se perd chaque année par ces causes.

Après de longues études expérimentales, après de nombreux essais en grand, la compagnie s'est arrêtée à plusieurs moyens combinés, savoir :

1° L'emploi de sels métalliques désinfectants dont elle est parvenue à découvrir les réunions les plus actives parmi plusieurs eaux mères ou résidus à bas prix de certaines fabrications;

2° L'application de dragues mécaniques closes qui abritent les ouvriers du contact des vapeurs asphyxiantes (lorsqu'on ne peut faire usage du système des fosses mobiles);

3° L'emploi de charbons poreux pulvérulents, qui absorbent les parties liquides et les gaz, font disparaître l'odeur infecte et facilitent la dessiccation sans nouveau dégagement.

Ces moyens ont été d'ailleurs perfectionnés notablement par MM. de Lancosme-Brèves, Duguen et compagnie.

Malgré d'aussi longs travaux, des inventions remarquables et des perfectionnements réels, les représentants de la compagnie générale des engrais n'auraient pas droit aux récompenses que le jury décerne, si la pratique en grand n'était venue justifier leurs prévisions.

Cette sanction indispensable de la pratique ne leur a pas manqué; les pièces mises sous les yeux du jury et les rapports très-explicites lus à la société d'encouragement pour l'industrie nationale, et approuvés par elle, contiennent des preuves irrécusables de ces faits; il ne peut donc rester de doute à cet égard.

Le prix de 3,000 francs a été décerné à cette société pour les procédés de désinfection des matières fécales et de préparation en grand des engrais.

Les gérants de la compagnie générale, qui dirigent dans les départements,

M. Léon VALLÉE,

Pour la division de Lyon;

M. Henry VALIN,

Pour la division de Tours;

M. CALVO,

Pour la division de Marseille;

M. RABIER,

Pour les divisions du Cher, de l'Indre et de l'Allier, ont reçu autant de médailles d'argent. Enfin, les concessionnaires de la même compagnie pour les villes de Poitiers, Nevers, Niort, Besançon, Rochefort, Bordeaux, Orléans, Montauban, Nantes, Metz, Amiens, Troyes, Rouen et Toulouse, ont été mentionnés pour de semblables travaux.

La société générale des engrais a d'ailleurs donné un exemple des plus utiles à suivre en instituant partout, chez les concessionnaires, des essais chimiques qui permettent de garantir la composition des engrais, et d'éviter les fraudes si préjudiciables aux intérêts de l'agriculture et de la fabrication même des engrais.

Les grandes applications faites par la compagnie des engrais offrent, au plus haut degré, les caractères d'utilité générale; elles intéressent à la fois l'économie rurale et la salubrité des villes; elles sont très-dignes d'être signalées à l'attention des agriculteurs et des administrations publiques.

Le jury décerne la médaille d'or à la compagnie générale des engrais.

Médailles d'argent.

M. LECONTE, non exposant, à Soudé, près de Reims (Marne).

En 1845, ce manufacturier a fondé, auprès de Reims, un établissement dans lequel il complète la désinfection des matières fécales, désinfection commencée dans les fosses même à l'aide des sulfates de fer.

Ces matières, transportées à l'usine, sont mélangées avec des substances terreuses, charbonnées par une calcination préalable.

L'engrais pulvérulent ainsi obtenu peut être desséché sous des hangars à l'air et rechargé de matières fécales, afin d'augmenter sa puissance.

On fait cesser par ce moyen l'odeur repoussante et la forme pâteuse qui s'opposent à l'emploi de ces déjections.

La forme pulvérulente se prête, d'ailleurs, à l'application des semoirs pour répandre l'engrais.

L'usine de M. Leconte réalise les avantages que nous avons indiqués plus haut dans l'intérêt de la salubrité publique; elle fait opérer la vidange dans la ville en plein jour, à l'aide d'appareils fonctionnant en vase clos et sous l'influence de réactifs désinfectants, évitant ainsi les inconvénients des émanations putrides sulfurées qui brunissent les peintures et l'argenterie.

M. Leconte a en outre installé, dans un grand nombre d'édifices publics de Reims, le système de fosses mobiles, qui permet à la fois un service facile de jour et la désinfection économique dans les ateliers hors de la ville.

Les résultats des fabrications des engrais désinfectés ont, pour la ville de Reims, l'agriculture, la salubrité et la sécurité des travailleurs qui opèrent les vidanges, une importance que le jury départemental et le préfet ont bien fait ressortir. La préparation de divers autres engrais, notamment d'une sorte de guano, ou plutôt d'un mélange de débris offrant une composition analogue à celle du guano d'Amérique, ont rendu à la contrée des services que notre collègue M. Fouquier d'Hérouel a fait connaître dans son rapport.

Le jury central accorde, comme récompense d'ensemble, à M. Leconte une médaille d'argent.

M. Laurent ROCHER, à Saumur (Maine-et-Loire).

M. Rocher a fondé plusieurs fabriques de noir animal qui utilisent les produits des vidanges, désinfectées d'abord par les sels de fer ou de manganèse, puis par leur mélange avec des terres charbonneuses absorbantes; il fait entrer dans ces engrais les débris de l'équarrissage.

Les fabriques sont établies à Saumur, la Motte-Beuvron, Ingrandes, Tours, Loches et Château-Renaud.

La valeur des engrais livrés annuellement à l'agriculture par cette fabrication s'élève à 100,000 francs, et représente en produits accrus des récoltes une valeur bien plus considérable.

En toute contrée agricole, l'introduction d'une pareille masse d'engrais chaque année contribuerait à élever la puissance du sol. A ces avantages certains si l'on ajoute les services rendus à la salubrité publique par l'introduction des procédés désinfectants, on se décidera sans peine à signaler, en les récompensant, les résultats de si bons exemples. Le jury central décerne à M. Rocher une médaille d'argent.

M. SAINT-AMAND, à Nantes (Loire-Inférieure).

Ce manufacturier prépare du charbon d'os, sous les formes de noir en gros grains, pour les sucreries indigènes et coloniales; noir en grains ordinaires et noir fin, pour nos raffineries.

Il emploie environ 800,000 kilogrammes d'os, et fabrique 600,000 kilogrammes de noirs divers.

Une machine à vapeur de 20 chevaux, 4 fours à carboniser, 3 paires de meules, forment ses moyens d'action. Il occupe, en moyenne, 25 ouvriers, et jusqu'à 40, exceptionnellement.

Une partie du noir fin, produit en excès, est mélangé avec des débris de menus coraux, madrépores, des vidanges et détritus d'animaux. Il obtient ainsi une sorte d'engrais complexe, analogue au noir animal, et qui restera de bonne qualité, si la composition est maintenue telle que l'ont déterminée MM. Moride et Bobière. Cet engrais, vendu sous le nom de *zoofime*, donne à l'analyse 2,6 d'azote p. o/o ; il contient, notamment, 0,20 de phosphate de chaux, et 0,40 de carbonate calcaire; 25,000 hectolitres de zoofime sont annuellement livrés aux agriculteurs. La valeur totale des produits vendus s'élève à environ 360,000 francs.

Le jury récompense les travaux de M. Saint-Amand par la médaille d'argent.

Médailles de bronze.

M. BONNET, à Javelle et Arcueil (Seine).

M. Bonnet utilise, depuis 1834, tout le sang des abattoirs de Paris que les raffineries ne peuvent consommer, c'est-à-dire de 6 à 8,000 barriques.

C'est en le désinfectant et le mettant sous forme pulvérulente, à l'aide de substances charbonneuses et absorbantes, que M. Bonnet prépare un engrais riche, appliqué avec succès à l'agriculture.

La valeur livrée annuellement au commerce s'élève à 100,000 fr.

Des procédés antiseptiques et de désinfection plus complets, expérimentés en ce moment par ce manufacturier, rendront sans doute les opérations plus faciles et moins gênantes pour le voisinage.

Dans l'état actuel de ses usines, considérant surtout les services rendus à l'agriculture, le jury accorde à M. Bonnet une médaille de bronze.

M. COELLAND, à Rennes (Ille-et-Vilaine).

M. Coëlland a eu l'idée de mettre le sang sous la forme pulvérulente; il y parvient en quelques minutes par une addition de 15 centièmes environ de chaux vive en poudre.

On avait exprimé la crainte que cette addition ne fît exhaler en gaz ammoniaux une grande partie de la substance azotée; nous nous sommes assuré qu'il ne peut résulter une déperdition notable de ce mélange, si l'opération est faite sur le sang frais. La matière albumineuse s'unit à la chaux, et ce composé ne se putréfie pas tant qu'il est sec, et ne se décompose que lentement lorsqu'on le met dans un sol humide. M. Malagutti, professeur de chimie, a trouvé, dans le *sang chaulé* humide, 3,40 d'azote, et les agriculteurs qui en ont fait usage en ont obtenu un effet proportionné à ce dosage.

Le procédé est ingénieux, susceptible de faire utiliser partout le sang à peu de frais et sans putréfaction. Le jury décerne à ce manufacturier une médaille de bronze.

M. BATAILLER.

M. Batailler expose un système d'irrigation qu'il a mis en pratique dans le Loiret.

Il a réalisé avec succès la pensée de faire servir les irrigations à disséminer les engrais stercoraires sur le sol. A cet effet, il délaye les matières solides, et ajoute les urines dans les eaux destinées aux arrosages. Cette méthode pourrait être améliorée encore, en ajoutant aux produits des vidanges les réactifs désinfectants, et peut-être des substances charbonneuses absorbantes tenues en suspension par l'agitation mécanique. On donnerait ainsi plus d'efficacité aux engrais, en évitant la déperdition des gaz et vapeurs utiles aux plantes, mais incommodes ou insalubres pour les hommes. L'auteur s'occupe de ces perfectionnements; lorsqu'il les aura réalisés, et que sa méthode sera devenue plus générale, il pourra mériter une haute récompense.

Les travaux qu'il a entrépris jusqu'aujourd'hui le rendent digne de recevoir la médaille de bronze que le jury lui décerne.

DEUXIÈME DIVISION.

DRAINAGE DES TERRES.

M. E. Moll, rapporteur.

M. THACKERAY, à Paris (Seine).

Médaille d'argent.

M. Thackeray, Anglais de naissance, mais habitant la France depuis 27 ans, a voulu, suivant ses expressions, payer la bonne et cordiale hospitalité qu'il a reçue dans notre pays, en faisant tourner ses connaissances agricoles et les relations qu'il a conservées avec l'Angleterre, au profit de notre agriculture.

Des renseignements sur des procédés nouveaux, des machines aratoires, des semences de variétés perfectionnées de plantes, ont été successivement importés par lui et communiqués avec la plus grande libéralité à beaucoup d'agriculteurs distingués avec lesquels il s'était mis en rapport. Chose singulière, dont il ne faut, sans doute, accuser que les circonstances, jamais il n'a eu la moindre part aux éloges et aux récompenses auxquels ont souvent donné lieu ses importations. Un des premiers, il a fait connaître en France les immenses avantages que retirait l'Angleterre de l'emploi de la méthode d'assèchement des terrains humides connue sous le nom de *drainage*, méthode pratiquée d'une manière imparfaite, il est vrai, dans certaines localités de notre pays (dans les départements de l'Isère et des Hautes-Alpes), mais inconnue ailleurs. Non content de faire connaître cette méthode par des articles de journaux et de nombreuses brochures, il fit venir de Londres, en 1847, à ses frais, 6,000 tuyaux de drainage et deux ouvriers pour faire une expérience d'assainissement dans le domaine de Forge, près Montereau, appartenant à M. du Manoir. Inutile d'ajouter que cette expérience eut un plein succès; c'est à la suite de cette expérience qu'il importa la machine d'Ainslye pour fabriquer des tuyaux, et les plans et modèle du four qui sert à les cuire économiquement.

Cette machine a figuré à l'exposition, où elle a fonctionné de la manière la plus satisfaisante sous les yeux de la commission. Pour donner à cette dernière, ainsi qu'au public, une idée juste du drainage, M. Thackeray a fait établir en dehors des bâtiments un spécimen de cette ingénieuse méthode d'égouttement, spécimen qui a permis de se rendre un compte parfaitement exact et de la manière de procéder et des effets produits, même dans des terrains argileux et fortement tassés, par la présence des tuyaux à une profondeur de plus d'un mètre.

Par suite d'une erreur, M. Thackeray a été porté sous le même numéro que M. Laurent; le jury croit devoir réparer cette erreur, en consacrant à M. Thackeray un rapport spécial. Appréciant les constants et fructueux efforts faits par cet honorable étranger pour l'avancement de notre agriculture, le service éminent qu'il rend au pays en faisant connaître et en favorisant l'application du drainage en France, il lui décerne une médaille d'argent.

CHAPITRE CINQUIÈME.

HORTICULTURE.

PREMIÈRE DIVISION.

§ 1. CÉRÉALES.

M. Vilmorin, rapporteur.

CONSIDÉRATIONS GÉNÉRALES.

Les céréales sont de beaucoup le plus important des produits agricoles, puisque c'est sur elles que repose essentiellement la subsistance de la population. Les améliorations qui s'y rapportent sont donc aussi celles sur lesquelles il est à désirer que les expositions exercent le plus d'influence. Ce résultat toutefois ne pourra être atteint qu'avec le temps; des difficultés, inhérentes à la nature même des choses, ne permettent pas que l'on y arrive immédiatement. Ainsi, des améliorations, soit qu'elles consistent dans la création de variétés nouvelles d'un mérite remarquable, ou dans l'amélioration d'une race ancienne, ou bien encore dans l'introduction de races étrangères supérieures en qualité ou en produit à celles du pays, soit qu'elles résultent de l'emploi de procédés de culture nouveaux et meilleurs que ceux usités dans le canton, ces améliorations, disons-nous, ne sauraient être mises dans toute leur évidence par l'exposition de quelques gerbes et d'un lot de grain, ces produits ne constituant, en réalité, qu'une petite partie des éléments nécessaires pour l'appréciation des faits. Cette seule considération a dû presque nécessairement restreindre les effets du concours. On ne saurait douter que bon nombre de faits méritants ne soient restés en dehors de l'exposition par la crainte, chez les cultivateurs, que l'envoi d'échantillons ne fût pas une démonstration suffisante de l'amélioration obtenue.

Ceci explique, partiellement au moins, le petit nombre d'exposants qui se sont présentés à ce concours solennel : ce nombre n'a été, en total, pour les céréales, que de 18 pour la France, et de 11 pour l'Algérie.

Mais la principale cause du déficit relatif des céréales doit se trouver dans l'époque même de l'exposition. Il est bien rare, en effet, que des cultivateurs aient encore, au mois de juin, des épis de la récolte précédente; et la grande majorité d'entre eux n'a pu savoir à temps que la durée prolongée de l'exposition leur eût permis d'y envoyer les produits de la récolte nouvelle. D'un autre côté, les pluies qui, dans plusieurs parties de la France, sont survenues au moment de la moisson, ont noirci ou gâté la paille. Ces diverses circonstances ont donc pu, malgré le désir des cultivateurs de répondre à l'appel du Gouvernement, donner lieu à la suppression d'un certain nombre d'envois projetés.

Aussi, serait-il très-désirable pour les expositions prochaines que l'organisation de jurys locaux, qui pourraient n'être autres que les comices cantonaux qui existent presque partout, permît de recueillir, plus complétement que cela n'a été possible cette année, l'indication de toutes les améliorations marquantes dans la culture des céréales qui auraient eu lieu sur le sol de la France.

Malgré les difficultés que nous venons d'indiquer, l'exposition a présenté plusieurs faits d'un haut intérêt et de nature à inspirer de grandes espérances sur les résultats à venir des expositions générales.

Les améliorations principales que nous aurons à signaler sont de diverses natures : les unes directes, telles que la création ou le perfectionnement des races, l'étude comparative des variétés dans la vue de reconnaître et de propager les meilleures, ou enfin l'introduction d'excellentes races étrangères; les autres indirectes, se rapportant à des modes particuliers de culture. Cette diversité est telle que, pour éviter les répétitions, les considérations spéciales qui peuvent se rattacher à chacune d'elles nous ont paru devoir être placées, pour le mieux, en tête de chacun des articles en particulier.

M. BAZIN père, au Mesnil-Saint-Firmin (Oise).

Mentions pour ordre.

L'amélioration des races, dans les plantes cultivées aussi bien que dans les animaux domestiques, est un des moyens les plus efficaces et les plus directs que la nature a mis à la disposition de l'homme, pour l'augmentation des produits du travail agricole. En Angleterre, où l'application de ce principe a été suivie avec beaucoup de succès et de persévérance, on en a obtenu des résultats extrêmement importants. Nous sommes moins avancés en France, surtout en ce qui concerne les plantes agricoles et les céréales en particulier. L'utilité du choix des semences est, à la vérité, généralement connue des cultivateurs, beaucoup même y donnent du soin, mais bien rarement on a vu parmi nous des essais de cette amélioration proprement dite des races, qui se fonde sur le choix et la multiplication d'individus doués de qualités remarquables, et dont la descendance devra former une race nouvelle supérieure à celle d'où elle est sortie.

Un exemple remarquable de ce genre important d'amélioration a été mis en évidence par M. Bazin, directeur de la ferme modèle du Mesnil-Saint-Firmin. Deux épis, d'une forme et d'une beauté remarquables, qu'il observa dans sa récolte de 1838, et dont il sema le grain séparément, sont devenus, entre ses mains, au moyen de l'épuration successive de leurs produits, le type d'une race excellente, dont il obtient constamment des récoltes supérieures de 18 à 20 p. 0/0, non-seulement à celles fournies par les espèces ordinaires du pays, mais encore au produit de plusieurs blés anglais renommés par leur fécondité, et qu'il a essayés comparativement avec le sien.

Celui-ci est un froment sans barbes, à gros épis presque quadrangulaires, d'un blanc jaunâtre, à grain d'un jaune rougeâtre, bien plein et de très-bonne qualité. Il a le plus grand rapport, par ses caractères, avec le blé *hickling*, une des variétés renommées du Norfolck, qui s'est introduite depuis dix à douze ans, sous différents noms, dans quelques parties de la France.

La véritable question, toutefois, est ici bien moins de chercher à apprécier exactement le mérite du blé dont il s'agit, mérite qui, pour les variétés en général, est toujours subordonné, plus ou moins, aux influences du sol et du climat, que de signaler le fait lui-même, et de montrer l'importance de ses résultats. Il est évident que si, dans les diverses parties de la France, des cultivateurs zélés et intelligents imitaient l'exemple de M. Bazin, en procédant sur les blés de leur canton, la production générale en recevrait, en peu d'années une augmentation considérable.

Le jury mentionne ici, pour ordre, les résultats obtenus par M. Bazin père, qui a trouvé dans un autre chapitre la récompense méritée par l'ensemble de ses travaux agricoles.

M. Constant AUCLERC, propriétaire cultivateur, à la Celle-Bruère (Cher).

Destiné par ses parents à suivre la carrière du droit ou de la médecine, son goût pour l'agriculture le décida à revenir dans le Cher s'occuper de l'exploitation d'une propriété dont les terres, de médiocre qualité, étaient appauvries par la culture la plus déplorable.

Il n'en cultiva lui-même qu'une partie, et laissa l'autre entre les mains de colons auxquels il fit successivement adopter de meilleurs instruments, ainsi que la culture des prairies artificielles et des plantes légumineuses; les avantages qu'ils en retirèrent ont engagé d'autres colons à les imiter.

Depuis 1818, M. Auclerc a successivement introduit diverses natures de prairies artificielles, le sarrazin, comme fourrage vert, le raigrass, le fromental, la lupuline, le chanvre de Piémont, et a cultivé avec quelque étendue la pomme de terre et la betterave. La plupart de ces plantes sont maintenant entrées dans la culture habituelle du pays.

En 1820, il a le premier fait semer du plâtre sur les légumineuses, a introduit ensuite la marne, et a substitué à la culture en sillons étroits, faite par l'araire gaulois, la culture en planches faite par de bons instruments qu'il avait fait venir de Roville, et qu'il a ensuite fait construire par un ouvrier du pays, d'après les modèles qu'on lui avait envoyés.

Il a reçu un prix de la société d'agriculture du Cher pour la bonne tenue de ses terres, et une médaille d'or pour le concours ouvert sur cette question : Quel est le mode préférable pour l'amélioration, dans le Cher, des races chevaline, bovine et ovine ?

Il a aussi été couronné par le comice agricole de Bourges, pour un mémoire sur le moyen le plus économique de faire produire le plus possible aux mauvaises terres de l'arrondissement.

M. Auclerc a aussi obtenu le prix du ministère pour la meilleure culture de l'arrondissement, et, dans les divers concours où il a figuré, 17 médailles du comice de Saint-Amand et 4 médailles du concours de Bourges.

Il a employé les taureaux de Durham pour améliorer la race du pays, et les animaux qu'il a présentés à l'exposition ont mérité les suffrages de tous ceux qui les ont vus ; ils ont prouvé les avantages de ce croisement, ils ont fourni au jury les moyens d'apprécier les résultats obtenus, et, en présence de la négligence prise par beaucoup d'éleveurs à envoyer leurs produits à l'exposition, le zèle qu'a apporté M. Auclerc à faire supporter à ses animaux les fatigues du voyage, et ses autres titres agricoles, le rendent digne de la plus haute récompense que le Gouvernement croira devoir accorder, aussi le jury ne peut-il que s'associer à la haute marque de distinction qui lui a été accordée dans un chapitre précédent.

M. Ph. KARMES, directeur de la ferme expérimentale de Kervignac (Morbihan).

Médaille d'argent.

Il a présenté à l'exposition des échantillons de diverses céréales et d'autres plantes agricoles provenant des cultures de cette ferme. D'après les résultats de ses essais, M. Karmes range en première ligne le *blé Saumon*, d'origine anglaise, qui figure aussi parmi les produits exposés par M. Monot-Leroy, et qui, pour la Bretagne surtout, nous paraît devoir être considéré comme une acquisition précieuse. On peut également ranger parmi les services que la ferme expérimentale de Kervignac a rendus au pays qui l'environne l'introduction du chanvre de Piémont, qui fournit une filasse plus grossière, à la vérité, mais infiniment plus longue et plus résistante que celle du chanvre commun, et parfaitement appropriée, par cela même, aux besoins de la marine.

Les travaux de M. Ph. Karmes sur l'élève et l'amélioration du bétail, l'ensemble de son exploitation, à laquelle il a joint une fabrique d'instruments aratoires, enfin les succès qu'il a obtenus au point de vue de l'introduction et de l'étude des plantes agricoles, le rendent digne de la médaille d'argent, que le jury lui accorde.

Médailles de bronze.

M. FIEFFÉ, propriétaire, à Cestas, près Bordeaux (Gironde).

M. Fieffé a envoyé à l'exposition neuf grands cadres contenant des échantillons de 200 lots environ de froment et d'un petit nombre d'autres céréales, toutes de provenance exotique.

Ce n'est pas au point de vue de la nomenclature ou de l'étude botanique des variétés que cette grande collection a été réunie, mais dans un but essentiellement agricole et pratique. M. Fieffé a voulu profiter de l'importation considérable de blés étrangers qui a eu lieu en 1847 pour rechercher s'il ne trouverait pas, parmi tous ces grains de provenances si diverses, quelques variétés dont l'introduction pût offrir des avantages à son département, et particulièrement au sol des landes.

Ses essais ont eu pour résultat de lui faire distinguer plusieurs froments d'une grande précocité, et qui lui paraissent devoir offrir, dans le midi de la France particulièrement, un avantage réel, en ce que, mûrissant quinze à vingt jours avant les espèces indigènes, leurs produits seraient beaucoup moins exposés aux dommages que causent souvent à ces dernières les orages ou les chaleurs trop vives au moment de la récolte. M. Fieffé a également conçu de ces essais l'espoir de trouver un froment qui réussira dans les landes, où le seigle a été jusqu'ici exclusivement cultivé.

Cette expérience a été conduite avec beaucoup d'ordre et de méthode. Neuf tableaux, dans lesquels les blés sont classés par provenance, indiquent les époques de maturité de chacun d'eux et donnent le résumé des observations recueillies pendant le cours de leur végétation.

La pensée première d'une semblable expérience, l'utilité évidente de son but et les espérances que l'on peut fonder sur sa continuation ont paru au jury donner à M. Fieffé des titres mérités à une distinction; il lui décerne, en conséquence, une médaille de bronze.

M. SOLET, fermier, au Pin (Seine-et-Marne).

L'introduction dans une localité agricole d'un blé meilleur que celui qui y est cultivé est un des moyens les plus naturels et souvent aussi les plus efficaces d'améliorer la production céréale de cette contrée. Ce moyen, toutefois, exige de la circonspection, et l'on ne doit se laisser aller à substituer entièrement une nouvelle race à celle depuis longtemps en usage dans le pays qu'après s'être assuré par l'épreuve d'un ou, mieux encore, de plusieurs hivers rigoureux qu'elle est aussi rustique et solide à l'hivernage que celle-ci. Aussi, bien peu de cultivateurs se décident à des essais de ce genre, soit par la crainte d'éprouver des mécomptes sous ce rapport, soit surtout par l'empire de l'habitude; on doit donc savoir gré à ceux qui en montrent l'exemple.

L'exposition en a fait connaître plusieurs, entre lesquels nous citerons d'abord M. Solet, fermier au Pin, arrondissement de Caye. Ce cultivateur a depuis 5 ans adopté la culture d'un froment anglais désigné dans les collections de ce pays sous le nom de *blood red wheat*, mais plus généralement connu en France sous le nom de *blé rouge d'Écosse.* C'est un blé à épi large et nourri, à grain jaune, bien plein, à paille haute et forte. Son produit, dans les cultures de M. Solet, a dépassé de beaucoup en quantité aussi bien qu'en qualité celui des froments ordinaires de ce canton.

Le jury, en engageant M. Solet à donner à ses essais une suite suffisante pour juger complétement la question de rusticité, lui accorde une médaille de bronze.

M. MONNOT-LEROY, propriétaire et cultivateur, à Pontru (Aisne).

Mention pour ordre

Il a, de même que M. Sollet, introduit sur son exploitation un beau blé d'origine anglaise appelé *blé Saumon*, dont il a exposé des échantillons en gerbes et en épis. Ce froment, extrêmement remarquable par la beauté de ses épis et de son grain, est d'un produit considérable. D'après les observations de M. Monnot-Leroy, il talle considérablement, et paraît, de plus, offrir l'avantage de pouvoir être, au besoin, semé plus tard que nos blés d'hiver ordinaires. Les échantillons exposés provenaient d'un semis fait le 11 janvier, et récolté le 30 juillet; ils étaient parfaitements mûrs.

La question importante de la rusticité à l'hivernage se présente ici de nouveau. Elle ne pourra être résolue que par des épreuves plus longuement continuées. Le jury, dans la vue d'y encourager M. Monnot-Leroy, et se fondant, d'un autre côté, sur l'utilité de l'expérience en elle-même, lui eût accordé ici une récompense, si cet exposant n'avait trouvé, dans une autre partie de ce rapport la rénumération de l'ensemble de ses travaux agricoles.

Médailles de bronze.

M. Léopold GENOT, à Saint-Ladre (Moselle).

Il a exposé un sachet d'avoine de Sibérie. Cette variété, qu'il cultive depuis 8 ans, l'emporte en produit et en poids sur les anciennes variétés du pays. M. Genot est un habile agriculteur qui cultive, sans jachère, une ferme de 178 hectares. Il a joint à son exploitation une distillerie de pommes de terre qui consomme le produit d'une culture annuelle de 60 hectares, et dans laquelle il a fait établir un appareil nouveau de distillation continue.

La commission départementale donne de grands éloges aux cultures de M. Genot; enfin son exploitation a été proposée pour l'établissement d'une ferme-école.

Le jury accorde à M. Genot une médaille de bronze.

M. GALLAND, à Ruffec (Charente).

Il a exposé un cadre contenant 55 échantillons de froment. Ces échantillons, fort bien nommés, sont le produit d'une culture expérimentale continuée par cet exposant depuis 14 ans, et qui l'a amené à choisir et propager quelques-unes de ces variétés.

Un autre fait très-remarquable se rattache à l'exposition de M. Galland, c'est celui des expériences qu'il a suivies dans la vue d'obtenir de nouvelles variétés par le croisement. Son procédé consistait à réunir par un lien deux touffes voisines, de variétés différentes, et, le matin, au moment où a lieu la sortie des anthères, à leur imprimer de légères secousses pour favoriser l'émission du pollen.

Sans entrer dans la discussion de l'efficacité de ce procédé, nous dirons qu'un des blés présentés par M. Galland, comme obtenu ainsi par lui en 1841, est d'une beauté très-remarquable.

Le jury, reconnaissant le grand intérêt qu'offre l'ensemble de ces faits, accorde à M. Galland une médaille de bronze.

M. DIDELON, fermier à Bury (Moselle).

Il a exposé un échantillon de froment en grains, d'une beauté remarquable.

D'après les notes que le jury départemental a transmises à son sujet : « M. Didelon cultive des terres argileuses fortes. Cette « nature de terre donne habituellement un blé jaune, doré, qui a « de la finesse dans l'écorce et une forte proportion de gluten; mais « il faut que la terre soit bien entretenue et fumée abondamment. « Les terres de la ferme de Bury donnaient autrefois des blés très-« embarrassés de graines étrangères, aujourd'hui ils sont d'une « netteté parfaite, qui provient principalement de l'extirpation dans « les champs des mauvaises plantes.

« La ferme de M. Didelon se recommande par une bonne tenue, des animaux nombreux et c' 'sis; il a obtenu en 1847, au concours « du comice de Verny, une médaille et un prix de 100 francs pour « le plus bel ensemble de bétail. »

Le jury central considère les améliorations introduites par M. Didelon dans sa culture, et notamment le sarclage du froment, comme digne d'éloges et lui accorde une médaille de bronze.

M. Victor PAQUET, à Paris (Seine).

M. Victor Pâquet a exposé une collection de céréales en épis et en paille, très-remarquable par le nombre et la beauté des échantillons qui la composaient. Ce qui constitue essentiellement le mérite des collections de ce genre, destinées à fournir des moyens d'étude et de comparaison entre les variétés, et d'arriver à établir avec exactitude leur nomenclature et leur synonymie, c'est-à-dire l'exactitude du classement et de la nomenclature, laissait malheureusement bien à désirer dans cette collection; mais la mort de M. Victor Pâquet, survenue peu de jours après l'ouverture de l'exposition, explique assez qu'il n'ait pu y apporter tous les soins qu'elle demandait sous ce rapport.

Le jury, prenant en considération cette triste circonstance et connaissant d'ailleurs les services que, comme journaliste horticole, M. Pâquet avait rendus à l'horticulture, accorde à la collection de M. Victor Pâquet une médaille de bronze.

Mentions honorables

M. Gabriel HOUEL, propriétaire, à la Trapinière près Saint-Lô (Manche).

Il a essayé depuis 4 ans la culture du blé semé en lignes, grain à grain, avec un espacement de 30 centimètres sur les deux sens. Au moyen de façons réitérées et qui opèrent un rechaussement successif, il a obtenu des blés de 2 mètres et plus de hauteur, et donnant jusqu'à 50 tiges et au delà par touffe. Dans un semis d'avoine traité de la même manière, une touffe, provenant d'une seule graine, a produit 110 tiges qui ont rendu près d'un litre de grain. Ces essais, pratiqués d'abord sur les grains ordinaires du pays, sont aujourd'hui appliqués, par M. Houel, à plusieurs des meilleures espèces de froments étrangers soumises comparativement à ce genre de culture.

M. Houel ne donne pas ces expériences comme nouvelles. Plus d'une fois, en effet, des hommes d'un esprit philosophique et observateur ont été frappés de l'idée que, si l'on cultivait le blé de manière à ce que chaque plante pût acquérir tout le développement dont elle est susceptible, on obtiendrait des récoltes plus considérables avec une épargne énorme de semence. Mise en épreuve, cette idée a toujours donné des résultats analogues à ceux obtenus par M. Houel, quelquefois même des résultats prodigieux : on a vu des exemples de plusieurs centaines d'épis produites par un seul grain. Cette méthode cependant n'est jamais devenue pratique.

On ne doit pas conclure de là, toutefois, que la continuation d'essais dans ce sens soit inutile : ils peuvent apporter de nouvelles lumières sur une question qui, par sa nature et son but, est d'un très-grand intérêt ; appliqués comparativement à plusieurs espèces, ils doivent contribuer à bien faire connaître le tempérament et la végétation de chacune d'elles. Il se peut même que, dans la petite culture, surtout dans des cas exceptionnels et malheureux, tels que celui d'une grande rareté de grains, leur application devienne tout à fait importante. On doit donc des éloges à M. Houel pour le zèle et la persévérance qu'il a mis et qu'il met à suivre ces expériences, et le jury n'hésite pas à lui accorder une mention honorable.

M. GOURIER, fermier, à Alemont (Moselle).

Il a exposé un sachet de blé roux du pays remarquable par sa qualité.

Il exploite, comme fermier, une étendue de 163 hectares. Le jury départemental le recommande particulièrement comme ayant introduit dans sa culture deux pratiques qui ne sont pas communes dans le département, l'emploi des bœufs au labourage et celui du purin pour l'amendement des prés.

Le jury accorde à M. Gourrier une mention honorable.

M. Dominique GRANDIDIER, à Pluche (Moselle).

Il exploite, comme fermier, une étendue de 92 hectares de terres fortement argileuses dans lesquelles il a introduit la culture des carottes fourragères à collet vert. Il a présenté, à l'exposition, un sachet de blé roux du pays de belle qualité.

Le jury lui accorde une mention honorable.

M. LOUVEL, à Montbéliard (Doubs).

Citation favorable.

Il cultive le blé en lignes espacées d'un mètre et alternant avec des lignes de haricots, fèves, maïs ou carottes, etc., etc. Les échantillons envoyés par M. Louvel sont fort beaux; ils nous ont paru appartenir au blé hickling. Mais ces essais ont été faits sur une échelle trop petite et sont trop récents pour que l'on en puisse tirer des conclusions au point de vue agricole.

Le jury se borne donc à citer favorablement M. Louvel, en espérant que la continuation de ses expériences lui vaudra, à une exposition prochaine, une distinction d'un ordre plus élevé.

RIZ.

M. LICHTENSTEIN WESTPHAL et Ce, à Montpellier (Hérault).

Médaille d'or.

Le riz a été autrefois cultivé avec avantage dans le Roussillon. Sa culture a été discontinuée depuis 1743; elle fut, à cette époque, supprimée par les États du pays. Cette culture a été depuis essayée deux ou trois fois en petit, notamment en 1833, par la compagnie Lichtenstein, dans le domaine de Mandirac, près Narbonne. On fit aussi quelques essais en 1845, en Camargue, sur quelques ares; ils furent dirigés par M. Godefroy et réussirent fort bien.

En 1846 la compagnie Lichtenstein s'associa avec des Italiens et fit des essais sur 20 hectares à Mandirac. Depuis cette époque, elle a acheté dans la Camargue le vaste domaine du château d'Avignon, où elle a déjà produit environ 1,000,000 kilog. (*un million*) de riz brut; elle se prépare cette année à une récolte de 1,500,000 kilog. à 2,000,000 kilog de riz brut.

A Mandirac, elle a déjà produit en deux ans 600,000 kilog. de de riz en paille, et se prépare, cette année, à une récolte de 500,000 kilog.

Cette compagnie s'est aussi occupée de la décortication; elle a introduit pour cette opération des appareils et des procédés nouveaux inventés à Bruxelles.

Les travaux d'irrigation générale pour la mise en culture d'un terrain étant exécutés, un simple labour, un hersage, quelques légères digues de terre, suffisent, dans les grandes plaines de la Camargue pour permettre d'obtenir *dès la première année de culture* les plus riches récoltes sur les *terrains salés.*

Ces défrichements conviennent, en effet, surtout dans les terres salées où n'existent d'autres végétaux que ceux qui sont tués par les arrosages d'eau douce, de telle sorte, que les sarclages sont tout à fait nuls.

Après deux années de culture, les sarclages deviennent nécessaires, à cause de la désalaison du terrain; mais cette circonstance le rend alors susceptible de porter les plus belles prairies, ainsi que des céréales.

L'assolement qu'on a adopté, et qui est en cours d'exécution, est semblable à celui du Piémont.

Dans les terres salées de la Camargue, le riz permet d'arriver immédiatement aux plus riches prairies et se lie par là aux questions de cultures les plus fécondantes pour le terrain et les plus fructueuses pour le pays.

Le produit moyen d'un hectare de riz varie entre 25 et 30 sacs de riz brut de 100 kilog., valant 20 francs, soit 500 à 600 francs. Les frais varient entre 200 et 300 francs. Il y a donc un bénéfice moyen de 250 francs par hectare. Dans les années où le riz se vend cher, par suite d'une production faible, ce prix a été sensiblement dépassé.

Les rizières du château d'Avignon et de Mandirac donnent un travail de main-d'œuvre considérable. Dans l'origine on a employé beaucoup d'ouvriers italiens, maintenant on n'emploie plus que ceux de la localité. Il y en a en ce moment 250 environ occupés au château d'Avignon; leur salaire journalier est de 2 fr. 25 cent. à

2 fr. 50 cent., tandis qu'il n'est que de 1 fr. 75 cent. dans les localités voisines où la culture du riz n'existe pas.

A côté des avantages si évidents à certains égards de l'entreprise de la compagnie Lichtenstein se présente l'objection très-grave, élevée depuis longtemps contre la culture du riz, celle de son insalubrité, bien constatée dans certains cas, douteuse peut-être dans d'autres.

La Camargue se trouve peut-être placée, sous ce rapport, dans de meilleures conditions que bien d'autres localités, non que la culture du riz y soit moins insalubre qu'autre part, mais parce que la surface du pays est naturellement, et d'une manière presque irremédiable, dans un état de submersion et de dessèchement alternatif, et par conséquent assez malsain par lui-même pour que cette culture ne puisse plus rien ajouter à son insalubrité.

Il y aura même dans l'assolement suivi par la compagnie Lichtenstein une cause de diminution de cette insalubrité, en ce que, pendant deux années sur quatre, les terres seront en culture d'assec, et, par conséquent, soustraites aux influences fâcheuses de l'évaporation, influences qui se feraient certainement sentir si ces terrains étaient abandonnés à eux-mêmes, puisque leurs eaux n'ont pas d'écoulement naturel et doivent être enlevées à l'aide de machines d'épuisement.

On peut même espérer que, par suite de l'espèce de colmatage qui résulte de l'emploi des eaux du Rhône, à l'époque où leur niveau permet de les faire arriver directement, époque qui coïncide avec celle où elles sont le plus chargées de matières terreuses, les terrains actuellement cultivés en riz seront plus tard assez relevés pour être soustraits à l'influence des eaux saumâtres qui les pénètrent de bas en haut par infiltration, et qu'ils pourront alors recevoir d'une manière permanente des cultures de céréales et de fourrages.

En résumé, l'établissement de la culture du riz dans les départements de l'Aude et des Bouches-du-Rhône est une opération extrêmement remarquable au point de vue de l'agriculture et de la production nationale. La mise en valeur de terrains restés jusque-là improductifs, la création d'une substance alimentaire de première utilité, que la France a achetée jusqu'à présent à l'étranger, l'occupation d'un nombre très-considérable d'ouvriers, sont des résultats d'une importance majeure et d'un grand intérêt public.

Le jury a donc pensé qu'il pouvait convenablement et avec justice récompenser, en tant que grande et belle opération agricole, l'entreprise de la compagnie Lichtenstein, en réservant tout entière la question d'insalubrité, dont la solution appartient essentiellement à l'administration. En conséquence, et sous cette réserve, il accorde à la compagnie Lichtenstein une médaille d'or.

Médaille de bronze.

M. MAUPETIT, à La Teste-de-Buch (Gironde).

Cet agriculteur s'est appliqué à introduire la culture du riz dans les landes de Bordeaux. Ses expériences datent de 1847; faites cette première année sur une étendue de 5 hectares, elles ont porté d'abord sur les variétés de la Caroline et du Piémont; le dernier seulement a bien mûri dans le courant de septembre; l'autre n'est pas arrivé à maturité. En 1848, M. Maupetit a fait un nouvel essai sur 7 à 8 hectares. La variété d'Espagne, qu'il avait employée cette fois n'a mûri qu'imparfaitement. Enfin, en 1849, sa culture s'est étendue sur une superficie de 13 hectares. Ses essais ont porté cette année sur plusieurs variétés du Piémont, qui sont aussi celles qui ont été essayées en Camargue : c'est-à-dire le *riz nostrano*, celle connue sous le nom de *chinese*, enfin le *bertone* ou *bertano*, variété de la précédente. Ces deux dernières variétés paraissent préférables pour le climat de la France, à cause de leur précocité, et devront probablement être exclusivement adoptées. On sait que le riz sans barbes (*rizo bertone*), importé de Chine au commencement de ce siècle et communiqué par André Thouin à M. Bonafous, a été adopté dans les cultures du Piémont, où sa culture tend chaque jour à s'étendre davantage. M. Bonafous estimait, en 1847, le produit de cette variété à un tiers de la production totale du Piémont.

Le jury, considérant que les essais de M. Maupetit ont été conduits avec intelligence et d'une manière expérimentale, lui accorde une médaille de bronze.

---

§ 2. PLANTES AGRICOLES.

M. Vilmorin, rapporteur.

Mentions honorables.

MM. SIMON LOUIS frères, à Metz (Moselle).

Cette maison exploite depuis 60 ans un commerce très considérable de pépinières et de graines. Elle cultive en pépinières une étendue de 100 hectares environ, et emploie un personnel de 450 ouvriers, dont 150 à l'intérieur et 300 à l'extérieur; enfin elle présente un chiffre d'affaires qui s'élève de 4 à 500,000 francs par an, dont moitié environ s'applique à l'exportation.

MM. Simon Louis frères n'ont envoyé à l'exposition que 4 betteraves et un sachet de lentilles. Ces échantillons n'avaient pas, par eux-mêmes, d'intérêt bien marquant, et le jury regrette que ces exposants n'aient pas envoyé, comme ils pouvaient aisément le faire, des produits plus importants. Cependant, s'attachant davantage à l'importance de leur exploitation qu'aux produits présentés par eux, il leur accorde une mention honorable.

M. DE LATTAIGNANT DE LEDINGHEM, à Boulogne-sur-Mer.

Il a exposé un échantillon de foin de *phalaris roseau*. Cette plante, qui, dans quelques pays, est regardée comme un fourrage trop dur pour les bestiaux, et qui l'est, en effet, quand on tarde à la couper, est très-estimée dans les prairies humides des environs de Boulogne-sur-Mer, dans quelques-unes desquelles elle est fort abondante. M. de Latteignant a eu l'idée de la cultiver isolément; il l'a semée en lignes dans un terrain naturellement humide, et, au moyen d'arrosements de purin, en a obtenu un produit très-considérable.

Le fourrage de cette plante, quand il a été pris à point, est très-nourrissant et convient parfaitement aux chevaux et aux vaches. Son produit est très-abondant; aussi sa substitution, dans des terres très-humides, aux plantes qui y croissent naturellement et qui donnent un fourrage tout à fait grossier, et à peine utilisable, doit-elle être considérée comme un résultat désirable à atteindre. Le jury mentionne honorablement les essais faits par M. de Latteignant dans cette utile direction.

M. G[illegible]RNIER-SAVATIER, à Marseille.

Il a envoyé à l'exposition deux pieds d'un chanvre désigné improprement sous le nom de io-ma (*corchorus*). Les plantes qu'il a expo[illegible] appartiennent évidemment au genre *Cannabis*, qui fournit not[illegible]anvre commun, et en diffèrent au plus par des caractères spécifiques. Cette variété, originaire de la Chine, a été rapportée, il y a 4 ou 5 ans, par les missionnaires, et cultivée, pendant 2 ans, au Jardin des Plantes et chez l'un des membres de votre commission. La tardiveté de cette plante a été cause qu'elle n'a pas donné de graines fertiles dans ces expériences, tentées sous le climat de Paris; mais elle pourra probablement en donner dans le midi de la France, et l'ampleur de son développement, jointe à une certaine finesse de son écorce, semblent devoir faire espérer qu'elle pourra recevoir des emplois utiles dans les arts. Ces essais, en tous cas, méritent d'être suivis avec soin, bien que l'on ne puisse prévoir encore quels seront leurs résultats pratiques. Le bordereau de M. Garnier-Savatier annonce aussi un échantillon de filasse de l'*alcea rosea*, qui n'a point été trouvé. De pareils essais ont déjà été faits, à diverses époques, sur les fibres textiles de cette plante, comme de beaucoup d'autres malvacées; mais le manque d'une ténacité suffisante a été cause qu'ils n'ont point eu de suite sérieuse.

Le jury, reconnaissant l'intérêt des essais de M. Garnier-Savatier sur le chanvre de Chine, lui accorde une mention honorable.

M. AUBERGIER, pharmacien, à Clermont-Ferrand (Puy-de-Dôme).

Il s'occupe avec succès, depuis plusieurs années, de la culture en grand du pavot et de la laitue, dont il extrait les sucs laiteux qui servent à la préparation de nombreux produits pharmaceutiques. Cette nouvelle branche de culture, jusqu'ici à peu près inusitée, paraît pouvoir être appelée à prendre un certain développement et mérite, à ce titre, d'être encouragée.

Le jury accorde à M. Aubergier une mention honorable.

Citations favorables.

Le jury cite favorablement :

MM. LUCAS, à Cambon (Eure);

DELPY, au grand séminaire de Sarlat.

---

§ 3. CULTURE MARAICHÈRE.

M. Pepin, rapporteur.

Médailles d'argent.

M. GODAT, horticulteur-maraîcher, à Versailles (Seine-et-Oise).

M. Godat exploite depuis 40 ans, comme propriétaire, une étendue de 3 à 4 hectares de marais. Cet exposant a toujours apporté le plus grand soin au perfectionnement et à l'apurement des races qu'il cultive, aussi les produits qu'il a apportés à l'exposition sont-ils remarquables sous ce rapport. Nous citerons particulièrement, parmi ces produits, une laitue brune ou rousse qui monte difficilement, et qu'il a obtenue de semis; des choux de la race dite *à pomme plate*, remarquables par le développement qu'ils avaient déjà atteints au moment (17 juin) où ils ont été présentés; des batates parfaitement conservées par un procédé, particulier à M. Godat, procédé dont il nous a communiqué la description; enfin, des melons remarquables, tant au point de vue de la pureté de la race, qu'à celui du volume des échantillons présentés. L'exposition de M. Godat présentait aussi ce caractère distinctif qu'elle contenait à peu près toutes les races de légumes qui pourraient être fournis par la pleine terre à l'époque de l'exposition. Ainsi, nous y avons compté 40 sortes de légumes; cette variété dans les cultures, si elle augmente peut-être un peu plus les frais de production, rend, d'une autre part, les produits beaucoup plus assurés.

Le jury, appréciant l'intelligence et le talent avec lesquels M. Godat conduit une vaste culture maraîchère, lui décerne une médaille d'argent.

M. LENORMAND, jardinier, rue des Amandiers-Popincourt, n° 83, à Paris (Seine).

M. Lenormand pratique une culture mixte en marais, primeurs et fleurs. Il traite d'une manière très-perfectionnée la culture en primeur des asperges blanches et celle des haricots verts; mais ce que son exploitation présente de plus remarquable consiste dans le système de distribution de ses eaux; les conduits en fonte destinés à les mener jusqu'aux extrémités du terrain, traversent sur la plus grande partie de leur parcours, les couches à primeur; il en résulte que les eaux arrivent ainsi, sans aucun surcroît de dépense, à posséder en hiver une température égale à celle de l'intérieur des châssis, et que les arrosements, au lieu de retarder le développement des plantes, contribue ainsi à l'avancer.

M. Lenormand cultive aussi sur une grande échelle les giroflées pour le marché aux fleurs, et en a créé, par ses soins intelligents, plusieurs races qui portent son nom, et qui sont remarquables par la beauté et surtout la longue durée de leurs fleurs.

Le jury décerne à M. Lenormand une médaille d'argent pour l'ensemble de ses cultures.

Médailles de bronze.

M. COURTOIS-GÉRARD, marchand grainier, quai de la Mégisserie, n° 34, à Paris (Seine).

M. Courtois-Gérard a présenté à l'exposition une collection intéressante de plantes potagères dans lesquelles se faisaient remarquer la plupart des plantes qui ont été proposées les dernières années comme succédanées de la pomme de terre. Nous citerons parmi elles le *psoralea esculenta*, le *glycine apios*, l'*ulluco*, la capucine tubéreuse, l'*arracacha*, etc. Bien qu'aucune de ces plantes, si l'on en excepte peut-être la dernière, ne paraisse pas, jusqu'à présent, être appelée à rendre de grands services à l'agriculture, leur étude, et, par suite, la constatation de leurs qualités est un point important à atteindre. M. Courtois-Gérard concourt à ce résultat, tant en multipliant ces plantes, et en les mettant ainsi à la disposition des cultivateurs, que par des essais directs sur leurs cultures. Outre les plantes alimentaires que nous venons de mentionner, M. Courtois-Gérard a exposé quelques très-beaux spécimens de plantes en fleurs.

Le jury lui accorde une médaille de bronze.

M. GAUTHIER, horticulteur, avenue de Suffren, n° 6, allée des Veuves, n° 49, à Paris (Seine).

M. Gauthier cultive depuis 14 ans un terrain de 43 ares. Son industrie unique consiste dans la culture des fraises, dont les produits, d'une beauté remarquable, sont presque exclusivement vendus aux restaurateurs de premier ordre. M. Gauthier est un des hommes qui a le plus perfectionné la culture de pleine terre de la fraise, industrie qui occupe, dans le rayon de quelques kilomètres de Paris, une étendue de près de 300 hectares, et produit une valeur d'environ 12 à 1,500,000 francs.

Le jury accorde avec satisfaction, à M. Gauthier, une médaille de bronze.

M. François BARREY, cultivateur, à Nanterre (Seine).

M. Barrey est un des hommes qui ont le plus perfectionné la culture des champignons. Cette culture qui, il y a quelques années encore, et lorsqu'on la faisait en plein air, était considérée comme difficile et chanceuse, est devenue plus rapide et plus sûre depuis que l'on a eu la pensée de les cultiver dans les carrières qui avoisinent Paris. La température douce et uniforme qu'il est facile d'y maintenir au moyen des fumiers dont sont formés les couches, permet d'obtenir, quelle que soit la saison, des quantités à peu près égales de produits, en même temps qu'elle a pour effet d'accélérer beaucoup le développement de la partie souterraine de la plante, au point de réduire à un mois le temps qui s'écoule entre la construction des meules et le moment où elles entrent en produit.

M. Barrey occupe habituellement dans ses caves 20 hommes et 4 chevaux, il peut livrer par jour à la consommation 250 kilogrammes de champignons, à 80 centimes le kilogramme.

Le jury accorde à M. Barrey une médaille de bronze.

M. Louis-Dominique NOAILLON, champignoniste, à la Pointe d'Ivry, route de Choisy (Seine).

Une branche importante de la culture, et presque entièrement inconnue de la plupart des consommateurs, est certes la culture des champignons. Ce cryptogame était encore, au commencement du siècle, assimilé à la culture maraîchère et se cultivait en plein air. Ce n'est guère que depuis 35 ou 40 ans qu'elle a pris un développement tel, qu'aujourd'hui elle forme une partie tout à fait spéciale, et se pratiquant depuis quelques années dans les carrières des environs de Paris. M. Noaillon, l'un des plus habiles cultivateurs de ce genre, avait exposé un échantillon de meule en fumier, dite à champignons, telle qu'on l'établit dans les souterrains. Sur cette meule se développait chaque jour, aux yeux du public, des groupes de champignons arrivant à leur état normal.

La longueur des meules à champignons exploitées dans les carrières par M. Noaillon est de 18,000 mètres. Il achète par an pour 4 à 5,000 francs de fumier de cheval et envoie, sur le carreau des halles, plus de 150,000 maniveaux de champignons. Il est apporté annuellement à la halle de Paris plus de 4 millions de maniveaux, sans compter ceux employés comme conserves pour être expédiés à Nantes, en Angleterre, aux États-Unis et dans toutes les colonies.

En 1845, M. Noaillon avait été signalé à la société centrale d'horticulture comme l'un des premiers et des plus intelligents champignonistes des environs de Paris; le jury central, appréciant les progrès que M. Noaillon a fait faire à cette branche de culture tout à fait spéciale, lui décerne une médaille de bronze.

M. Denis GRAINDORGE, cultivateur, à Bagnolet (Seine).

M. Denis Graindorge a exposé :

1° Une collection de fraises, dont deux provenant de ses semis, et les autres appartenant aux grosses variétés anglaises nouvellement introduites ;

2° Une série d'ognons de jacinthe semés également par lui, et d'âge gradué depuis la 1re jusqu'à la 9e année ;

3° 13 variétés de pommes de terre provenant originairement de la collection de la société nationale et centrale d'agriculture.

Ces divers produits démontrent, chez le cultivateur qui les a exposés, cet esprit d'observation et cette persévérance intelligente qui, dans les arts pratiques, est une source féconde de progrès.

La collection de pommes de terre, quoiqu'elle ait moins que les autres le caractère de création nouvelle, a fixé particulièrement l'attention du jury en ce qu'elle a eu pour but la solution d'un problème nettement conçu et posé par M. Graindorge. La maladie des pommes de terre ayant rendu improductive la 2e saison que l'on obtenait à Bagnolet en plantant, au mois de juin, des variétés hâtives dont le produit, ainsi retardé, servait à la consommation d'hiver; et les essais faits pour obvier au mal, en variant les époques de plantation, n'ayant pas eu de succès, à raison de défauts inhérents à la nature propre des espèces adoptées, M. Graindorge s'est attaché à en chercher d'autres qui fussent mieux adaptées à cette saison par leur précocité, d'une part, et leur bonne conservation de l'autre. La nombreuse collection de la société nationale et centrale d'agriculture lui en a fourni les moyens, et les échantillons qu'il a exposés sont ceux qui, entre plusieurs autres qu'il a essayés, lui ont paru remplir le mieux les conditions demandées.

Bien qu'une seule année ne suffise pas pour juger les résultats d'une semblable expérience, le jury lui a reconnu un mérite réel, et, par ce motif aussi bien qu'à raison de l'intérêt qu'offre l'ensemble de son exposition, il accorde à M. Denis Graindorge une médaille de bronze.

M. SOMMELIER, propriétaire, à Dugny (Seine).

Citations favorables.

Le jury cite favorablement :

M. Sommelier, pour une pomme de terre obtenue par lui de semis, et qui paraît remarquable, tant sous le rapport de la qualité que sous celui du produit.

M. JOHNSON, propriétaire à Montesson, près Saint-Germain (Seine).

M. Johnson a obtenu de semis un assez grand nombre de variétés de pommes de terre dont quelques-unes présentent des qualités remarquables.

Le jury, pensant qu'il serait prématuré de statuer dès à présent sur leur mérite, cite favorablement les résultats obtenus par M. Johnson.

DEUXIÈME DIVISION.

§ I. HORTICULTURE ET FLEURS.

M. Pepin, rapporteur.

MUSÉUM D'HISTOIRE NATURELLE.

A côté des exposants industriels, sont venus se placer, hors de concours, les riches collections horticoles de quelques établissements nationaux. Le Muséum d'histoire naturelle, dont l'influence sur les progrès de l'horticulture ne saurait être méconnue, a contribué aussi à l'embellissement de cette première exposition, en garnissant ses gradins de plus de trois cents arbres, arbustes et plantes fleuries et non fleuries : mais ces dernières n'en étaient pas moins remarquables par leur vigueur, la richesse de leur feuillage, et les produits queles arts et la médecine en retirent. Le *gaïac*, arbre si utile dans l'industrie par la dureté de son bois; le *cocotier*, qui produit l'huile de coco, employée surtout aujourd'hui pour la fabrication de nos savons; le *cannelier*, dont l'écorce donne un parfum aromatique; le *rocou*, dont les graines produisent, à la Guyane, une matière colorante de couleur orange, employée dans nos manufactures d'étoffes et de papiers; le *quinquina*, dont l'écorce renferme des principes si salutaires; le *bambou noir*, de la Chine, espèce encore nouvelle, dont les Chinois se servent des tiges pour tresser leurs corbeilles, et que l'on espère cultiver en pleine terre sous notre climat.

Nous mentionnerons encore les monstrueux *échinocactus*. Les *palmiers*, *cycas*, *dion*, *dasylirion*, *pandanus*, et un magnifique exemplaire de *papyrus*, dont les anciens se servaient pour faire le papier.

Ne pouvant ici nous étendre sur la nomenclature de ces riches végétaux, tous remarquables par leur belle végétation, nous citerons cependant un pied de *vanillier* couvert de fruits, qui attirait l'attention de tous les visiteurs. On sait qu'en Belgique la culture industrielle de cette plante a été essayée, et que les résultats en ont été satisfaisants. Il n'y a que quelques années seulement que cette magnifique orchidée a donné, pour la première fois, des fruits dans les serres du Muséum, et l'on peut prévoir, dès à présent, que cette plante peut devenir, entre les mains de nos habiles horticulteurs, une nouvelle branche d'industrie.

Le jury, après avoir admiré l'ensemble et la variété de tous ces végétaux, décerne des éloges bien mérités pour la riche collection de plantes de cet établissement scientifique, qui fait honneur à la France et à l'horticulture.

JARDIN BOTANIQUE DE L'ÉCOLE DE MÉDECINE.

La magnifique et nombreuse collection de plantes exotiques exposée au nom de l'École de médecine de Paris, et cultivée par M. Lhomme, jardinier en chef de cet établissement, a été souvent renouvelée et parfaitement entretenue pendant les trois mois de l'exposition. On y remarquait, avec intérêt, un grand nombre d'arbres et de plantes connus par leurs propriétés et l'usage que l'on fait de leurs produits dans les arts et la médecine, tels que les *guïac*, *bambou*, *papyrus*, les *thé*, *caféier*, *cocotier*, *vanillier*, *camphrier*; l'*ipécacuanha* du Brésil, en fleur (*cephælis ipecacuanha*), était renfermé sous une cloche en verre: c'est la racine de cette plante qui fournit l'ipécacuanha; le *quinquina* jaune, espèce aussi très-rare en Europe; on remarquait aussi, dans cette précieuse collection, plusieurs espèces de palmiers et des orchidées épiphytes, que M. Lhomme cultive et multiplie avec beaucoup d'art et d'habileté.

Comme établissement public, cette collection n'a pu concourir;

mais le jury, considérant la bonne culture des riches végétaux exposés par M. Lhomme, lui décerne des éloges bien mérités.

SOCIÉTÉ CENTRALE D'HORTICULTURE.

La culture maraîchère est à Paris une des branches de l'horticulture qui, depuis trente ans, a fait d'immenses progrès. Les améliorations obtenues chaque jour dans les cultures de légumes de pleine terre, sous châssis, et de primeurs, font le plus grand honneur aux intelligents horticulteurs qui s'occupent spécialement de cette partie, si utile à la consommation usuelle et journalière.

Parmi les beaux produits et les nouvelles variétés de légumes exposés par nos jardiniers maraîchers, on remarquait particulièrement la riche et nombreuse collection de tous genres exposée par la société centrale d'horticulture de Paris. Ces magnifiques produits, provenant du jardin de la société, étaient admirés par un public nombreux, pendant tout le temps de leur exposition. Mais, la société centrale étant considérée comme établissement national, le jury a vivement regretté que ses produits n'aient pu concourir avec ceux de nos jardiniers maraîchers.

M. Masson, jardinier de la société, a reçu du jury central des félicitations, pour les remarquables résultats qu'il a obtenus dans la culture des légumes, et pour le choix intelligent d'un aussi grand nombre de variétés.

Plus de cent variétés de plantes légumières avaient été exposées au nom de la société: plusieurs étaient nouvelles : elles provenaient de genres et de variétés divers, et toutes, sans exception, étaient d'une grande beauté. On remarquait surtout les produits de pommes de terre obtenus par la culture hibernale, ainsi que des nouvelles variétés de semis, provenant de graines reçues de l'Amérique du nord et du Pérou : ces dernières offraient des formes, des qualités et des couleurs remarquables. Une collection de batates, d'un beau produit, dans laquelle on distinguait la *jaune longue*, la *rouge*, celle à feuilles digitées, la violette de la Nouvelle-Orléans, etc.; le haricot-beurre, le chou de Milan prolifère, le chou-râve hâtif de Vienne, le chou-navet monstrueux de Berlin, le navet rond jaune de Finlande, le radis de la Chine, la carotte transparente de Mulhouse, la poirée cardo à feuilles frisées, le melon d'Archangel, pouvant être cultivé en pleine terre sous le climat de Paris; enfin, on y voyait aussi, à l'état d'essai de culture, les plantes nouvelles alimentaires, importées en France, du Pérou et de l'Amérique, à la fin de l'année 1848 : ce sont les tubercules d'*Ullaco* et de *Psoralea esculenta*, ainsi que deux autres plantes anciennement connues, l'*apios tuberosa* et l'*oxalis crenata*.

Le jury central, après avoir manifesté tout l'intérêt qu'il portait à une collection de légumes aussi riche que variée, et dont l'introduction ne date que depuis 1846, dans le jardin d'expériences de la société, décerne des éloges à M. Masson, pour les remarquables résultats qu'il a obtenus, et à la société centrale d'horticulture, pour l'empressement qu'elle met dans la distribution des graines de ces nouvelles et utiles plantes, qui déjà se trouvent répandues dans plusieurs de nos jardins potagers.

JARDIN D'HIVER DES CHAMPS-ÉLYSÉES.

Les riches végétaux cultivés dans les serres du jardin d'hiver sont nombreux et souvent uniques dans leur genre. On sait que les directeurs de ce bel établissement ont acquis à grands frais les plantes exotiques les plus fortes et les plus rares, qui se trouvaient cultivées dans les serres chaudes et tempérées de France et des pays étrangers. Une nombreuse collection de végétaux appartenant à différents genres a été envoyée à l'exposition où elle a été vue avec un vif intérêt. Ces plantes sortaient des serres chaudes de l'établissement de Paris et de la succursale située à Passy, que l'on pourrait appeler à juste titre le laboratoire de cet établissement, car c'est là que des serres sont construites et appropriées à chacune des cultures de ces riches végétaux, et qu'elles y prospèrent ou s'y rétablissent, après avoir figuré pendant quelque temps dans le magnifique palais de verre où elles sont exposées.

Cette collection comptait plus de 100 individus de serres chaude et tempérée, on y remarquait surtout la magnifique collection de plantes grasses que possède cet établissement, ainsi que celle des palmiers, dont le nombre s'élevait à 50. Au milieu de ces grands et beaux végétaux, on admirait une plante de Madagascar, le nepenthes distilatoria, ayant plusieurs mètres de haut. Cet exemplaire unique par son développement, attirait l'attention du public par la disposition de ses organes foliacés, qui ressemblent à des entonnoirs suspendus.

Le jury, après avoir remarqué avec intérêt la force et la vigueur des individus composant cette collection, décerne des éloges à la compagnie qui dirige ce bel établissement.

Le jury central s'empresse de décerner des éloges aux jardiniers en chef des jardins nationaux, MM. Hardy, du Luxembourg, Schœne, de Monceau, et Mathieu, de Neuilly, pour avoir concouru à embellir l'exposition des produits de l'horticulture, en y envoyant un grand nombre de plantes en pots, de serre tempérée, à feuilles persistantes. Ces plantes, placées en haut des gradins, ont produit un très-bon effet, et, un fait remarquable, c'est que ces végétaux sont restés exposés pendant les trois mois qu'a duré l'exposition, sans avoir subi d'altération sensible.

La bonne disposition des galeries et des gradins, pour recevoir les végétaux, est due à l'intelligence et au zèle éclairé de M. Ledieu, qui a contribué, par tous les moyens possibles, à la réussite de cette exposition. Le jury lui en témoigne toute sa gratitude.

M. Forest, l'un des commissaires nommés par la société centrale d'horticulture, a été chargé de toute la direction des produits de l'horticulture.

On doit particulièrement à ses soins actifs le succès de cette partie délicate de l'exposition; il n'a cessé de s'en occuper chaque jour, du matin au soir, durant trois mois. Il a dirigé et souvent opéré lui-même le placement des produits dans les renouvellements partiels, mais encore il a assuré, par ses démarches, l'arrivée des produits qui se sont succédé sans interruption pour garnir les gradins.

Cette exposition spéciale a fixé au plus haut point l'attention générale, ainsi que celle des membres du jury, qui décerne des éloges à M. Forest, en y faisant participer toutefois les commissaires nommés par les sociétés centrale et nationale d'horticulture de Paris, ce sont MM. Bailly de Merlieux, Drouard, Andry et Keteleer; on leur avait adjoint M. Odolant Denos, amateur plein de zèle et très-distingué, que l'épidémie leur enleva dans les premiers jours de l'exposition. Leur présence de chaque jour venait encourager les horticulteurs, et, s'occupant de la nomenclature et de l'inscription des nombreuses listes de végétaux qui se renouvelaient incessamment, ils ont rendu de grands services à cette partie de l'exposition.

Médailles d'argent.

MM. CELS frères, botanistes-horticulteurs, Chaussée-du-Maine, n° 77 (banlieue de Paris).

L'établissement d'horticulture des frères Cels est un des plus anciens de Paris; il est connu, dans toutes les villes d'Europe et d'une partie du continent, par les nombreux envois de végétaux qu'ils y font chaque année. Il fut créé par leur aïeul vers 1778.

Les arbres exotiques exposés par ces horticulteurs se composaient de 25 genres de la famille des *palmiers, cycadées, dracœnées, pandanées, musacées* et autres plantes rares et intéressantes des tropiques. Les plantes de l'Australie y étaientre présentés par des *bancia, dryandra, hakea, grevillea, etc.* On y remarquait aussi les *cactées*, dont ils possèdent la plus riche et la plus nombreuse collection, ainsi qu'une autre collection non moins intéressante, celle des arbres verts résineux de la famille des conifères, originaires du Mexique, de la Californie et de l'Himalaya; les beaux sapins de l'île Norfolk qui déjà ont fructifié aux îles d'Yères, et qui ne tarderont pas à se reproduire de semis dont notre colonie de l'Algérie ainsi que plusieurs autres belles espèces exotiques qui y croissent et s'y développent comme dans leur pays natal.

Cet établissement a rendu d'immenses services à l'horticulture et à la science par l'introduction, la propagation des arbres utiles et leur publication par Ventenat, célèbre botaniste du siècle dernier.

En récompense des services rendus à la science et à l'horticulture par cet établissement, le jury décerne à MM. Cels frères, une médaille d'argent.

M. Jean-Baptiste PAILLET, horticulteur, rue d'Austerlitz, n° 41, à Paris.

L'établissement d'horticulture formé, en 1822, par M. Paillet est un des premiers établissements de France : un hectare de terrain, dont la moitié est couverte de serres, bâches et châssis placés et disposés avec savoir pour la multiplication et la conservation des végétaux étrangers. Les riches et nombreuses collections d'*azalées*, de *rhododendrons*, de *glaïeuls* et de *liliums du Japon* ont orné pendant toute l'exposition la salle destinée aux produits de l'horticulture où plus de mille plantes en pots ont été admirées.

La saison trop avancée n'a pas permis à M. Paillet d'exposer sa collection de camellias l'une des plus variées de France.

M. Paillet est un des plus habiles multiplicateurs de notre époque; il a enrichi l'horticulture d'un grand nombre de végétaux exotiques. On lui doit aussi plusieurs procédés de multiplication pour les arbres à bois dur, la greffe des camellias sur le vieux bois, le bouturage et la greffe du *mimosa* de l'Australie, et plusieurs procédés et améliorations sur le chauffage des serres à multiplication.

Son commerce s'étend non-seulement dans les départements de la France, mais encore avec l'Angleterre, la Belgique, la Russie, l'Allemagne et l'Italie. Les sociétés d'horticulture lui ont décerné 30 médailles dans différents concours. Le jury central décerne une médaille d'argent à M. Paillet en récompense de son habileté dans plusieurs genres de la culture horticole.

M. Charles MICHEL, horticulteur, rue des Boulets n° 31, à Paris.

Les *érica* (bruyères) de l'Afrique australe sont de jolis sous-arbrisseaux qui représentent le règne végétal en miniature; ils sont en général d'une culture délicate et d'une conservation difficile. M. Michel a mis à l'exposition 60 espèces et variétés de ces élégants arbustes en plus de 300 individus. Cette collection se faisait remarquer non-seulement par sa bonne culture, mais aussi par la singularité, la disposition de ses fleurs et leur couleur, qui varie du vert clair à l'écarlate, après avoir passé par toutes les autres nuances de l'échelle chromatique.

Un autre genre de plantes non moins distingué, les azalées, au nombre de 70 variétés, produisait un effet admirable; plus de 200 sujets, par l'élégance des formes et leurs grandes fleurs si variées, formaient un ensemble d'harmonie de couleurs digne de remarque.

L'établissement de M. Michel date de 1822; il occupe un demi-hectare, sur lequel il a fait construire 250 mètres de serres et 300 panneaux de châssis. Il s'est toujours fait remarquer par la bonne culture et la multiplication des *érica* et des *azalées*, genres de plantes qu'il a toujours affectionnés et auxquels il a apporté tous ses soins. Pour reconnaître le zèle persévérant de cet habile praticien, les sociétés d'horticulture lui ont décerné plusieurs prix. Le jury, appréciant toutes les difficultés qu'a su vaincre M. Michel dans une culture aussi délicate, lui décerne une médaille d'argent.

MM. Louis THIBAUT et Jean-Baptiste KETELEER, horticulteurs, rue de Charonne, n° 130, à Paris (Seine).

Parmi les nombreux végétaux qui ont été visités pendant toute la durée de l'exposition, on remarquait la riche collection de plantes exotiques variées, de serres chaudes, tempérées et de pleine terre, de MM. Thibaut et Keteleer, et surtout une culture tout à fait spéciale à Paris, la collection des arbres résineux de la famille des conifères, l'une des plus complètes qui existent en Europe; 110 espèces et variétés d'arbres, la plupart originaires du Népaul, de la Californie, du Mexique et de l'Himalaya, y étaient représentées. Un grand nombre de ces arbres, les plus élevés du globe, seront appelés à figurer dans la plantation de nos forêts et serviront un jour dans les constructions de la marine. Déjà plusieurs espèces sont plantées depuis 7 et 8 ans, comme essai, dans les établissements publics et dans diverses propriétés particulières, où l'on a constaté que ces diverses essences pouvaient résister à nos hivers et prospérer sous notre climat. D'autres espèces, appartenant aux régions plus chaudes, ont fait en Algérie de rapides progrès, au point que plusieurs de ces arbres donnent des graines très-fertiles pouvant servir à leur reproduction.

Les sociétés d'horticulture ont, à différentes époques, décerné plusieurs médailles à ces intelligents horticulteurs. Le jury, considérant les services qu'ont déjà rendus MM. Thibaut et Keteleer, par l'introduction et la multiplication de ces nouvelles essences d'arbres en France, leur décerne une médaille d'argent.

M. Pierre-Alexandre CHAUVIÈRE, horticulteur, rue de la Roquette, n° 104, à Paris (Seine).

M. Chauvière est un des horticulteurs qui ont le plus contribué, en France, à l'introduction des plantes exotiques pour l'ornement des jardins. On a pu remarquer, pendant les trois mois de l'exposition, les magnifiques plantes sorties de son établissement, telles que les *plumbago larpentæ, zauschneria californica, rondeletia grandiflora, gesneria caracassana, justicia velutina, etc.*

Établi en 1830, sur un terrain d'un hectare, il y fit construire de nombreuses serres et s'adonna particulièrement à la culture des *pélargoniums*, des *dalhias* et des *verveines*, dont il dota l'horticulture de beaucoup de variétés hybrides remarquables obtenues de ses semis. Il augmenta ensuite ses cultures par de nombreux et fréquents voyages qu'il fit en Angleterre et en Belgique, d'où il rapporta en France les plantes nouvelles importées des divers points du globe.

La bonne culture, la multiplication et les soins que M. Chauvière ne cesse de donner à tous ces riches végétaux, ont été vus avec intérêt par le jury central, qui accorde à M. Chauvière une médaille d'argent.

M. Pierre-Joseph BERTIN, horticulteur, rue Saint-Symphorien, n° 1, à Versailles (Seine-et-Oise).

Les *rhododendrons*, les *azalées* en fleurs, exposés pendant le mois de juin, provenaient du plus bel établissement d'arboriculture et d'horticulture du département de Seine-et-Oise : 6 hectares de terrain, couverts d'arbres et arbustes exotiques, ainsi que des arbres verts résineux les plus nouveaux ; des conservatoires et des bâches appropriées aux divers genres de reproduction de ces végétaux; des laboratoires où se font les greffes, les boutures, les semis; une serre dite *Jardin d'hiver*, de 1,200 mètres carrés, où se trouvent réunis plusieurs milliers de camellias, forment l'établissement de M. Bertin.

Cet habile praticien a enrichi l'horticulture de bonnes méthodes pratiques; elle lui doit aussi l'introduction de nouveaux *rhododendrons* et *camellias* provenant de ses semis, et la multiplication d'un grand nombre d'arbres utiles qui ont été répandus dans la culture et les jardins.

M. Bertin a été plusieurs fois honoré de médailles qui lui ont été décernées par les sociétés d'agriculture et d'horticulture. Le jury central décerne la médaille d'argent à cet habile horticulteur.

M. André-Philippe PELÉ, horticulteur, rue de Lourcine, n° 81, à Paris (Seine).

Les plantes exposées par M. Pelé formaient un ensemble très-varié ; les plantes exotiques et indigènes, au milieu desquelles figuraient des plantes alpines et pyrénéennes, étaient toutes remarquables par l'éclat de leurs fleurs et par les soins de culture que ce zélé horticulteur ne cesse de leur donner. Plus de 1,000 plantes de tous genres sont sorties de cet établissement et mises pendant 3 mois à l'exposition.

Depuis 1836, sur un demi-hectare environ, M. Pelé s'est adonné à une culture toute spéciale, celle des plantes vivaces de pleine terre, dont il possède un grand nombre de genres d'espèces et variétés. Cet établissement est le seul à Paris où l'on voit les collections des plantes alpines et pyrénéennes, ordinairement si difficiles à vivre sous notre climat. Sa collection de *chrysanthèmes* est aussi la plus belle et la plus nombreuse que nous ayons à Paris; pour accroître encore leur nombre et surmonter la difficulté d'en obtenir de bonnes graines sous notre climat, M. Pelé envoie en Italie et en Espagne ses plantes d'élite, d'où ses correspondants lui renvoient les graines dont il obtient ses belles variétés.

Le jury, considérant tous les soins et l'intelligence que nécessite une culture aussi délicate, accorde une médaille d'argent à ce zélé horticulteur.

Médailles de bronze.

M. Victor VERDIER, horticulteur, rue des Trois-Ormes, n° 6, à la gare d'Ivry (banlieue) (Seine).

La culture des rosiers est une branche de commerce fort importante à Paris. M. Verdier en fait depuis longtemps une culture toute spéciale. Il commença son établissement à Neuilly (Seine), en 1827 et en 1838, à la gare d'Ivry. Plus de 500 variétés de cette reine des fleurs, sortant de ses cultures, ont été exposées aux yeux du public, qui en admirait les formes et les couleurs pendant la durée de l'exposition.

Le terrain approprié à cette culture est de plus d'un hectare, planté de plusieurs milliers de rosiers églantiers et francs de pieds, qui sont, à l'automne de chaque année, exportés, en partie, aux États-Unis, en Angleterre, en Allemagne, etc. M. Verdier s'est particulièrement occupé de la culture du genre rosier ; il a beaucoup semé, et a obtenu des variétés de roses remarquables, et apporte chaque jour ses lumières dans la nomenclature si étendue des variétés de ce genre, en cherchant à conserver les espèces et à multiplier les plus méritantes, afin de maintenir encore longtemps en

France la réputation des cultivateurs de roses. M. Verdier a été souvent honoré de médailles que lui ont accordées les sociétés d'horticulture, pour les progrès qu'il a fait faire au genre rosier. Le jury décerne une médaille de bronze à M. Verdier.

M. LAFFAY, horticulteur, à Bellevue, près Meudon (Seine-et-Oise).

Les roses exposées par M. Laffay étaient toutes de ses semis; elles expliquaient bien la réputation de cet habile praticien, réputation méritée par les nombreux produits qu'il a obtenus depuis quarante ans. Les premiers semis de rosiers que fit M. Laffay remonte à 1809; c'était avec des graines du rosier de Bengale et du rosier de Provins. Le premier gain hybride obtenu du rosier de Bengale est celui auquel on donna le nom de *Bengale Ternaux*. Cette variété fut très-recherchée. Quelques années après, il obtint des semis du rosier de Provins des variétés recommandables, qui figurent encore dans la collection des rosiers du Luxembourg. L'horticulture lui doit aussi les rosiers hybrides perpétuels, la belle rose *la Reine* et 200 variétés hybrides toutes de choix, et répandues aujourd'hui dans le commerce. Il a en ce moment plus de 100,000 rosiers de semis, et, cette année encore, plus de 20 nouvelles variétés ont été remarquées comme premier choix. M. Laffay exporte une grande partie de ses rosiers en Angleterre et aux États-Unis. L'intelligence qu'a toujours montré cet habile praticien dans la fécondation artificielle des rosiers, et les heureux résultats qu'il en a obtenus, ont créé une nouvelle branche de commerce, qui est devenu, pour plusieurs établissements, une spécialité, et dont les produits s'écoulent dans toute l'Europe. Le jury, pour reconnaître le zèle et les soins qu'il apporte dans ce genre de culture, lui décerne une médaille de bronze.

M. GUÉRIN-MODESTE, horticulteur, rue des Boulets, n° 7, à Paris (Seine).

Les pivoines en arbres et herbacées exposées dans la première quinzaine de juin produisaient un effet remarquable par la forme et le coloris de leurs fleurs. C'est à M. Guérin-Modeste que l'horticulture est redevable des variétés qui sont répandues dans nos jardins. En 1832, il se livra à la culture de cette belle plante, et en fit en quelque sorte une culture spéciale. Il y a vingt-cinq ans, on ne connaissait encore que la *Pæonia Albiflora*, originaire de la Mongolie chinoise. C'est avec ce type que M. Guérin-Modeste a su, par son intelligence, féconder artificiellement la pivoine à fleurs rouges avec la pivoine à fleurs blanches. 30 de ces belles variétés ont été vues à l'exposition, parmi lesquelles deux espèces nouvelles, le *Triomphe de Paris* et *Luteciana*; 9 autres variétés ont encore fleuri au printemps de 1849 ; elles ont été remarquées avec intérêt par le jury, qui décerne à M. Guérin-Modeste une médaille de bronze.

M. Hippolyte-Eugène JAMAIN, horticulteur, rue du Cendrier, n° 5, à Paris.

Des orangers et cédratiers en fruits, des grenadiers nains, des rosiers en pots et une nombreuse collection de roses coupées ont été exposés et renouvelés plusieurs fois par M. Jamain. C'est à cet habile horticulteur que l'on doit le perfectionnement de la greffe forcée du rosier à laquelle il a donné, lors de la création de son établissement, qui date de 1844, un très-grand développement, puisque l'on peut aujourd'hui greffer les variétés les plus nouvelles depuis janvier jusqu'en avril, et couper, pendant ce temps, des greffes pour servir à leur reproduction et les répandre de suite dans le commerce, tandis qu'il y a dix ans, une nouvelle rose ne pouvait être livrée que la seconde et même la troisième année.

La culture des rosiers, des orangers, des camellias et des grenadiers nains, forme le fond de l'établissement de M. Jamain. Le jury, pour le récompenser du zèle et des nouveaux procédés pratiques qu'il a appliqués à la culture du rosier, lui décerne une médaille de bronze.

M. Auguste-Alexandre-Frédéric DUBOS, horticulteur, à Pierrefitte (Seine).

La riche collection d'œillets exposée par M. Dubos n'a cessé d'être admirée du public pendant toute la durée de l'exposition. Plus de 1,200 variétés nommées et 200 nouvelles obtenues en 1849 ont figuré à cette exhibition. On admirait surtout les œillets dits de fantaisie sur fond blanc, fond jaune et fond ardoisé. Les œillets flamands, si recherchés de nos peintres, occupaient le premier rang par la richesse des couleurs, ils se composaient de

400 variétés d'une vigueur et d'une culture qui ne laissaient rien à désirer.

L'établissement de M. Dubos se compose d'un demi-hectare environ; il est le seul horticulteur de Paris et des environs qui s'occupe exclusivement du genre œillet, spécialité à laquelle il donne tous ses soins. Il a réuni par ses semis et ses relations extérieures la plus riche collection de cette plante que l'on ait jamais vue à Paris, et qui depuis quelques années avait presque disparue de nos établissements.

Le jury, pour récompenser M. Dubos de son zèle et des progrès qu'il a fait faire à ce genre de fleurs, si recherché aujourd'hui, lui décerne une médaille de bronze.

M. Edmond DUBOS, horticulteur à Pierrefitte, près Saint-Denis (Seine).

Les roses exposées par M. Dubos étaient remarquables par la variété des nuances et leur fraîcheur. Depuis 1842 il se livre à cette culture toute spéciale sur un terrain de 46 ares, où il cultive environ 15,000 rosiers. Il a obtenu par ses soins une nouvelle variété remontante de la rose du Roi, dont les fleurs très-multiples sont d'un blanc carné tendre qui passe au blanc pur; il a nommé cette sous-variété Cœlina-Dubos. Cette rose provient d'une dégénérescence qui s'est produite sur le rosier capitaine Renard, et que M. Dubos a su fixer par la greffe.

Le jury, d'après l'intelligence et le zèle que M. Edmond Dubos apporte dans ses cultures, lui décerne une médaille de bronze.

M. Aimé TURLURE, horticulteur, rue des Prêtres, n° 1, à Versailles (Seine-et-Oise).

La collection d'amaryllis de M. Turlure était unique à l'exposition. Depuis 1837, cette habile horticulteur a fait de cette plante africaine une culture toute spéciale; il a employé tous ses soins et son intelligence à féconder artificiellement plusieurs de ces jolies amaryllidées; il en a semé les graines, qui lui ont donné des variétés très-remarquables. 66 de ces plantes, dont quelques-unes fleurissaient pour la première fois et d'autres pour la seconde, provenaient d'un semis fait en 1842; elles se faisaient remarquer par la richesse de leur coloris et la vigueur de leur végétation, qui attestaient des connaissances acquises de la culture de ces plantes.

Pour récompenser cet horticulteur de son zèle et de sa persévérance à propager un genre de plantes que l'on ne voyait que dans quelques serres chaudes, le jury lui décerne une médaille de bronze.

M Antoine-Jean-Étienne BACOT, horticulteur, route d'Allemagne, n° 178, à la Petite-Villette.

Les plantes exposées par M. Bacot se composaient de plusieurs genres variés. On reconnaissait, par la vigueur et la forme donnée à ces végétaux, la main habile qui les soigne et les dirige.

Les *fuchsias*, *pelargoniums*, *roses*, *dalhias*, *pensées*, et surtout les *antirrhinums* et les *roses-trémières*, formant son exposition, attiraient l'attention du public.

M. Bacot est un des horticulteurs distingués auxquels la physiologie végétale est redevable du procédé de la greffe des roses-trémières prises à l'état herbacé, sur les racines de mauve et surtout de guimauve (*althœa officinalis*), procédé qui a pour résultat de conserver les belles variétés de ces fleurs, que les semis ne pourraient toujours reproduire.

M. Bacot a été honoré de deux médailles qui lui ont été décernées par les sociétés d'horticulture. Le jury, considérant les nouveaux procédés qu'il applique à la culture horticole et l'intelligence qu'il y apporte, lui décerne une médaille de bronze.

Mentions honorables.

M. Jean BONDOUX, horticulteur, rue de Loursine, n° 151, a Paris (Seine.)

La brillante collection de calcéclaires, composée de cent variétés de semis, exposée par M. Bondoux, était remarquable par les nouvelles formes des fleurs finement dessinées par des stries, de macules ou enfin un pointillé dont les couleurs prêtent un aspect curieux, qui les ont fait rechercher par nos artistes peintres pour modèles de dessins propres à l'impression des étoffes.

Établi, en 1845, sur un terrain d'un demi-hectare, M. Bondoux y a construit des serres, des bâches, et s'est livré spécialement à la culture des calcéolaires. Il a, par sa persévérance, amené cette culture à un point tel, que ses nombreux semis, produits d'une fécondation artificielle bien raisonnée, ne laissent plus rien à désirer sur cette culture.

Le jury, appréciant les progrès que M. Bondoux a fait faire à ce genre de plantes si délicat à cultiver, lui accorde une mention honorable.

M. MATHIEU, horticulteur, rue du Marché-aux-Chevaux, n° 24, à Paris (Seine).

M. Mathieu avait, pendant les trois mois de l'exposition, une collection de plantes tropicales dont le choix et la culture faisaient honneur à ce praticien. L'établissement de M. Mathieu est un des plus anciens de Paris. Il s'est acquis une réputation méritée, par l'introduction de nouveaux végétaux d'ornement qu'il apporte, chaque jour, sur le marché, et se répandent ensuite chez les amateurs et dans les jardins.

Le jury, désirant récompenser M. Mathieu de l'intelligence et du savoir qu'il apporte dans la multiplication des végétaux exotiques, lui décerne une mention honorable.

M. Jean-Pierre PESCATORE, propriétaire à La Selle-Saint-Cloud (Seine-et-Oise). M. LUDDEMANN, directeur des cultures.

M. Pescatore, amateur distingué, a réuni, dans sa propriété, à La Selle-Saint-Cloud, la plus belle et la plus riche collection d'orchidées épiphytes qui existe en Europe. Il y a trente ans on connaissait à peine 45 à 50 de ces plantes, M. Pescatore en possède aujourd'hui 800. Cette collection a été commencée en 1846, elle s'est considérablement augmentée, en 1847, par la réunion de celles que possédaient MM. Quesnel, du Havre, et Horsfall, en Angleterre.

Un choix remarquable de ces curieux végétaux a figuré, pendant quelques jours seulement, à l'exposition : la culture de ces plantes exigeant une chaleur très-élevée et humide, la position atmosphérique où elles se trouvaient n'a pas permis qu'elles y restassent plus longtemps. Parmi elles on remarquait l'*oncidium papilio* (papillon végétal), le *cyprepedium barbatum*, *cattleya crispa*, *lælia aurantiaca*, etc.

Le jury, appréciant les soins qu'exige cette collection, aussi nombreuse que rare, décerne, pour cette culture, une mention très-honorable à M. Pescatore, et une médaille de bronze à son directeur des cultures, M. Luddemann.

M. Eugène VERDIER fils, horticulteur, rue des Trois-Ormes, n° 6, gare d'Ivry (Seine).

M. Verdier fils, établi seulement depuis 1847, a suivi, pendant 10 ans, les leçons éclairées de son père; aussi la culture et la propagation du genre rosier lui sont très-familières. Ses cultures, établies sur un terrain d'un hectare, ne laissent rien à désirer. On a remarqué la beauté et le choix des roses qu'il a exposées. M. Verdier fils soutiendra la réputation que son père a su acquérir dans ce genre de culture.

Le jury, ayant remarqué avec intérêt la belle collection de roses exposée par ce jeune horticulteur, lui décerne une mention honorable.

M. Jacques-Nicolas DUFOY, horticulteur, rue des Amandiers-Popincourt, n° 40, à Paris (Seine).

M. Dufoy est un des horticulteurs qui entretiennent, par les nombreuses multiplications qu'ils font de plantes d'ornement, les marchés de la capitale. Établi en 1835, il possède un demi-hectare sur lequel il a 450 panneaux de châssis, y compris les serres. Les plantes qu'il avait exposées étaient nombreuses et bien cultivées. Les *pelargoniums*, les *dahlias* et les *verveines* y sont multipliés en grand. Parmi les nombreux végétaux exposés, un bel exemplaire du *plumbago larpentæ* figurait au milieu de ces richesses végétales, qui se sont renouvelées pendant toute la durée de l'exposition. L'horticulture lui est redevable de plusieurs variétés de dahlias obtenues de semis.

Le jury, pour reconnaître l'activité et le zèle de M. Dufoy, lui décerne une mention honorable.

M. FONTAINE, horticulteur, place de Villers, commune de Neuilly (Seine).

La magnifique collection de reines-marguerites de M. Fontaine était remarquable à l'exposition. C'est à cet habile et zélé horticulteur que nous devons les premiers perfectionnements obtenus depuis cinq ans dans la forme et la couleur des fleurs de cette plante. Ces belles touffes pyramidales, terminées par de grosses fleurs doubles à larges rayons, leur donnent au premier coup d'œil l'aspect des fleurs de pivoine et d'anémone. M. Fontaine avait aussi exposé une collection de *fuchsias* d'une belle vigueur et d'une floraison nombreuse, des *lilium lancifolium rubrum* et *veronica lindleyana*.

Le jury, pour récompenser le zèle et l'intelligence qu'il a apportés dans le perfectionnement de la culture des reines-marguerites, lui décerne une mention honorable.

M. Stanislas MALINGRE, rue de Villers, n° 80, à Neuilly (Seine).

Il a exposé une belle collection de reines-marguerites dites pivoines et renoncules, six nouveaux *phlox de semis* et un pied d'un nouveau *raisin précoce* à fruits blancs, mûrissant avant la Madeleine.

M. Malingre est l'horticulteur qui a poursuivi avec le plus de zèle et de succès le perfectionnement introduit dans cette culture par M. Fontaine. C'est pourquoi le jury lui décerne une mention honorable.

M. Théodore ANNÉE, propriétaire-amateur, rue des Réservoirs, n° 11, à Passy (Seine).

On voyait figurer au milieu des richesses végétales de l'exposition, les belles plantes de la famille des liliacées. M. Année avait envoyé pour sa part une collection remarquable de beaux *lilium lancifolium, punctatum, rubrum, tigrinum superbum* et autres espèces non moins méritantes. De jolies alstroémères du Chili (fleurs coupées) attiraient aussi l'attention des amateurs.

Si M. Année cultive ces beaux végétaux comme amateur, le jury lui reconnaît les principes d'un praticien éclairé, car les plantes par lui exposées ne laissaient rien à désirer sous le rapport de leur bonne culture et de la beauté de leurs fleurs, et il lui accorde une mention honorable.

Mme veuve QUÉTEL, horticulteur, rue Malfilâtre, à Caen (Calvados).

Dans le premier mois de l'exposition, on admirait la riche collection de renoncules (fleurs coupées) de Mme veuve Quétel, composée de 400 variétés et d'un grand nombre de nouveaux gains obtenus en 1849. La culture spéciale des renoncules et des anémones qui se fait dans cet établissement remonte à l'an 1799. Mme Quétel est en rapport d'affaires non-seulement avec les principaux horticulteurs de France, mais aussi avec l'Angleterre, la Belgique, l'Allemagne et autres pays étrangers. Les soins de culture et d'étiquetage qu'exigent ces plantes prouvent l'ordre et l'intelligence qui règnent dans cet établissement. Mme Quétel en a été récompensée par plusieurs médailles d'argent et de bronze, qui lui ont été décernées par les sociétés d'horticulture. Le jury, reconnaissant les soins d'une culture aussi spéciale, décerne à Mme veuve Quétel une mention honorable.

Citations favorables.

M. Louis NOISETTE, horticulteur, rue de la Roquette, n° 102, à Paris (Seine).

Les plantes de serre chaude exposées par M. Noisette étaient variées et d'une culture bien soignée. Ayant été appelé pendant plusieurs années à diriger le bel établissement de son oncle (L. Noisette), il a su profiter des leçons de ce dernier, auquel la science et les arts sont redevables d'un grand nombre d'ouvrages et de faits intéressants en culture. L'établissement de ce jeune horticulteur ne date que de 1846. Le jury lui décerne une citation favorable.

M. GAGNÉ, horticulteur, rue Saint-Louis, à Port-Marly (Seine-et-Oise).

M. Gagné avait aussi exposé une collection de reines-marguerites en pots, ainsi que des fleurs coupées, toutes d'un beau choix et d'une belle duplicature. Ces plantes ont été renouvelées plusieurs fois pendant la dernière quinzaine de l'exposition. Le jury s'est plu à lui accorder une citation.

M. Eugène MÉZARD, horticulteur, rue Saint-Denis, à Puteaux (Seine).

Un joli lot de reines-marguerites pyramidales, une collection de dahlias de choix (fleurs coupées), et quelques-uns de semis de 1848 revus en 1849, ont été exposés par M. Mézard. Le jury a remarqué la forme parfaite de ses fleurs et lui accorde une citation favorable.

M. René LOTTIN, horticulteur, à Port-Marly (Seine-et-Oise).

Des variétés de dahlias et pétunias de semis, fleurissant pour la première fois, étaient exposées par M. Lottin, qui se livre avec succès à ce genre de culture. Plusieurs d'entre elles ont attiré l'attention du jury, qui décerne à cet horticulteur une citation favorable.

M. Eugène LIERVAL, horticulteur, rue du Bois, à Champerray, commune de Neuilly (Seine).

Les plantes vivaces sont recherchées dans les jardins pour leur rusticité et la grande variété de leurs fleurs. M. Lierval a consacré ses soins à la culture tout à fait spéciale de ces plantes, il a fait de nombreux semis en 1848 dans le genre *phlox*, dont il a exposé 50 variétés remarquables par leur port et le coloris de leurs fleurs.

Le jury décerne une citation favorable pour l'intelligence qu'apporte M. Lierval dans la culture des plantes vivaces.

M. TOUSSAINT, horticulteur, route d'Orléans, n° 107, à Montrouge (Seine).

Il a exposé 60 camellias variés, des rhododendrum Catesbyense et une collection de reines-marguerites, variétés dites *anglaise* et *naine*.

Le jury lui accorde une citation pour l'ensemble de ses végétaux.

M. GUÉNOT, marchand grainier, quai Napoléon, n° 31, à Paris (Seine).

Une collection remarquable de dahlias nouveaux de semis de 1848 et 1849, a figuré à l'exposition pendant la dernière quinzaine d'août.

Depuis plusieurs années, M. Guénot cultive plus d'un hectare de terrain en dahlias de semis, il en a obtenu de remarquables, qui ont été signalés et lui ont mérité plusieurs récompenses décernées par les sociétés d'horticulture. Le jury, pour encourager M. Guénot à continuer les semis d'une aussi belle plante, qui est devenue une des branches principales du commerce horticole, le cite favorablement.

§ 2. FRUITS.

M. Pepin, rapporteur.

Médaille de bronze.

M. FOUCAULT, jardinier, à Frocourt (Oise).

Depuis plusieurs années, M. Foucault dirige des cultures qui, par leur importance, méritent l'attention spéciale du jury. Les soins et la persévérance qu'il a apportés dans ses nombreux essais en font un horticulteur des plus distingués; aussi le jury croit-il devoir lui accorder la médaille de bronze.

Mentions honorables.

M. GIBERT, propriétaire, à Frocourt (Oise).

M. Gibert a exposé une corbeille de magnifiques fruits de *cedrat* et de *citronnier* d'une grosseur et d'une forme parfaites. Ces fruits proviennent d'une culture suivie depuis dix-sept ans, et faite en pleine terre sur une longueur d'espalier de 17 mètres et couverte de châssis pendant l'hiver, dans sa propriété à Frocourt. D'après la facilité de cette culture et le peu de dépense qu'elle exige, M. Gibert pense qu'on en pourrait faire une culture spéciale en France et en retirer un parti avantageux.

Le jury estime que, d'après les essais qui en ont été faits à Paris et dans ses environs, cette culture ne pourrait être productive que dans l'ouest de la France; mais, pour récompenser M. Gibert des essais qu'il a faits et des beaux produits qu'il a exposés, il lui décerne une mention honorable, en l'engageant à continuer ses cultures.

M. LECLÈRE, horticulteur, à Groslay (Seine-et-Oise).

Les 5 beaux ananas exposés par M. Leclère attestent un horticulteur habile et distingué, qui a su, par son aptitude et son travail, mettre à profit les leçons des patrons chez lesquels il a suivi l'art de la culture primoriste.

Le jury se plaît à lui décerner une mention honorable.

TROISIÈME DIVISION.

§ 1. PÉPINIÈRES.

M. Pepin, rapporteur.

M. DAUVESSE, horticulteur pépiniériste, avenue Dauphine, faubourg Saint-Marceau, à Orléans (Loiret). Médailles de bronze.

M. Dauvesse consacre à ses pépinières 15 hectares environ. En terme moyen, il occupe par jour 40 à 50 ouvriers, dont le salaire est fixé, en hiver à 1 fr. 50 cent., et 2 francs en été. Les chefs de cultures gagnent de 1,000 à 1,500 francs, et les sous-chefs de 800 à 1,000 francs. 5 hectares sont destinés aux arbres fruitiers, 5 aux arbres forestiers et 5 autres aux semis et plants.

M. Dauvesse n'hésite pas à s'imposer des sacrifices pour se procurer, soit en France ou à l'étranger, les plantes nouvelles et les arbres fruitiers qui semblent avoir du mérite. Depuis 2 ans il a établi, dans ses vastes pépinières, une école composée de 500 espèces ou variétés choisies d'arbres fruitiers. Cette école sera fort utile à la pomologie, en facilitant les moyens de comparer les espèces entre elles et de s'assurer de la qualité de leurs fruits. Les arbres de toute espèce et les rosiers églantiers, au nombre de 20 à 25,000, sont parfaitement dirigés et bien cultivés.

Cet établissement est administré d'une manière parfaite; les livres de débours et de revient y sont tenus avec ordre et beaucoup de soin. Les connaissances, le zèle et la bonne direction apportés à ce vaste établissement ont beaucoup contribué à propager, dans ce département, la science horticole. D'après ces données, le jury, considérant que M. Dauvesse doit prendre rang parmi les chefs d'exploitation mentionnés par l'arrêté du Gouvernement, lui décerne une médaille de bronze, en regrettant, toutefois, qu'il n'ait pas envoyé à l'exposition quelques-uns de ses beaux spécimens, qui lui auraient valu, sans aucun doute, un prix beaucoup plus élevé.

M. LEVACHER fils, propriétaire et pépiniériste, au Lièvre-d'Or, faubourg Saint-Marceau, à Orléans (Loiret).

Les pépinières de M. Levacher occupent une superficie de 10 hectares, qui se divisent ainsi qu'il suit : 5 hectares en plants forestiers et arbustes d'agrément, 3 hectares en arbres fruitiers et 2 hectares en arbres forestiers, dans lesquels les arbres verts, de la famille des conifères, y entrent pour un dixième environ.

L'importance du commerce de M. Levacher, suivant sa propre déclaration, serait de 30 à 35 mille francs bruts. Ses relations d'affaires sont principalement établies avec le nord de la France, New-York et l'Algérie. Il a expédié au printemps dernier, dans cette dernière localité, 3 à 4,000 plants d'arbres fruitiers. Les semis d'arbres se pratiquent aussi dans cet établissement sur une grande échelle. Des plates-bandes de terre de bruyère et des châssis y sont disposés pour faire les semis d'espèces rares et délicates. Les rosiers y forment aussi une nombreuse collection.

Cet établissement est un des plus anciennement fondés à Orléans. Les cultures y sont faites avec un soin et une intelligence parfaits. M. Levacher a aussi contribué aux améliorations que les cultures orléanaises ont éprouvées depuis quelques années. Par ces considérations, le jury vote à M. Levacher une médaille de bronze.

Mention honorable.

M. HALLIÉ, ingénieur mécanicien . . . . (Gironde).

M. Hallié, ingénieur mécanicien, est recommandé au jury central comme étant animé d'un vrai dévouement aux intérêts de l'agriculture. M. Hallié a fondé un dépôt d'instruments aratoires de toutes espèces, et a ouvert aux agriculteurs une exposition permanente, dans laquelle ils peuvent puiser d'utiles renseignements.

L'initiative qu'a prise M. Hallié, et les sacrifices qu'il s'est généreusement imposés pour l'amélioration des instruments agricoles dans ce département, ont vivement intéressé le jury, qui, pour constater d'aussi louables efforts, lui décerne une mention honorable.

Citations honorables.

Mme BARILLET, M. Louis DELAHAYE, M. MESSIRE, horticulteurs-fleuristes, à Tours (Indre-et-Loire).

Mme Barillet, M. Delahaye, M. Messire, tous horticulteurs distingués de Tours, cultivent les camellias, les rhododendrons arboreum, et se recommandent à divers titres, non-seulement pour la belle tenue de leurs serres tempérées, mais encore par leur zèle, leur activité et les sacrifices qu'ils font pour introduire dans leurs établissements des arbustes exotiques, qu'ils y multiplient pour les répandre ensuite dans le département.

Mme Barillet a cultivé la première les *spiræa prunifolia*, *gesneria macrantha*, *francisea hydrangæformis*; M. Delahaye, les variétés de *cinéraires* et de *calcéolaires*; M. Messire, les *pelargonium*, les *pimélées*, *bougainvillea*, etc.

Ces horticulteurs ont fait faire depuis 10 ans de grands progrès au commerce des fleurs à Tours; l'accroissement de leurs établissements, l'introduction de nouveaux principes de multiplication des plantes exotiques, méritent à chacun, de la part du jury, une citation favorable.

M. François BAUDENON, propriétaire, maire de la commune de Saint-Avit-de-Tardes, domicilié à Montmaud, canton d'Aubusson (Creuse).

Depuis 10 ans, M. Baudenon a créé au village de Montmaud et au chef-lieu de la commune de Saint-Avit-de-Tardes, à titre d'essai, des pépinières d'arbres fruitiers, ainsi que des mûriers blancs propres à la nourriture des vers à soie. Il est à regretter que M. Baudenon n'indique pas la quantité d'hectares de terre qu'il emploie à la culture et à la multiplication de ces arbres si précieux pour le département de la Creuse. Le rapport mentionne seulement les diverses espèces et le nombre d'arbres cultivés dans les pépinières de M. Baudenon : 1° 93 pieds de mûriers blancs plantés en 1844, ayant produit, en 1848, 50 kilogrammes de feuilles; 2° 551 arbres fruitiers, composés de cerisiers, poiriers, pommiers, pruniers, noyers et châtaigniers; 3° une plantation de vignes provenant de l'Auvergne, de la Bourgogne, du Beaujolais, du Vivarais et du Bourbonnais, et 1,000 pommiers et poiriers sauvageons non greffés.

Les essais que fait M. Baudenon dans son arrondissement pour introduire les meilleures espèces et variétés d'arbres fruitiers, les notes qu'il prend et qu'il donne sur la qualité et les produits de chacune d'elles, les procédés de culture, de plantation et de taille qu'il propage dans ce département, lui ont mérité l'attention du jury, qui, d'après ces considérations, lui décerne une citation favorable.

M. CHÂTENAY, pépiniériste à Tours (Indre-et-Loire).

M. Chatenay occupe en pépinières plus de 12 hectares, répartis ainsi qu'il suit : 6 en arbres fruitiers, 2 en arbres forestiers, 1 en arbres verts résineux, 2 en arbustes d'agrément, et 2 en nouvelles plantations. Une vaste serre est destinée à la multiplication et aux semis d'arbres verts nouvellement importés en France. Une plantation de poiriers, sur une superficie de 40 ares, forme une collection d'espèces et variétés d'un même genre. M. Chatenay a créé dans son établissement une école des meilleures espèces d'arbres fruitiers et de vignes. Sa collection d'arbres verts résineux renferme des espèces encore nouvelles et remarquables, telles que les *cedrus deodara, taxus nucifera, taxodium sempervirens, podocarpus latifolia, pinus spectabilis; hamiltoniana excelsa, palustris, etc.; abies morenda, religiosa; araucaria imbricata et lanceolata, etc.*

Les nouveaux progrès qu'il fait faire à la culture, la multiplication et la propagation des arbres étrangers dans ce département sont appréciés par le jury, qui lui accorde une citation favorable.

M. François CHAYNÉS, propriétaire cultivateur, à Brens, arrondissement de Gaillac (Tarn).

Ce cultivateur est recommandé, par M. le préfet du Tarn comme ayant fait une étude particulière de la taille des mûriers. D'après le rapport adressé au jury, M. Chaynés serait le premier qui aurait introduit dans l'arrondissement de Gaillac une taille raisonnée, qui aurait pour but de faire produire aux mûriers un tiers de feuilles de plus que par la taille qui y était pratiquée antérieurement, ce qui est constaté sur le certificat par plusieurs propriétaires et cultivateurs de Gaillac. Mais nous ferons remarquer qu'il n'est pas fait mention, dans le rapport, d'un seul mot de ce nouveau mode de taille; il est dit seulement que, depuis plusieurs années, M. Chaynés, après avoir voyagé dans le bas Languedoc pour y étudier la taille des arbres fruitiers, et principalement les mûriers, sa manière de tailler a puissamment contribué au rendement des feuilles de ces arbres.

D'après les procédés pratiques de la taille du mûrier introduits dans cet arrondissement, le jury accorde une citation à ce cultivateur.

M. Louis NIQUEUX, jardinier-maraîcher, à Tours (Indre-et-Loire).

La commission départementale d'Indre-et-Loire recommande particulièrement le nommé Louis Niqueux, non pour l'étendue de son établissement, qui n'est que d'une vingtaine d'ares, mais pour le zèle et l'intelligence avec lequel il le dirige.

Pauvre enfant d'une commune voisine, il trouva asile chez un honnête jardinier, et, grâce à son intelligence et sa bonne conduite, il devint au bout de quelque temps un apprenti zélé. Après avoir successivement travaillé chez divers jardiniers de la ville de Tours, il quitta, à 23 ans, les cultures de Mme veuve Barillet pour entrer chef des travaux au jardin du Haut-Brézay, chez M. le général de Sparre. Au bout de 16 mois, il entra, avec la protection du général, au potager de Versailles; il profita de cette position pour observer et travailler avec ardeur. Pendant ses veilles, il apprit à lire, et se livra ensuite à consulter les divers traités d'horticulture.

Après s'être ainsi fortifié par la pratique et par la théorie, Niqueux revint en Touraine, où le lieutenant général d'Ornano lui confia la direction du jardin de la Branchoire; là, il s'adonna à la culture des légumes de primeur, sa vocation principale. Il résolut ensuite de quitter le poste avantageux qu'il occupait pour venir lutter contre les difficultés d'un établissement commencé presque sans capitaux.

Ce fut au commencement de 1845 que Niqueux loua un terrain pour venir s'y établir; il y construisit sa maison, des bâches, des châssis, et, après trois ans d'un travail assidu, son jardin est aujourd'hui en plein rapport. Niqueux a introduit dans la culture maraîchère du département d'Indre-et-Loire un grand nombre de bonnes variétés légumières et des procédés nouveaux de culture. Pendant l'hiver, à l'aide d'un souterrain de 15 mètres de long sur un mètre 50 centimètres de large, il se livre à la culture des champignons, culture encore peu connue des jardiniers de nos départements.

La vocation de Niqueux pour la culture maraîchère, si utile

dans les grands centres, fait désirer lui voir des imitateurs. Le jury, appréciant ses travaux, lui décerne une citation favorable.

M. PROUST-BRULON, pépiniériste, à Tours (Indre-et-Loire).

M. Proust-Brulon cultive également 12 hectares en pépinières, réparties à peu près comme celles de M. Chatenay. On y trouve aussi une grande quantité et une remarquable variété d'arbres forestiers, de nombreuses espèces d'arbres fruitiers dont plusieurs variétés nouvelles, tous d'une belle végétation et d'une direction intelligente.

M. Proust possède, à peu près comme M. Chatenay, une aussi riche collection d'arbres verts et d'arbustes rares. Le mérite des deux pépiniéristes est égal; mais on doit cet hommage à M. Chatenay, qu'il a commencé avec de plus faibles moyens et sur un terrain plus difficile à cultiver.

Le jury accorde également à M. Proust-Brulon une citation favorable.

M. THUILLIER-THOMAS, pépiniériste, grande rue Saint-Marceau, à Orléans (Loiret).

M. Thuillier-Thomas est aussi un praticien habile, il cultive 5 hectares de terrain, dont un tiers en arbres forestiers et deux tiers en arbres fruitiers, à cidre et à couteaux; il occupe en moyenne 5 ouvriers par jour; ses expéditions se font principalement dans les départements de la Normandie. Le produit brut de son commerce est de 8,000 francs.

Le jury accorde à cet horticulteur une citation favorable.

M. TRANSON-FORTEAU, pépiniériste, route d'Olivet, à Orléans (Loiret).

M. Transon-Forteau occupe 18 à 20 ouvriers pour cultiver 10 hectares de pépinières composées d'arbres fruitiers et forestiers. L'importance de son commerce, suivant sa déclaration, serait de 15 à 20,000 francs par an. Il place ses produits dans plusieurs départements de la France, et ses exportations ont pour destination l'Italie, l'Angleterre, l'Espagne, la Belgique et les États-Unis.

La culture et les soins donnés à ces arbres ne laissent rien à désirer. Le jury décerne à M. Transon-Forteau une citation favorable.

M. VACHER, jardinier-maraîcher, à Tours (Indre-et-Loire).

En janvier 1848, M. Vacher créa un établissement de culture maraîchère aux portes de Tours; son terrain se compose de 50 ares environ; il l'a entouré de murs pour y planter des espaliers, et s'est procuré 200 cloches de verre sans compter les bâches et les châssis; il a consacré à cet établissement ses épargnes et celles de sa femme, montant ensemble à 7,000 francs.

Vacher est cité comme un homme laborieux et intelligent pour la culture maraîchère; sa melonnière est l'objet de ses principaux soins, aussi les résultats en sont remarquables; les fruits provenant de ses cultures acquièrent un volume et une saveur que l'on trouve rarement chez ceux de ses confrères; les légumes y sont nombreux aussi et bien cultivés. M. Vacher a planté le long de ses murs de jeunes pêchers sur lesquels il se propose de donner, dans la saison, un cours de taille, et d'indiquer la manière de les diriger sur plusieurs formes. Le jury central, pour reconnaître les soins que M. Vacher apporte à l'amélioration de ces cultures, lui décerne la citation favorable.

M. VAUSSEUR, jardinier-fleuriste à Tours (Indre-et-Loire).

Depuis plus de 20 ans, le goût et la culture des fleurs s'étant répandus dans toutes les villes et communes de France, il en est résulté que les établissements horticoles existant alors ont pris une grande extension, et que beaucoup de nouveaux établissements de ce genre se sont formés dans divers chefs-lieux de départements, où ils ont répandu des plantes agréables et souvent utiles à ces localités.

C'est ainsi que M. Vausseur vient de donner à ses serres un nouvel accroissement, qui rend aujourd'hui son établissement le plus important de la ville de Tours. Il consiste en une serre dite *hollandaise*, une à multiplication, une longue et vaste galerie servant de serre tempérée et une grande orangerie.

La culture et la multiplication des camellias et des rhododendrons y sont l'objet d'une étude toute spéciale; les azalées, les mimosas et un grand nombre de plantes exotiques de serre tempérée font de l'établissement de M. Vausseur un centre considérable de commerce. Le jury, considérant l'introduction de ces nouveaux végétaux dans le département, décerne une citation favorable à M. Vausseur.

---

§ 2. ARBORICULTURE.

M. Pepin, rapporteur.

Médaille d'or.

M. André LEROY, pépiniériste à Angers (Maine-et-Loire).

Depuis 30 ans, les pépinières ont pris en France une grande extension; la culture, la propagation et la taille des arbres de toutes espèces ont subi de notables améliorations. Nous avons en France 12 établissements remarquables qui fournissent non-seulement à tous nos départements, mais aussi dans toutes les parties du monde.

L'établissement de M. André Leroy a été créé par son aïeul en 1779; il en devint possesseur en 1820. Aujourd'hui il est placé en première ligne par l'étendue de ses pépinières et la richesse de ses collections; il cultive plus de 100 hectares, et occupe pendant l'hiver 70 à 80 ouvriers, et de 40 à 50 pendant l'été. Voisin d'un port de mer, il envoie, chaque année, à Nantes, 300,000 kilogrammes pesant d'arbres qui sont expédiés en Angleterre, aux États-Unis, en Russie, en Belgique, etc. M. Leroy n'a reculé devant aucun sacrifice (il fait chaque année plusieurs voyages) pour se procurer à l'étranger les arbres nouveaux qui pouvaient être utiles à notre pays. Il a établi une vaste école d'arbres fruitiers et forestiers, qui servent de types pour l'étude et de sujets pour prendre des greffes, afin de les propager.

Les nouveaux arbres verts résineux de la Californie, du Népaul, de l'Himalaya et du Mexique y sont cultivés presque tous en pleine terre et multipliés en grand. Il a envoyé à l'exposition 60 espèces et variétés de ces arbres exotiques, 20 chênes nouveaux du Mexique, de magnifiques magnolias grandiflora de plusieurs variétés, qui prospèrent et fructifient sous ce climat. Le thé, cet arbuste précieux, pour lequel nous sommes tributaires des Chinois, y est cultivé en pleine terre et par grands carrés, comme le sont les camellias et les rhodendrum arboreum, arbres également originaires de la Chine et du Japon, et qui résistent parfaitement au climat de l'Anjou et de l'ouest de la France.

La société nationale et centrale d'agriculture a décerné à M. Leroy une grande médaille d'or pour ses essais de culture et de propagation de l'arbre à thé dans le département de Maine-et-Loire et les départements voisins.

L'intelligence et le zèle déployés dans ce vaste établissement ont beaucoup contribué à propager, dans le département, la science horticole : aussi est-il souvent visité par les agriculteurs français et étrangers, qui admirent les riches végétaux exotiques cultivés en pleine terre, et reçoivent de M. Leroy des renseignements utiles sur les divers genres de culture.

Le jury central saisit avec empressement cette occasion de récompenser le mérite d'un horticulteur aussi distingué, et décerne une médaille d'or à M. Leroy.

MM. Jean-Laurent JAMIN et Didier DURAND, horticulteurs-pépiniéristes à Bourg-la-Reine et à Paris, rue de Buffon, n° 69. Médaille d'argent.

L'établissement d'arboriculture fruitière de MM. Jamin et Durand a été créé à Paris en 1837, et transporté en 1829 à Bourg-la-Reine; il contient une superficie de 8 hectares 80 ares, cultivés en arbres fruitiers de tous genres par nombreuses collections. Une école composée d'un sujet type de chaque variété y est établie pour servir à comparer les espèces ou variétés envoyées souvent sous des noms différents. 80 arbres fruitiers greffés en 1846, et taillés en pyramides, en palmettes et en éventails, se faisaient remarquer à l'exposition; 40 variétés de fraises de choix, 80 de groseilliers à maquereau, 14 de groseilliers à grappes, des framboises; enfin, des fruits de tous ces genres d'arbres y étaient représentés et renouvelés autant de fois qu'on le jugeait à propos. M. Jamin a publié un catalogue raisonné des arbres fruitiers; il y a inséré plusieurs notes qui font de ce livre un manuel analytique, pouvant servir aux propriétaires et planteurs, en leur donnant des instructions sur la culture, la taille, l'exposition et les formes à donner aux arbres fruitiers.

Cet établissement, formé par M. Jamin, sous les noms de Jamin et Durand, son gendre, est certainement un de ceux qui tiennent le premier rang en France. M. Jamin se montre de plus en plus digne des nombreuses médailles qui lui ont été accordées par les sociétés d'horticulture et comices. Le jury, considérant les services qu'il rend à la pomologie, saisit avec empressement cette occasion de l'en récompenser, et lui décerne une médaille d'argent.

Médaille de bronze.

M. Jean-Gabriel CROUX, pépiniériste à Villejuif, ferme de la Saussaie (Seine).

Avant 1846, M. Croux avait succédé à son père, l'un des plus habiles pépiniéristes de Vitry. Depuis cette époque, pour donner plus d'extension à son établissement, il loua la ferme de la Saussaie et ses dépendances, qui sont de 20 hectares. Aujourd'hui, plus de 20 hectares sont plantés en arbres de toutes essences, non compris une école de pomologie qui a un hectare environ. Tous les arbres y sont traités d'après les nouveaux procédés que la science horticole a appliqués à cette partie de la culture. Plusieurs modèles de ces arbres, sortis de ses pépinières, ont figuré à l'exposition, ainsi qu'une magnifique collection de roses trémières, dont les couleurs et la duplicature des fleurs ne laissaient rien à désirer.

Ce qui sera d'un haut intérêt dans l'établissement de M. Croux, c'est l'école qu'il a créée, et qui est destinée à recevoir un sujet de tous les genres d'arbres fruitiers, afin d'apprendre à les connaître et d'en étudier les formes, la couleur et la saveur des fruits. M. Croux se propose de créer une école de taille et de former des modèles sous toutes les formes. Cet établissement est appelé à rendre un jour de grands services à l'arboriculture et à la pomologie.

Le jury, pour reconnaître les louables efforts que fait M. Croux pour opposer les bons principes de la culture des arbres à la routine ordinaire, lui décerne une médaille de bronze.

Mention honorable.

M. Magdeleine-Alexis COSSONNET, cultivateur à Longpont (Seine-et-Oise).

Depuis quelques années, la culture et la taille raisonnée des arbres fruitiers se sont développées d'une manière très-remarquable dans presque tous nos départements. M. Cossonnet est un de ces hommes pratiques qui ont compris les avantages que l'on pouvait tirer de la taille et de la direction donnée aux arbres fruitiers. Propriétaire de 2 hectares 66 ares d'un terrain entouré de murs, il y planta et dirigea des espaliers, ainsi que des quenouilles, qui furent visités par plusieurs commissions qui en firent des rapports favorables, et lui méritèrent des récompenses pour leur bonne direction. Auteur d'un traité sur la taille des arbres fruitiers, il exposa un tableau des différents modèles.

Le jury, pour récompenser M. Cossonnet de l'impulsion qu'il a donnée à cette partie de l'horticulture, lui accorde une mention honorable.

DEUXIÈME COMMISSION.

ALGÉRIE.

MEMBRES DU JURY COMPOSANT LA COMMISSION :

MM. Héricart de Thury, président; — Balard, Ebelmen, A. F. Didot, Justin Dumas, Lainel, L. Leclerc, Lepiay, Moll, Payen, Péligot, Pepin, J. Persoz, Natalis Rondot, Yvart, H. de Kergorlay, L. Vilmorin, E. Dolfus.

CHAPITRE PREMIER.

CULTURE.

§ 1er. CÉRÉALES.

MM. L. Vilmorin et Payen, rapporteurs.

CONSIDÉRATIONS GÉNÉRALES.

Si les céréales sont pour la France le produit le plus important et en quelque sorte le but final de l'agriculture, en Algérie leur culture présente un intérêt, s'il est possible, plus grand encore, attendu que dans la plupart des cas elle est le moyen sinon unique, au moins le plus direct et le plus prompt de mettre en valeur les terrains nouvellement défrichés. Aussi tout ce qui peut tendre à lui préparer et lui assurer de bons résultats, soit en ce qui concerne la culture, soit surtout en procurant des débouchés à ses produits, doit-il être mis au rang des moyens les plus efficaces de développer la prospérité de la colonie.

A ce dernier point de vue, l'assimilation douanière de l'Algérie à la France, qui est réclamée de toutes parts par les colons, et dont l'administration locale reconnaît parfaitement la nécessité, semble être le moyen le plus certain d'atteindre ce but et de réaliser en peu d'années le problème de la colonisation de l'Afrique française.

Quoi qu'il en soit, et malgré la situation défavorable où elle s'est trouvée jusqu'à présent sous ce rapport, la production céréale en Algérie a donné des résultats remarquables. Nos colons obtiennent, tant en qualité qu'en produit, des récoltes de beaucoup supérieures à celles qu'obtenait avant eux la population indigène. Ces résultats sont dus principalement à la profondeur plus grande de nos labours; ils le sont en partie aussi à l'adoption de races dont le grain a une valeur commerciale plus élevée que celles que cultivent les Arabes. Peut-être a-t-on, sous ce rapport, par l'adoption presque exclusive des blés tendres, sacrifié un peu la sûreté de la récolte au besoin d'obtenir un produit d'une vente plus facile. Les blés durs, en effet, plus rustiques que les blés tendres, en même temps qu'ils sont plus riches en principes nutritifs, se trouvent, par les tarifs actuels, ne pouvoir se présenter sur les marchés que dans une position sensiblement désavantageuse relativement à ceux-ci. Cet état de choses, toutefois, ne saurait être considéré que comme accidentel, et, dès que la production serait replacée dans des conditions normales à cet égard, l'intelligence des colons aurait bientôt discerné quelle race, dans leurs terrains respectifs, donne la plus grande somme de produits.

Quant à l'amélioration qui peut dépendre de la culture même et du choix des espèces, nous devons dire, et ce n'est pas sans un vif sentiment de satisfaction, que l'exposition a fourni la preuve évidente de la direction des idées des colons vers ce genre si utile d'étude. Les nombreux échantillons de la culture des diverses provinces, remarquables à la fois par leur beauté et leur diversité, ont vivement excité l'intérêt du public et contribué pour une grande part au sentiment de sympathie qui a accueilli l'exposition algérienne.

Les échantillons de fourrages indigènes spontanés présentés à l'exposition par M. Frutié étaient au nombre des produits agricoles de ce pays qui frappaient le plus l'attention des visiteurs. C'était un sainfoin (*hedysarum flexuosum*) haut de près de trois mètres et présentant des tiges nombreuses et feuillées; une vesce dont les dimensions approchaient de celles du sainfoin, et dont les tiges fines et souples paraissent constituer un excellent fourrage; enfin une luzerne annuelle (*medicago polymorpha*) presque aussi vigoureuse que les deux autres, qui croît en abondance dans les terres cultivées et produit un fourrage très-recherché.

Bien que les fourrages soient en Algérie une des conditions essentielles de la culture, leur production n'est pas cependant la première préoccupation du cultivateur, la nature se chargeant, pour ainsi dire seule (dans la plupart des localités, du moins) de pourvoir à ce besoin. Ce ne sont pas, comme dans presque toutes les autres contrées, les prairies naturelles qui fournissent principalement ce produit; quoiqu'il en existe dans certaines vallées, et sur une étendue considérable, comme dans celle de la Métidja, la qualité grossière de l'herbe qu'elles produisent les a fait délaisser presque entièrement par les indigènes, comme ressource pour la nourriture de leur bétail. L'armée d'occupation, dans des cas de pénurie, ou par esprit de prévoyance de l'administration, a fait plus d'une fois récolter ces fourrages. Mais c'est sur d'autres ressources que se fondent généralement dans le pays les moyens de nourrir le bétail. Les terrains en pente et les plateaux cultivés, en s'herbant naturellement pendant la saison d'hiver, produisent au printemps une masse de fourrage qu'il ne s'agit pour le cultivateur que de faucher et de rentrer. Si ces mêmes terres reçoivent à l'automne un ensemencement en céréales, on verra l'année suivante, après la moisson, le chaume se garnir en hiver d'une nouvelle masse d'herbes fourragères. Il s'établit ainsi, par l'effet du climat et de la puissance végétative du sol, une sorte d'assolement naturel où les céréales alternent annuellement avec les prairies spontanées.

Les plantes qui composent principalement celles-ci sont donc fort intéressantes à connaître, et l'on ne saurait trop applaudir à l'idée qu'a eue M. Frutié d'en envoyer quelques-unes. Le jury espère que ces premières études n'en resteront pas là et que les expositions suivantes verront paraître à côté de séries plus nombreuses de ces fourrages spontanés des échantillons des espèces excellentes auxquelles l'agriculture européenne doit une si grande partie de ses progrès, et qui, par la force des choses, arriveront à enrichir aussi le sol de l'Algérie.

PÉPINIÈRE DU GOUVERNEMENT, à Hamma, près d'Alger.

Mention pour ordre.

La pépinière centrale du Gouvernement, à Hamma, près Alger, avait envoyé à l'exposition une collection de produits végétaux nombreuse et très-interessante. Les services que cet établissement a rendus à l'agriculture algérienne sont de plusieurs sortes. Dans les premiers temps de l'occupation française, la pépinière avait été d'abord formée dans la vue de produire les arbres d'alignement nécessaires à la plantation des nouvelles routes qu'on établissait sur la surface du pays; plus tard, on vint à multiplier, dans la vue de les distribuer aux colons, les arbres dont la propagation paraissait intéressante, et notamment le mûrier blanc. C'est alors que, sous l'habile direction de M. Hardy, la pépinière devint un terrain d'acclimatation et de multiplication pour les plantes dont la culture semblait devoir intéresser l'avenir agricole de la colonie, et que cet établissement prit cette forme expérimentale sous laquelle il a donné une si vive impulsion aux essais de culture qui ont été tentés dans les dernières années. Comme les produits exposés par la pépinière représentent en grande partie les résultats de ces essais, nous dirons, au sujet de chacun d'eux, les résultats généraux qui en ont été obtenus.

Les céréales ont été, de la part de M. Hardy, l'objet d'essais comparatifs dont les résultats présentent un grand intérêt. Les races de blés tendres ou demi-tendres barbus, analogues à celui que l'on connaît sous le nom de *blé de Mahon*, paraissent, d'après ces essais, être celles qui conviennent le mieux à l'état actuel de la culture algérienne. D'une réussite plus assurée que les blés tendres, en ce qu'ils sont moins accessibles aux influences atmosphériques, ils sont bien supérieurs, pour la qualité de leur grain, aux blés durs indigènes, et les surpassent à peu près toujours en produit.

Des essais semblables ont été faits sur une nombreuse collection de maïs; mais, jusqu'à présent, ils n'ont amené à préférer aucune des variétés essayées à la petite race généralement adoptée par les Arabes, et qui, par ses qualités, paraît convenir parfaitement aux conditions actuelles de cette culture; ce n'est que plus tard, et lorsque l'on y consacrera des terres d'une haute fertilité, que les grandes races de l'Amérique du Nord seront peut-être préférées à cause de leur énorme produit.

M. Hardy a remis à la commission du jury, chargée de l'examen des produits agricoles de l'Algérie, une note extrêmement intéressante et pleine de faits sur les essais qui ont été suivis à la pépinière départementale du Hamma sur un certain nombre de plantes tuberculeuses. Dans son opinion, la pomme de terre est appelée à rendre moins de services en Algérie qu'en France; son développement y est contrarié par la sécheresse, et sa conservation est difficile à cause de la chaleur. D'un autre côté, on peut planter presque en toute saison et obtenir aisément deux récoltes dans l'année. Du reste, la pomme de terre paraît jusqu'à présent, en Algérie, exempte de la maladie dont elle a été atteinte ailleurs.

La patate douce paraît, au contraire, être appelée à jouer un rôle important dans la culture algérienne. Cette plante peut donner, dans les terrains irrigués, jusqu'à 50,000 kilog. de tubercules à l'hectare, et fournir, en outre, une masse presque aussi considérable de tiges, qui sont un admirable fourrage vert.

Les essais qui ont été tentés sur la colocase ou *caladium osculentum* semblent promettre un résultat intéressant pour l'utilisation des terrains humides et un peu marécageux. Si ces premiers résultats se confirment, il est probable que cette plante pourra être cultivée avantageusement, soit dans la vue de son emploi direct, soit dans celle de la préparation de sa fécule, qui est très-recherchée.

Des essais intéressants ont été tentés par la pépinière d'Alger sur une autre variété de *caladium*, originaire du Mexique, sur le *Boussingaultia basellоïdes*, le *zinziber zerumbet*, etc., etc., et ont prouvé que ces plantes se développent parfaitement sous le climat d'Alger. Mais ces essais sont trop récents pour éclairer d'une manière complète, quant à ces plantes, la question économique.

Les travaux de M. Hardy, relatifs aux plantes oléagineuses et à l'opium; ceux qui concernent la production de la soie, de la cochenille et de la garance seront, dans d'autres articles, l'objet de rapports détaillés.

Le jury regrette que, comme employé du Gouvernement, M. Hardy ne puisse pas prendre place dans un concours où il n'aurait pas manqué d'obtenir une récompense proportionnée aux travaux remarquables qu'il présente, et doit se borner à mentionner ici, pour ordre, les services importants que, dans son opinion, M. Hardy a rendus à l'agriculture de notre colonie, espérant que ces services trouveront autre part la récompense qu'ils ont justement méritée.

M. FRUTIÉ, à Chéragas (Algérie).

Médailles d'or.

M. Frutié a exposé des échantillons de plantes fourragères spontanées qui forment, en Algérie, le fond de la production fourragère. On y remarquait surtout un pied de sainfoin (*hedysarum flexuosum*), haut de près de 3 mètres, et deux touffes, l'une de luzerne (*medicago polymorpha*), et l'autre d'une vesce qu'il désigne sous le nom de *vesce tigrée*, qui approchaient de bien près de la force et du volume de celle du sainfoin. Il a aussi présenté deux pieds de froment qui portaient chacun un nombre considérable d'épis. Ces beaux échantillons, bien que provenant évidemment de plantes qui ont crû isolées, témoignent de la haute fertilité du sol sur lequel ils se sont développés.

M. Frutié est un des plus anciens colons du département d'Alger. Il occupe depuis 1824 les terrains qu'il exploite actuellement, et dans lesquels il a successivement établi des pépinières de mûriers et 2 hectares de jardins qui fournissent des légumes au marché d'Alger. Il entretient un bétail nombreux et s'est livré avec quelque succès à l'élève des chevaux, dont il a pu vendre un certain nombre aux régiments de cavalerie à Alger; enfin, les laines qu'il a présentées à l'exposition ont paru de bonne qualité.

Le jury, appréciant la bonne tenue et l'ancienneté des exploitations de M. Frutié et la direction habile et intelligente qu'il leur a donnée, lui décerne une médaille d'or.

M. Charles HÉRICART DE THURY, à Ar-Bal, près Oran (Algérie).

Parmi les conditions de succès de la colonisation de l'Afrique française, on doit compter, et au premier rang, les travaux actifs, difficiles et persévérants des hommes doués d'une haute intelligence et d'une instruction solide et variée.

C'est par leur exemple et leurs conseils que de tels hommes développeront les cultures appropriées au climat, indiqueront les ressources propres aux diverses localités et les moyens de les mettre à profit ; ils provoqueront des perfectionnements dans les voies de communication et sauront inspirer au Gouvernement les mesures d'économie publique indispensables pour assurer l'avenir des industries agricoles et manufacturières dans cette contrée.

C'est en récompensant leurs efforts heureux, dans cette voie féconde, que le jury central, en accomplissant un acte de justice, soutiendra leur courage, excitera le zèle de leurs imitateurs.

Déjà des services de cette importance ont été rendus à la colonisation algérienne par M. Ch. Héricart de Thury, et je viens exposer, le plus succinctement possible, ses titres aux récompenses que le jury lui décerne.

M. Ch. Héricart de Thury a terminé ses études agricoles théoriques et pratiques à l'institut du Ménil-Saint-Firmin ; attaché ensuite à la direction des défrichements et cultures des landes de Bordeaux, auteur d'un excellent mémoire sur les colonies agricoles de la Hollande et du Zuiderzée, il se trouvait parfaitement bien préparé à la direction d'une grande colonie agricole en Algérie.

Cette colonie, fondée en vertu d'une concession sur 940 hectares, dans la propriété domaniale des ancien beys d'Oran dite *Ar-Bal*, est situé à 28 kilomètres au sud d'Oran, au pied d'un chaînon du petit Atlas.

M. Ch. Héricart de Thury, chargé de diriger les constructions, les travaux agricoles et l'administration, fut obligé d'abord de camper avec les ouvriers et les colons sous des tentes ; mais, dès que les travaux de défrichement eurent mis à découvert d'anciens matériaux provenant des ruines d'une station romaine, ce lieu fut choisi pour l'établissement central ; il fallut construire une enceinte fortifiée, flanquée de tours crénelées, avec meurtrières, embrasures, etc. Cet établissement fut cité par les généraux Lamoricière, Pélissier, Thierry, d'Arbouville, comme modèle à indiquer aux colons placés ainsi aux avant-postes ; il rappelle les stations romaines et celles du moyen âge, au temps des croisades.

M. Ch. Héricart de Thury donna encore de bons modèles à suivre dans les constructions destinées aux spécialités agricoles : étables, écuries, bergeries, porcheries, granges, ateliers de charronnage, de bourrelerie, maréchalerie, magasins, boulangerie, logements des colons, etc. ; on remarque également, sous les rapports de leur construction simple, solide, bien appropriée à leur destination, les bâtiments de la direction, la magnanerie, la salle d'armes, la poudrière, la chapelle, l'infirmerie et la pharmacie.

Vingt familles de cultivateurs européens, dont moitié françaises, et 25 hommes armés sont constamment entretenus sur le domaine.

Des Basques, particulièrement, des Italiens et des Espagnols composent ce personnel.

Plus de 150 ouvriers ont été occupés aux constructions et, parmi eux, la plupart étaient des Arabes Smélas; depuis lors, ils viennent chercher des plans et des conseils près de M. Ch. Héricart de Thury, qu'ils estiment comme un vrai Smélas, fils de grande tente.

Les travaux de défrichement et de culture ont été rapidement poursuivis; les 940 hectares furent divisés en trois classes; actuellement, 130 hectares sont emblavés en blés tendres, rouges et durs; sur 10 charrues, 4 sont occupées aux défrichements et labours pour les luzernes, fèves, maïs et tabacs, dans les parties arrosables.

36 chevaux, 3 paires de bœufs, 12 mulets et ânes sont employés aux défrichements et aux transports; la porcherie compte plus de 200 cochons et donne de bons résultats; la basse-cour est peuplée d'une immense quantité de volailles.

De nombreux troupeaux, évalués à 6,000 moutons, viennent paître et parquer dans les herbages, en attendant que la bergerie modèle soit terminée, et propagent la belle race mérine indigène choisie par M. Ch. Héricart de Thury.

Les luzernes, semées en mars, ont été coupées, depuis le mois de juin, tous les quinze jours, parvenues à la hauteur de 0,40 à 0,50 centimètres, jusques au 1er décembre, donnant ainsi plus de huit coupes en un an.

Le tabac, emprunté à la pépinière de Misserghin, s'est développé d'une manière remarquable, offrant une très-bonne qualité et repoussant du pied, de façon à donner une deuxième récolte égale à la moitié de la première.

La garance, le coton, le sésame sont bien venus; peu de cultures ont été aussi productives que le maïs dont M. Ch. Héricart de Thury obtint de 30 à 35 hectolitres par hectare.

30,000 pieds de mûriers et d'oliviers ont également bien réussi dans son exploitation.

Un jardin maraîcher et fruitier d'un hectare offre encore, par les produits qu'on en tire, un des bons exemples à suivre.

Une comptabilité en matières, presque tenue en partie double, mérite d'être citée comme modèle.

M. Ch. Héricart de Thury a publié, sous le pseudonyme d'un colon, dans l'*Écho d'Oran*, des renseignements et des conseils d'une haute utilité pratique, sur les moyens de développer et de soutenir la prospérité des colonies algériennes; il a montré les difficultés qu'on rencontre pour fonder ces établissements et les moyens de vaincre ces obstacles.

Si l'on veut admettre, a-t-il dit, que nos produits doivent être accueillis comme français, que les routes améliorées doivent diminuer les frais de transport, l'avenir de notre colonie algérienne est assuré : elle fournira bientôt tous les grains, les bestiaux, les laines, les tabacs qui manquent à la France.

M. Ch. Héricart de Thury a formé dans l'établissement d'Ar-Bal un musée de toutes les antiquités que l'on a pu recueillir dans les fouilles entreprises pour extraire les matériaux utiles aux diverses constructions.

Il s'occupe, en outre, de réunir en une collection spéciale toutes les substances et productions minérales et végétales qui caractérisent le sol, le climat et les cultures de l'Algérie. Les voyageurs, les nouveaux colons et les cultivateurs trouveront toujours à leur disposition, dans ces collections intéressantes, des enseignements utiles.

Ce sont encore d'excellents exemples donnés par M. Ch. Héricart de Thury et très-dignes d'être recommandés à tous les directeurs de grands établissements dans notre colonie; car, si ces exemples étaient suivis, ils offriraient les meilleurs moyens d'instruction pratique pour connaître exactement les ressources de notre colonie, dans toutes ses localités.

Dans sa correspondance avec la société nationale et centrale d'agriculture et, en particulier, avec son secrétaire perpétuel, votre rapporteur, M. Ch. Héricart de Thury a donné de nouveaux témoignages de son zèle pour l'agriculture de l'Algérie; il a bien mérité le titre d'associé correspondant qui lui fut donné, d'une voix unanime, par la société centrale ; il n'a fait en cela, comme il le disait lui-même, qu'acquitter une dette de famille et suivre les traces de son oncle, si dévoué aux intérêts agricoles. Le jury central l'en récompense et signale son exemple en lui décernant une médaille d'or.

M. VALLIER, à Dély-Ibrahim (Algérie).

Médaille d'argent.

Il a présenté à l'exposition des citrons de sa récolte. Cet habile cultivateur exploite depuis longtemps, en Algérie, une propriété sise à Dély-Ibrahim, et s'y livre, avec succès, à l'élève du bétail. Déjà, en 1839, il en possédait une assez grande quantité qu'il s'est vu enlever en partie au moment de l'invasion des Arabes. M. Vallier a établi sur sa propriété de Dély-Ibrahim des plantations déjà anciennes et dont il commence à recueillir les fruits. Il est l'auteur d'un petit livre intitulé *Calendrier du Cultivateur algérien*, dans lequel il a consigné le résultat de son expérience sur le climat et la culture de l'Afrique française, et qui a permis aux colons récemment arrivés en Afrique de profiter de l'expérience d'un des plus anciens et des plus habiles cultivateurs de ce pays.

Le jury, appréciant les services que M. Vallier a rendus à l'agriculture algérienne, lui décerne une médaille d'argent.

M. CHUFFART, à Birmandreïs (Algérie).

M. Chuffart a exposé des produits parmi lesquels nous citerons des blés tendres et durs d'excellente qualité. Voici comment s'exprime, sur son compte, la commission d'examen du département d'Alger :

« M. Chuffart, propriétaire à Birmandreïs, doit être compté parmi les colons les plus intelligents et les plus expérimentés de la province d'Alger, qu'il habite, depuis 6 ans, avec sa famille. Membre distingué de la société d'agriculture de Lille et fermier à bail, pendant 23 ans, d'une ferme de 60 hectares située dans le département du Nord, M. Chuffart est venu faire, en Algérie, une heureuse application de ses connaissances pratiques en agriculture. Il est à désirer qu'un grand nombre de cultivateurs, du mérite de M. Chuffart, vienne s'établir en Algérie et donner à la colonisation cette impulsion qui doit assurer sa marche progressive et tous ses développements. »

Outre ses cultures céréales, M. Chuffart s'est adonné à celle des arbres, et a fait des plantations assez considérables de mûriers et d'oliviers.

Le jury accorde à M. Chuffart une médaille d'argent.

M. Jules de SAINT-MAUR, à Ar-Bal, territoire militaire d'Oran (Algérie).

M. Jules de Saint-Maur a exposé un échantillon de blé tendre de très-belle qualité; il y a joint un échantillon de sésame provenant aussi de ses cultures.

La concession de M. de Saint-Maur est très-étendue: elle s'élève à environ 1,000 hectares, dont un quart, à peu près, est actuellement défriché. Il est très-fortement recommandé par le jury départemental, comme un des hommes qui ont le plus popularisé, dans la province, la culture du blé tendre, dont le produit, infiniment supérieur à celui du blé indigène, dit blé dur, est appelé à exercer une grande influence sur la colonisation de l'Algérie.

Sans entrer dans la discussion de la valeur comparative du blé dur indigène et du blé blanc ou tendre, il serait prématuré, quant à présent, d'encourager trop fortement la culture de ce dernier, et il y aurait plus d'intérêt, peut-être, à s'attacher à modifier, par une sélection bien entendue, la race du blé indigène; car si le blé tendre donne une farine qui se prête mieux à la fabrication d'un pain conforme aux habitudes ordinaires des Européens, d'un autre côté, le blé dur, à conditions égales de terrain, donne des produits plus considérables et convient d'ailleurs exclusivement aux terrains qui n'ont pas déjà reçu un certain degré d'amélioration.

M. de Saint-Maur a consacré des sommes considérables à son exploitation et en a confié l'administration à un homme aussi habile qu'éclairé. En attendant que cette belle entreprise, dont la fondation remonte au mois de mai 1847, ait réalisé les espérances que les soins et les capitaux qui y sont consacrés doivent faire concevoir, le jury lui accorde une médaille d'argent.

M. JEANTET, à Bône (Algérie).

M. Jeantet, propriétaire et fermier à Bône, a exposé des échantillons d'orge et de blé. L'orge, qui paraît appartenir à une variété à 6 rangs, est de bonne qualité; l'échantillon de blé dur est très-beau et d'un poids considérable (80 kil. à l'hectol.).

M. Jeantet est un des premiers qui ait établi des fermes aux environs de Bône; il en exploite deux qui lui appartiennent, et dont l'étendue totale est de 110 hectares; l'une fondée en 1837, l'autre en 1840. Ses cultures principales sont les céréales et le tabac.

Le jury accorde à M. Jeantet une médaille d'argent.

Médailles de bronze

M. CAMELIN, à Bône (Algérie).

M. Camelin, fermier dans l'arrondissement de Bône, exploite, depuis 1842, une étendue de plus de 100 hectares.

L'échantillon d'avoine qu'il a présenté a l'écorce un peu épaisse, comme le sont, du reste, toutes les avoines noires cultivées dans le Midi. Cette circonstance explique la légèreté comparative de l'échantillon qu'il a exposé.

La commission départementale de l'arrondissement de Bône le présente comme un cultivateur recommandable par sa persistance autant que par son expérience pratique. Malgré de mauvaises années et des espérances souvent déçues, il a obtenu des produits remarquables, notamment dans l'élève de la race chevaline dont il possède à lui seul une quarantaine de sujets de différents âges.

Le jury accorde à M. Camelin une médaille de bronze.

M. Calixte PÉLISSIER, à Drariah (Algérie).

Il est un des plus anciens colons de l'Algérie; aussi trouve-t-on sur son exploitation de belles plantations d'arbres fruitiers que ne peuvent présenter les établissements plus récents.

M. Pélissier n'a présenté à l'exposition qu'un bocal de maïs en grain, qui paraît appartenir à la variété dite *maïs quarantain*. Mais le jury, prenant en considération l'ancienneté de ses cultures et la persévérance et les soins qu'il y a toujours apportés, lui décerne une médaille de bronze.

MM. RICCA et BADAN, à Arcole (Algérie).

MM. Ricca et Badan (le premier, vice-consul de Sardaigne, et l'autre, vice-consul d'Espagne), ont exposé, en nom commun, divers produits agricoles, tels que blés, pommes de terre, pois chiches, etc.

« Leur belle propriété, dit le rapport de la commission départe-
« mentale, située à Arcole (territoire civil d'Oran), est en pleine
« voie de succès et mérite d'autant plus les éloges de la commission,
« qu'elle se trouve dans un terrain très-difficile à défricher et qu'elle
« manque d'eau. »

Leurs cultures de céréales se sont élevées, en 1849, à 52 hectares, répartis ainsi :

Blé tendre, semence d'Espagne.....	8 hectares
Idem..... semence de Piémont....	20
Touzelle d'Aix..................	16
Blé dur indigène................	4

A quoi il faut ajouter :

Maïs..........................	4
Pommes de terre................	
Pois chiches...................	

Quelques-uns des lots présentés par MM. Ricca et Badan sont tout à fait remarquables par leurs qualités particulières. L'échantillon de blé dur indigène de la récolte de 1848 différait très-sensiblement des autres blés durs de l'exposition et leur était tout à fait supérieur par la finesse de son grain, qui montre déjà une tendance très-prononcée à se rapprocher des blés tendres. Ce fait est d'autant plus remarquable, dans les circonstances particulières et en apparence défavorables où sont placés MM. Ricca et Badan, et démontre que l'irrigation n'est pas aussi nécessaire qu'on pourrait le supposer pour obtenir des froments de qualité supérieure.

Un autre échantillon des blés présentés par MM. Ricca et Badan paraît mériter quelque intérêt ; c'est un blé rouge clair, à grain demi-tendre, qu'ils désignent sous le nom de blé tendre, semence de Piémont. L'excellente qualité de ce grain et sa régularité parfaite indiquent qu'il est parfaitement approprié au terrain auquel il a été confié.

Le jury témoigne à MM. Ricca et Badan sa satisfaction pour les heureux résultats de leur culture et leur accorde une médaille de bronze.

M. REVERCHON, à Birkadem (Algérie).

Il a exposé des citrons et des oranges de sa récolte. Ce colon a établi sur une étendue de 12 hectares de belles plantations de citronniers et de mûriers.

Le jury lui accorde une médaille de bronze.

MM. LES TRAPPISTES, à Staouéli (Algérie). Mention honorable.

MM. les Trappistes de Staouéli possèdent auprès d'Alger une concession de 1,500 hectares, dont seulement un centième est actuellement défriché. Ils ont présenté à l'exposition des échantillons, en gerbes, de blé dur et tendre, de seigle et de trèfle indigène, belle légumineuse annuelle qui croît spontanément dans les chaumes. Ces échantillons étaient fort beaux, mais n'étaient accompagnés d'aucune note ni indication relatives à leur culture.

Le bel établissement des Trappistes de Staouéli ne paraît pas avoir atteint encore tout le développement qu'il est appelé à prendre au point de vue agricole, le jury doit donc se borner à mentionner honorablement les premiers résultats obtenus par eux jusqu'à ce jour.

M. François GRÉDARD, à Valmy (Algérie). Citations favorables.

Il a exposé des échantillons de froment, de pommes de terre et de légumes secs. Ces échantillons sont de bonne qualité, mais ne sauraient suffire pour apprécier le mérite de la culture dont ils sont le produit. Le jury, en exprimant son regret de ce que le manque absolu de renseignements l'empêche de porter un jugement suffisamment motivé sur le mérite de cet exposant, se borne à citer favorablement les produits agricoles présentés à l'exposition par M. Grédard.

M. François PORTANIER, à Chéragas (Algérie).

Il a exposé un bocal de blé tendre de ses cultures. Ce blé a le grain tendre, bien plein, de bonne couleur et d'une jolie qualité.

En l'absence d'aucun renseignement précis, le jury doit se borner à citer favorablement M. Portanier.

M. Dominique RUDOVEL, à Saoula (Algérie).

Il a exposé une touffe de blé. Aucun jugement ne pouvant être porté relativement à cet échantillon unique, le jury ne peut qu'exprimer le regret qu'il n'ait pas été accompagné de documents qui le missent à même d'en apprécier le mérite.

§ 2. TABACS.

M. Louis Leclerc, rapporteur.

CONSIDÉRATIONS GÉNÉRALES.

La culture du tabac paraît être appelée à devenir l'une des plus importantes de l'Algérie. La progression des achats effectués par la régie française depuis 1844, époque à laquelle ces achats ont commencé à devenir sérieux, prouve que cette intéressante production se développe rapidement, et permet de fonder sur un avenir prochain l'espoir d'avantages réciproques considérables. Les chiffres communiqués au jury central par l'administration de la guerre sont très-significatifs. Les achats du ministère des finances s'accroissent ainsi qu'il suit, d'année en année:

1843	800 kilogrammes.
1844	21,534
1845	85,190
1846	172,614
1847	215,837
1848	350,000

Les prix d'achat ont été de 108 fr. 42 cent. le quintal métrique, en 1847, et 116 fr. 04 cent. en 1848, ce qui indiquerait que les qualités s'améliorent. La régie, en effet, a reconnu que les tabacs de culture algérienne sont très-capables d'entrer dans la fabrication française, et d'y rendre de bons services.

Les documents varient sur le nombre d'hectares consacrés à cette culture; il est difficile de se rendre un compte bien exact de ce que produisent les Arabes et de ce qu'ils consomment; mais on s'accorde à reconnaître que moitié de la production totale est consommée, quant à présent, dans la colonie même.

16 producteurs ont envoyé des tabacs à l'exposition :

8 exposent des feuilles;
1 des feuilles et des cigares;
3 des cigares, seulement;
4 du tabac en poudre.

Le tabac en feuilles offre quelque analogie avec les tabacs du Levant, sans avoir toute leur finesse d'arome. Les nervures, en général, sont un peu fortes; le montant n'est pas assez prononcé; le produit n'est pas suffisamment riche en principe azoté. Ces feuilles peuvent entrer avec avantage dans les masses destinées au tabac en poudre. Un petit nombre seulement seraient propres à la fabrication du scaferlati ou tabac à fumer; très-peu feraient de belles robes pour le cigare.

Les conséquences à tirer de ce premier aperçu, et en supposant que les échantillons représentent exactement l'ensemble de la production algérienne, ces conséquences sont fort simples :

1° Sans sacrifier en rien les variétés acclimatées, il serait important d'essayer la culture des variétés bien connues, qui, indépendamment d'une fabrication dont l'habileté est poussée très-loin, contribuent à donner aux tabacs de la fabrique française les éminentes qualités qui la distinguent;

2° Il convient, en tout état de cause, de recueillir pour graine les plants d'élite, ceux qui offrent les feuilles bien développées, à nervures fines et délicates;

3° Le placement des produits devenant plus certain et offrant des avantages manifestes, l'emploi d'une somme d'engrais plus considérable produira d'heureux effets sur cette culture. Les cendres riches en potasse, l'engrais humain, surtout, lui conviennent essentiellement. La feuille acquerra le corps et le montant qui peuvent lui manquer.

A peu d'exceptions près, les cigares exposés sont d'une fabrication très-soignée et même belle. Aussi, leur prix est-il élevé comparativement aux prix de revient de la régie. Il n'est pas probable qu'elle fasse des achats considérables de ces cigares; son bénéfice, qui est celui du trésor, en souffrirait selon toute apparence. Puis la nature même du tabac place ces cigares un peu en dehors du goût français. La fabrique algérienne, longtemps encore verra son débouché de cigares se borner à la consommation de la colonie.

Quant aux tabacs en poudre, ils sont tous de l'espèce dite *tabac d'Espagne*, d'une extrême finesse, tels que le goût traditionnel du pays le comporte. C'est une fabrication encore primitive, et peu au courant des règles qui doivent diriger une bonne fermentation. Cette fermentation, mal conduite, ne s'établit d'ailleurs que sur de petites masses; d'où résultent des altérations difficiles à éviter, ou tout au moins des qualités irrégulières et variables.

Le jury central regrette de n'avoir pas eu de détails plus complets, soit sur l'étendue des cultures de chaque exposant, soit sur l'importance de sa fabrication, il ne peut prendre les échantillons qui lui ont été soumis que comme des spécimens d'essais à encourager.

Médailles de bronze.

M. CHARMARTY, à Bône (Algérie).

Cigares de formes et de calibres variés, bien faits, d'une belle couleur et d'une belle robe. Ils sont un peu durs; mais ils brûlent très-bien et régulièrement. C'est une fabrication soignée, habile et digne d'éloges. Le jury lui décerne une médaille de bronze.

M. LAUGIER, propriétaire à Tagarin, faubourg de Bab-el-Oued, à Alger.

Tabac dit de Havane; il y ressemble en effet. Feuilles moelleuses et légères, fines nervures, du parfum, peu de montant. Ce type ferait de belles robes à cigares. Le jury décerne une médaille de bronze à M. Laugier.

M. MAKLOUF-KALFOUN, à Oran (Algérie).

Tabac en poudre, de Tlemcen, façon d'Espagne. Poudre très-fine. Tabac local très-estimé des indigènes. L'arome conviendrait peu en France. Le jury lui accorde une médaille de bronze.

M. REY, fabricant de cigares, à Alger.

M. Rey expose un fort bon choix de cigares, bien faits, brûlant bien, très-secs, et d'un parfum agréable. Ils sont un peu doux, ce qui tient au caractère général des tabacs de l'Algérie, qui manquent plus ou moins de parfum et de montant. En somme, c'est une fabrication habile et exercée. Le jury lui accorde une médaille de bronze.

M. SIDI-MOHAMED-BEN-AICHA, à Bône (Algérie).

La feuille est petite et, à la force des nervures près, elle offre beaucoup d'analogie avec les feuilles du Levant. Le tissu est mince, et d'une belle couleur. Le parfum est agréable. Ce tabac, dans son ensemble, approche des beaux Bas-Rhin. Il rentre dans le deuxième type, et convient aux scaferlati ordinaires. Ce tabac est très-recherché par la consommation locale. Le jury décerne une médaille de bronze à Sidi-Mohamed-Ben-Aïcha.

M. AMAR-BEL-BACHA, à Dokan-Zardezi (Algérie). Mentions honorable.

Même genre, avec un peu plus de montant. Le jury accorde une mention honorable à Amar-Bel-Bacha.

M. COUPPEL DE LUDE, propriétaire à El-Biar (Algérie).

Belle feuille qui rappelle le Virginie, sans en avoir tout à fait la couleur, la finesse et le parfum. La nervure est mince. Deuxième type. Bon pour le scaferlati. Le jury décerne une mention honorable à M. Couppel de Lude.

M. LACOMBE, à Bône (Algérie).

Feuilles grandes et à nervures fines, assez moelleuses; du montant et du parfum; deuxième type, bon pour le tabac en poudre et, avec du choix, pour un scaferlati distingué. Le jury décerne une mention honorable à M. Lacombe.

M. MARTINEZ, à Oran (Algérie).

Ses cigares jaunes, façon régalia, sont bons et bien faits; les noirs leur sont un peu inférieurs comme fabrication, mais ils ont plus de saveur; le tabac est plus ammoniacal. Le jury lui décerne une mention honorable.

CHAPITRE DEUXIÈME.

SUBSTANCES MINÉRALES.

§ 1er. PRODUCTION ET ÉLABORATION DES MÉTAUX.

M. Leplay, rapporteur.

CONSIDÉRATIONS GÉNÉRALES.

Les explorations entreprises depuis 10 ans sur le sol de l'Algérie, par les ingénieurs des mines chargés de ce service et par plusieurs sociétés industrielles, ont démontré l'existence d'un grand nombre de gîtes métallifères qui semblent pouvoir être l'objet d'exploitations lucratives. Néanmoins, les mêmes causes qui paralysent trop souvent en France l'essor de l'industrie minérale, et divers empêchements spéciaux à l'Algérie, n'ont point encore permis de développer cette branche importante des richesses naturelles de la colonie.

Au premier rang des causes qui ont entravé l'exploitation de la richesse minérale de l'Algérie, il faut citer l'exagération avec laquelle les promoteurs de ces entreprises présentent, aux capitalistes trop confiants, les avantages qu'on en peut retirer et l'agiotage qui consiste à faire prélever au profit des premiers, sans aucun résultat pour l'industrie même, les sommes qui eussent été nécessaires au développement des travaux.

L'histoire des mines de l'Algérie se résume dans les faits suivants : 8 concessions de mines métalliques y ont été instituées de 1844 à 1849, deux concessionnaires seulement ont donné des preuves sérieuses d'activité; ils ont abandonné leurs travaux au commencement de l'année 1848.

Quatre concessions, toutes situées dans la province de Constantine, ont eu pour objet des minerais de fer, pour la plupart riches et abondants, savoir :

La concession de Bou-Hamra, instituée par ordonnance du 9 novembre 1845, en faveur de M. Péron; inexploitée;

La concession de la Méboudja, instituée sous la même date, en faveur de M. de Bassano; exploitée pendant quelque temps pour alimenter des hauts fourneaux établis près de Bône;

La concession des Karesas, instituée sous la même date en faveur de M. Girard;

La concession de Aïn-Morka, instituée sous la même date en faveur de M. Talabot; on n'y a fait qu'une tentative d'exploitation.

Pour que ces mines répondent aux espérances qui ont été fondées sur leur exploitation, il faudrait être en mesure d'assurer aux usines consacrées à leur traitement, un approvisionnement régulier de combustible. Jusqu'à ce jour, une seule usine a été créée près de la concession de la Méboudja; mais, pour la tenir pendant quelque temps en activité, il a fallu associer aux charbons de bois du pays, une proportion considérable de charbons importés de Corse, de Toscane et des États-Romains.

Quatre concessions, toutes situées dans la province d'Alger, ont été instituées sur des gîtes de cuivre et de plomb, savoir :

La concession de Mouzaïa, instituée par arrêté ministériel du 22 septembre 1844, et régularisée par ordonnance royale du 3 novembre 1846, en faveur de MM. Henry frères. Elle a été exploitée sur une assez grande échelle jusqu'en 1848.

La concession de Cap-Ténès, instituée par ordonnance du 14 mai 1849, en faveur de MM. Leroy et Larrieu.

La concession de l'Oued-Taffilès, instituée sous la même date en faveur de M. Laugier fils.

La concession de l'Oued-Alléah, instituée sous la même date en faveur de MM. Briqueler, Chevandier et Desages.

A défaut de combustibles fournis par les localités mêmes, on pourra tirer parti des minerais de cuivre et de plomb que fourniraient ces mines, en les transportant sur le territoire français, pour en opérer le traitement métallurgique. Le bassin de Caronte, placé à l'embouchure du Rhône, à l'extrémité du canal d'Arles à Bouc, non loin des riches houillères d'Alais, offre, pour ce genre d'industrie, les conditions les plus favorables qui se puissent rencontrer sur le littoral de la Méditerranée. C'est en effet dans cette localité qu'a été élevée l'usine destinée au traitement des minerais de cuivre de la concession de Mouzaïa, la seule où l'on ait entrepris des travaux sérieux. Il est à regretter que, dans des conditions si favorables et si bien choisies, les opérations des importantes mines de Mouzaïa et de l'usine qui en dépend n'aient pas été conduites jusqu'à ce jour conformément aux règles de l'art et aux principes d'une bonne administration.

Médailles de bronze.

M. Amédée BEDEL, fermier des salines d'Arzew, à Alger et Arzew (Algérie).

Le lac salé d'Arzew, situé à 14 kilomètres de ce port, présente une surface d'environ 24 kilomètres carrés. Il est alimenté par de nombreuses et puissantes sources salées, dont les eaux s'accumulent pendant la saison pluvieuse, en se mélangeant aux eaux pluviales. Pendant la saison sèche, ces eaux s'évaporent spontanément et laissent, sur la plus grande partie de la surface qu'elles couvraient, une quantité de sel qui, d'après diverses estimations, serait comprise entre 300,000 et 850,000 tonneaux. On a calculé que ce sel, exploité et transporté au port par des moyens perfectionnés, y reviendrait, selon la méthode employée et l'avance faite pour frais de premier établissement, de 4 fr. 50 cent. à 6 francs la tonne.

M. Bedel, auquel cette saline a été affermée, en attendant que le Gouvernement ait avisé au moyen d'en tirer un parti plus avantageux, emploie, du 1er juillet au 15 octobre, une centaine d'ouvriers et 60 chevaux pour l'exploitation et le transport du sel. Il produit, année moyenne, 3,000 tonnes de sel, qui se vendent à Arzew à 25 francs la tonne et qui s'expédient par 37 navires jaugeant moyennement 80 tonneaux.

Le jury, appréciant l'heureuse influence ainsi exercée sur l'exploitation d'une richesse naturelle qui est appelée à développer la marine coloniale et à créer une branche importante de commerce, accorde à M. Bedel une médaille de bronze.

MM. E. DE BASSANO et Compagnie, aux usines de Bône (Algérie). Mentions honorables.

Les deux hauts fourneaux situés à 4 kilomètres de Bône ont fondu, pendant quelque temps, les minerais des mines de fer de la Méboudja, situées dans les montagnes de la Bélélieta. Les charbons de bois ont été fournis par les forêts du pays ou importés de Corse, de Toscane et des États-Romains. Les fontes grises obtenues ont été élaborées en France et converties successivement en fer et en acier. Ces essais portent à croire que ce gîte minéral fournira des produits de bonne qualité.

Le jury accorde à MM. E. de Bassano et compagnie une mention honorable.

LA COMPAGNIE DES MINES DE CUIVRE de Mouzaïa (Algérie).

Les mines de cuivre de Mouzaïa, concédées en novembre 1846, ont été exploitées avec une activité croissante jusqu'en mai 1848. Pendant les six mois qui ont précédé la suspension des travaux, elles occupaient 350 ouvriers. Le minerai, extrait à la fois par travaux souterrains et à ciel ouvert, de quatre groupes de filons, est un cuivre gris, disséminé dans une gangue de marnes schisteuses, de fer carbonaté et de baryte sulfatée. Le minerai brut, soumis au cassage et au triage, donne, outre des résidus destinés au bocardage, un minerai enrichi, tenant 25 p. o/o de cuivre, celui-ci est expédié en France pour y être soumis au traitement métallurgique. La quantité de ce minerai extraite jusqu'en mai 1848 montait environ à 3,600 tonnes, et contenait, par conséquent, 900 tonnes de cuivre métallique.

Le jury, dans l'espoir qu'une meilleure direction sera imprimée, à l'avenir, à ces mines importantes, accorde à la compagnie des mines de Mouzaïa une mention honorable.

Citation favorable. MM. LEFEBVRE et Compagnie, à Alger.

Ils ont exposé 5 échantillons de plomb de chasse qui témoignent de la bonne fabrication de ce produit dans l'usine qu'ils ont établie à Alger.

Le jury accorde à MM. Lefebvre et compagnie une citation favorable.

§ 2. MARBRES.

Mention honorable. LE CONSEIL MUNICIPAL, à Bône (Constantine).

La reprise d'anciennes exploitations et les efforts persévérants du conseil municipal de Bône, dans cette tâche longue et difficile, font que le jury central lui accorde une mention honorable.

CHAPITRE TROISIÈME.

PRODUITS CHIMIQUES.

§ 1er. HUILES DE L'ALGÉRIE.

M. Balard, rapporteur.

CONSIDÉRATIONS GÉNÉRALES.

La culture de l'olivier occupe le premier rang parmi les richesses agricoles de l'Algérie : la fabrication de l'huile d'olive doit y devenir l'une des industries les plus importantes. Dans aucune autre contrée du monde, l'olivier n'acquiert un développement aussi rapide que dans nos possessions du nord de l'Afrique. Depuis Ténériffe jusqu'en Syrie, cet arbre est l'essence dominante du pays; il y atteint des proportions gigantesques, et son fruit fournit déjà aux Kabyles une précieuse ressource alimentaire et commerciale, malgré les moyens primitifs qu'ils emploient pour le pressurer. La consommation de l'huile d'olive comme aliment, comme matière première servant à la fabrication des savons, au travail de la laine, pour l'éclairage, etc., n'est limitée qu par le prix élevé auquel revient ce produit. Son extraction offre ce précieux avantage, qu'elle peut être tentée dès à présent, sans nécessiter les délais qu'entraînent ordinairement la création de la plupart des industries agricoles.

Il s'agit simplement d'y transporter des moulins à huile. M. Hardy, dans les précieuses notes qu'il a rédigées, et qui accompagnent les produits algériens, s'exprime ainsi sur ce sujet: « Des usines qui s'établiraient à Collo, à Bougie, à Dellys, à Djigelly, où l'on achèterait des olives aux Kabyles, auraient un succès assuré. Les indigènes aimeraient mieux vendre leurs olives que de les détriter eux-mêmes, si cette vente leur rapportait autant; car ils auraient la main-d'œuvre en moins. De son côté, la fabrication européenne aurait juste la moitié du produit que contiennent les olives pour se défrayer. » La croissance de l'olivier en Algérie est telle, dit encore M. Hardy, « qu'un jeune arbre, au bout de quatre ans de greffe, peut donner un demi-litre d'huile; qu'à douze ans, il en donne trois litres, et à vingt-cinq ou trente, douze litres. Les récoltes sont assurées chaque année, l'arbre n'étant pas là comme en Provence assujetti à des maladies, à des impressions de froid qui compromettent les récoltes. »

L'Algérie n'est pas seulement la terre promise de l'olivier; la plupart des végétaux oléagineux annuels tels que le sésame, l'arachide, le madia-sativa, le pavot blanc, la navette, le cotonnier, le lin, viennent également très-bien. Leur culture est appelée à offrir, à différents titres, de grands avantages aux agriculteurs de ce pays, quand les questions de douane qui concernent l'entrée de ces produits en France, et l'entrée des produits similaires étrangers en Algérie, auront reçu de l'administration une solution tout à la fois équitable et définitive.

M. CURTET, fabricant d'huile à Bab-el-Oued (faubourg d'Alger). Médaille d'argent.

M. Curtet a exposé des échantillons d'huile d'olive fine et commune, d'huile de sésame, de pavot, d'arachide, de lin, de madia-sativa, provenant toutes de l'importante usine qu'il a créée, en 1846, aux portes d'Alger.

Cette huilerie a pour moteur une machine à vapeur de la force de dix chevaux. Elle possède un outillage complet et puissant. C'est le premier établissement de ce genre qui se soit élevé en Algérie. Il peut suffire à la trituration de 8,000 kilogrammes d'olives par jour, ou de 4,000 kilogrammes de graines oléagineuses.

Pour commencer son travail, M. Curtet fit savoir aux colons qu'il était en mesure d'acheter toutes les olives qu'on lui apporterait, au prix de 25 francs les 100 kilogrammes. En outre, il leur fit distribuer à ses frais des graines oléagineuses, en achetant d'avance les récoltes qu'elles fourniraient. C'est ainsi qu'il se procura, à grand'peine, les 50,000 kilogrammes d'olives qu'il mit en œuvre en 1847. Cette quantité étant insuffisante pour faire marcher son usine; il fit venir de tous les départements de l'Algérie, et même du Levant, environ 600,000 kilogrammes de graines oléagineuses.

L'industrie de M. Curtet paraissait devoir prospérer, lorsqu'elle fut inopinément frappée par l'ordonnance du 2 février 1848, qui classe l'Algérie au nombre des pays étrangers, et qui y laisse entrer les huiles étrangères avec droit de franchise. Aussi la commission instituée par M. le préfet d'Alger pour examiner les objets destinés à l'exposition, après avoir fait ressortir les grands services que l'usine de M. Curtet était appelée à rendre aux cultivateurs algériens, s'exprime ainsi, en terminant son rapport :

« La commission regrette donc profondément qu'un établissement d'une si grande importance pour le pays ait été frappé de mort par l'ordonnance du 2 février 1848 (article 2), sur le régime des douanes, ordonnance qui classe l'Algérie au nombre des pays étrangers.

« Quoi qu'il en soit, elle croit devoir signaler M. Curtet à l'intérêt du Gouvernement, pour les services qu'il a rendus pendant le laps de temps qu'il lui a été donné de faire marcher son usine. »

Ajoutons que M. Curtet, plein de foi dans l'avenir de son industrie, et dans le but de ne pas décourager les colons, a traité avec perte, en 1848, 140,000 kilogrammes d'olives et de graines oléagineuses qu'il a achetées en totalité dans le pays. Ajoutons surtout que ses sacrifices et sa persévérance ont conduit le Gouvernement à modifier tout récemment l'ordonnance du 2 février, de manière à permettre aux usines de ce genre de reprendre leurs opérations. M. Curtet espère triturer cette année 2,000,000 de kilogrammes d'olives.

Le jury central, voulant récompenser les louables efforts faits par M. Curtet pour établir une industrie si bien appropriée à la nature du climat algérien, décerne à cet exposant la médaille d'argent.

Médailles de bronze.

M. BAGARY, fabricant d'huile à Tlemcen (département d'Oran).

M. Bagary a fondé, en 1845, une huilerie qui a acquis, depuis cette époque, un grand développement.

Les moulins fournissent annuellement, dans une année de récolte ordinaire, 10,000 litres d'huile d'olive de première qualité, 10,000 litres d'huile de deuxième qualité, et 20,000 litres d'huile lampante. En outre, il obtient par la recense 10,000 litres d'huile propre à la fabrication. Ces quantités proviennent des olives que lui apportent les indigènes et les colons français établis sur le territoire de Tlemcen.

L'huile fine de M. Bagary est limpide et de bon goût. Elle revient au consommateur à un tiers meilleur marché que l'huile fine de France.

Les résultats obtenus par M. Bagary le rendent digne de la médaille de bronze que le jury lui décerne.

Mentions honorables.

M. MAFFRE, à Bougie (département d'Alger).

L'usine de M. Maffre, sans avoir l'importance de celle de M. Bagary, fournit pourtant annuellement 5 à 6,000 litres d'huile première qualité, et autant en deuxième qualité. M. Maffre en est encore pour ainsi dire aux essais, mais son usine peut arriver à fabriquer le triple de ce qu'il fait aujourd'hui.

Le jury central lui décerne une mention honorable.

M. PEDEUCOIQ, à Oran.

M. Pedeucoiq a établi son huilerie en 1844, et, depuis ce temps, elle a été constamment en progrès; aussi le jury central, pour reconnaître ses efforts, lui décerne-t-il une mention honorable.

M. TALLICHET, à Boudjareah (département d'Alger).

M. Tallichet, pour ces produits, qui, outre leur bon goût, ont un mérite essentiel, le bon marché, a aussi mérité que le jury central lui décernât, comme encouragement, une mention honorable.

---

§ 2. HUILES ESSENTIELLES ET EAUX AROMATIQUES.

M. Balard, rapporteur.

CONSIDÉRATIONS GÉNÉRALES.

La production des essences peut devenir pour l'Algérie une source importante de prospérité.

On sait que, si les essences obtenues dans les régions tempérées présentent une odeur plus délicate et plus suave, les quantités qui se développent dans les glandes des plantes qui leur doivent leur parfum croissent d'une manière très-rapide avec la chaleur du climat. Aussi nos départements du Midi les plus favorisés le cèdent sous ce rapport à nos provinces d'Algérie. Là les coteaux couverts de thym, de romarin, de lavande, de marjolaine, les plaines remplies de mélisse, de menthe poivrée, etc., offrent au distillateur ambulant d'amples moissons à faire.

Quelques colons ont aussi, comme en France, cherché à obtenir par la culture, des plantes aromatiques avec plus d'abondance et de régularité. Certaines plantes odorantes nouvelles qui y réussissent très-bien y ont été cultivées en grand. Ainsi les *pelargonium odoratissimum* et *roseum*, dont l'essence, beaucoup plus abondante que celle de la rose, a une odeur qui s'en rapproche beaucoup, ont pu y être multipliés par boutures et donner des produits très-abondants et très-recherchés. Le jasmin à grandes fleurs originaire de l'Inde, qui pousse dans tous les jardins avec une étonnante facilité, a permis d'en extraire de l'essence de jasmin qu'on avait vainement essayé d'obtenir avec le jasmin ordinaire, et dont on recueillait seulement l'arome dans des pommades et dans des esprits parfumés au jasmin. Ces plantes peuvent être sans difficulté cultivées par hectares, et fournir ainsi un large tribut à la parfumerie.

Si maintenant on ajoute à ces produits, dont la consommation varie avec les caprices de la mode, ceux que fournit le genre oranger, et qui sont d'une importance et d'une utilité plus réelle, parce qu'ils sont l'objet d'un emploi plus constant et plus régulier, on concevra toute l'importance que présente le sol de l'Afrique au point de vue de la production des essences, et comment les efforts industrieux des colons, encouragés par une administration éclairée, pourront bientôt permettre à l'Algérie de partager avec Messine le privilége, qu'elle a presque seule jusqu'aujourd'hui, d'alimenter de ses essences les parfumeries de toute l'Europe.

M. SIMONNET, à Alger.

Médailles d'argent.

M. Simonnet est un des colons de l'Algérie les plus industrieux; ses essais bien conçus, dirigés avec soin et persévérance, et le plus souvent couronnés d'un succès bien mérité, ont pour beaucoup contribué à nous faire connaître ce qu'on pouvait attendre, pour quelques cultures spéciales, du sol de l'Algérie, et comment, sur cette terre nouvelle, l'agriculture et l'industrie pouvaient se réunir dans une heureuse association. Pharmacien distingué à Alger, et devenu possesseur, dans le voisinage, d'un domaine limité de 23 hectares, il en a consacré une partie à des essais de naturalisation qui ont parfaitement réussi. On sait la part qu'il a prise à l'introduction en Algérie de la culture du pavot pour l'extraction de l'opium, et de celle du nopal pour la cochenille, qu'il y a importée dès 1831, genres d'exploitation qui n'attendent pour se développer que l'époque où une population devenue plus dense rendra ainsi la culture moins chère. Il a surtout appliqué ses connaissances en industrie chimique à la fabrication des essences. Par ses soins, les géranium odorants, si faciles à cultiver et qui poussent sur le sol de l'Afrique comme la luzerne sur le nôtre, ont été introduits en Algérie, cultivés en grand et employés à l'extraction de cette essence qu'on emploie comme succédanée de l'essence de rose, et dont la fabrication promet à l'Algérie beaucoup d'avenir. Le jury central, qui a apprécié la bonne qualité de ce produit, a surtout distingué, parmi les objets envoyés par M. Simonnet, l'essence du jasmin à grandes fleurs de l'Inde, encore presque inconnue en France, et qui pourra, quand la culture européenne aura imité M. Simonnet, qui en cultive déjà un demi-hectare en grand, devenir d'un très-grand produit.

L'oranger, dont les plantations en rapport, déjà nombreuses entre les mains des Arabes, s'accroissent chaque jour par suite des travaux agricoles des Européens, a surtout été pour M. Simonnet l'objet d'un traitement industriel complet. Les différentes qualités de néroli, les essences de bigarade et de bergamote, celles de Portugal et de citron, le citrate de chaux, présentés par M. Simonnet, sont là pour témoigner toute la variété de produits que cette essence peut fournir.

Le jury central apprécie toute l'importance des travaux de M. Simonnet, et l'encourage de tous ses vœux dans la voie qu'il a ouverte d'une manière heureuse, et dans laquelle il continuera certainement à marcher et à guider ceux qui l'imiteront plus tard.

Pour récompenser les résultats importants déjà obtenus, le jury central décerne à M. Simonnet une médaille d'argent.

Médaille de bronze.

M. ARNAUD, à Bône (département de Constantine).

Il a fondé, à Bône, un établissement pour la fabrication du savon d'huile d'olives pouvant produire 800 kilogrammes par jour. Le produit qu'il expose est de bonne qualité. Il est dur, d'une blancheur parfaite, ne produit pas d'efflorescence par la dessiccation, et ne contient ni trop d'eau ni trop d'alcali. Son prix est très-bas; M. Arnaud le vend 60 centimes le kilogramme. C'est par le bien-être, c'est en répandant dans leurs tribus, à bon marché, les produits utiles aux premiers besoins de la vie, que nous pourrons surtout nous rattacher les populations arabes. Aussi le jury central, pour encourager des efforts aux succès desquels il s'associe de tous ses vœux, décerne à M. Arnaud une médaille de bronze.

Mention honorable.

M. BAZIRE, à Alger.

Sur une petite échelle, M. Bazire exploite une fabrique d'huile de ricin, et déjà ses produits méritent un encouragement. Aussi le jury central décerne-t-il à M. Bazire une mention honorable.

§ 3. MATIÈRES COLORANTES.

M. J. Persoz, rapporteur.

CONSIDÉRATIONS GÉNÉRALES.

Le climat de l'Algérie et l'extrême fertilité de son sol, en quelque sorte vierge, ont depuis longtemps fait supposer qu'un grand nombre de plantes tinctoriales pourraient être cultivées avec avantage dans cette partie de l'Afrique, et qu'elles pourraient y produire des récoltes qui affranchiraient bientôt, en partie du moins, notre industrie du tribut qu'elle paye annuellement à l'étranger. Les essais tentés dans ce but par nos courageux et infatigables colons ont parfaitement justifié ces prévisions, et il demeure établi, par des expériences qui sortent des limites de ce qu'on appelle communément des essais, qu'un grand nombre de plantes tinctoriales, outre celles qui s'y trouvent déjà à l'état sauvage, telles que la gaude et la garance, peuvent se développer et prospérer sur notre sol d'Afrique. Mais les résultats heureux de ces premiers essais, joints à ceux que les substances tinctoriales récoltées en Algérie ont déjà fourni en teinture, doivent-ils engager notre colonie naissante à se livrer indistinctement à la culture de toutes les substances colorantes? Nous ne le pensons pas. Il serait, à notre avis, imprudent et téméraire de l'engager dans cette voie. Quel profit y aurait-il, par exemple, à cultiver l'indigo en Afrique, quand il est constaté que le développement de cette plante n'est assuré que lorsqu'elle a pris une certaine force? D'ailleurs, quand cette raison n'existerait pas, la question de main-d'œuvre devrait toujours être prise en sérieuse considération. Sous ce rapport, en effet, nos cultivateurs d'Algérie sont placés bien moins favorablement que ceux du Bengale et des colonies hollandaises, qui emploient, pour la culture en grand de l'indigo, les bras de leurs esclaves.

Quant à la garance, quoique sa culture se fasse déjà dans le midi de la France sur une très-grande échelle, et qu'elle soit la base de l'industrie agricole de certaines contrées de la Provence, elle pourrait encore être entreprise avec avantage en Algérie, si l'on choisissait les terrains riches en craie, comme ceux de Paluds, qui renferment plus de 80 pour 100 de carbonate de chaux, et qui donnent à ces substances tinctoriales les qualités particulières des garances roses-paluds d'Avignon et des garances de Smyrne. Le cultivateur devra donc s'assurer de la nature de son sol, en ne perdant point de vue que la racine de garance ne prend tout le développement dont elle est susceptible qu'autant qu'elle a végété dans une terre très-meuble et labourée à une grande profondeur.

La gaude, qui affectionne surtout les terrains secs, et qui d'ailleurs, ainsi que nous l'avons dit, se montre à l'état sauvage dans les parties arides de l'Afrique, pourrait y être cultivée avec succès, à la condition toutefois que cette plante tinctoriale reprît la faveur dont elle jouissait avant l'introduction du quercitron dans la teinture.

Le sumac, d'une consommation très-grande dans la teinture et le tannage de certaines peaux, réussirait aussi très-bien dans le même sol, et rivaliserait sans doute avec les sumacs de Syrie, de Palestine, d'Espagne et de Portugal, qui sont si recherchés.

De toutes les cultures de substances tinctoriales tentées jusqu'ici en Algérie, celles qui ont surtout fixé l'attention de la commission, et qui doivent éveiller la sollicitude du Gouvernement, sont la culture de la cochenille et celle du carthame.

1° La consommation de la cochenille, riche matière colorante, n'a fait que s'accroître depuis que l'impression des tissus de soie et de laine a pris un si prodigieux développement. Grâce à M. Simonnet, qui a été le premier à cultiver la cochenille, et aux persévérants efforts de M. Hardy, dont l'heureuse initiative a été plus d'une fois constatée par le jury, l'Algérie fournit déjà de très-beaux produits de ce genre, qui, sous le rapport de leurs propriétés tinctoriales, ne laissent rien à désirer, ainsi que le constatent les nombreuses expériences faites par M. Chevreul. Nous avons lieu d'espérer que désormais nos ateliers de teinture et d'impression pourront demander à notre colonie d'Afrique toute la cochenille dont ils ont besoin.

2° Le carthame, que l'on cultive sur le sol de l'Algérie, possède des qualités tinctoriales propres à le faire apprécier. Il est appelé à rendre de grands services à nos teinturiers par la beauté et la solidité des couleurs qu'il engendre sur les étoffes.

MM. BRICE, CALMETZ et MISTRAL. (Département d'Oran.)

Médailles de bronze.

Ces Messieurs exposent un très-bel échantillon de racines de garance, qui provient de semis faits le 26 mars 1848, et récoltés fin juin 1849. Ils ont été des premiers à cultiver la garance dans le département d'Oran, et c'est à ce titre que le jury leur accorde la médaille de bronze.

M. GOSE. (Département d'Oran.)

Ce cultivateur expose des échantillons de garance qui proviennent de semis faits en 1848 et 1849. Quoique ces racines n'aient été que quatorze mois en terre, elles ont acquis un développement tel, qu'elles sont comparables à celles qui, dans nos climats, ont végété pendant dix-huit à vingt mois.

Le jury accorde à M. Gose la médaille de bronze.

MM. PEYRET et DURAND. (Département d'Oran.)

Ces deux agriculteurs exploitent une propriété considérable, dans laquelle ils ont récolté, l'année dernière, pour les livrer à l'administration, des produits agricoles d'une valeur d'environ 100,000 fr. Ils ont commencé, à titre d'essai, la culture de la garance. Les semis qu'ils ont faits, en avril 1848, leur ont donné des racines qui, au bout de quatorze mois, étaient déjà très-riches en matières colorantes.

Le jury leur décerne une médaille de bronze.

Mentions honorables.

M. Henri-Joseph MERCURIN, à Chéragas (Algérie).

L'Algérie possède plusieurs espèces de chênes dont l'écorce est recherchée par le commerce pour la quantité de tanin qu'elle renferme. M. Mercurin a envoyé à l'exposition des échantillons qui ne proviennent pas de l'écorce des tiges de chêne, mais bien de celle des racines du chêne vert ou kermès (*quercus coccifera*). Cette espèce de chêne, à feuilles persistantes, forme ordinairement un buisson peu élevé; mais ses racines, très-nombreuses en terre, sont, en quelque sorte, plus développées que les branches. Celles qui ont été exposées étaient en parfait état et d'une assez forte épaisseur pour qu'on pût en tirer le principe qui y est contenu.

M. Mercurin a envoyé aussi un bocal d'huile d'olive fine, de sa fabrique, qui ne laisse rien à désirer sur sa préparation et sa qualité.

Le jury décerne à M. Mercurin une mention honorable.

M. RAIMBERT, à Bône (département de Constantine).

M. Raimbert expose du chanvre dit *takrouri*.

Élevé dans le pays, dont il connaît à fond la langue, il s'est appliqué à la grande culture pour laquelle il utilise particulièrement les Arabes qui sont appelés à profiter de ses leçons et de son expérience.

Entre autres produits, M. Raimbert cultive la garance sur une étendue de 4 hectares. Un échantillon de sa dernière récolte, étant parvenu trop tard à la commission d'examen, n'a pu être joint aux envois faits pour l'exposition.

Le jury donne à M. Raimbert une mention honorable pour l'ensemble de son exploitation agricole.

Citation favorable.

M. LUTZOW, à Bône (département de Constantine).

M. Lutzow, qui a cultivé, durant l'année 1848, environ 12,000 pieds de safran, en expose un échantillon sous le n° 35.

Si M. Lutzow n'a pas donné à la culture de cette substance tinctoriale tout le développement qu'elle a acquis chez ses confrères d'Algérie, il a su du moins mériter l'attention du jury par ses efforts pour perfectionner la race bovine. C'est pour l'en récompenser que le jury lui vote une citation favorable.

CHAPITRE QUATRIÈME.

TISSUS.

§ Ier. TISSUS DIVERS.

M. Lainel, rapporteur.

CONSIDÉRATIONS GÉNÉRALES.

On peut être justement étonné lorsqu'on réfléchit que c'est souvent sous la tente, presque sans matériel, avec l'unique secours de métiers informes, improvisés par ces hommes tour à tour pasteurs, guerriers, agriculteurs ou industriels, que les tissus soumis à notre appréciation et à notre admiration ont été créés.

Pour nous, qui comprenons la portée de la tâche, qui connaissons, qui apprécions les difficultés attachées au succès, nous ne pouvons assez applaudir aux efforts de nos frères d'Afrique qui ont répondu avec empressement à l'appel du pays, en venant offrir aux regards de tous les résultats obtenus par d'opiniâtres labeurs.

Dans cette enceinte, centre de tant de merveilles, dans ce palais où s'étalent si prodigalement les éléments de tant de richesses, l'Algérie ne pouvait manquer d'apporter aussi son précieux bouquet pour embellir et ne rien laisser manquer à cette fête nationale.

Sur cette nouvelle terre de France, on a compris, comme nous, qu'enfants de la même famille, colons et indigènes désormais confondus, trouveraient place au foyer protecteur de la mère patrie, et que, sous l'égide d'une justice égalitaire, tous recevraient les avis, les enseignements, et les récompenses dues au seul mérite.

L'intelligence industrielle, riche apanage de la France, il faut bien le reconnaître, est aussi au milieu des populations éparses sur le sol de cette Afrique, si richement dotée par la main de Dieu, et ce précieux trésor, dont nous ne pourrions assez encourager le développement, doit être considéré comme une source vive de prospérité et de bien-être.

C'est ici l'occasion de nous placer à un point de vue tout à fait en dehors des règles communes, et de faire ressortir et d'exprimer que, dans un pays d'exception, il faut entrer résolument dans des voies qui répondent largement aux besoins, en fondant autant que possible un système qui renferme en lui les éléments de consolidation de tout un avenir.

Le jury central, à part des considérations qui pourront être formulées sur des questions d'un autre ordre d'idées, n'hésite pas à exprimer le vœu que le Gouvernement appelle, dès à présent, de jeunes Arabes dans nos écoles des arts et métiers, dans nos ateliers et dans nos fabriques, pour y puiser des notions et étudier les manipulations, afin de les mettre à même de reporter bientôt dans leurs familles, au sein des populations indigènes, des mœurs plus douces, des méthodes mieux ordonnées, plus économiques, et des habitudes de travail plus faciles, surtout à l'égard des industries déjà plus ou moins connues dans le pays, plus ou moins en activité.

Le jury central verrait aussi avec la plus grande satisfaction qu'un certain nombre d'instruments et de métiers pour le filage et le tissage à la main de la soie, du coton, du lin et de la laine, fussent répartis dans les tribus qui se sont fait le plus distinguer à l'exposition; ce serait une source véritable pour l'émulation et le progrès.

Enfin, le Jury central adresse les plus vives instances à M. le Ministre pour que la même dotation soit accordée dans les centres de colons réunis sous le patronage spécial du Gouvernement.

Il faut préparer aux femmes et aux filles les moyens faciles de travail dans leurs modestes demeures, et prévenir aussi les embarras qui résulteraient, pour l'existence de la famille, de l'inactivité des hommes pendant ces heures qu'ils ne peuvent donner au travail de la terre ou au train général de leur exploitation rurale.

A cet effet, peut-être, serait-il d'une sage prévoyance, lors des nouvelles inscriptions d'immatriculation pour l'augmentation de la colonie, d'envoyer à la destination de chaque village des hommes de métiers de diverses spécialités, et de leur faire contracter l'engagement de se charger d'instruire un certain nombre d'apprentis, moyennant une prime déterminée en conséquence.

La femme du caïd BEN-ZEKRI DES SEIGNAS, demeurant à Constantine (Algérie). Médailles d'argent.

Il y a dans le joli gandoura qui nous a été présenté tout ce qu'on peut désirer au point de vue du goût, de l'exécution et de la délicatesse du travail.

L'association de la laine à la soie pour la formation du tissu, qui est parfaitement régulier, l'ordonnancement des nuances heureusement harmoniées, leur variété, etc., font de ce gracieux gandoura une étoffe dont les plus élégantes se disputeraient la faveur de la possession.

C'est tout à fait le style oriental qui s'est reproduit avec tout son luxe dans le travail exécuté par la main habile qui a fourni au jury l'occasion d'admirer le mérite de son œuvre.

Le jury central, heureux de pouvoir la récompenser, décerne à la femme du caïd Ben-Zekri des Seignas une médaille d'argent.

Chérif BEN-MIMOUN, tisserand à Constantine.

Le burnous blanc que ce tisserand a exposé est en très-bonne matière; le travail est d'une grande régularité : frappée très-également, la tissure est d'une très-grande épaisseur.

Ce tissu, d'une qualité parfaite, d'une très-belle apparence, est incontestablement l'un des plus remarquables de l'exposition de l'Algérie, et témoigne de toute la supériorité de l'ouvrier qui l'a exécuté.

Le jury central décerne en conséquence à Chérif Ben-Mimoun une médaille d'argent.

LES BÉNI-ABÈS et EL-BÉCHIR-BEN-MAZIAN.

Burnous pour enfant, envoyé par Si-Ali-bel-Zamouchi, chez les Beni-Yala.
Burnous azarak, envoyé par El-Béchir-ben-Mazian, à Galah.

Il est fort regrettable de n'avoir nominalement personne à désigner pour cette partie de l'exposition, parce que, sans éloges forcés, il n'y a réellement que du bien à dire sur les deux tissus présentés sous les nos 17 et 18.

Le premier est un burnous pour enfant, à raies blanches et de couleurs diverses; l'étoffe est bien tissée, la matière a de la qualité, les rayures sont disposées avec goût, et les couleurs sont très-vives et très-harmonieuses.

Le second, burnous rayé blanc et gris, est parfaitement bien traité : force, régularité, netteté de travail, c'est à tous ces titres qu'il mérite d'être particulièrement cité.

Le jury central aurait été heureux de pouvoir exprimer toute sa satisfaction aux producteurs, dont un des noms lui est resté inconnu; mais il décerne une médaille d'argent à la tribu des Béni-Abès, où les tissus ont été fabriqués, et une médaille d'argent à El-Béchir-ben-Mazian, qui a fabriqué le burnous azarak n° 18.

LA VILLE DE MASCARA.

Un burnous noir, du prix de 90 francs, envoyé par le colonel Valsin d'Esterhazy.

Burnous noir naturel, du prix de 55 francs; burnous laine noire naturelle et laine teinte, du prix de 80 francs burnous blanc, du prix de 25 francs, envoyés par Mohamed-ben-Achir, caïd de Mascara.

Ces tissus, de fabrications diverses, ont un cachet particulier de force qui résulte d'un travail bien frappé et d'une grande abondance de matière.

Très-utilement employés par les voyageurs sans abri, ces sortes de burnous seraient nécessairement fort recherchés dans la consommation, si le prix en était moins élevé.

Il serait fort important, dans cette vue autant que pour étendre la fabrication de ces étoffes, de faire comprendre aux indigènes producteurs la nécessité de diminuer les prix de vente.

Les objets exposés ont été exécutés par des ouvriers expérimentés au travail du tissage et de la filature, ils mériteraient partiellement une mention; mais, attendu que les noms des producteurs sont inconnus, le jury réserve la récompense à la ville de Mascara, en raison de son importance plus particulière comme centre d'une fabrication assez étendue.

Le jury central décerne en conséquence à cette ville une médaille d'argent.

MOHAMED-BEL-MABROUK, tisserand à l'oasis Ben-Tious (tribu des Zibans).

Il expose un haïk blanc à raies de couleurs diverses, bleu, jaune, vert, cramoisi, dans les dimensions de $7^m\ 50^c$ sur $2^m\ 10^c$.

Le tissu est très-solide et consciencieusement bien fabriqué, la matière est abondante; les couleurs manquent d'un peu de vivacité dans quelques-unes des nuances; mais, telle qu'elle est, cette couverture n'est pas moins un travail qui a fixé l'attention et l'intérêt du jury, et nous sommes heureux de pouvoir citer le nom de l'habile tisserand qui l'a exécuté et qui a fait exécuter aussi sous sa tente la filature et la teinture.

Le jury central en nommant ici Mohamed-bel-Mabrouk, lui décerne une médaille d'argent.

LA VILLE D'ORAN.

Un burnous blanc, du prix de 40 francs; une paire de chaussettes en laine, du prix de 2 francs, envoyés par Si-Hamida, mufti d'Oran.

Un haïk laine et soie du prix de 55 francs, envoyé par M. Isaac Tebouf, négociant à Oran.

Le travail de ce burnous est régulier, et son exécution fait bien apprécier l'intelligence de l'ouvrier, dont le nom reste inconnu. Ce tissu est fabriqué dans le genre de nos flanelles intermédiaires, et avec d'assez bonnes matières.

Les chaussettes sont bien tricotées, mais on ne les mentionne ici absolument que par ordre.

Le haïk, fabriqué avec de la laine très-fine filée à tors forcé et associée à la soie, qui forme la rayure, est un tissu ferme et crépu qui offre tous les caractères de nos anciens baréges, avec le cachet du goût africain.

Il y a là de l'avenir et l'on comprend qu'il faut s'efforcer à développer de tels germes pour les faire arriver à parfaite maturité.

Le jury central, ne pouvant récompenser nominalement les producteurs, décerne à la ville d'Oran une médaille d'argent.

SI-EL-MÉDANI, tisserand, chez les Ouled-Taben du Bou-Taleb, a envoyé un haïk blanc.

Couverture à fond blanc, à larges bordures de couleurs diverses très-variées, riche d'effets dans son style.

Malgré la difficulté du travail d'une pièce de 3m 50c de large, le tissu est exécuté dans les conditions d'une fabrication qui témoigne tout à la fois d'intelligence, de soin, de goût et de tout le parti qu'on pourrait tirer, en industrie, de la main qui a exécuté ce travail.

Le jury central décerne à Si-el-Médani une médaille d'argent.

LA VILLE DE TLEMCEN.

Un haïk du prix de 6 francs, envoyé par Amran Senanès, à Oran.
Une ceinture genre passementerie, envoyée par Si-Hamida, mufti d'Oran.

Un haïk en laine de 15 francs, envoyé par le bureau arabe.

Un haïk laine et coton de 8 francs, envoyé par le bureau arabe.

La ceinture sous le n° 32 est un tissu très fort, bien fait, et spécialement destiné aux Arabes.

Le haïk n° 103 est un tissu dans le genre de nos flanelles intermédiaires; c'est une étoffe bien faite et en bonne matière.

Les deux autres tissus sont fabriqués avec des laines longues extrêmement tordues qui ont de l'analogie avec les produits obtenus par l'emploi des laines anglaises; ces étoffes, dans les genres baréges, sont bien tissées; le haïk n° 104 mérite particulièrement d'être cité pour sa force, sa bonne exécution et surtout pour son bas prix; il semble même impossible que le chiffre indiqué ne soit pas le fait d'une erreur.

La ville de Tlemcen compte environ 116 fabricants de haïks en possession de 240 métiers. Chaque métier produit par jour un haïk et plus, du prix moyen de 9 francs.

On n'a donc plus, sur ce point de fabriques déjà organisé, qu'à recommander aux ouvriers de s'efforcer à apporter, chaque jour, des améliorations dans leur travail.

Le jury central, n'ayant pu connaître les fabricants des objets ci-dessus énumérés, décerne à la ville de Tlemcen une médaille d'argent.

TRIBU DE ZAMOURA.

Haïk de couleur, envoyé par Si-Sakhdar-ben-Djaballah, à Zamoura.

On s'arrête avec plaisir devant ce haïk cramoisi; sa nuance est belle, les raies de couleur qui le traversent pour former des dispositions d'encadrement sont heureusement ordonnées. La matière a de la qualité, la tissure est très-régulière, et nous ne dirons rien de trop en affirmant que c'est un travail aussi perfectionné que possible, qui fait honneur à l'habileté de celui qui l'a exécuté.

On conçoit tout ce qu'on peut espérer de pareilles intelligences, aidées de conseils, pour voir développer bientôt toutes les ressources qu'offrent des hommes déjà aussi exercés dans la pratique.

Le jury central aurait voulu pouvoir rattacher la récompense à l'œuvre, mais, dans l'impossibilité de proclamer le nom du fabricant, il décerne une médaille d'argent à la tribu de Zamoura.

TRIBU DES DRIDES. (Bône.)

Médailles de bronze.

Deux pièces ont été exposées par la tribu des Drides sans désignation de noms.

L'une, un burnous à raies blanches et grises du prix de 30 francs, et l'autre un gandoura de 12 francs.

Le premier est un tissu du nombre de ces fabrications vigoureuses qui fait bien ressortir tout le mérite de son auteur, et qui caractérise un excellent ouvrier dont le nom reste malheureusement inconnu.

Le jury central décerne à la tribu des Drides une médaille de bronze, et il conserve l'espérance que cette récompense sera un puissant encouragement pour sa population.

TRIBU DES HARECTAS.

Un burnous du prix de 30 francs, un burnous du prix de 17 francs, un gandoura du prix de 12 francs, envoyés par la tribu.

Sans être dans des conditions parfaites de fabrication, ces tissus ont cependant le mérite de leur cachet particulier, et le jury central ne peut s'empêcher de reconnaître qu'il y a des encouragements à donner dans ce centre de production, surtout si l'on considère que, dans cette tribu particulièrement, le travail de la teinture, de la filature et du tissage y est fait sous la tente, et, sous la direction des hommes, par des femmes et des filles.

Le jury central décerne, en conséquence, à la tribu des Harectas une médaille de bronze.

MOHAMED-SALAH, tisserand chez les Béni-Abès.

Le tissu pour burnous, qu'il a exposé, est fait avec soin; la matière, bien choisie, est convenablement filée; quoique dans le rapprochement du genre de nos flanelles intermédiaires, cette étoffe est forte, et l'on se plait à reconnaître que le travail a été exécuté par un ouvrier habile.

Le jury central décerne, en conséquence, une médaille de bronze à Mohamed-Salah.

La femme de SI-AMAR-SMIZ, à Constantine.

Les fils exposés sont de divers numéros. Leur qualité et leur régularité démontrent toute l'habileté de la main qui les a filés et son habitude au maniement du fuseau.

Le jury central, comme témoignage de satisfaction, décerne à la femme de Si-Amar-Smiz une médaille de bronze.

SI-HAMOU-BEL-OUALAF, tisserand à Zamoura.

Un burnous gris de poil de chameau.

Le tissu en poil de chameau, que présente ce tisserand, est justement classé au nombre des bons produits rassemblés à l'exposition; l'étoffe est très-bien tissée, d'une grande solidité; il y a réellement du mérite à fabriquer ainsi.

Le jury central recommande à Si-Hamou-bel-Oualaf de persévérer, et, pour le récompenser selon son mérite, lui décerne une médaille de bronze.

§ 2. COCONS ET SOIES GRÉGES DE L'ALGÉRIE.

M. Justin Dumas, rapporteur.

CONSIDÉRATIONS GÉNÉRALES.

L'introduction en Algérie des méthodes usitées dans nos meilleurs centres de culture du mûrier et de production de la soie, ne pouvait manquer de suivre de près cette déclaration: « *Désormais, la terre d'Afrique est terre française.* » Aussi, dès 1847, le Gouvernement, se préoccupant à juste titre de cette branche si importante pour l'industrie agricole et manufacturière de notre belle colonie, dont la nature du sol et le climat devaient si merveilleusement seconder ses efforts et ceux des colons, n'hésita pas à fonder à Alger un centre de production et d'enseignements qui a porté ses premiers fruits. La culture du mûrier, l'élève des vers à soie et la filature des cocons, tout y est mis en pratique, y est enseigné et a prospéré.

Les cocons et surtout les gréges, dont nous aurons à parler, dénotent du bon résultat de cette initiative et de ce qu'il est permis d'en espérer.

On a pensé que les races de vers à soie dégénéraient en Algérie; le temps et l'expérience démontrent le contraire, des races introduites depuis neuf ans n'ont rien perdu de leur état primitif, au contraire, elles se sont améliorées.

Le mûrier croît en Algérie avec une force, une vigueur très-remarquables; les éducations de vers à soie s'y font avec la plus grande facilité et réussissent admirablement. Il est certain que notre industrie manufacturière, qui achète à l'étranger annuellement pour plus de 60,000,000 de soies, grossières la plupart du temps, trouvera avant peu en Algérie, et abondamment, une matière précieuse, ayant toutes les qualités qu'elle recherche ailleurs vainement, et satisfera un jour aux besoins les plus larges de la fabrication française.

Dans un pays aussi éminemment propre au développement de la soie, et malgré que de nombreux mûriers fussent déjà en rapport, peu d'éducations de vers à soie se faisaient, parce que la confiance dans l'avenir et l'élément industriel manquaient essentiellement à côté de l'élément agricole, et que le producteur de cocons ne trouvait pas à placer lucrativement ses produits.

En présence de cet état de choses, l'administration a dû se mettre, *transitoirement*, au lieu et place de l'industrie particulière et prendre l'initiative du placement des produits.

C'est-à-dire que l'administration achète elle-même les cocons aux colons, les leur paye un prix raisonnable, convertit ces cocons en soie grége et vend cette soie aux fabricants de la métropole.

Cette mesure, qui a reçu son application en 1848, a déjà porté les plus heureux fruits. Encore quelques années de protection aussi efficace de la part de l'administration, et l'industrie séricicole, qui fera la richesse de nos colons et de nos manufactures métropolitaines, sera solidement implantée en Algérie.

En 1848, l'administration a acheté 1,500 kilog. de cocons, qu'elle a payé 5 francs le kilog.; elle en a retiré 117 kilog. de soie grége.

En 1849, la quantité de cocons apportée jusqu'à ce jour (18 juillet) s'élève à 2,379 kilog. qui sont payés à raison de 4 francs le kilog., dont 284 kilog. proviennent de la province de Constantine, 8 kilog. de celle d'Oran, le reste du département d'Alger. Il n'est pas sans intérêt de dire ici que la filature centrale a reçu ces 2,379 kilog. de cocons, de plus de *quatre-vingt* colons différents, dont *douze* ont fourni chacun au-dessus de 50 kilog., et l'un d'eux, M. Lutil, de Boufarik, 161 kilog.

Le nombre des mûriers plantés chez les particuliers dans toute l'Algérie est d'environ 600,000, dont 100,000 sont en plein rapport.

Les pépinières de l'État renferment un égal nombre de jeunes arbres (mûriers) bons à mettre en plan.

L'État possède encore dans les camps, sur les places, un grand nombre de mûriers en plein rapport, dont il va livrer la feuille à la production au moyen des adjudications publiques.

La filature de l'administration est annexée à la pépinière centrale du Gouvernement et est placée sous la surveillance immédiate du directeur de cet établissement. Elle se compose de 12 bassines alimentées par un générateur à vapeur; les tours sont mus à bras d'homme.

Cette année, 12 fileuses sont employées: neuf proviennent des départements séricicoles du midi de la France, et principalement de l'Isère et de la Drôme; trois ont été formées sur les lieux; on forme en ce moment trois nouvelles élèves.

Lorsque, les années précédentes, il n'y avait que trois à quatre fileuses d'employées, le rendement était de 9 à 11 pour un; c'est-à-dire qu'il fallait de 9 à 11 kilog. de cocons pour obtenir un kilog. de soie.

En 1848, il y a eu 9 fileuses, et il a fallu 13 kilog. de cocons pour obtenir un kilog. de soie.

Frappé de la coïncidence de la diminution du produit avec l'augmentation des ouvriers, le directeur a naturellement dû en rechercher les causes. Il a cru les découvrir dans ce que les fileuses tiraient trop à la main et mettaient une partie notable de soie dans les frisons. C'était une habitude difficile à déraciner, habitude contractée dans certaines filatures du midi, où les frisons sont donnés aux fileuses ou contre-maîtres de la filature; on y est parvenu en intéressant directement les fileuses à faire le moins possible de frisons; à cet effet, trois primes de 2 fr., 1 fr. 50 cent. et 1 franc sont accordées chaque semaine à celles des fileuses qui, à poids et à qualité égale de cocons, rendent le plus de soie la mieux filée. Le résultat a dépassé les espérances, car, depuis le 25 mai jusqu'au 25 juillet, il a fallu moins de 10 kilog. de cocons pour 1 kilog. de soie. Il est permis de croire que ce rendement se maintiendra pendant toute la saison du filage, qui sera de trois mois et demi environ.

Le filage peut durer six mois et même sept mois sans inconvénient en Algérie.

Mention pour ordre. M. Auguste-Louis HARDY, directeur de la filature centrale du Gouvernement, à Alger.

SOIES GRÉGES DES ÉDUCATIONS DE 1845, 1846, 1847, 1848 et 1849.

Éducation de 1845. — 2 flottes d'éducation faite sous un hangard à air libre présentent une soie brillante, blanche, mais trop fine et peu nerveuse ; 2 flottes jaunes, même éducation : soie brillante et faible.

2 flottes race Sina, venue d'Annonay en 1845. La soie est d'un bon blanc pur, ferme, nerveuse et régulière.

2 flottes gros milanais jaune, soie très-nerveuse, régulière et brillante.

2 flottes jaunes d'Alais : soie très-nerveuse, régulière, brillante, moins cependant que la milanaise.

Éducation de 1846. — 5 flottes filées à 4/5 cocons : soie bien filée, mais à bouts non rattachés, régulière et nerveuse, malgré son exposition à l'air et à la poussière depuis près de 3 mois.

Éducation de 1847. — Une flotte jaune d'Alais : soie très-nerveuse, très-élastique, s'allongeant de 13 à 15 p. o/o, d'un titre élevé, fort supérieure à celles qui suivent.

Une flotte jaune du Vivarais et de 8e génération africaine : soie brillante, régulière et nerveuse.

Une flotte soie blanche des Cévennes, introduite en Algérie en 1839 : très-brillante, très-nerveuse, d'un blanc parfait et régulièrement filée.

Une flotte jaune, race milanaise : très-brillante, très-bonne, beaucoup de nerf.

Éducation de 1848. — Une flotte milanais jaune, 5e année d'introduction en Algérie, filée à 4/5 cocons. Cette soie, malgré son exposition à l'air et au soleil, a conservé le nerf du 6/7 cocons ordinaire ; elle est brillante, soyeuse et mérite d'être citée exceptionnellement.

Une flotte blanc ordinaire, difficile à juger, le soleil et l'air l'ayant détériorée plus que toutes les autres.

Une flotte jaune du Vivarais, 9e année d'introduction. Cette soie, malgré l'air et le soleil de l'exposition, a conservé son nerf, son brillant et son élasticité.

Une flotte Sina, 5e année en Algérie : beau blanc, brillante et douce, mais faible.

Une flotte jaune d'Alais, 5e année d'introduction en Algérie : soie d'une belle couleur, brillante, nerveuse, malgré son exposition à l'air et au soleil.

Une flotte blanc de Valleraugue : soie nette, d'un blanc pur et brillant ; placée sous un verre au soleil, elle a été altérée.

Une flotte Sina blanc, introduite en 1843 : soie d'un blanc mat pur, lisse, bien tendue, nerveuse et brillante, ayant peu souffert du soleil.

Éducation de 1849. — 2 flottes soie jaune, graine du Vivarais, introduite en Algérie depuis 10 ans : filée à 3 cocons fixes, et, malgré cette finesse, très-tendue, nerveuse et d'une grande régularité.

2 flottes soie blanche des Cévennes, introduite également depuis 10 ans ; filées à 3 cocons fixes, d'une grande régularité : un peu moins nerveuse que la jaune, mais fort bonne et d'une blancheur qui a plutôt gagné que perdu, quant à l'éclat, par suite de son immigration sur le sol algérien.

Ces quatre flottes, récemment arrivées à l'exposition, n'ont pas eu à souffrir du soleil et de l'air ; elles ont donc conservé toutes leurs qualités essentielles et ne laissent aucun doute sur la bonne réussite des éducations futures et sur l'excellente direction donnée par M. Hardy non-seulement à la filature centrale d'Alger, qui file aujourd'hui presque toutes les soies récoltées en Algérie, mais encore à la culture du mûrier et à l'éducation du ver à soie, sur lesquelles il exerce une grande influence par ses sages conseils. M. Hardy rend, sous ce rapport comme sous tant d'autres, un service de la plus haute importance pour l'avenir de la colonisation.

2 flottes de la filature de 1848, filées à 4/5 cocons, et 2 flottes de celle de 1849, filées à 3 cocons, ont été soumises à toutes les épreuves que la fabrique de Paris fait subir aux gréges des meilleures filatures de France, en les employant *en grége*. Au dévidage, ces soies ont été tout aussi bien et n'ont pas fourni plus de déchet que leurs similaires des Cévennes. A l'ourdissage et au tissage, elles ont donné les mêmes résultats, et les échantillons qui en proviennent sont tout aussi beaux, tout aussi réguliers que tout ce qui se

fait avec les grèges les plus estimées. Ce résultat explique au jury la demande faite, par une de nos meilleures fabriques de la Drôme (qui avait acheté à Lyon les soies de 1848), de tout le produit de la filature centrale de 1849, qu'elle fait filer à 3 cocons fixes.

Ce succès et cet encouragement influeront considérablement sur la production de la soie en Algérie, et hâteront le moment où cette production prendra toute l'importance dont elle est susceptible et qu'il est facile d'entrevoir.

La position officielle de M. Hardy prive le jury central de lui décerner la récompense qu'il a si bien méritée; il se borne donc à le signaler à toute l'attention du Gouvernement pour ses efforts constants et les services qu'il a rendus à l'industrie de la soie.

Médailles d'argent.

M. MOREAU, à Bône (département de Constantine).

M. Moreau a envoyé des soies grèges filées dès 1843 et quelques cocons de l'éducation de 1848.

La soie filée à l'ancienne méthode est mal filée; elle remonte à six années et a perdu presque toute sa qualité.

Les cocons ne sont pas d'une belle provenance, et cependant ils dénotent beaucoup de soin dans l'éducation.

Si M. Moreau employait de la graine d'Alais, de Milan ou Cora, il obtiendrait vraisemblablement de très-beaux résultats. Sa notice prouve qu'il a fait ses expériences avec beaucoup de soin; mais, d'après ses calculs des quantités de cocons nécessaires pour obtenir 1 kilogramme de soie, il doit avoir opéré sur des cocons tout étouffés, ce qui ne permet point d'arriver à des évaluations exactes, parce que les chrysalides peuvent être plus ou moins sèches.

M. Moreau est le premier qui, à Bône, ait fait de la soie; il ne s'est pas borné à utiliser les quelques vieux mûriers existant auprès de Bône; il a planté, défriché, assaini, clos, etc., à une époque où la plaine de Bône présentait un tout autre aspect qu'aujourd'hui et n'était encore qu'un foyer de miasmes délétères. Le jury central lui décerne la médaille d'argent.

Commune de SOUMAH (entre Blidah et Boufarik, département d'Alger.)

La commune de Soumah a fait éclore, cette année (1849), 25 onces de graine de vers à soie fournie par la pépinière centrale, et lui avait déjà rendu, à la date des derniers avis reçus (18 juillet), environ 300 kilogrammes de bons cocons. Nous laisserons parler ici M. Hardy, l'honorable directeur de la pépinière et de la filature centrale du Gouvernement à Alger, pour l'appréciation des efforts des colons :

« Les colons de Soumah se livrent à l'éducation des vers à soie « depuis deux ans, c'est-à-dire depuis la fondation du village. Les « mûriers de leurs plantations ne produisant pas encore, ils ont eu « recours à la feuille des mûriers séculaires, non greffés, qui se « trouvent dans les tribus et que les Arabes laissent perdre. Leurs « résultats ont été en général satisfaisants, et leurs efforts méritent « d'être encouragés. »

Le jury central, appréciant la haute portée d'un pareil exemple donné à toutes les communes où se trouvent des mûriers séculaires abandonnés, décerne à la commune de Soumah une médaille d'argent.

M. GILLES, propriétaire cultivateur à Birmandreïs, près Alger.

Médailles de bronze.

Il a envoyé quelques flottes de soie grége d'un beau jaune, race d'Alais, fournie par la pépinière centrale et filée par elle en 1847. Cette soie est remarquable par son élasticité, sa régularité et son brillant, et, bien que comme les autres elle ait eu à souffrir du grand air, du soleil et de la poussière de l'exposition, elle n'en a pas moins conservé beaucoup de nerf et de brillant; elle a une grande analogie avec les produits similaires des hautes Cévennes; elle offre même plus de fermeté comparativement, d'où il faut conclure que les bonnes races de vers à soie, loin de dégénérer, s'améliorent en Algérie.

Le jury central décerne à M. Gilles une médaille de bronze.

Mme veuve MARÉCHAL, fermière à Mustapha-Supérieur, près Alger.

Elle a envoyé 22 flottes de soie grége, dont 7 jaunes et 15 blanches, filées à la pépinière centrale du Gouvernement à Alger, en 1848. Bien que la soie ait été altérée par l'air et la poussière de l'exposition, l'intérieur des flottes, brillant et nerveux, dénote une bonne éducation des vers qui l'ont produite.

Le jury engage Mme Maréchal à redoubler de soins minutieux

pendant le cours de ses éducations; c'est à ce prix qu'elle obtiendra de très-bons résultats.

Le jury central décerne à Mme veuve Maréchal une médaille de bronze.

M. MORIN, propriétaire à El-Biar, près Alger.

Il a envoyé dix-huit flottes de soie grége provenant de son éducation de 1847, et filée à la filature centrale du Gouvernement, à Alger. Cette soie, d'une belle nuance pour le jaune, ordinaire pour le blanc, présente un brin ferme et de bonne qualité; deux flottes blanches surtout sont remarquables.

En 1849, M. Morin a récolté 90 kilog. de cocons, qui ont produit 7 kilog. de soie, filée à la filature centrale du Gouvernement, à Alger.

Le jury central, considérant que ces débuts ont de l'importance pour un pays où tout était à faire, donne à M. Morin, pour l'ensemble de ses produits, la médaille de bronze.

Mentions Honorables.

M. Raymond LALANNE, à Blidah, arrondissem^{t} d'Alger.

M. Lalanne a envoyé un buisson de cocons de son éducation de 1849, dont le produit, 60 kilogrammes de cocons, a été livré à la filature centrale du Gouvernement. N'ayant pas été étouffés, les papillons ont percé ces cocons, qui présentent de la régularité dans la forme et de la finesse de grain. Sans cet accident, le jury les eût fait filer à Paris, pour les mieux apprécier. Néanmoins, il accorde à M. Lalanne, une mention honorable.

M. Jean-Pierre MAZÈRES, propriétaire cultivateur, à Dely-Ibrahim, près Alger.

M. Mazères, dont les défrichements, plantations et cultures, dirigés avec beaucoup de soin et d'habileté, ont servi de modèle aux colons ses voisins, expose cinq flottes de soie grége, dont trois blanches et deux jaunes, filées à la pépinière centrale du Gouvernement, à Alger, en 1847. Ces soies, d'un titre élevé et nerveuses, laissent entrevoir les soins qui ont dû être donnés à l'éducation dont elles proviennent. Il s'y trouve des gros fils et des mariages, ce qui tient à la filature, et elles ont souffert de leur exposition au soleil et à la poussière.

En 1849, M. Mazères a obtenu 28 kilogrammes 400 grammes de cocons, qui ont produit 3 kilogrammes 300 grammes de soie filée. Le jury donne à M. Mazères une mention honorable.

LA PÉPINIÈRE CENTRALE DU GOUVERNEMENT, à Misserghin (département d'Oran.) Citation favorable.

Elle expose deux buissons de cocons de l'éducation de 1849. L'aspect de ces cocons dénote que l'éducation du ver à soie est encore à l'état d'enfance dans la partie occidentale de l'Algérie; mais rien n'indique que de nouvelles tentatives, faites sur une plus grande échelle, ne puissent pas un jour être couronnées d'heureux résultats.

Le jury central appelle ces résultats de tous ses vœux, et accorde une citation favorable.

M. CHUFFART, à Birmandreïs, près Alger. Mention pour ordre.

Il a envoyé un buisson de cocons de son éducation de 1849. Ces cocons, filés à la filature centrale des Champs-Élysées, à Paris, à 4/5 cocons, ont donné une soie nerveuse et d'un blanc magnifique du titre de 14 et 14 1/2 deniers. Si les cocons, au lieu d'avoir été étouffés au four et desséchés *outre mesure*, avaient été étouffés dans de bonnes conditions de vapeur, cette soie eût présenté tous les caractères de la plus grande richesse. Quoi qu'il en soit, ce début de M. Chuffart dans l'élève du ver à soie fait concevoir l'espérance que cet honorable colon portera à cette belle industrie les soins minutieux et éclairés qu'il a si bien su appliquer à d'autres productions.

Le jury renvoie la récompense à accorder à M. Chuffart pour l'ensemble de ses produits à celle que lui décerne la section de culture (Algérie).

---

§ 3. COTONS.

M. E. Dolfus, rapporteur.

CONSIDÉRATIONS GÉNÉRALES.

La commission mixte du jury, désignée pour l'examen des produits de l'Algérie, a porté son attention avec un vif intérêt sur les échantillons de coton en laine, lesquels prennent rang parmi les articles si nombreux et si variés que nous envoie notre colonie d'Afrique, qui aspire de plus en plus chaque jour à devenir terre française par les progrès de son agriculture, de son commerce, de son industrie, comme elle l'est déjà par le patriotisme de ses habitants, et par la loi qui détermine sa situation administrative et politique.

Mention pour ordre.

M. HARDY, directeur de la pépinière centrale du Gouvernement, à Alger,

Il a fait parvenir un grand nombre de types de coton, récolté tant à Alger qu'à Philippeville, Misserghin et Arbal (près d'Oran).

Les sortes provenant d'Alger consistent principalement en Louisiane et Jumel. Les cotons sont très-beaux, et ne le cèdent en rien aux espèces similaires qui nous viennent des États-Unis et de l'Égypte, à l'exception peut-être du dernier, qui présente un peu moins de longueur. Il existe aussi, dans la même collection, un échantillon de coton Macédoine, de très-belle qualité, et plusieurs autres sortes, de couleur nankin et blanches, qui reproduisent assez fidèlement les types de leur provenance originaire.

Les sortes récoltées à Philippeville sont des Malte et des Castellamare, les premiers nankins, les autres blancs, au moins aussi beaux que les meilleures qualités tirées de ces contrées.

Le type provenant de Misserghin (sorte dite *Jumel*), est très-long, fin, soyeux, blanc, et porte le caractère, même amélioré peut-être sous certains rapports, des cotons qui nous viennent d'Égypte.

Enfin, un autre échantillon, non moins remarquable, est celui représentant la sorte récoltée à Arbal (près d'Oran), qui est du Géorgie, longue soie. Ce coton n'est pas égrené, mais il est fort beau, blanc, brillant, fin, long et soyeux, présentant toutes les qualités qui distinguent cette espèce particulière.

Une mention est encore due ici à un produit exposé, dans lequel le coton brut entre pour une forte part. Ce sont des chapeaux de feutre, fabriqués avec un mélange composé de 4/5es de coton nankin, récolté à Alger, et 1/5e de poils de lapin. Ces feutres sont communs, sans doute, mais sont d'un très-bas prix et paraissent devoir faire un bon usage. Ce serait une application heureuse que celle qui permettrait de tirer parti, pour ce genre de fabrication, qui pourrait devenir importante pour la localité, de ce nouveau produit de l'agriculture de l'Algérie.

M. Hardy mérite les plus grands éloges pour les soins constants et intelligents qu'il apporte aux essais divers de culture confiés à sa direction. Le jury, en rendant hommage au zèle aussi actif qu'éclairé de M. le directeur de la pépinière centrale d'Alger, recommande cet honorable fonctionnaire à la bienveillance toute spéciale du Gouvernement.

M. THEIS, directeur de la pépinière du Gouvernement, à Bône (département de Constantine).

Médaille de bronze.

Il a envoyé des échantillons de coton Louisiane, récolté à Bône. Ce coton est d'une blancheur et d'une netteté remarquables. Il est fin, soyeux et de la longueur habituelle du Louisiane. L'on peut dire que ces types ne sont en rien inférieurs aux plus beaux classements de la même sorte, récoltée aux États-Unis.

M. Theis mérite des éloges pour les soins donnés à ses essais de culture, aussi le jury se fait-il un devoir de le recommander à toute la bienveillance du Gouvernement, et il lui décerne une médaille de bronze.

M. SAVONA, à Bône (département de Constantine).

Mention honorable.

Il a fait parvenir deux échantillons de coton, cultivé chez lui à titre d'essai, une sorte, appelée Castellamare, l'une rouge, l'autre blanche. Ces cotons ne sont pas égrenés. La variété rouge est courte, celle blanche, par contre, présente des filaments assez longs, forts et passablement fins, et peut, dès lors, être assimilée aux bonnes sortes du Levant.

Le jury applaudit aux efforts de M. Savona, et lui accorde, comme récompense, une mention honorable.

MM. ROZEY et COPPIN, à Ouled-Fayet (département d'Alger).

Citation favorable.

Ils présentent un échantillon de coton dont la qualité tient le milieu entre les cotons d'Égypte (Jumel), et les sortes dites *Louisiane*, des États-Unis. C'est un coton blanc, long, fin et soyeux, mais manquant de nerf. Cette circonstance doit sans doute être attribuée à un accident survenu à la récolte. Le jury récompense les essais entrepris par M. Rosey et Coppin, en accordant une citation favorable.

§ 4. LAINES.

Médailles de bronze. MM. CHIRAT, à Bône (Constantine), et JONQUIER à Oran.

Ils ont envoyé quelques échantillons de leurs toisons. Ces premiers essais, qui laissent encore à désirer, sont pourtant une preuve de ce qui peut être fait pour l'amélioration des races ovines du pays. Les constants efforts de ces messieurs méritent une récompense : aussi le jury central s'empresse-t-il de leur décerner à chacun une médaille de bronze.

CHAPITRE CINQUIÈME.

MINOTERIES ET COUSCOUSSOUS.

M. Payen, rapporteur.

Médailles d'argent. MM. LAYA et Ce, faubourg Babeloud, à Alger.

L'établissement de MM. Laya et compagnie comprend 5 paires de meules, les bluteries et accessoires; son moteur se compose d'une machine à haute pression de la force de 20 chevaux.

Cette usine, la plus considérable de ce genre en Algérie, a fourni, dès les premiers temps de son installation, des farines de qualités supérieures à celles que l'Algérie tirait de Livourne pour les pains de luxe et la pâtisserie.

MM. Laya et compagnie emploient les blés durs, ils livrent annuellement environ 40,000 hectolitres de farines, de qualité telle, qu'on l'applique à la confection des pains les plus recherchés et qu'on peut cependant vendre deux centimes au-dessous de la taxe officielle. En tirant un meilleur parti des blés, la minoterie de MM. Laya a élevé le prix de la matière première et rendu ainsi des services à la colonie. En effet, cette entreprise a pu seule, jusqu'ici, acheter les blés au même prix que l'administration du Gouvernement. Le jury central décerne une médaille d'argent à MM. Laya et compagnie.

M. LEBAILLE. (Département de Constantine.)

M. Lebaille a fait construire en 1843 un moulin à vapeur mû

par une force de 16 chevaux, garni de 4 paires de meules et desservi par 15 ouvriers.

Cette usine peut livrer annuellement environ 15,000 quintaux de farine. Elle a facilité les approvisionnements militaires, livré aux Européens des farines de bonne qualité à des prix plus bas que ceux des farines importées, et supplée avec un grand avantage la mouture à bras en usage chez les indigènes.

Ce résultat est digne de toute l'attention du jury, car un pareil changement dans les habitudes conduit directement à l'amélioration du sort des femmes arabes en les exonérant d'un travail pénible, insalubre et grossier; il réalise ainsi l'une des conditions les plus favorables aux premiers pas vers une civilisation définitive, en gagnant à notre cause un très-grand nombre d'opinions personnelles influentes.

Le jury central, appréciant l'utilité et la bonne direction de cet établissement, l'excellent exemple qu'il donne dans l'intérêt de la civilisation chez les Arabes et dans l'intérêt de la colonisation, décerne à M. Lebaille une médaille d'argent.

MUSTAPHA-BEN-KERIM, à Bône (département de Constantine). Médaille de bronze.

Cet exposant se livre à la préparation en grand du kouskous, aliment granuleux qui contient toute la substance nutritive du blé, et que l'on emploie comme une base générale de l'alimentation sous forme d'un potage agréable cuit à la vapeur du bouillon.

Cette préparation utile a fixé l'attention du jury et mérité une médaille de bronze.

MM. Léopold MOUREN et Cie, moulins de l'Ouest, à Alger. Mention honorable.

MM. Léopold Mouren et compagnie se livrent avec succès à la mouture, des blés tendres, dont ils obtiennent de belle farine blanche et à la préparation des semoules avec les blés durs; ils confectionnent en outre des orges perlés.

Le jury central leur donne une mention honorable.

CHAPITRE SIXIÈME.

INDUSTRIES DIVERSES.

M. Natalis Rondot, rapporteur.

CONSIDÉRATIONS GÉNÉRALES.

Les objets dont l'examen nous a été confié se divisent naturellement en deux groupes; il était convenable de séparer les produits plus ou moins ouvrés, qui servent de matière première dans certaines industries, de ceux qui ont reçu une façon et une destination définitives.

Il n'a pas été possible au département de la guerre de nous donner des renseignements sur la production, le commerce ou la fabrication de ces articles divers, et de nous en faire connaître les prix réels. En l'absence de toute information exacte, nous avons dû nous borner à apprécier et à constater le mérite du travail des échantillons exposés.

La sellerie et la fabrication des bottes et des babouches sont les industries qui paraissent le plus avancées; elles doivent leur réputation bien plus à l'excellente qualité des cuirs et des maroquins qu'à l'habileté des ouvriers. Les nombreux échantillons de vannerie, de marqueterie, de sculpture sur bois, de broderie en or, en argent ou en soie, etc., offrent, comme exécution, peu d'intérêt; on y remarque sans doute des dessins et des modèles pleins d'originalité, de goût et d'élégance, mais on trouve les mêmes mérites réunis dans les ouvrages des peuplades sauvages de l'extrême Orient, des Malais, des Tagals ou des Dayaks.

A quelque race qu'elles appartiennent, les peuplades qui vivent sous la tente de feutre ou dans la hutte de bambou ont les mêmes habitudes, nous sommes tenté de dire les mêmes traditions de travail. A Bornéo, à Luçon, aux Moluques, comme en Algérie, même simplicité de moyens, même caractère d'ornementation, peut-être plus de finesse d'exécution, plus d'adresse et de sûreté de main, et toujours prix modique. Il ne faut donc pas attribuer à ces divers articles arabes une valeur qu'ils n'ont jamais eue; mais, parce qu'ils ne sauraient être comparés aux produits de l'industrie savante de l'Europe et de l'industrie naturelle de l'Océanie, ce n'est pas à dire pour cela que la production doive en être découragée.

La vannerie, la boissellerie, la broderie, la sellerie même, ont, en Algérie, une importance économique plutôt qu'industrielle; elles sont, en quelque sorte, inséparables de la vie sous la tente, et précieuses par l'alternance qu'elles offrent avec les travaux agricoles. Dans cette mesure, ces industries et plusieurs autres ont une utilité réelle, sous la condition, nous le répétons, d'être subordonnées aux exigences de la culture du sol, et de tirer parti surtout de produits indigènes. Au reste, les Arabes sont les meilleurs juges du développement qu'il convient de donner à telle ou telle fabrication : l'industrie est mieux assise et plus longtemps prospère sous le régime de la liberté que sous la tutelle de l'État.

Nous avons divisé ainsi les produits des industries diverses dont l'examen nous était confié :

1. Plumes d'autruche.
2. Crin végétal.
3. Chapeaux en feutre de coton et de poil.
4. Vannerie. (Nattes et chapeaux. Corbeilles et paniers. Éventails et écrans.)
5. Bois ouvré. (Boissellerie. Marqueterie et tabletterie. Sculpture.)
6. Chaussures. (Babouches. Bottes. Mules.)
7. Sellerie.
8. Gaînerie.
9. Broderie; passementerie; travail à l'aiguille.

Les divers objets classés dans les catégories ci-dessus sont, en Algérie comme en France, fabriqués, non pas dans des ateliers, mais en chambre; ils sont le produit du travail des tribus qui vivent sous la tente, ou d'ouvriers qui sont isolés et établis dans les villes. Il était difficile de déterminer ces divers producteurs à exposer eux-mêmes leurs ouvrages, et c'est grâce aux acquisitions faites par la préfecture d'Oran, au zèle obligeant de Sidi-Hamida, mufti d'Oran; du colonel Walsin d'Esterhazy, directeur du bureau arabe d'Oran; de Maklouf-Kalfoun, négociant d'Oran; d'Ismaël Oueld-Koede, lieutenant de spahis et maire du village des nègres, banlieue d'Oran; de Si-Bouzian-o-Biedha, d'Oran; de Si-Mustapha-ben-Brahim, d'Oran; de Si-Abd-el-Kader-o-Errin, d'Oran; c'est, disons-nous, grâce à eux que nous avons pu juger de quelques-unes des petites industries arabes.

Médaille d'argent.

SIDI-HAMIDA, mufti d'Oran, pour les selliers, les brodeurs, les vanniers et les tisserands d'Oran.

Ces fabricants doivent au zèle empressé et au désintéressement de leur mufti l'envoi à l'exposition des produits de leur travail. Nous signalerons plus loin les mérites qui distinguent ces échantillons, et nous aurons lieu de féliciter les brodeurs, entre autres, de leur habileté et surtout de leur goût original.

Dans l'ignorance où nous sommes des noms de ces divers fabricants, nous avons pensé devoir les confondre tous dans une même récompense, et la décerner à Sidi-Hamida, qui est leur chef religieux, leur élu au conseil municipal d'Oran, et dont le concours en toutes circonstances a été utile à l'administration française.

Le jury central, autant pour honorer Sidi-Hamida, mufti d'Oran, que pour encourager les fabricants dont les œuvres ont figuré à l'exposition, décerne une médaille d'argent à Sidi-Hamida, qui a présenté les ouvrages des selliers, des brodeurs, des vanniers et des tisserands d'Oran.

§ 1er. PLUMES D'AUTRUCHE.

M. Natalis Rondot, rapporteur.

Un négociant d'Oran, Maklouf-Kalfoun, a présenté des plumes d'autruche des Hauts-Plateaux, les unes noires, du prix de 12 francs le kilogramme, les autres blanches, à 3 francs la pièce. On ne peut juger, d'après quelques échantillons de choix, de la qualité et de la valeur réelle de ces plumes, qui sont obtenues ordinairement par voie d'échange avec les peuplades de l'intérieur de l'Afrique.

§ 2. CRIN VÉGÉTAL.

M. Natalis Rondot, rapporteur.

Le palmier nain (*chamærops humilis*) est très-abondant en Algérie, et surtout sur le littoral. Il rend improductives d'immenses étendues de terrain, et la difficulté de son extraction est telle, qu'on n'estime pas à moins de 500 francs la dépense de défrichement par hectare; sur certains points on a dû renoncer à la mise en culture. Le désir de tirer partie d'un produit abondant et sans valeur, de compenser par cette utilisation les frais de défrichement, a fait trouver le moyen de transformer en papier et en crin les feuilles du palmier nain.

On connaît les inconvéniens qui résultent de l'emploi de la laine et du crin pour la garniture des matelas et des meubles, et l'on a essayé de remplacer ces matières par l'agave, la caragate, la zostère, etc. L'usage de cette dernière plante est aujourd'hui assez répandu. Le palmier nain, converti en crin, est à peu près inodore, durable, souple, mais peu élastique; il peut être cardé deux ou trois fois sans se briser et donne peu de déchet. Il trouve déjà un utile emploi pour la garniture des voitures et de certains meubles, et il est, sans contredit, de beaucoup préférable aux mélanges de crin et d'étoupe que les tapissiers et les carrossiers emploient si souvent pour les ouvrages à prix réduit.

L'application est trop récente pour qu'aucun résultat puisse être invoqué pour ou contre ce nouveau crin. Il y a cependant lieu de mentionner deux rapports favorables de la société agricole de l'Algérie.

MM. AVERSENG et Cie, à Toulouse,

Mention honorable.

Ont été brevetés, le 7 juillet 1847, pour la conversion en crin, par le peignage et la teinture, de la feuille du palmier nain : ils exploitent ce brevet à Toulouse, depuis les premiers mois de 1848, et occupent à ce travail quarante ouvriers.

MM. Averseng et compagnie vendent 90 centimes le kilog. leur crin végétal, c'est-à-dire à 50 p. 0/0 meilleur marché que la soie de porc. Il pèse, à volume égal, à peu près moitié moins que le crin animal, et offre l'avantage d'être moins attaqué par les vers. Trente-quatre tapissiers, carrossiers et tailleurs de Toulouse attestent que sa qualité est satisfaisante, et une vente de 25,000 kil., faite à cent dix personnes diverses, en deux cent vingt-deux livraisons dans les onze derniers mois, prouve que l'usage de ce crin commence à se répandre.

Le jury central, désireux d'encourager une fabrication qui fait détruire et utiliser une plante dont la présence est un obstacle à la mise en culture du littoral algérien, accorde à MM. Aversen et compagnie une mention honorable. Le jury espère que, l'expérience justifiant les prévisions des tapissiers et des carrossiers toulousans, il pourra, à l'exposition prochaine, récompenser plus dignement l'invention et les efforts de ces intelligents fabricants.

Citation favorable. M. BÉNIER, à Alger.

Le brevet de M. Bénier porte la date du 27 novembre 1847; il est par conséquent postérieur de quatre mois et demi à celui de MM. Averseng et compagnie.

M. Bénier est un ouvrier tapissier qui paraît avoir eu à peu près en même temps que ses concurrents l'idée de convertir en crin la feuille du palmier nain. Il vend ce crin 75 centimes et 1 franc le kilogramme.

Par les considérations qui ont été énoncées plus haut, le jury accorde à M. Bénier une citation favorable.

---

§ 3. CHAPEAUX EN FEUTRE DE POIL ET DE COTON.

M. Natalis Rondot, rapporteur.

On a plusieurs fois essayé non pas de feutrer le coton, mais de le faire entrer pour une proportion aussi forte que possible dans la composition du feutre pour chapeau. Jusqu'à présent les essais avaient été en France peu multipliés, et entrepris avec peu d'activité et d'habileté, tandis qu'en Angleterre on a obtenu d'assez beaux résultats.

L'exposition des cotons algériens a donné l'idée de renouveler ces essais : MM. Vincendon fils, de Bordeaux, et Ernoux, de Paris, les ont faits séparément et sont arrivés à produire des chapeaux d'un prix très-modique et d'une qualité satisfaisante.

Le coton nankin de la pépinière centrale d'Alger, tant par la nature de sa laine que par sa couleur, doit être préféré pour cette fabrication, et il n'est plus douteux que l'on en tirera un utile parti dans le travail de la chapellerie de feutre.

M. VINCENDON fils, à Bordeaux (Gironde). Mentions pour ordre.

Il a fait un chapeau avec moitié coton nankin et moitié poil de lièvre, et un autre avec deux tiers poil de lapin et un tiers coton Louisiane; ces deux cotons provenaient de plants de la pépinière centrale d'Alger.

Le feutre est compact, souple, léger; il ne laisse rien à désirer sous le rapport de la cohésion et de la fermeté. Il faut attribuer à la rapidité avec laquelle les chapeaux ont été faits sans essais préalables, quelques défauts qui disparaîtront lors d'un travail mieux suivi.

M. Vincendon estime pouvoir livrer à 3 francs (1/3 matière, 2/3 façon) des chapeaux bien faits et d'un excellent usage; il annonce être parvenu à teindre avec régularité en noir le feutre moitié lièvre et moitié nankin.

M. ERNOUX, passage Sainte-Avoye, n° 9, à Paris.

Il a exposé des chapeaux faits avec 1/3, 1/4, 1/5e de poil de lapin et 2/3, 3/4, 4/5e de coton nankin de l'Algérie. Il a produit le compte de revient de l'un d'eux, nous le reproduisons :

93 grammes de coton nankin, estimé à 2 francs le kilog....	0f 19c
30 *idem* de poil de lapin, à 8 francs le kilog............	24
Feutrage..	60
Appropriage et apprêt.............................	30
Garniture et façon................................	30
	1 63

Tout en tenant compte de la faible proportion de poil et de la modicité du prix, nous n'avons pas été satisfaits de la qualité du feutre; il est creux, mou, peu nerveux, et prend l'eau facilement.

L'application du coton à la chapellerie de feutre n'est convenable et utile que dans de certaines limites; il ne faut pas oublier que le coton ne se feutre pas, et recommencer en 1849 cette mauvaise fabrication contre laquelle s'élevait, il y a soixante ans, Roland de la Platière [1].

[1] *Encyclopédie méthodique. Manufactures, arts et métiers,* 1785, tom. Ier, pag. 151.

§ 4. VANNERIE.

M. Natalis Rondot, rapporteur.

1. NATTES.

Les nattes exposées, l'une de Nédroma, l'autre de la tribu des Béni-Snous, sont assez grandes : 5 mètres 50 centimètres de long sur 1 mètre 70 centimètres de large, et 30 francs, tels sont les dimensions et le prix de la seconde; 5 mètres 40 centimètres sur 80 centimètres, et 20 francs, tels sont ceux de la première. Ces nattes, faites en dattier, sont solides, épaisses et moelleuses; car, pour protéger contre l'humidité du sol, elles sont en quelque sorte fourrées par dessous. Le dessin est une suite de rayures irrégulières, unies et façonnées; mais, quoique de gros fils de laine de couleur interviennent pour varier la disposition, l'effet général n'a pas l'élégante originalité des nattes malaises ou chinoises.

Médaille de bronze. Les femmes de la tribu des BÉNI-SNOUS (Tlemcen).

La tribu des Béni-Snous est renommée ponr la fabrication des nattes; ce sont les femmes qui seules préparent les brins de dattier et lissent les nattes. Une ouvrière habile en fait en vingt-cinq jours une de 5 mètres 1/2 sur 1 mètre 20 cent., du prix de 25 francs environ.

Le jury central, en engageant les femmes des Béni-Snous à varier et soigner davantage le dessin et le travail des nattes, leur décerne une médaille de bronze.

Mention honorable. La tribu des OULASSAS.

Elle fait en palmier des chapeaux (*medhel*) d'une forme originale, épais, un peu lourds, mais solides, imperméables à la pluie et au soleil; ils sont ornés de fils de laine grossière teinte en bleu. Le prix est de 10 francs.

Le jury accorde à la tribu des Oulassas une mention honorable.

2. CORBEILLES ET PANIERS.

Les plateaux, les corbeilles et les paniers sont faits avec la feuille du palmier nain, qui, très-abondant en Algérie, sert aussi à tresser des cordes, tisser des nattes et faire des coussins.

La forme de ces articles de vannerie est très-simple et, en général, peu gracieuse. La feuille de palmier est enroulée autour d'une âme formée de brins de feuille, et ce travail assure la solidité des objets. Ils sont ornés, selon le goût des Dayaks et des Javans, de petits morceaux ou de lanières de drap écarlate et bleu de roi disposés en damier. Sur quelques corbeilles à jour, plus coquettement enjolivées, les dessins sont produits par l'intercalation de cuir, de drap et de laine filée de diverses couleurs. La fermeture de la plupart des paniers est presque hermétique. 3 et 6 francs, tels étaient les prix inscrits sur les échantillons exposés.

SAAD-BEN-BARKA, à Bône, département de Constantine. Mention honorable.

Il a exposé des paniers en feuilles de palmier nain solides et bien faits, du prix de 4 et 5 francs.

Le jury lui accorde une mention honorable.

3. ÉVENTAILS ET ÉCRANS À MAIN.

Les éventails arabes ont la forme d'un drapeau déployé; ils sont tressés avec des filets de bois ou avec la feuille de palmier, quelquefois unis, le plus souvent garnis à l'entour de houpettes de soie floche jaune d'or et verte, ou blanche et amarante, ou blanche et bleue. La surface des éventails riches est ornée d'étoiles, de palmes, de rosettes, d'anges, de cœurs, et d'une centaine d'autres petits sujets en paillon estampé, jaune, cramoisi, bleu, vert, etc. Enfin quelques-uns sont recouverts de mérinos blanc ou de soierie lamée d'or, et sur ce tissu sont aussi appliquées des paillettes estampées de toute forme et de toute couleur. Le prix des éventails à Oran est, selon leur richesse, de 1 à 6 francs la pièce.

On fait aussi à Oran des éventails ou écrans à main en plumes d'autruche noires; le centre est enrichi d'une broderie d'or et d'argent sur velours pourpre. Le manche est en argent ciselé. Ces éventails se vendent de 15 à 20 francs.

---

§ 5. BOIS OUVRÉ.

M. Natalis Rondot, rapporteur.

1. BOISSELLERIE.

La commission du département de Constantine a envoyé à l'exposition quatre grandes écuelles en bois d'orme, de frêne et de châtaignier, et une coupe en bois de masrad; le prix de ces articles est de 2, 3 et 5 francs la pièce. Ce sont moins des échantillons de la boissellerie de la tribu des Béni-Salah que des témoignages de la beauté des arbres du pays.

Cette boissellerie est grossière, lourde, incommode et chère; il est déplorable de voir sacrifier, pour façonner de mauvaises écuelles, des arbres séculaires, d'un diamètre de 50 à 80 centimètres, dont la tranche est parfaitement saine, et dont le débitage pour le charronnage, l'ébénisterie et la charpente, serait si avantageux.

Il faut espérer que l'on éclairera la tribu des Beni-Salah sur ses véritables intérêts, et qu'elle comprendra enfin la valeur de ses produits forestiers.

2. MARQUETERIE ET TABLETTERIE.

Parmi les nombreuses essences d'arbres indigènes de l'Algérie, plusieurs peuvent être employés avec avantage pour la marqueterie et la tabletterie; parmi elles on cite le cèdre, le jujubier, le cyprès veiné, la bruyère, le laurier, le caroubier, l'olivier sauvage, le palmier, etc. Un buvard exposé par M. Converso, de Bône, montre le parti que l'on peut tirer de ces bois, dont le grain, plus ou moins fin et satiné, est diversement coloré.

3. SCULPTURE.

Mention pour ordre. **M. JALABERT, à Alger.**

Il a exposé une sculpture en cœur de jujubier. Une Mauresque jouant du tam-tam et un marabout, tels sont les deux sujets exécutés par M. Jalabert. Les ornements arabes des niches sont assez bien traités; l'ensemble ne répond pas au prix élevé (250 francs) qui est indiqué.

Le jury, désireux d'encourager les travaux qui ont pour but l'emploi libre des produits indigènes algériens, mentionne ici pour ordre M. Jalabert.

Mentions honorables. **MOHAMED-OULD-BARBAR-ALI et KEDJI-MOHAMED, à Mostaganem (Oran.)**

Chacun d'eux travaille seul à Mostaganem, et fabrique par an environ 500 fourneaux de pipe qui sont vendus à Oran, à Alger et à Mostaganem 4 et 5 francs, selon la grandeur.

Ces fourneaux de pipe sont faits en bois dur, rouge-brun foncé, d'un grain fin ; leur forme est peu variée, et leur sculpture assez grossière. Des ornements en pointes de cuivre et en grains rouges incrustés ajoutent à l'originalité de ces pipes.

La sculpture et l'incrustation peuvent être aisément exécutées avec plus de finesse et de correction ; néanmoins, le jury accorde des mentions honorables à Mohamed-ould-Barbar-Ali et à Kedji-Mohamed.

---

§ 6. CHAUSSURES.

M. Natalis Rondot, rapporteur.

La fabrication des babouches en maroquin (*belgha*) est assez active dans le département d'Oran, et principalement à Tlemcen. Il y a dans cette dernière ville quarante cinq *belghadji;* chacun d'eux peut être considéré comme occupant trois ouvriers, qui font, l'un dans l'autre par jour, deux paires de *belgha* du prix moyen de 1 fr. 25 cent.; la vente annuelle est estimée à 120,000 francs.

Ces babouches sont ou tout en maroquin, ou semelle en vache et recouvrement en maroquin. Elles sont ou jaune citron, ou rouge vif, et presque toujours enjolivées par des gaufrures ou par des coutures en fil d'argent. Leur qualité est en tout point excellente, car elles sont établies en belle et bonne matière, solidement montées et cousues. Le prix est de 1 franc à 1 fr. 50 cent. la paire.

1. BABOUCHES.

La corporation des BELGHADJI de la ville d'Oran. Médailles de bronze.

La corporation des BELGHADJI de la ville de Tlemcen.

Les babouches qui ont figuré à l'exposition attestent l'excellente fabrication des *belghadji* d'Oran et de Tlemcen; le choix de la matière est non moins intelligent que le travail.

Le jury central décerne, aux corporations des fabricants de *belgha*, d'Oran et de Tlemcen, des médailles de bronze.

2. BOTTES.

Mention pour ordre. **HADJI-MOHAMED, à Oran.**

La préfecture d'Oran a acquis de M. Abudharam et a envoyé à l'exposition des bottes en maroquin orange, piquées et brodées en argent, qui ont été faites par Hadji-Mohamed. Nous aurons occasion de revenir sur cet habile brodeur.

Mention honorable. **SI BEN-ABDI, à Constantine (Algérie).**

Il a exposé des bottes de cavalier (*mest*) en maroquin rouge, ornées de gaufrures et de lacets en fil d'argent sur la couture. Ces bottes sont en belle qualité, d'une bonne coupe et bien établies.

Le jury central mentionne honorablement Si Ben-Abdi.

Les autres chaussures exposées sont aussi en maroquin; la plupart sont des *mest* (bottes de cavalier). Le cuir et la confection sont excellents, comme ceux des *belgha;* aussi toutes ces chaussures durent-elles fort longtemps.

Les bottes de Bou-Maza n'étaient pas un des moins curieux échantillons.

3. MULES.

Les mules d'Oran et de Constantine sont tout à fait pareilles aux *chinellus* que portent les métisses chinoises et tagales de l'île Luçon. Ces mules ont la semelle en maroquin rouge; l'intérieur est garni de damas de soie cramoisi, et le recouvrement est en velours vert émeraude ou pourpre, brodé en or fin et orné de paillettes. Leur prix est de 6, 7 et 10 francs la paire.

---

§ 7. SELLERIE.

M. Natalis Rondot, rapporteur.

Mention pour ordre. **SI EL-BEY-BEN-BOU-RAS, à Constantine.**

La selle, dite *serdj-omara*, ornée de riches broderies en soie, or et argent, est bien coupée et faite en beau maroquin rouge. Le porte-selle, en peau d'âne, est d'une cambrure jolie et commode; la qualité en est excellente.

SI ABÈS-BEN-BARKAT, à Constantine.

Médailles de bronze.

Il a exposé tous les accessoires de la selle faits en maroquin rouge, avec gaufrures légères, piqûres en soie et broderies en or et argent, sur velours noir. Le *balaskra* (cartouchière), les *chentaya* (porte-pistolets), les *tarkiba* (porte-éperons), et le *djibira* (gibecière), sont confectionnés avec un grand soin, et les dessins qui les décorent sont élégants et bien exécutés.

Le jury central décerne une médaille de bronze à Si Abès-Ben-Barkat.

M. BOULANGER, à Alger.

Il a exposé, entre autres articles de sellerie, une selle d'ordonnance à la hussarde pour officier, du prix de 90 francs, et une selle demi-crapaud élastique, valant 115 francs. Piquées et matelassées en plein, établies en bonne peau de cochon sur une membrure solide, ces selles attestent une fabrication habile et soignée.

Le jury central décerne à M. Boulanger une médaille de bronze.

SI OMAR-EL-BOU, à Constantine.

Mention honorable.

Il a exposé des *tarkiba* (porte-éperons) en maroquin, brodé en or et en argent sur velours noir ; le rinceau est léger et de bon goût ; le travail est soigné.

Le jury mentionne honorablement Si-Omar-el-Bou.

Nous regrettons de ne pas connaître les noms des selliers arabes qui ont confectionné les articles suivants, qui ont figuré à l'exposition :

Une gibecière de cavalier pour la correspondance, confiée par M. Ismaël-Oueld Koede, lieutenant de spahis et maire du village des Nègres, près Oran; elle est en maroquin rouge, garnie en velours, piquée en soie de couleur, bien établie, faite à Oran et cotée 20 francs;

Une bride et un poitrail, envoyés par Sidi Hamida, mufti d'Oran : ces deux pièces en maroquin se distinguent par la richesse et la correction des broderies d'or, d'argent et de soie ; également faites à Oran, elles font honneur au sellier et au brodeur qui y ont travaillé.

§ 8. GAINERIE.

M. Natalis Rondot, rapporteur.

Mention pour ordre. **SI EL-BEN-BEN-BOU-RAS**, à Constantine.

Il a exposé des portefeuilles en maroquin doublé de velours pourpre avec broderie très-élégante, fond plein, en or fin.

---

§ 9. BRODERIE. PASSEMENTERIE. TRAVAIL A L'AIGUILLE.

M. Natalis Rondot, rapporteur.

1. BRODERIE.

Médailles de bronze. **SI EL-BEY-BEN-BOU-RAS**, à Constantine.

Est un sellier-brodeur de Constantine, qui a présenté à l'exposition un ensemble de produits d'une exécution très-soignée. Nous avons déjà signalé ses articles de sellerie et de gaînerie, nous insisterons plus particulièrement ici sur ses broderies. Le *chkara* (sac à tabac), en drap brodé en fil d'or et paillons, en est le plus bel échantillon. Le dessin est d'un style franc et de bon goût; l'originalité hardie des arabesques n'est pas moins curieuse que l'élégance des coins et de la rosace du fond. Le travail de broderie est assez correct.

Le jury central décerne une médaille de bronze à Si El-Bey-Ben-Bou-Ras.

HADJI-MOHAMED, à Oran.

C'est grâce à l'acquisition, par la préfecture d'Oran, d'objets appartenant à M. Abudharam que Hadji-Mohamed doit l'exposition de ses broderies sur cuir et sur velours. Le porte-pistolet et la giberne sont des ouvrages remarquables. Le fond est en velours vert émeraude, brodé en or fin et semé de paillettes; les bordures sont en velours bleu lapis, également brodé, et les piqûres sont couvertes par une tresse en losange, en or et argent, très-élégante. Le dessin est de bon goût. La cartouchière est fermée par un double gland en passementerie et corail, ravissant de coquetterie et déjà imité.

Le jury accorde à Hadji Mohamed une médaille de bronze.

Nous ne connaissons pas le nom du brodeur des deux porte-monnaie achetés par la préfecture d'Oran à M. Moha; ils sont en velours vert et pourpre, brodés en or fin. Le travail en est assez soigné et le dessin élégant.

2. FILET ET PASSEMENTERIE.

COUTIEL-ANOCHÉ, à Oran. Mention honorable.

Une blague à tabac et une bourse en filet de soie cramoisie, avec glands; une ceinture soie et or, tels sont les échantillons présentés par ce passementier, qui occupe de cinq à dix ouvriers. Ces objets se recommandent par une bonne exécution.

Le jury mentionne honorablement Coutiel-Anoché.

Après avoir signalé des bourses longues en filet de soie avec glands, quart-partie noir, jaune, rouge et bleu, et quelques tresses d'or fin, exposées sans nom de fabricant, nous appellerons l'attention sur des bracelets dont le travail de passementerie est très-beau. A un double fil d'or, interrompu par une tresse et terminé par des olives nattées, sont suspendus trois glands, formés par de petites pointes naïves de corail rouge et des anneaux en cuilleron entrelacés; le pendant est terminé par une perle d'ivoire qui s'échappe d'une corolle en passementerie d'or. Cet ensemble est léger, distingué et d'un goût parfait. Nous ne connaissons guère de travail plus fini et mieux entendu.

3. TRAVAIL À L'AIGUILLE.

Un coussin formé de petits morceaux de drap de cinq à six couleurs éclatantes, assemblés en soleil et séparés par un cordonnet en soie wilstonnée, ouvrage de patience qui n'offre aucun intérêt; un *brika*, capuchon en cotonnade commune sur laquelle est appliquée une grossière broderie au passé en soie floche de couleurs variées, et qui sert de coiffure aux femmes arabes; enfin quelques ceintures : voilà les seuls échantillons du travail à l'aiguille des femmes arabes, que nous ayons eus sous les yeux, et nous devons avouer qu'aucun d'eux ne nous a satisfaits.

---

§ 10. BOIS.

M. Pepin, rapporteur.

Mme veuve CABANILLAS, fabricant de bois de placage à Alger. Médaille de bronze.

Les échantillons de bois indigène de l'Algérie, provenant de la scierie mécanique de Mme veuve Cabanillas, se composaient de *cyprès, olivier, myrte, cèdre, thuya articulé, carroubier*, etc. Tous ces bois étaient préparés en lames minces et vernis, disposés à servir au placage des meubles. Les couleurs différentes de ces bois et les veines qui en parcourent l'intérieur font supposer des richesses que l'industrie peut retirer de ces arbres indigènes à l'Algérie. Il en est d'autres encore qui ont un mérite au moins égal, et qui peuvent également être employés à cette industrie : ce sont les *jujubiers, faux-ébéniers, tamarix*, dont l'aubier est d'une dureté et d'une couleur remarquables.

Le jury, pour reconnaître les services rendus par cet établissement à la province d'Alger, en attendant l'importance que peut prendre cette industrie, décerne à Mme Cabanillas une médaille de bronze.

Mentions honorables.

M. Baptiste JALABERT, colon à Alger, rue de Nemours, n° 66.

Le jujubier (ziziphus sativus) est un arbre dont l'intérieur des tiges se compose d'un obier très-dur, lourd, d'une couleur cerise foncé. M. Jalabert a exposé un magnifique échantillon sculpté du bois de cet arbre, représentant deux figures dans une sorte de petite chapelle. M. Jalabert exerce la profession de maçon; il n'a pas prétendu envoyer cette sculpture comme objet d'art, mais bien pour faire apprécier les avantages que l'on pourrait tirer d'un arbre qui est très-commun en Algérie, et dont le bois n'est que très-peu connu du commerce.

Le jury, pour récompenser M. Jalabert, de l'essai de l'emploi du bois de jujubier, lui décerne une mention honorable.

ADMINISTRATION DES FORÊTS DE L'ALGÉRIE.

Le Gouvernement français ayant désiré que tout ce qui a rapport aux produits agricoles de l'Algérie fût représenté à l'exposition nationale des produits de l'industrie, l'administration des forêts s'empressa d'envoyer une magnifique collection d'échantillons de bois indigènes, au nombre de 50 espèces. On remarquait parmi ces spécimens un grand nombre d'espèces à bois dur et à aubier de diverses couleurs qui peuvent, aussi bien que nos bois exotiques, servir avec avantage dans les arts et particulièrement dans l'ébénisterie. L'introduction d'arbres utiles dans l'Algérie permettra un jour de reconnaître les avantages que l'on peut tirer de cette colonie. C'est dans ce but que, depuis 18 ans, l'administration du muséum d'histoire naturelle envoie, chaque année, au jardin de naturalisation, des arbres qui s'y multiplient déjà de graines et se répandront bientôt sur une grande échelle. Tels sont les acacias de la Nouvelle-Hollande, dont le bois est dur, noir, ressemblant à l'ébène, les *casuarina* (*filao*), *eucalyptus* qui atteignent 50 mètres de haut, le pins et sapins de l'Himalaya, ainsi que beaucoup d'autres qui feront un jour la richesse de la colonie.

Le jury croit devoir citer de la manière la plus honorable les membres de l'administration des forêts de l'Algérie, pour avoir, par les beaux échantillons qu'ils ont envoyés, concouru à orner l'exposition nationale.

---

§ 11. CORAIL ET CÉRAMIQUE.

M. Ébelmen, rapporteur.

M. LOFFREDO, à Bône et la Calle.

Médaille de bronze.

M. Loffredo, armateur à Bône, se livre habituellement à la pêche du corail avec 5 barques montées par 50 corailliers. La saison de la pêche dure 6 mois, et chaque pêcheur reçoit, en moyenne, 250 francs. Chaque campagne produit environ 600 kilogrammes de corail brut, qui représentent une valeur de 30,000 francs.

La pêche du corail, qui s'exécute avec succès dans les environs de la Calle et de Bône, occupe chaque année 2 à 300 bateaux corailliers, la plupart étrangers, qui payent à l'État chacun une redevance annuelle de 800 francs.

Le jury, voulant récompenser le seul représentant d'une industrie qui est d'un produit aussi avantageux pour l'État, décerne à M. Loffredo une médaille de bronze.

M. FABRE, à Bône.

M. Fabre a établi à Bône une fabrique de tuiles, de briques et de chaux, qui paraît avoir de l'importance; car elle occupe plus de 100 ouvriers. Les produits qu'elle fournit sont destinés aux environs de Bône. L'établissement de M. Fabre a rendu un véritable service aux propriétaires et aux constructeurs des environs de Bône, en leur fournissant des matériaux qu'ils étaient obligés d'aller chercher en France et en Italie, à des prix élevés.

Le jury décerne à M. Fabre une médaille de bronze.

Citation favorable.

MOHAMED-GHEICH, à Bône (Algérie).

Mohamed-Gheich a exposé quelques pièces de poterie arabe constituant la cuisine d'un ménage. Cette poterie est grossièrement façonnée et vernissée. C'est une fabrication primitive bien inférieure à celles des autres pays musulmans et notamment aux poteries du Maroc. Il est à désirer que cette fabrication se développe davantage en Algérie et que les produits puissent lutter contre les produits similaires étrangers qui sont livrés à bas prix, et qui par leur aspect devront séduire davantage les consommateurs.

Le jury accorde à Mohamed-Gheich une citation favorable.

---

§ 12. INSTRUMENTS ARATOIRES.

M. Moll, rapporteur.

Médaille de bronze.

SI HADJI-CHALABI, fabricant d'instruments aratoires à Bône.

Il a exposé un araire et une faucille. L'araire est la charrue arabe ordinaire, c'est-à-dire une espèce de binot qui, perfectionné et construit plus solidement, pourrait, comme nos bons binots, rendre de grands services dans certaines circonstances, pour les 2e et 3e labours, par exemple, ou lorsqu'il faut entamer un sol durci par la sécheresse, mais ne saurait remplacer entièrement la charrue proprement dite, c'est-à-dire l'instrument qui, par une section horizontale et verticale, détache la bande de terre et la retourne sous un angle plus ou moins incliné. L'araire en question, malgré ce qu'il a de défectueux, n'est pas sans intérêt; car, outre qu'il est le seul instrument aratoire employé par les Arabes, il est susceptible, comme on vient de le dire, de recevoir des perfectionnements qui permettraient d'en tirer bon parti en Algérie; enfin, le prix en est des plus minimes : 9 francs. L'exposant, avec 3 ouvriers, en fabrique environ 1,500 par an.

Quant à la faucille, elle n'est pas moins défectueuse, et est condamnée à disparaître devant nos faucilles françaises.

Le jury, prenant en considération l'importance de la fabrication de Si Hadji-Chalabi, et dans l'espoir de l'engager à la perfectionner, lui accorde une médaille de bronze.

---

§ 13. PAPETERIE.

M. Firmin Didot, rapporteur.

M. FLÉCHEY.

Mention honorable.

M. Fléchey, ancien fabricant de papiers, s'est occupé, en Algérie, d'approprier l'aloès, le bananier et la feuille du palmier nain à la fabrication du papier.

Cette plante, qui couvre sur la côte de l'Algérie, environ 5 à 600,000 hectares, offre beaucoup plus d'avantages que l'aloès et le bananier, vu l'abondance de la matière. La récolte peut en être faite en toute saison, et à temps perdu, par les femmes et les enfants, ce qui deviendrait une source de bien-être pour le pays.

Les échantillons exposés prouvent que cette matière offre les conditions nécessaires pour fabriquer du papier solide et de bonne qualité.

Le palmier nain peut être employé sec ou vert : dans le premier cas, son déchet est de 50 p. o/o; dans le second, des 2/3 de son poids. Ce déchet inévitable oblige donc de traiter le palmier sur les lieux mêmes de production, pour éviter des frais de transport qui seraient en pure perte, d'autant qu'il est plus facile de le traiter à l'état vert.

Le palmier nain ramassé en grand et à l'état vert ne peut coûter plus de 2 francs les 100 kilogrammes.

Son déchet étant des 2/3, il faut donc 300 kilogrammes de palmier vert pour obtenir 100 kilogrammes de pâte à papier, défilée, qui revient à 6 francs. Cette pâte, légèrement blanchie, correspond au chiffon bulle de France (grosse toile grise). Voici les prix comparatifs établis par M. Fléchey, et qui ne s'éloignent pas de la vérité :

PÂTE DU PALMIER NAIN.		PÂTE ANALOGUE EN FRANCE.	
Prix de la matière première..	6f	Prix de la matière première, chiffon bulle...........	18f
Blanchiment..............	5	Déchet, 33 p. o/o.........	6
Trituration...............	7	Trituration...............	7
	18		31

Ce qui laisse une assez grande latitude pour que la pâte, ainsi triturée, offre, en Algérie, un grand avantage pour fabriquer sur les lieux les papiers nécessaires à la colonie. Cette pâte pourrait même être exportée avantageusement pour l'Angleterre, où le prix des pâtes du papier est beaucoup plus élevé qu'en France.

Le jury accorde une mention honorable aux efforts faits par M. Fléchey pour l'application du palmier nain à la fabrication du papier en Algérie.

FIN DU TOME PREMIER.

TABLE DES MATIÈRES

CONTENUES DANS LE TOME Ier.

PRÉAMBULE.

PREMIÈRE COMMISSION.

AGRICULTURE ET HORTICULTURE.

CHAPITRE PREMIER.

CHAPITRE DEUXIÈME.

CHAPITRE TROISIÈME.

CHAPITRE QUATRIÈME.

CHAPITRE CINQUIÈME.

DEUXIÈME COMMISSION.

ALGÉRIE.

CHAPITRE PREMIER.

CHAPITRE DEUXIÈME.

CHAPITRE TROISIÈME.

CHAPITRE QUATRIÈME.

CHAPITRE CINQUIÈME.

CHAPITRE SIXIÈME.

FIN DE LA TABLE DU PREMIER VOLUME.

CORRECTIONS

ET ADDITIONS AU PREMIER VOLUME.

Pages. Lignes.

16, 35. M. DECROMBECQ, *lisez :* DECROMBECQUE.

58, 12. M. RIVIÈRE, à Paris, *ajoutez :* rue du Faubourg-Saint-Martin, n° 167.

77, 26. M. BARTHOLOMON, à Paris, *ajoutez :* rue Basse-du-Rempart, n° 30.

81, 8. M. MONOT-LEROY, *lisez :* MONNOT-LEROY.

135, 11. M. A. N. CAMBRAY, *ajoutez :* rue Saint-Maur-Popincourt, n° 47.

www.ingramcontent.com/pod-product-compliance
Ingram Content Group UK Ltd.
Pitfield, Milton Keynes, MK11 3LW, UK
UKHW021901260726
13966UKWH00006B/112

9 782011 955388